中国石油和化学工业行业规划教材·高职高专化工技术类

"十二五"江苏省高等学校重点教材（编号：2013-1-128）

现代化工计算

第二版

徐建良　等编著

丁志平　主　审

化学工业出版社

·北京·

《现代化工计算》第二版系高等职业院校应用化工技术类专业化工计算课程教材，讲授 60 学时左右。

全书共分 5 个单元，分别是：数据处理、气体的热力学性质计算、化工过程物料衡算、单一化工过程能量衡算、典型化工过程工艺计算。本书在内容上尽可能做到与生产实际紧密结合，在解决具体定量计算问题时尽可能紧跟科技的发展，采用目前常规软件 Excel 和商用计算软件 ChemCAD 进行计算，提高了计算效率。同时，结合笔者长期的实践经验，介绍了如何运用 ExcelVBA 自行开发自定义函数，并对每一类具体的计算方法和步骤均进行了较为详细的说明。

本书可作为高职类院校化工及相关的专业教材或参考书，也可作为化工技术人员解决化工计算问题的参考书。

图书在版编目（CIP）数据

现代化工计算/徐建良等编著. —2 版 . —北京：化学工业
出版社，2015.8（2024.8重印）
中国石油和化学工业行业规划教材·高职高专化工技术类
"十二五" 江苏省高等学校重点教材（编号：2013-1-128）
ISBN 978-7-122-24440-6

Ⅰ.①现… Ⅱ.①徐… Ⅲ.①化工计算-高等职业教育-
教材 Ⅳ.①TQ015

中国版本图书馆 CIP 数据核字（2015）第 140671 号

责任编辑：窦 臻 提 岩　　　　　　文字编辑：孙凤英
责任校对：宋 玮　　　　　　　　　　装帧设计：刘剑宁

出版发行：化学工业出版社（北京市东城区青年湖南街 13 号　邮政编码 100011）
印　　装：北京科印技术咨询服务有限公司数码印刷分部
787mm×1092mm　1/16　印张 18½　字数 475 千字　2024 年 8 月北京第 2 版第 3 次印刷

购书咨询：010-64518888　　　　　　售后服务：010-64518899
网　　址：http://www.cip.com.cn
凡购买本书，如有缺损质量问题，本社销售中心负责调换。

定　　价：49.00 元　　　　　　　　　　　　　　　　版权所有　违者必究

前　言

　　随着计算机软硬件的不断更新及我国高职教育、教学改革的不断深入，由笔者编著出版的《现代化工计算》也需与时俱进。

　　本次修订再版的主要原因有以下三个方面：

　　1. 适应软件版本更新需要

　　第一版教材中有关 Excel 部分，采用的是 2003 版，目前计算机中已普遍采用 Excel2007 及以上版本，为了适应 Excel 的更新，需对第一版教材中有关 Excel 的应用部分重新进行编写，否则有些应用无法继续，如计算 CO_2 显热的 ExcelVBA 自定义函数，在 Excel2003 版中可命名为 QCO2，但在 Excel2007 以上版中将出错，这是由于 Excel 的升级使该函数名与单元格名重复。

　　2. 适应当前高职教育、教学改革的需要

　　（1）以培养计算技能为重点，修订后的教材紧密围绕计算技能的培养这条主线，将作用相似的任务进行整合。

　　（2）点面兼顾，为满足绝大多数高职学生的需要，调整了原教材中理论知识偏深的内容，但同时为了兼顾部分学生的学习需要及今后的发展之需，将与技能配套的部分理论作为知识拓展部分进行系统讲解，同时为兼顾部分优秀学员，将一些具有一定难度的技能作为技能拓展部分内容。

　　（3）温故知新，为了更好地遵循技能训练规律、知识学习规律，以及使所学知识、技能更加适应化工生产，更换了原教材部分计算实例，并尽可能采用同一原始任务进行不同的技能训练，不断巩固所学知识和技能。重点任务，增加综合练习部分。

　　3. 丰富计算软件资源，适应信息化教学需要

　　经过笔者近 10 年的不断开发，现已开发了各类 ExcelVBA 自定义函数 3 万多个，此次修订将提供 3000 多个自定义函数。为配合 ChemCAD 软件的学习，将提供 8 个自学 ChemCAD 软件的动画文件。同时，为便于开展项目化教学，针对每个学习单元，将重点知识、计算技能凝练成训练任务，每个单元至少提供 1～2 个计算训练任务，全书将提供 8～10 个计算训练任务，每个训练任务提供 50～100 套不同的计算数据。上述文件使用本教材的读者如有需要，可以与化学工业出版社（cipedu@ 163. com），或笔者（xjl361@ 163. com）联系，免费索取。

　　为满足不同学校及读者对化工计算内容的不同要求，书中拓展内容和加 * 的任务，使用时可根据实际需要有针对性地进行选择。

　　全书共分 5 个单元，20 个任务。单元一数据处理，由 5 个任务组成，旨在为后单元的化工计算作准备。单元二气体的热力学性质计算，由两个任务构

成，重点训练计算真实气体的 p、V、T、h、s 等基础数据的方法。单元三化工过程物料衡算，由 3 个任务组成，重点训练典型物理过程和典型化学反应过程的物料衡算方法和步骤。单元四单一化工过程能量衡算，共有 5 个任务，重点训练显热、相变潜热、溶解与混合热效应、化学反应热、气体压缩功的计算方法和步骤。单元五典型化工过程工艺计算，共分 5 个任务，训练内容尽可能做到与生产实际紧密结合。全书在解决具体定量计算问题时尽可能基于现代化计算工具——计算机，提高计算效率。全书内容尽可能结合实例，详细介绍如何采用 Excel 软件、ChemCAD 软件进行计算的方法和步骤。

本书由南京科技职业学院徐建良、江苏联化科技有限公司戴斌编著，由南京科技职业学院（原南京化工职业技术学院）丁志平教授主审，南京工业大学管国锋教授、常州工程职业技术学院陈炳和教授与刘承先副教授、湖南化工职业技术学院贺召平副教授、扬州市职业大学葛洪教授、南京科技职业学院许宁教授参与了审稿。书中有关 ChemCAD 软件的内容及单元五任务一、四、五由戴斌编写，其余部分均由徐建良编写并统稿。

本书在编写过程中参考了大量科技图书及相关教材，在此特表示感谢。限于编著者学术水平及教学经验，书中难免有不妥之处，恳请读者批评指正。

编著者

2015 年 3 月

第一版前言

为了适应当前高职教育、教学改革的需要，本书的编写尽可能体现"工学结合，理论实践一体化设计思想"，注重学生能力（技能）训练，优化整合课程内容，使之成为学生步入工作岗位、提升职业技能的必备手册。

本书内容上以质量守恒、能量守恒两个基本定律为重点，为了尽可能降低计算的繁杂程度，书中所涉及的计算尽可能以计算机为计算工具，Excel、ChemCAD 软件为主要计算手段，特别是 Excel 的应用，本书中穿插讲解了如何进行用于化工计算的 Excel VBA 自定义函数的开发内容，拓展了 Excel 在化工计算领域中的应用，是本书的首创，也是本书有别于其他教材的一大特色之一。

本书在内容编排上首次采用任务驱动式教学方式，通过配合各类计算实例，使学生能够在学中做（计算），在做（计算）中学，力求基本满足学生在化工企业生产岗位、生产车间进行物料、能量核算的需要。

全书共分五个单元，第一单元数据处理，由六个任务组成，旨在为后续单元的化工计算做准备，重点训练单位换算、插值、曲线拟合、求解一元非线性方程、求解线性方程组等。第二单元气体的热力学性质计算，由两个任务构成，重点训练计算真实气体的 p、V、T、h、s 等基础数据的方法。第三单元化工过程物料衡算，由三个任务组成，重点训练典型物理过程和典型化学反应过程的物料衡算方法和步骤。第四单元单一化工过程能量衡算，共有五个任务，重点训练显热、相变潜热、溶解与混合过程热效应、化学反应过程热效应、气体压缩功的计算方法和步骤。第五单元典型化工过程工艺计算，共分七个任务，分别以精馏过程、硫黄制酸过程、一氧化碳变换过程、甲醇脱水生产二甲醚过程、氯化氢合成工艺部分过程及乙炔制备工艺等具体生产过程为训练实例，训练内容尽可能做到与生产实际紧密结合。全书在解决具体定量计算问题时尽可能基于现代化计算工具——计算机，提高计算效率。全书尽可能结合实例，详细介绍如何采用 Excel 软件、ChemCAD 软件进行计算的方法和步骤。

为了满足不同学校及读者对化工计算内容的不同要求，本书增加了部分知识拓展内容和加 * 的任务，使用时可根据实际需要有针对性地进行选择。另外，为了方便老师教学和广大读者开发、利用 Excel VBA 自定义函数进行化工计算，本书配有助学 Excel 文件。该 Excel 文件与书中所涉及的有关 Excel 计算内容完全配套，并在此基础上进行了扩展。该 Excel 文件中包含了本书正文及附录中所涉及的各类化工基础数据及 1000 多个可用于化工计算的自定义函数，如插值、牛顿迭代、近 80 种常见物质的临界参数、标准生成热、正常沸点、正常熔点、相变潜热查询，蒸气压的计算，常见气体显热计算，硫酸、HCl、NaOH 的标准积分溶解热的查询和计算，气体的 p、V、T、剩余焓、剩余熵的计算，气体可逆压缩功的计算，硫酸生产工艺和合成氨生产工艺部分计算等自定义函数。有需要的读者可登录 www.cipedu.com.cn 免费下载，或与化学工业出版社联系（cipedu@163.com）索取。

本书由贵州工业职业技术学院袁红兰教授主审。书中有关 ChemCAD 软件的内容及第五单元任务一、四、五由戴斌编写，第五单元任务六、七由贾冬梅编写，其余部分均由徐建良编写并统稿。

限于编著者学术水平及教学经验，书中难免有不妥之处，恳请读者批评指正。

徐建良

2009 年 5 月 22 日

目 录

附录
251

参考文献
283

绪论

一、现代化工计算的内容

化工产品的生产不同于其他工业产品的生产过程，它具有原料来源广泛、工艺路线多样、生产方法各异、生产设备种类和结构繁杂、产品种类众多、影响因素复杂、涉及知识面广等多种特点。因此，为了能够优化化工生产设备、优化操作化工生产过程，节能、降耗、增效，无论对于化工生产方案、工艺流程、生产设备的设计人员，还是化工生产一线的操作人员，如何定量计算化工生产过程中的各种参数显得意义重大。

针对高职化工类专业的培养目标和学生特点，《现代化工计算》课程的主要内容可概括为以下几个方面：

① 现代化工计算基础内容，包括单位换算、查表（插值、曲线拟合）、非线性方程求根、线性方程组的求解、气体的热力学性质计算等；

② 化工过程物料衡算，主要讲解典型物理过程、化学过程的物料衡算方法；

③ 单一化工过程能量衡算，主要讲解显热、相变潜热、溶解与混合过程热效应、化学反应热及气体输送过程压缩功计算；

④ 典型化工过程工艺计算，运用前面所学知识，以几个比较典型的实际化工生产过程为例，讲解具体的物料、能量衡算的方法；

⑤ 讲解目前常用软件 Excel、ChemCAD 等在化工计算中的应用。

二、化工计算的作用

计算的目的，是为了确定各类具体数据的数值及其相互之间的关系。化工计算的目的是为了能够向各类与化工有关的过程提供正确、可靠的数据，如化工设备的尺寸、工艺条件、各类消耗定额等，其主要作用有以下几方面。

（1）在化工过程开发中的作用

化工过程开发是指一个新的化工产品从实验室研究过渡到第一套工业化装置投产的全过程。传统的化工过程开发主要包括：①化学反应研究，如转化率、选择性、收率等；②化学工程研究，如体系的物性、相态、热性质、热传递方式、物料的输送、分离等；③机械设备、仪表及控制手段研究，如设备材料、制造、安装、维修、控制仪表、控制方法和手段等；④技术经济评价，如各类消耗、成本、效率等。在具体实施时，通常要包括实验室研究、小试、中试、工业化装置等几个步骤。其中每个步骤和环节都必须通过一定的计算确定、核实相关数据，用于判断过程开发的成败与优劣。

近年来，由于计算机性能的不断提高，化工过程开发中各类数据资源的逐渐丰富，通过开发相应的数学模型，使化工过程开发能通过相应的软件进行模拟放大，减少了从实验室到工业生产装置间的中间试验环节，提高了化工新产品开发的效率。

（2）在化工设计中的作用

化工设计是化工新产品由科研成果实现工业化的桥梁。化工设计包括的内容很广，主要包括工艺、机械、自控、电气、运输、土建、给排水、三废处理等，而其中化工工艺设计是贯穿化工设计全过程、组织协调各专业设计工作的核心部分。

在化工工艺设计中，化工计算又是其中的一个中心环节。当然，目前化工设计工作已进入计算机优化设计的时代，利用计算机进行化工设计不仅仅可缩短设计周期，关键是实现了设备、流程的优化。

（3）在技术革新和技术改造中的作用

由于化工生产过程的复杂性和化工设备的非标性，往往一套化工装置中常常存在扩产、增效的"瓶颈"问题。通过对生产装置或某一设备进行系统核算，就能找出这一问题，从而实现节能、降耗、增效的目的。

（4）在化工操作方面的作用

化工操作不同于其他加工工业操作，属于智能操作类型，其主要工作任务是控制化工生产过程中工艺参数，如温度、压力、流量等的稳定。作为一名优秀的化工操作人员，操作控制不能仅停留在使工艺参数稳定在工艺指标范围内，更要懂得、理解工艺指标为什么要在此范围内？其极限范围是多少？而要具备这方面的能力，就必须具有一定的化工计算能力。

（5）在化工生产的组织和管理中的作用

在化工生产的组织和管理过程中，需要面对大量的工艺技术指标、各类消耗定额指标，如原料、水、电、汽等，如何制定合理的考核和评价指标就必须经过严密、细致的计算，因此对于一个优秀的化工生产组织和管理人员，就必须掌握一定的化工计算知识和化工计算的技能。

三、现代化工计算课程的学习方法

学好任何一门课程，首先必须对该课程的主要内容、作用等有一个比较全面的了解，化工计算也不例外。

对于化工技术类专业的学生而言，化工计算课程属于专业基础类课程，在整个教学环节中起承上启下的作用，要学好该门课程，应当注意以下几个方面：

（1）基础知识的复习巩固

化工计算课程是一门综合性较强的课程，涉及的知识面较广，例如，要对一个较复杂的化学反应过程进行物料、热量衡算，首先必须写出该过程中所发生的化学反应，若该步骤无法正确完成，则下面的计算工作就根本无法进行。因此，要学好该课程，就必须不断复习以前所学的知识，认真体会温故知新这一道理。

（2）计算机、计算软件的应用能力

目前，计算机已成为现代化生产、生活的必备工具，采用手工计算、处理复杂问题的年代已成为过去。像对于大型化工装置的优化设计等复杂问题，采用手工计算根本无法完成，即使一个比较简单的一元三次非线性方程的求根问题，采用手工计算不仅费时，而且准确性不高，而采用计算机计算，就可做到既快速又准确。因此，作为当今高素质化工类专业人才，熟悉、了解常用的计算软件，运用计算机进行化工计算已成为必然。

（3）理论联系实际

化工计算的结果是否正确、可靠，不能仅依赖于计算方法、计算软件和计算工具，更要注意将计算结果与生产实际相结合，必须经受实际生产的考验。而要具备这方面知识，平时就必须多注意理论与实际的结合。

(4) 严谨、细致的工作作风

对于较为复杂的化工计算问题，往往需要处理大量的原始数据，如需查阅物质的物性数据、热力学数据，采集实际生产数据等。因此，在具体计算之前，第一，要对查阅的数据、采集的数据进行耐心、细致的检验，保证第一手数据不出错，如，采集的混合气体成分的摩尔分数数据，先检查一下其摩尔分数之和是否为 100％，若非 100％，则往下计算没有意义；第二，要对所选计算公式的使用条件进行核对，如公式中各参数的单位、使用范围、计算结果的误差范围等，避免在计算时用错了原始数据；第三，要选择合适的计算方法，从数学角度保证能求解出结果；第四，要对各类计算结果的大致范围有所了解，以便保证计算的可靠性。

数据处理

在化工操作、化工计算过程中，必然会遇到各种各样的原始数据，如反应温度、压力、物料的组成等，在对这些原始的化工数据进行具体计算、校核时，还需借助一些手册查询与这些原始数据相关的基础物性数据，这些基础数据大多以表格和图形曲线的形式出现，只有很少或极少以公式的形式表达。大量的基础数据往往无法直接获得，通常在具体计算之前必须先对这些基础数据进行必要的处理，尤其是为了便于利用计算机编程连续计算，需将离散的表格数据处理成公式等。本单元将重点讨论化工计算过程中常遇到的单位换算、插值、曲线拟合及一元非线性方程的求解等问题。

任务 一

单位换算

知识目标

掌握单位制度的构成及其种类，掌握化工过程中常用单位的换算方法。

能力目标

能用 Excel、ChemCAD 进行单位换算。

尽管目前世界各国都在推行采用国际统一单位制，但现有的大量手册等工具书中仍有相当数量的数据沿用各种各样的单位，这些单位明确地表示出了该数据代表的物理意义，因此掌握所在领域的国家法定单位制度、熟悉各种不同的单位制以及各种单位之间的换算是每个化工技术人员必备的知识和技能。

本任务将讨论主要的几种单位制，介绍单位换算方法以及量纲的应用。

☆**思考**：何谓量纲（或因次）？何谓单位？

所谓量纲或称因次，是指表示物料性质和状态的基本物理量。如长度（L）、质量（M）、时间（t）和温度（T）就是常用的量纲。由量纲组成的表示物理量特性的式子称为量纲式或因次式。如体积的量纲式为 L^3、密度的量纲式为 M/L^3、速度的量纲式为 L/t 等。

单位是量纲的具体表示。如长度的单位通常用米（m）表示，质量的单位通常用千克（kg）表示等。

☆**思考**：何谓单位制度？通常由哪几个部分构成？目前比较常用的单位制有哪几种？

一、单位制度的构成及其种类

所谓单位制度即为人为规定的计量制度。单位制度的构成通常由基本单位和导出单位两部分构成。

所谓基本单位就是一些彼此独立的物理量及单位。如长度（L）、质量（M）等。导出单位是利用物理学规律建立起基本单位和其他物理量单位之间的联系，即用基本单位表示出其他物理量的单位，如力的单位牛顿（N）为 $1kg \cdot m/s^2$。

我国的法定计量单位，是以国际单位制为基础，保留少数国内外习惯或通用的非国际单位制所构成。

☆**思考**：国际单位制由哪几个基本单位构成？

（一）国际单位制（SI制）

国际单位制简称国际制，它是在米·千克·秒制（MKS制）即米制的基础上发展起来的。国际单位制的构成遵循下列几个原则：

① 遵守建立单位制的原则。即选定基本单位，再按物理学规律构成一系列导出单位。由基本单位和导出单位构成单位制。

② 遵守一惯性原则。即国际单位制中，由基本单位相乘、相除而构成的导出单位，都不附加任何数值因素，或者说数值因素都等于1。

例如：SI制中力的单位为牛顿（N）。1N（牛顿）等于作用于质量为1kg（千克）的物体上产生 $1m/s^2$（米/秒^2）加速度所需的力，即

$$1N = 1kg \cdot m/s^2$$

③ 一种物理量只有一个SI单位。如长度单位中，只有"米"是SI单位，千米就不是SI单位，而是SI倍数单位，"千"称为词头。但也有例外，质量单位"千克"，本身虽带词头，却仍然作为SI单位。

④ 倍数单位（包括分数单位）一律按十进或千进关系构成，并使用统一的SI词头。

国际单位制包括基本单位、辅助单位、导出单位以及用于构成十进倍数和分数单位的词头几部分。

（1）SI的基本单位和辅助单位

国际单位制共选定了7个基本单位，如表1-1所示，它们是长度单位米（m）、质量单位千克（kg）、时间单位秒（s）、电流单位安培（A）、热力学温度开尔文（K）、物质的量单位摩尔（mol）、发光强度单位坎德拉（cd），以及两个辅助单位平面角，单位为弧度，球面角，单位为球面度。

表 1-1 SI 的基本单位和辅助单位

量的名称	单位名称	单位符号	量的名称	单位名称	单位符号
长度	米	m	物质的量	摩（尔）	mol
质量	千克	kg	发光强度	坎（德拉）	cd
时间	秒	s	平面角	弧度	
电流	安（培）	A	球面角	球面度	
热力学温度	开（尔文）	K			

（2）SI导出单位

国际单位制的导出单位有三种：

① 直接用基本单位表示的 SI 导出单位。化工中常用的用基本单位表示的 SI 导出单位列于表 1-2。

表 1-2　化工中常用的用基本单位表示的 SI 导出单位

量的名称	单位名称	单位符号	量的名称	单位名称	单位符号
面积	平方米	m^2	加速度	米每秒平方	m/s^2
体积（容积）	立方米	m^3	密度	千克每立方米	kg/m^3
摩尔体积	立方米每摩尔	m^3/mol	质量摩尔浓度	摩尔每千克	mol/kg
比体积（比容）	立方米每千克	m^3/kg	物质量浓度	摩尔每立方米	mol/m^3
速度	米每秒	m/s	运动黏度	平方米每秒	m^2/s

② 具有专门名称的 SI 导出单位。具有专门名称的国际制导出单位共有 19 个，化工中常用的几个名称和符号见表 1-3。

表 1-3　化工中常用的具有专门名称的 SI 导出单位

量的名称	单位名称	单位符号	用其他 SI 单位表示的关系式	用 SI 基本单位表示的关系式
力；重力	牛[顿]	N		$kg \cdot m/s^2$
压力，压强，应力	帕[斯卡]	Pa	N/m^2	$kg/(m \cdot s^2)$
能量；功；热量	焦[耳]	J	$N \cdot m$	$m^2 \cdot kg/s^2$
功率；辐射通量	瓦[特]	W	J/s	$m^2 \cdot kg/s^3$
摄氏温度	摄氏度	℃		K

③ 用专门名称和基本单位表示的 SI 导出单位。此类导出单位在化工中常用的如黏度（动力）（帕斯卡·秒，$Pa \cdot s$）、力矩（牛顿·米，$N \cdot m$）、表面张力（牛顿/米，N/m）及摩尔热容［焦耳/（摩尔·开尔文），$J/(mol \cdot K)$］等。如表 1-4。

表 1-4　用专门名称和基本单位表示的部分 SI 导出单位

量的名称	单位名称	用其他 SI 单位表示的关系式	用 SI 基本单位表示的关系式
黏度（动力）	帕[斯卡]·秒	$Pa \cdot s$	$kg/(m \cdot s)$
力矩	牛顿·米	$N \cdot m$	$m^2 \cdot kg/s^2$
表面张力	牛顿每米	N/m	kg/s^2
摩尔热容	焦/（摩尔·开尔文）	$J/(mol \cdot K)$	$m^2 \cdot kg/(s^2 \cdot mol \cdot K)$

☆思考：SI 制的词头使用规则有哪些？

（3）SI 的倍数单位

国际单位制的一个重要构成原则是一种物理量只有一个 SI 单位。但实际应用时可能太大或太小。例如，太阳到地球的平均距离为 $1.495 \times 10^{11} m$，氢原子核的半径却只有 $1.2 \times 10^{-15} m$。为了适应这种需要，国际单位制规定了一套词头，称 SI 词头，如表 1-5。

词头使用规则：

① 词头符号用正体字，词头符号和单位符号之间不留间隙，如：kJ、MPa。

② 带词头单位符号上有指数，则表明倍数单位或分数单位按指数自乘，如：$1cm^3 = (0.01m)^3 = 10^{-6} m^3$。

③ 不允许把两个以上 SI 词头叠起来用，如：$10^{-9} m = 1nm$，不能写成 $1m\mu m$。

表 1-5　SI 词头

因数	词头名称		符号	因数	词头名称		符号
10^{18}	艾[可萨]	exa	E	10^{-1}	分	deci	d
10^{15}	拍[它]	peta	P	10^{-2}	厘	centi	c
10^{12}	太[拉]	tera	T	10^{-3}	毫	milli	m
10^{9}	吉[咖]	giga	G	10^{-6}	微	micro	μ
10^{6}	兆	mega	M	10^{-9}	纳[诺]	nano	n
10^{3}	千	kilo	k	10^{-12}	皮[可]	pico	p
10^{2}	百	hecto	h	10^{-15}	飞[母托]	femto	f
10^{1}	十	deca	da	10^{-18}	阿[托]	atto	a

（二）米制

根据选定的基本单位不同，单位制又分为绝对单位制及工程单位制（重力单位制）两种：

绝对单位制——以长度、质量及时间为基本单位。

工程单位制——以长度、力及时间为基本单位。

两者的区别是绝对单位制以质量为基本单位，而工程单位制以力为基本单位，质量为导出单位。

（1）厘米·克·秒（CGS）制

以长度单位厘米（cm）、质量单位克（g）和时间单位秒（s）为基本单位。其他物理量单位则通过物理或力学的定律导出。如根据牛顿定律，力的单位是给 1 克（g）质量物体以 1 厘米/秒^2（cm/s^2）的加速度的力，称为达因（dyn），即

$$1dyn=1g\times1cm/s^2=1g\cdot cm/s^2$$

温度以摄氏度（℃）为单位，绝对温标为开尔文（K），其他重要的导出单位可见表 1-6。

（2）米·千克·秒（MKS）制

以长度单位米（cm）、质量单位千克（kg）和时间单位秒（s）为基本单位，其他物理量单位同样由这三个基本单位导出。如力的单位为千克·米/秒^2（kg·m/s^2），称牛顿（N），即

$$1N=1kg\times1m/s^2=1kg\cdot m/s^2$$

其他重要的导出单位可见表 1-6。

以上两种单位制均以质量为基本单位，属绝对单位制。

（3）米制工程制

选用长度单位米（m）、力单位千克力（公斤力、kgf）和时间单位秒（s）为基本单位，质量成为导出单位。

1 公斤力（kgf）——1 千克（kg）质量物体于真空中［重力加速度 9.81 米/秒^2（m/s^2）］所受的重力，即：

$$1kgf=1kg\times9.81m/s^2=9.81kg\cdot m/s^2=9.81N$$

导出单位质量工程单位为一物体在 1 公斤力（kgf）的作用下，得到 1 米/秒^2（m/s^2）的加速度，则该物体的质量为 1 质量工程单位（公斤力·秒^2/米，kgf·s^2/m），即：

$$1质量工程单位=\frac{1kgf}{1m/s^2}=\frac{9.81kg\cdot m/s^2}{1m/s^2}=9.81kg$$

所以 1 质量工程单位的数值相当于 SI 质量的 9.81 倍。

（三）英制

英制的绝对单位是英尺·磅·秒制。英制的工程单位制有英国工程制和美国工程制两种。

（1）英尺·磅·秒（FPS）制

基本单位：长度（ft）、质量（磅、lb）、时间（s）。力的导出单位为磅达（Poundle）（Pdl）即

$$1Pdl = 1lb \times 1ft/s^2 = 1lb \cdot ft/s^2$$

温度以华氏度（℉）为单位，绝对温标用兰金（Rankine）度（°R），重要的导出单位见表 1-6。

（2）英国工程制

基本单位：长度（ft）、力（lbf）、时间（s）。其质量工程单位为磅力·秒²/英尺，称斯勒（Slug），即

$$1Slug = \frac{1lbf}{1ft/s^2} = \frac{32.17lb \cdot ft/s^2}{1ft/s^2} = 32.17lb$$

（3）美国工程制

基本单位有 4 个：长度（ft）、磅质（lbm）、磅力（lbf）、时间（s）。

1 磅力（lbf）——1 磅质（lfm）物体在地面所受之重力，重力加速度为 32.174 英尺/秒²（ft/s²）。

为符合牛顿定律，必须引入力和质量之间的比例常数，以符号 g_c 表示，即牛顿公式表示为：

$$F = \frac{1}{g_c}ma \tag{1-1}$$

式中　F——力，lbf；

　　　m——质量，lbm；

　　　a——加速度，ft/s²；

　　　g_c——换算系数，32.174ft·lbm/(s²·lbf)。

常用的几种单位制如表 1-6 所示。

表 1-6　常用的几种单位制

量的名称		国际单位制（SI）	绝对单位制			工程单位制	
			CGS 制	MKS 制	FPS 制	米制	英国、美国
		单位名称（符号）	单位名称（符号）	单位名称（符号）	单位名称（符号）	单位名称（符号）	单位名称（符号）
基本单位	长度	米(m)	厘米(cm)	米(m)	英尺(ft)	米(m)	英尺(ft)
	质量	千克(kg)	克(g)	千克(kg)	磅(lb)	公斤力·秒²/米 (kgf·s²/m)	斯勒或磅质 (Slug 或 lbm)
	时间	秒(s)	秒(s)	秒(s)	秒(s)	秒(s)	秒(s)
	温度	开尔文(K)					
	物质的量	摩尔(mol)					
	电流	安培(A)					
	发光强度	坎德拉(cd)					

量的名称		国际单位制（SI）	绝对单位制			工程单位制	
			CGS制	MKS制	FPS制	米制	英国、美国
		单位名称（符号）	单位名称（符号）	单位名称（符号）	单位名称（符号）	单位名称（符号）	单位名称（符号）
重要导出单位	体积	米³（m³）	厘米³（cm³）	米³（m³）	英尺³（ft³）	米³（m³）	英尺³（ft³）
	力	牛顿（N）	达因（dyn）	牛顿（N）	磅达（Pdl）	公斤力（kgf）	磅力（lbf）
	压力	帕斯卡（Pa）	达因/厘米²	N/m²	Pdl/ft²	kgf/m²	lbf/ft²
	能、功、热量	焦耳（J）	大气压（atm）尔格（erg）卡（cal）	大气压（atm）焦耳（J）kcal	Pdl·ft 英热单位（Btu）	kgf·m kcal	lbf·ft 英热单位（Btu）
	功率	瓦特（W）	尔格/秒	瓦特（W）	马力（hp）	kgf·m/s	马力（hp）
	温度	摄氏度（℃）	摄氏度（℃）开尔文（K）	摄氏度（℃）开尔文（K）	华氏度（℉）兰氏度（°R）	摄氏度（℃）开尔文（K）	华氏度（℉）兰氏度（°R）

二、单位换算的方法

☆思考：如何手工进行单位换算？

（一）手工单位换算

① 将不同单位制的换算系数写成比例形式；

② 将各比例式连乘或连除运算。

【例1-1】 水在10℃时的黏度为1.3077cP，试将其换算成千克/（米·时）及帕·秒的单位。[已知：1cP=0.01P，1P=1g/（cm·s）]

解：$\mu = 1.3077 \times 0.01 \dfrac{\mathrm{g}}{\mathrm{cm \cdot s}} \left| \dfrac{1\mathrm{kg}}{1000\mathrm{g}} \right| \dfrac{100\mathrm{cm}}{1\mathrm{m}} \left| \dfrac{3600\mathrm{s}}{1\mathrm{h}} \right| = 4.7077 \mathrm{kg/(m \cdot h)}$

$\mu = 1.3077 \times 0.01 \dfrac{\mathrm{g}}{\mathrm{cm \cdot s}} \left| \dfrac{1\mathrm{kg}}{1000\mathrm{g}} \right| \dfrac{100\mathrm{cm}}{1\mathrm{m}} = 1.3077 \times 10^{-3} \dfrac{\mathrm{kg}}{\mathrm{m \cdot s}} \times \dfrac{\mathrm{m^2}}{\mathrm{m^2}} \times \dfrac{\mathrm{s}}{\mathrm{s}}$

$= 1.3077 \times 10^{-3} \dfrac{\mathrm{kg \cdot m}}{\mathrm{s^2}} \times \dfrac{\mathrm{s}}{\mathrm{m^2}} = 1.3077 \times 10^{-3} \mathrm{Pa \cdot s}$

对于量纲方程的单位换算，根据物理量方程等号两侧的量纲必须一致这一原则进行单位换算。

【例1-2】 量纲方程：

$$\Delta p = 0.435 \frac{LV\mu}{D^2}$$

式中 Δp——压降，lbf/ft²；

L——管长，ft；

V——流体速度，ft/s；

μ——流体黏度，lbm/（ft·s）；

D——管径，ft。

计算：（1）若以上方程是正确的，则常数0.435的单位是什么？（2）若Δp用SI制表示，其他变量的单位不变，则新常数为多少？（3）方程中各变量均用SI制表示，则其常数为多少？

解：（1）根据量纲方程等号两侧的量纲必须一致的原则，则

左边Δp的单位：lbf/ft²

右边：$\dfrac{LV\mu}{D^2}=\text{ft}\times\dfrac{\text{ft}}{\text{s}}\times\dfrac{\text{lbm}}{\text{ft}\cdot\text{s}}\times\dfrac{1}{\text{ft}^2}=\dfrac{\text{lbm}}{\text{ft}\cdot\text{s}^2}$

故常数 0.435 的单位：$\dfrac{\text{lbf}}{\text{ft}^2}\times\dfrac{\text{ft}\cdot\text{s}^2}{\text{lbm}}=\dfrac{\text{lbf}\cdot\text{s}^2}{\text{lbm}\cdot\text{ft}}=$ 无单位

（2）Δp 用 SI 制表示时新常数：

$$\Delta p=0.435\,\dfrac{LV\mu}{D^2}\times\dfrac{\text{lbf}}{\text{ft}^2}\left|\dfrac{4.4482\text{N}}{1\text{lbf}}\right|\dfrac{1\text{ft}^2}{0.0929\text{m}^2}\right|=20.83\,\dfrac{LV\mu}{D^2}\left(\dfrac{\text{N}}{\text{m}^2}\right)$$

（3）方程中各变量均用 SI 制表示，则设改用 SI 制后的各变量为：L'、V'、μ'、D'。

不能采用与前面单位换算一样的方法顺序，因单位换算相当于是将最终结果进行等量替换。

方程中变量单位替换必须逐一找出新、旧变量之间的关系代入原计算，否则换算之后的系数刚好相反。

$$L(\text{ft})=L'(\text{m})\left|\dfrac{3.2808\text{ft}}{1\text{m}}\right|=3.2808L'\text{、}V\left(\dfrac{\text{ft}}{\text{s}}\right)=V'\left(\dfrac{\text{m}}{\text{s}}\right)\left|\dfrac{3.2808\text{ft}}{1\text{m}}\right|=3.2808V'$$

$$\mu\left(\dfrac{\text{lbm}}{\text{ft}\cdot\text{s}}\right)=\mu'\left(\dfrac{\text{kg}}{\text{m}\cdot\text{s}}\right)\left|\dfrac{2.205\text{lbm}}{1\text{kg}}\right|\dfrac{1\text{m}}{3.2808\text{ft}}\right|=0.672\mu'$$

$$D(\text{ft})=D'(\text{m})\left|\dfrac{3.2808\text{ft}}{1\text{m}}\right|=3.2808D'$$

代入原式：

$$\Delta p=20.83\,\dfrac{LV\mu}{D^2}=20.83\,\dfrac{(3.2808L')(3.2808V')(0.672\mu')}{(3.2808D')^2}=\dfrac{14L'V'\mu'}{D'}\left(\dfrac{\text{N}}{\text{m}^2}\right)$$

☆思考：如何采用 Excel 进行单位换算？

（二）采用 Excel 进行单位换算

目前每一台计算机都毫不例外地安装有 Office 软件，这给利用 Excel 进行化工计算带来了极大的方便。

（1）方法一——单元格驱动换算法

利用 Excel 单元格具有的计算功能进行单位换算非常简单，只需将相关手册中的单位换算表以一定的方式输入 Excel 表格中即可，如图 1-1 所示的长度单位换算表。

	B6 ▼	= =0.0254*C6		
	A	B	C	D	E
3	厘米(cm)	米(m)	英寸(in)	英尺(ft)	码(yd)
4	1	0.01	0.3937	0.03281	0.01094
5	100	1	39.3701	3.2808	1.09361
6	2.54	0.0254	1	0.083333	0.02778
7	152.4	1.524	60	5	1.66665
8	91.44	0.9144	36	3	1

图 1-1 单位换算表（长度部分）

图 1-1 中除用数字"1"表示的单元格是直接输入的数字，其余单元格都是以该行中数字为"1"的单元为基准，以公式的形式输入的表达式，如单元格 B6 中输入：$=0.0254*$C6，表示以米为单位的长度与以英寸为单位的长度之间的换算关系，进行单位换算时，只需将需要换算的以英寸为单位的长度之值输入数字为"1"的单元格中，则在该行中以其他

单位表示的长度之值立即显示在此行的其他各单元格中。如将 5 英尺换算成以 cm、m、in、yd 为单位的长度值，方法是在单元格 D7 中输入数字"5"，则在单元格 A7、B7、C7、E7 立即显示出以上述单位表示的长度之值，如图 1-1 所示。

（2）方法二——利用 Excel 自带的工程函数换算

Excel2003 之后，新增了度量衡转换函数 CONVERT，此函数可以将数字从一个度量系统转换到另一个度量系统中。其语法形式为 CONVERT（number，from_unit，to_unit），其中 number 为以 from_units 为单位的需要进行转换的数值，from_unit 为数值 number 的单位，to_unit 为结果的单位。

如将 1000g 换算为多少磅，在单元格中输入：= CONVERT（1000，"g"，"lbm"），如图 1-2 所示，输入完毕，按"Enter"键即可。

注意：输入时需在英文输入状态或半角状态，有关函数 CONVERT 中 from_unit 和 to_unit的参数可参阅 Excel 专著。

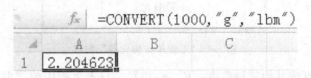

图 1-2 Excel 自带 CONVERT 函数单位换算示意图

☆思考：如何采用 ChemCAD 进行单位换算？

（三）采用 ChemCAD 进行单位换算

单位制的选择是 ChemCAD 进行计算的重要步骤，ChemCAD 默认的单位制是英制单位制，同时提供"Alt SI"，"SI"，"Metric"等三种单位制给用户选择，用户也可以自定义单位制。

采用 ChemCAD 进行单位换算比较简单。在任意一个打开的 ChemCAD 文件中，均可以使用单位换算功能键——"F6"。例如打开 ChemCAD 工作路径下的"My Simulations \ Examples \ Tutorials \ ChemCAD Tutorial. cc6"，如图 1-3 所示：

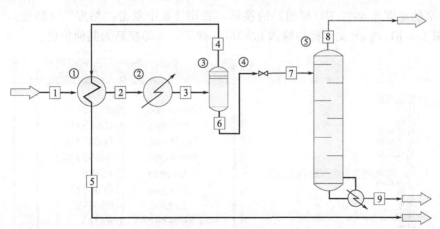

图 1-3 Tutorial. cc6

按下单位换算功能键——"F6"，弹出"工程单位转化器"窗口，如图 1-4 所示，在此窗口中提供了温度、压力、体积、密度、热量、热导率、焓、熵等 29 种物理量的单位换算。

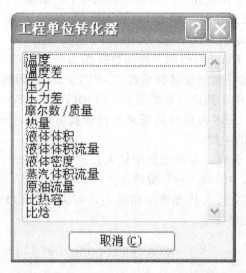

图1-4 "工程单位转化器"窗口

例如将20℉换算成其他三种温度，°R、K 和℃。双击上图中的"温度"，将℉的文本框中的100改为20，回车，可立即得到其他三种温度单位，如图1-5所示。

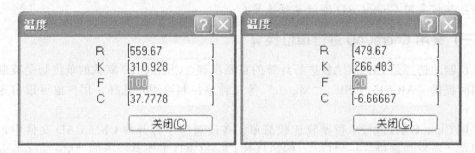

图1-5 温度换算举例

又如水的黏度0.8937cP（厘泊）的换算，在图1-6中双击"粘度"（黏度），如图1-6 (a)，在图1-6(b)的cP文本框中输入0.8937，回车，立即换算为其他单位。

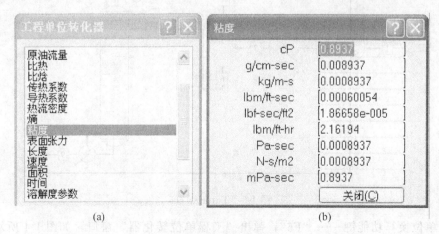

(a)   (b)

图1-6 黏度换算举例

当给 ChemCAD 流程中的物料或设备填写信息时也可以使用单位换算功能键——"F6"，免除单位换算的烦恼，如将进料温度由 75°F 改为 25℃，可以如下操作：

① 双击流程图中进料箭头"⟹"后面的物料连线或"①"，出现如图 1-7 所示的窗口。流程中的连线代表了一个单元操作流向另一单元操作的物料，包含了该物料的一些基本性质，如温度、压力、气相分率、单位时间下的总焓值、流量、各组分的分率等；

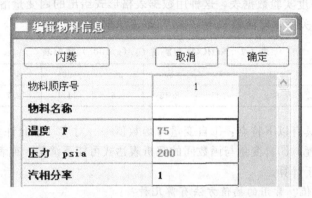

图 1-7 "编辑物料信息"窗口

② 鼠标单击图 1-7 中温度°F 文本框中的数字 75，然后按下 F6，将℃文本框中数字改写为 25，回车，如图 1-8 所示；

图 1-8 温度改变窗口

③ 单击图 1-8 "确定"按钮，软件会将 77°F 自动代替原来的 75°F。

☆思考：在 ChemCAD 中如何正确处理单位制选择与单位换算的关系？

任务 二

查表

知识目标

掌握查表的两种方法插值和曲线拟合，掌握线性内插法原理，了解其他插值原理和方法；了解曲线拟合的原理和方法。

能用 Excel 软件采用单元格驱动、ExcelVBA 自定义插值函数进行插值,能用 Excel 软件进行曲线拟合。

在生产和科学实验中,经常采用表格的形式来反映实际生产数据和实验观测数据,如表 1-7 为碳酸氢钠溶解度实验数据表,这种用数据表格形式给出的因变量溶解度(C_t)与自变量温度(t)之间的关系,即函数 $C_t = f(t)$,通常称作列表函数。

表 1-7　NaHCO₃ 溶解度 C_t(g/100g)数据表

t(温度)/℃	0	5	10	20	30	40	50	60
C_t(溶解度)/(g/100g)	6.9	7.45	8.15	9.6	11.1	12.7	14.45	16.4

列表函数通常具有以下特点:①自变量与函数值一一对应(不允许多值);②函数值具有相当可靠的精确度;③自变量与函数间的解析表达式可能不清楚,或者函数关系的解析表达式非常复杂不便于计算。

☆**思考**:1. 何谓插值?常用的插值方法有哪几种?

　　　　2. 何谓线性插值、Lagrange 插值、三次样条插值?

　　　　3. 何谓曲线拟合?

由表 1-7 可知,表格中只提供了几个温度为整数值时所对应的溶解度数据,当我们需要某一表格中未给出温度(如 26.8℃)的溶解度数据时,该如何处理呢?

目前,处理表格函数的方法可分为两大类:①插值;②曲线拟合。插值就是通过列表函数中若干点数据构造一个比较简单的函数来近似表达原表格函数进行数据处理的方法,显然选用不同的插值函数,就有不同的计算方法和计算结果。曲线拟合也称经验建模,通常是将表格中的全部数据作为处理对象,将其描述成数学表达式的方法。

本任务将着重介绍插值中的线性插值法和 Lagrange 多项式插值法及借助于 Excel 进行曲线拟合的方法。

一、采用常用插值方法处理表格函数

为便于写出计算通式,将表 1-7 中的实验数据抽象为表 1-8 中的表格函数。

表 1-8　表格函数

序号	1	2	3	4	⋯
自变量 x	x_1	x_2	x_3	x_4	⋯
因变量 y	y_1	y_2	y_3	y_4	⋯

(一)线性插值法

线性插值就是将表格函数中的相邻两点之间的函数关系视为直线关系,即通过两点的数据构造一直线方程来处理位于两点之间数据关系的方法,以点 1、点 2 为例,两点之间的因变量(y)的计算式为:

$$y = y_1 + \frac{y_2 - y_1}{x_2 - x_1}(x - x_1) \qquad \text{其中 } x_1 < x < x_2 \tag{1-2}$$

线性插值又称两点插值，其几何意义见图1-9。可见，线性插值将原函数（曲线）$f(x)$近似为直线$p(x)$处理，原函数$f(x)$在点Q的值y_Q被现函数$p(x)$在点Q'的值$y_{Q'}$所替代，这势必导致误差的存在。因此，线性插值是一种比较近似的插值处理方法，只有当原函数$f(x)$近似为直线或插值区间$(x_1，x_2)$比较小时才可应用，否则误差较大。

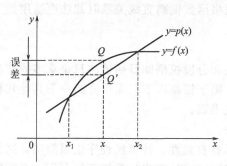

图1-9 线性插值法示意图

【例1-3】 利用表1-7采用线性插值方法查温度为26.8℃时$NaHCO_3$的溶解度？

分析：该题在利用公式（1-2）时，公式中自变量x对应于本题中的温度t，因变量y对应于系统中的溶解度C_t。

解：由题意可得如下数据表

序号	1	插入点	2	3
自变量 $x=t$	$t_1=20$	$t=26.8$	$t_2=30$	$t_3=40$
因变量 $y=C_t$	$C_{t1}=9.6$	$C_t=?$	$C_{t2}=11.1$	$C_{t3}=12.7$

由式（1-2）得：

$$C_t=C_{t1}+\frac{C_{t2}-C_{t1}}{t_2-t_1}(t-t_1)=9.6+\frac{11.1-9.6}{30-20}\times(26.8-20)=10.62\ (g/100g)$$

（二）拉格朗日（Lagrange）分段插值法

下面以一元三点拉格朗日插值法为例说明分段插值法的要点。

已知$n+1$个数据点的数值，其顺序依次为$x_0，x_1，\cdots，x_n$。插值点的数值为x，则

① $x\leqslant x_i$时，使用结点$x_{i-1}、x_i、x_{i+1}(i=1，2，\cdots，n-1)$；

② $x>x_{n-1}$时，使用结点$x_{n-2}、x_{n-1}、x_n$。

Lagrange插值计算式如下：

$$y=y_{k-1}\frac{(x-x_k)(x-x_{k+1})}{(x_{k-1}-x_k)(x_{k-1}-x_{k+1})}+y_k\frac{(x-x_{k-1})(x-x_{k+1})}{(x_k-x_{k-1})(x_k-x_{k+1})}+$$
$$y_{k+1}\frac{(x-x_{k-1})(x-x_k)}{(x_{k+1}-x_{k-1})(x_{k+1}-x_k)} \tag{1-3}$$

【例1-4】 利用Lagrange插值方法重新计算例1-3中温度为26.8℃时溶解度值。

解：由式（1-3）得：

$$C_t=C_{t1}\frac{(t-t_2)(t-t_3)}{(t_1-t_2)(t_1-t_3)}+C_{t2}\frac{(t-t_1)(t-t_3)}{(t_2-t_1)(t_2-t_3)}+C_{t3}\frac{(t-t_1)(t-t_2)}{(t_3-t_1)(t_3-t_2)}$$

$$=9.6\times\frac{(26.8-30)(26.8-40)}{(20-30)(20-40)}+11.1\times\frac{(26.8-20)(26.8-40)}{(30-20)(30-40)}+$$

$$12.7 \times \frac{(26.8-20)(26.8-30)}{(40-20)(40-30)}$$

$$=10.61(\text{g}/100\text{g})$$

此结果与线性内插值不完全一致，相对而言，查表时采用拉格朗日分段插值法的精度要高于线性插值，尤其是当表格函数偏离直线关系时此法更适用。

*（三）其他插值法

前面所述的线性插值法和分段拉格朗日插值法只是众多插值法中的两种，工程上还存在着多种其他类型的插值法，限于篇幅以下只简单介绍一下其他几种常用的插值方法的名称和定义，详细内容可参阅有关书籍。

（1）差商与牛顿插值法

拉格朗日插值法定义具有直观性，计算机程序也很简明，这是它的优点。但如精度不满足要求，需要增加插值节点时原来计算出的数据不能利用，必须重新计算。牛顿插值公式能克服这一缺点。

（2）差分与等距节点插值法

上面所介绍的插值法是采用节点任意分布的插值公式，但实际应用时经常遇到等距节点的情形，这时插值公式可进一步简化，计算也简单得多。这就是差分与等距节点插值法的优点。

（3）分段插值法

由于有些函数会在某些取值范围发生突变，因此，对于处于此种类型下的插值，并不意味插值点越多精度越高，在实际进行插值计算时，通常将插值范围分为若干段，然后在每个分段上使用低阶插值（如线性插值或二次插值），这就是所谓的分段插值法。

（4）三次样条插值

在工程上经常要求通过平面上 $n+1$ 个已知点作一条连接光滑的曲线。譬如船体放样与机翼设计均要求曲线不仅连续而且处处光滑。就高速飞机机翼的设计来说，要求尽可能采用流线型，使气流沿机翼表面能形成平滑的流线，以减少空气的阻力。解决此类问题，当节点很多时，构造一个高次插值多项式是不理想的，可能出现龙格（C. Runge）现象（所谓龙格现象即插值多项式在插值区间发生剧烈振荡，出现函数不收敛的现象）。所以，在工程上进行放样时，描图员常用富有弹性的细长木条称样条，把它用压铁固定在样点上，其他地方让它自由弯曲，然后画下长条的曲线，称为样条曲线。该曲线可以看成由一段一段的三次多项式曲线拼合而成，在拼接处，不仅函数自身是连续的，而且它的一阶和二阶导数也是连续的，这种对描图员描出的样条曲线进行数学模拟得出的函数叫做样条插值函数。此插值函数需通过求解一个三对角矩阵（采用追赶法）才能求得。

☆思考：如何采用 Excel 进行线性插值、Lagrange 插值？

二、基于 Excel 单元格的常用插值法

Excel 具有强大的计算功能，同样可用来处理上述插值问题。下面采用单元格驱动法以例 1-3 的线性插值和例 1-4 的拉格朗日（Lagrange）分段插值为例加以说明。

步骤 1：打开 Excel 表，在单元格 B19、C19、D19、E19、B21、D21、E21 依次输入已知各数据点和待插数据点，如图 1-10 所示。

步骤 2：在待插值单元格 C21 中输入线性插值计算公式（1-2），即：

＝B21＋(D21－B21)/(D19－B19)＊(C19－B19)，按"Enter"键，得计算值10.62；

若采用Lagrange插值计算法，则在单元格C23中输入：

＝B21＊(C19－D19)＊(C19－E19)/(B19－D19)/(B19－E19)＋D21＊(C19－B19)＊(C19－E19)/(D19－B19)/(D19－E19)＋E21＊(C19－B19)＊(C19－D19)/(E19－B19)/(E19－D19)

按"Enter"键，得计算值10.61。

由图1-10可知，插值计算结果与前面例题计算结果完全一致。

	C21	f_x	=B21+(D21-B21) (D19-B19)*(C19-B19)		
	A	B	C	D	E
17	序　号	1	插入点	2	3
18	自变量温度t符号	$t_1=$	$t=$	$t_2=$	$t_3=$
19	自变量温度t数值	20	26.8	30.0	40.0
20	因变量溶解度C_t符号	$C_{t1}=$	$C_t=?$	$C_{t2}=$	$C_{t3}=$
21	因变量C_t数值线性内插值	9.60	10.6200	11.1	12.7
22	采用自定义线性内插函数插值		10.6200		
23	因变量C_t数值LagrangeIn内插值		10.6091		
24	采用自定义Lagrange内插函数插值		10.6091		

图1-10　采用Excel单元格驱动线性内插与Lagrange内插示意图

☆思考：如何利用ExcelVBA开发线性插值和Lagrange插值自定义函数？

三、采用Excel曲线拟合法处理表格函数

线性插值处理表格函数时需要相邻两点数据且要求数据密度较大或相互之间有直线关系或近似直线关系，Lagrange分段插值需相邻三点数据，改变插值要求，常常需要重新选择插值区间。当需同时处理若干插值点时，计算工作量相对相大。当然，通过编写VBA自定义函数（参阅本任务技能拓展部分）也能利用插值方法实现对离散数据表连续查询数据的功能。

若能将表格中离散的数据描述成数学表达式，则可很方便地实现连续插值。在数学上利用回归分析可实现将离散型数据描述成函数式，这种方法也称曲线拟合或经验建模（常用的方法有线性与非线性最小二乘法，具体可参阅有关数学资料，本任务的知识拓展部分简单介绍了线性二乘法的相关知识）。Excel软件已具备了部分曲线拟合功能，拟合的表达式类型有：①线性；②指数；③对数；④多项式；⑤幂；⑥移动平均六种类型，以下通过具体例子详细说明Excel曲线拟合过程。

【例1-5】　将表1-7的溶解度数据，用Excel拟合成函数关系$C_t=f(t)$，并利用此函数计算温度为26.8℃时的溶解度值。

步骤1：将表1-7中的数据按列依次输入如图1-11所示A27～I28的区域。

步骤2：选中表中数据区，即单元格A27～I28范围，选择"插入"⇒"散点图"⇒如图1-11。单击"第一张散点图"，出现如图1-12所示的散点图。

步骤3：选中数据点⇒右击数据点，出现如图1-13所示的右键菜单。

步骤4：单击如图1-13"添加趋势线"，出现如图1-14所示的"设置趋势线格式"对话框。在"趋势预测/回归分析类型"中选择"多项式"，在其后的"顺序"选择"3"，在"显

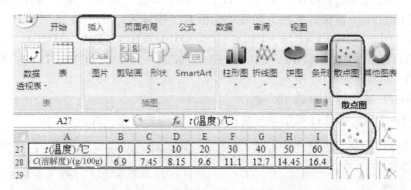

图 1-11 例 1-5 数据表及拟合数据散点图

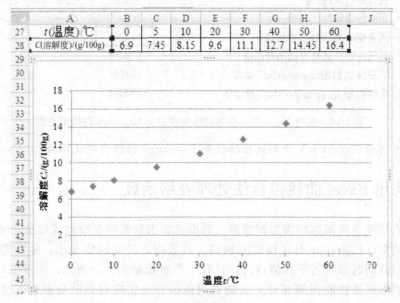

图 1-12 例 1-5 散点图

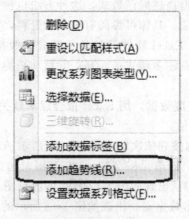

图 1-13 添加趋势线右键菜单

示公式"、"显示 R 平方值"之前打勾，⇒如图 1-15 所示的拟合公式，即：

$$y = 2\text{E}-06x^3 + 0.0004x^2 + 0.126x + 6.8595$$

式中"2E－06"是 Excel 科学记数表达形式，即 2×10^{-6}。

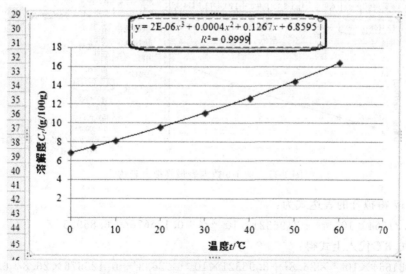

图 1-14 "设置趋势线格式"对话框

$$y = 2\text{E}-06x^3 + 0.0004x^2 + 0.1267x + 6.8595$$
$$R^2 = 0.9999$$

图 1-15 例 1-5 数据表拟合的初次表达式

注意：

① 在图 1-14 中，Excel 默认的趋势线是"线性"，在选择时可根据曲线形状和"R 平方值"来选择回归分析类型，R^2 值越趋近于 1，所拟合的方程与数据点之间的关系越接近，

利用此方程计算的结果与原数据点的误差就越小。

② 从图 1-15 中可看出，Excel 初次拟合的表达式中自变量、应变量分别用 x、y 表示，可通过修改成为 t、C_t，使之与实际情况相符。

③ 初次表达式中，当系数较小时，Excel 默认采用科学记数格式且只保留 1 位整数，直接应用此表达式时可能会带来一定的误差，此时可通过改变数据表达方式进行改善。

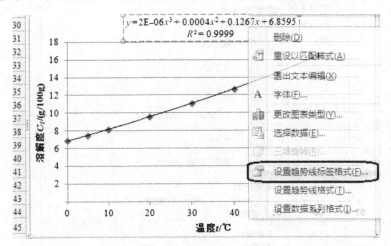

图 1-16　例 1-5 数据表拟合表达式"设置趋势线标签格式"

步骤 5：选中图 1-15 的表达式，右击⇒选中右键菜单"设置趋势线标签格式"，如图 1-16⇒"设置趋势线标签格式"对话框，如图 1-17，选择其中"科学记数"，在"小数位数"中输入你想要的位数，如"5"⇒保留了 5 位小数的表达式。

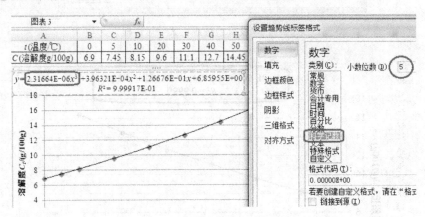

图 1-17　例 1-5 数据表最终拟合表达式

由图 1-17 得拟合的表达式为：

$$C_t = 2.31664 \times 10^{-6} t^3 + 3.96321 \times 10^{-4} t^2 + 0.126676t + 6.85955$$

将 $t = 26.8℃$ 代入上式得：

$$C_t = 2.31664 \times 10^{-6} \times 26.8^3 + 3.96321 \times 10^{-4} \times 26.8^2 + 0.126676 \times 26.8 + 6.85955$$
$$= 10.58(g/100g)$$

由此可见，计算结果与例 1-3、例 1-4 十分接近。同时通过例 1-3～例 1-5 的计算表明，即使同一数据来源处理相同的数据，当采用不同的处理方法时，其最终的结果不完全一致，具体采用何种方法，需认真考虑，正确选择。

用拟合表达式重新计算表 1-7 中的实验点的溶解度数据并列于同一表格中，如表 1-9 所示。

表 1-9 例 1-5 拟合值与原值的对比表

t（温度）/℃	0	5	10	20	30	40	50	60
C_t（原值）	6.9	7.45	8.15	9.6	11.1	12.7	14.45	16.4
C_t（拟合值）	6.86	7.50	8.17	9.57	11.08	12.71	14.47	16.39
相对误差/%	−0.59	0.71	0.22	−0.31	−0.19	0.07	0.16	−0.08

由表 1-9 可看出，每一点的拟合值与实验值相对误差均很小，最大误差值不超过 0.71%，工程上完全可用此拟合的表达式代替表 1-7。

【例 1-6】 如表 1-10 所示为一弹簧荷重与弹簧伸长之间的关系实验数据，试用线性内插法、Lagrange 分段内插法、Excel 曲线拟合法求当荷重为 11.24kg 时弹簧长度？

表 1-10 弹簧荷重与弹簧伸长的关系

荷重 x_i/kg	0	2	4	6	8	10	12	14	16
长度 y_i/cm	30.00	31.25	32.58	33.71	35.01	36.20	37.31	38.79	40.04

解：（1）线性内插法

由式（1-2）得：

$$y=y_1+\frac{y_2-y_1}{x_2-x_1}(x-x_1)=36.20+\frac{37.31-36.20}{12-10}\times(11.24-10)=36.89(\text{cm})$$

（2）Lagrange 分段内插法

由式（1-3）得：

$$y=y_1\frac{(x-x_2)(x-x_3)}{(x_1-x_2)(x_1-x_3)}+y_2\frac{(x-x_1)(x-x_3)}{(x_2-x_1)(x_2-x_3)}+y_3\frac{(x-x_1)(x-x_2)}{(x_3-x_1)(x_3-x_2)}$$

$$=36.20\times\frac{(11.24-12)(11.24-14)}{(10-12)(10-14)}+37.31\times\frac{(11.24-10)(11.24-14)}{(12-10)(12-14)}$$

$$+38.79\times\frac{(11.24-10)(11.24-12)}{(14-10)(14-12)}$$

$$=36.84(\text{cm})$$

（3）Excel 曲线拟合法

处理步骤同例 1-5 相同，具体步骤省略，其最终拟合结果如图 1-18。

根据力学知识，在弹簧的弹性限度内，符合虎克定律，弹簧伸长 y 与荷重 x 成正比，即 y 是 x 的线性函数，因此拟合时选择"线性"。

由图 1-18 得拟合的直线方程为：

$$y=0.62275x+30.00578$$

将荷重 $x=11.24$kg 代入上式得：

$$y=0.62275\times11.24+30.00578=37.01(\text{cm})$$

将拟合结果与实验值比较，如表 1-11。

可见，拟合结果与实验值相当符合。因此，针对此题而言，方法（3）的计算结果优于方法（1）和方法（2）。

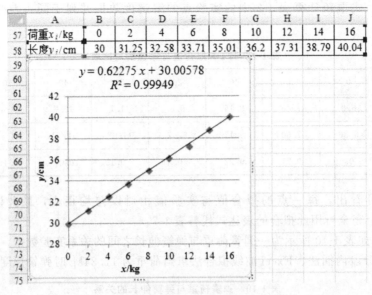

	A	B	C	D	E	F	G	H	I	J
57	荷重 x_i/kg	0	2	4	6	8	10	12	14	16
58	长度 y_i/cm	30	31.25	32.58	33.71	35.01	36.2	37.31	38.79	40.04

图 1-18　例 1-6 数据表及最终拟合直线图

表 1-11　例 1-6 拟合计算与实验值对比表

x_i/kg	0	2	4	6	8	10	12	14	16
原值 y_i/cm	30	31.25	32.58	33.71	35.01	36.2	37.31	38.79	40.04
拟合值 y_i/cm	30.01	31.25	32.50	33.74	34.99	36.23	37.48	38.73	39.97
相对误差/%	0.02	0.01	−0.25	0.10	−0.06	0.09	0.45	−0.17	−0.17

【例 1-7】　某化学反应速率常数 k 与热力学温度 T 的实验数据如表 1-12 所示，试用线性内插法、Lagrange 分段内插法、Excel 曲线拟合法求当 $T=388.5K$ 时的反应速率？

表 1-12　例 1-7 反应速率与热力学温度的实验数据表

T_i/K	363	373	383	393	403	Σ
k_i/(1/min)	6.6800E−03	1.3760E−02	2.7170E−02	5.2210E−02	9.6630E−02	1.9645E−01

解：（1）线性内插法

由式（1-2）得：

$$k=k_1+\frac{k_2-k_1}{T_2-T_1}(T-T_1)=\left[2.7170+\frac{5.2210-2.7170}{393-383}\times(388.5-383)\right]\times10^{-2}$$

$$=4.0942\times10^{-2}(\text{min}^{-1})$$

（2）Lagrange 分段内插法

由式（1-3）得：

$$k=k_1\frac{(T-T_2)(T-T_3)}{(T_1-T_2)(T_1-T_3)}+k_2\frac{(T-T_1)(T-T_3)}{(T_2-T_1)(T_2-T_3)}+k_3\frac{(T-T_1)(T-T_2)}{(T_3-T_1)(T_3-T_2)}$$

$$=2.7170\times10^{-2}\times\frac{(388.5-393)(388.5-403)}{(383-393)(383-403)}$$

$$+5.2210\times10^{-2}\times\frac{(388.5-383)(388.5-403)}{(393-383)(393-403)}$$

$$+9.6630\times10^{-2}\times\frac{(388.5-383)(388.5-393)}{(403-383)(403-393)}$$

$$=3.8544\times10^{-2}(\text{min}^{-1})$$

（3）Excel 曲线拟合法

处理步骤同例 1-5 相同，具体步骤省略，其最终拟合结果如图 1-19。

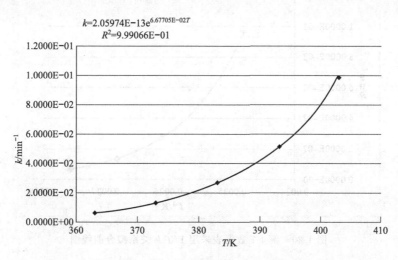

图 1-19　例 1-7 数据表最终拟合曲线图

由图 1-19 得拟合的方程为：

$$k=2.05974\times10^{-13}\,\text{e}^{0.0667705T}$$

将 $T=388.5\text{K}$ 代入上式得：$k=2.05974\times10^{-13}\ \text{e}^{0.0667705\times388.5}=3.7980\times10^{-2}$（$\text{min}^{-1}$）

由反应动力学可知，反应动力学方程通常表示为 $r=kC_A^n$，其中反应速率常数 k 与温度 T 的关系符合阿累尼乌斯（S. A. Arrhenius）方程，即 $k=k_0\exp[-E/(RT)]$ 的形式，显然 T-k 之间的关系不符合直线关系。

本例若要使拟合方程符合阿累尼乌斯方程，可将原数据表 1-12 中 T-k 之间的关系转换为 $1/T$-k 之间的关系，再利用 Excel 进行曲线拟合，具体结果如图 1-20 所示。

由图 1-20 得拟合的方程为：

$$k=3.27786\times10^{9}\,\text{e}^{-9771.68/T}$$

将 $T=388.5\text{K}$ 代入上式得：$k=3.27786\times10^{9}\,\text{e}^{-9771.68/388.5}=3.9091\times10^{-2}$（$\text{min}^{-1}$）

将两种曲线拟合结果与原实验数据进行比较，计算结果如表 1-13 所示。

表 1-13　例 1-7 两种拟合计算结果与实验数据比较表

T_i/K	363	373	383	393	403
k_i/(1/min)	6.6800E-03	1.3760E-02	2.7170E-02	5.2210E-02	9.6630E-02
T-k 关系拟合计算 k 值	6.9200E-03	1.3492E-02	2.6307E-02	5.1292E-02	1.0001E-01
$1/T$-k 关系拟合计算 k 值	6.6791E-03	1.3745E-02	2.7240E-02	5.2138E-02	9.6628E-02
T-k 关系拟合计算误差/%	3.593	-1.945	-3.177	-1.758	3.495
$1/T$-k 关系拟合计算误差/%	-0.013	-0.109	0.258	-0.139	-0.002

例 1-7 小结：

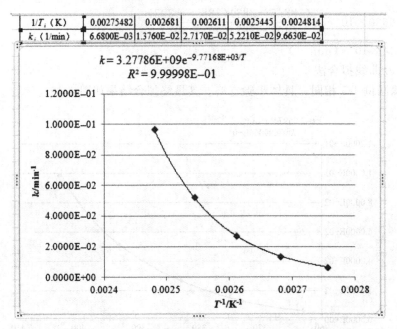

$1/T_i$（K）	0.00275482	0.002681	0.002611	0.0025445	0.0024814
k_i（1/min）	6.6800E−03	1.3760E−02	2.7170E−02	5.2210E−02	9.6630E−02

图 1-20　例 1-7 数据表采用 $1/T$-k 关系拟合曲线图

① 由表 1-13 可看出，若已知自变量与因变量之间的关系，采用正确的拟合方程（$1/T$-k 关系），所得结果与实验值之间的误差极小；若以 $1/T$-k 关系拟合计算 k 值为基准，则将其余三种方法的计算结果与之比较的误差值列于表 1-14。

表 1-14　例 1-7 四种计算结果之间的比较表

处理方法	线性内插	Lagrange 分段内插	T-k 关系拟合	$1/T$-k 关系拟合
处理结果	4.0942E−02	3.8544E−02	3.7980E−02	3.9091E−02
相对误差/%	4.736	−1.399	−2.840	0.000

② 由表 1-14 看出，线性插值法计算的误差较大，Lagrange 分段插值的计算结果优于直接采用 T-k 关系拟合曲线的计算结果。

因此，若能已知原表格函数的函数类型，再与 Excel 曲线拟合相结合，可以得到更好的拟合效果。

四、技能拓展——ExcelVBA 自定义插值函数插值

从 Office 97 开始，微软为所有的 Office 组件引入了统一的应用程序自动化语言——Visual Basic For Application（VBA），并提供了 VBA 的 IDE（Integrated Development Environment）环境。VBA 集成开发环境是进行 VBA 程序和代码编写的地方，同一版本的 Office 共享同一 IDE。VBA 代码和 Excel 文件是保存在一起的，可以通过打开 VBA 的 IDE 环境进行程序设计和代码编写，以下以 Excel2007 为例介绍线性插值和 Lagrange 插值自定义函数 LineIn、LagrangeIn 的具体开发步骤。

步骤 1：打开 Excel⇒开发工具⇒Visual Basic，如图 1-21 所示。

步骤 2：选择菜单"插入"⇒"模块"，如图 1-22 所示。在未插入模块之前，"过程"是灰色的，不可用。

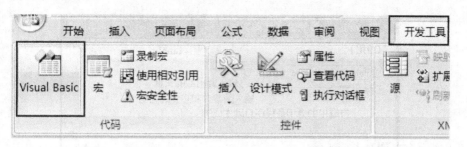

图 1-21　启动 Excel 中 Visual Basic 编辑器

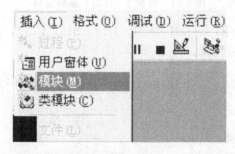

图 1-22　插入模块

步骤 3：选择菜单"插入"⇒"过程"⇒"添加过程"对话框，如图 1-23。在名称输入框中输入过程名：LineIn（意为线性插值，此过程名可根据函数的用途由用户自己取名），在"类型"中选择"函数"，"范围"中两者皆可选择，此处选择"公共的"。按"确定"按钮，出现图 1-24 的模块 1（代码）编辑窗口。

步骤 4：在函数 LineIn 的括号内依次输入计算用的变量：Y1、Y2、X1、X2、X，在函数体部分输入具体的计算公式，完整的代码如下：

```
Public Function LineIn（Y2，Y1，X2，X1，X）As Double
LineIn= Y1+（Y2-Y1）/（X2-X1）*（X-X1）          '线性内插计算公式
End Function
```

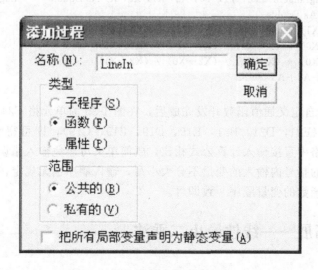

图 1-23　"添加过程"对话框

步骤 5：利用已开发的线性插值自定义函数即可在 Excel 中进行插值计算，如图 1-25 在

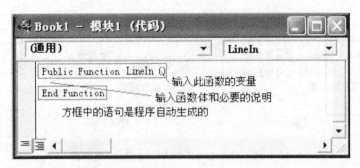

图 1-24 模块 1（代码）编辑窗口

单元格 C22 中输入：＝LINEIN（D21，B21，D19，B19，C19），按 "Enter" 键，可得与图 1-10 单元格 C21 相同的计算结果。

	C22		f_x	=LINEIN(D21,B21,D19,B19,C19)	
	A	B	C	D	E
17	序 号	1	插入点	2	3
18	自变量温度t符号	$t_1=$	$t=$	$t_2=$	$t_3=$
19	自变量温度t数值	20	26.8	30.0	40.0
20	因变量溶解度C_t符号	$C_{t1}=$	$C_t=?$	$C_{t2}=$	$C_{t3}=$
21	因变量C_t数值线性内插值	9.60	10.6200	11.1	12.7
22	采用自定义线性内插函数插值		10.6200		
23	因变量C_t数值LagrangeIn内插值		10.6091		
24	采用自定义Lagrange内插函数插值		10.6091		

图 1-25 自定义线性插值函数 LineIn 的计算示意

Lagrange 自定义插值函数 LagrangeIn 的开发步骤与 LineIn 自定义函数的完全相同，其完整代码如下：

```
Public Function LagrangeIn（Y2，Y1，Y0，X2，X1，X0，X）As Double      'Lagrange 内插函数
Dim A1，A2，A3 As Double
A1＝ Y0 * （X－X1）* （X－X2）/ （X0－X1）/ （X0－X2）
A2＝ Y1 * （X－X0）* （X－X2）/ （X1－X0）/ （X1－X2）
A3＝ Y2 * （X－X0）* （X－X1）/ （X2－X0）/ （X2－X1）
LagrangeIn＝ A1＋A2＋A3
End Function
```

上述 Lagrange 自定义插值函数开发完成后，在图 1-25 的单元格 C24 中输入：

＝LagrangeIn（E21，D21，B21，E19，D19，B19，C19），即可得结果 10.61。显然，采用该法与在单元格中直接输入计算公式相比，既简单又可避免输入错误。

注意：在函数的括号内输入的变量不分大小写，输入顺序也无规定，只要在使用此函数时变量的顺序与此函数的变量顺序一致即可。

五、知识拓展——线性最小二乘法

（一）关联函数的选择和线性化

实测数据关联成数学模型的方法一般有以下几种：

① 具有一定的理论依据，可直接根据机理选择关联函数的形式。

如反应动力学方程通常表示为 $r=kC_A^n$，其中反应速率常数 k 与温度 T 的关系符合阿累尼乌斯（S. A. Arrhenius）方程，$k=k_0\exp[-E/(RT)]$ 的形式。此法的关键在于确定上述公式中 k、n、k_0、E 等未知系数，以使模型密切逼近实测数据。这种模型称为半经验模型，工作要点在于参数估计。

② 尚无任何理论依据，但已有一些经验公式可选择。

很多物性数据如热容、密度、饱和蒸气压等与温度的关系常表示为：

$$\phi(T)=b_0+b_1T+b_2T^2+b_3T^3+b_4\ln T+b_5/T$$

当然不一定上述公式中六个系数都很重要，有的物性也只取前三、四项即可满足精度要求，这样可使模型简单化。

③ 没有任何经验可循的情况。

对于此类情况，通常只能将实验数据画出图形与已知函数图形进行比较，选择图形接近的函数形式作拟合模型。

不论上述哪种情况，在选定关联函数的形式之后，就是如何根据实验数据去确定所选关联函数中的待定系数，最常用的方法是最小二乘法，具体可参阅有关数学专著。对于一些相对比较简单的函数类型，通常采用线性最小二乘法，以下介绍线性二乘法原理及其应用。

☆思考：何谓最小二乘法？

一元线性模型：

$$Y=A+BX \tag{1-4}$$

多元线性模型：

$$Y=B_0+B_1X_1+B_2X_2+\cdots\cdots \tag{1-5}$$

对于一些非线性模型，应事先将其变换成线性形式，即线性化处理，然后再用线性最小二乘法进行关联。

表 1-15 列出了化工中常用的几种函数类型及线性化的方法。此表中所列均为单变量问题，经线性化处理后的线性模型均可统一用式（1-4）表示。

对于多变量函数关系

$$y=f(x_1,x_2,\cdots)$$

若采用幂函数的乘积作为关联函数，即将上面的函数关系写成如下形式

$$y=ax_1^b x_2^c\cdots \tag{1-6}$$

可作如下线性化处理，令

$$Y=\ln y，X_1=\ln x_1，X_2=\ln x_2，\cdots$$
$$B_0=\ln a，B_1=b，B_2=c，\cdots$$

经线性化处理后的模型即式（1-5）。

对于一元非线性化方程，如：

$$y=a+bx+cx^2+dx^3\cdots \tag{1-7}$$

令

$$Y=y，X_1=x，X_2=x^2，\cdots$$
$$B_0=a，B_1=b，B_2=c，\cdots$$

经线性化处理后的模型也为式（1-5）。

（二）线性最小二乘法

关联函数的形式确定之后，如何由实验数据比较精确地去确定关联函数中的待定系数仍

表 1-15 常用函数线性化方法

图形	函数及线性化方法	图形	函数及线性化方法
	幂函数 $y=ax^b$ 令 $Y=\lg y$ $X=\lg x$ $A=\lg a$ $B=b$ 则 $Y=A+BX$		对数函数 $y=a+b\lg x$ 令 $Y=y$ $X=\lg x$ $A=a$ $B=b$ 则 $Y=A+BX$
	指数函数 $y=a\,e^{bx}$ 令 $Y=\ln y$ $X=x$ $A=\ln a$ $B=b$ 则 $Y=A+BX$		双曲函数 $1/y=a+b/x$ 令 $Y=1/y$ $X=1/x$ $A=a$ $B=b$ 则 $Y=A+BX$
	负指数函数 $y=a\,e^{b/x}$ 令 $Y=\ln y$ $X=1/x$ $A=\ln a$ $B=b$ 则 $Y=A+BX$		S形曲线函数 $1/y=a+b\,e^{-x}$ 令 $Y=1/y$ $X=e^{-x}$ $A=a$ $B=b$ 则 $Y=A+BX$

是一个重要问题，最常用的方法就是线性最小二乘法，以下先以例 1-6 的表 1-10 数据加以说明。

将表 1-10 数据点画在图 1-26 上，可以看出尽管荷重与伸长两者呈直线关系，但不同的人可能所画的直线并不严格在一条直线上，说明由于读数或其他影响因素造成数据包含有随机误差。

根据力学上的虎克定律，弹簧伸长 y 应该与荷重 x 成正比，即 y 是 x 的线性函数，通过实验确定比例系数（弹簧的弹性系数）。一般地直线方程模型表示为

$$y'=a+bx \tag{1-8}$$

如果用直尺将图 1-26 上的点连成直线，由于 9 个点不在一直线上，所以可以画出多条直线。也即式（1-8）线性模型中参数 a 和 b 可以有多种取值，于是产生这样一个问题，图 1-26 众多的连线中哪一条直线最能体现物理现象的本质呢？换句话说线性模型式（1-8）中截距 a 和斜率 b 取什么值为最佳选择？为说明这个问题，这里引入"残差"的概念。

设有 n 对实验数据 $(x_i，y_i)$（$i=1，2，\cdots，n$），需要寻找一个近似函数模型 $y'=f(x)$ 来拟合这一组数据。令第 i 点实测函数值 y_i 与模型计算值 y_i' 之差为残差，即

$$\delta_i=y_i-y_i'=y_i-f(x) \tag{1-9}$$

显然，δ_i 刻划了 y_i 与回归模型计算值 y_i' 的偏离程度。如果每一个点的残差 $\delta_i=0$，说明实验数据 $(x_i，y_i)$ 完全可用直线拟合，但出于存在实验误差，$\delta_i=0$ 是不可能的。也就是说最佳的 a 和 b 应使 $|\delta_i|$ 的和最小。但用 $|\delta_i|$ 的和最小原则估计参数 a 和 b，在应用上不很方便，所以，一般采用最小二乘法，其原理可以这样描述：所谓最小二乘原理就是使残差的平方和最小，即

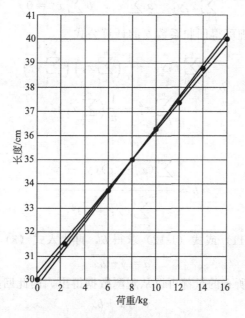

图 1-26 荷重与弹簧伸长长度关系

$$Q = \sum_{i=1}^{n} \delta_i^2 = \min \qquad (1\text{-}10)$$

用最小二乘原理选择最佳拟合模型的物理意义是显见的，即在上例中找一条直线，使它与各实测点的距离（即 δ_i）平方加和最小，这样得到的拟合方程就可完全替代原数据表中数据之间的关系。这种采用使拟合函数值与原函数值之间的差值即残差平方和最小的方法来确定拟合函数的方法称最小二乘法。

将式（1-9）代入式（1-10），可得

$$Q = \sum_{i=1}^{n} \delta_i^2 = \sum_{i=1}^{n} (y_i - a - bx_i)^2 = \min$$

显然，Q 是 a 和 b 的函数。由数学分析多元函数求极值的必要条件，使 Q 最小的 a、b 必须满足以下方程组

$$\frac{\partial Q}{\partial a} = -2 \sum_{i=1}^{n} (y_i - a - bx_i) = 0 \qquad (1)$$

$$\frac{\partial Q}{\partial b} = -2 \sum_{i=1}^{n} (y_i - a - bx_i) x_i = 0 \qquad (2)$$

由式（1）得

$$na = \sum_{i=1}^{n} y_i - b \sum_{i=1}^{n} x_i$$

$$a = \bar{y} - b\bar{x} \qquad (3)$$

其中

$$\bar{y} = \frac{1}{n} \sum_{i=1}^{n} y_i, \ \bar{x} = \frac{1}{n} \sum_{i=1}^{n} x_i$$

分别表示 y_i、x_i 的平均值。由式（2）可推得

$$\sum_{i=1}^{n} x_i y_i - a \sum_{i=1}^{n} x_i - b \sum_{i=1}^{n} x_i^2 = 0 \tag{4}$$

由式（3）、式（4）经整理可得回归系数 b 的计算公式

$$b = \frac{\sum\limits_{i=1}^{n} x_i y_i - \frac{1}{n}\left(\sum\limits_{i=1}^{n} x_i\right)\left(\sum\limits_{i=1}^{n} y_i\right)}{\sum\limits_{i=1}^{n} x_i^2 - \frac{1}{n}\left(\sum\limits_{i=1}^{n} x_i\right)^2} \tag{1-11}$$

或

$$b = \frac{\sum\limits_{i=1}^{n} (x_i - \overline{x})(y_i - \overline{y})}{\sum\limits_{i=1}^{n} (x_i - \overline{x})^2} \tag{1-12}$$

具体计算时，先由式（1-11）或式（1-12）求得 b，再代入式（3）得 a

$$a = \overline{y} - b\overline{x} \tag{1-13}$$

由于计算 a、b 的公式中所有的量都可以从观测数据得出，因此回归直线方程

$$y' = a + bx$$

便可确定。

为了简化公式，将上述公式中的 $\sum\limits_{i=1}^{n}$（下同）均用 $\sum$ 代替。令任一数据点 x_i 与其平均值 $\overline{x}$ 之差称为离差 $(x_i - \overline{x})$，x_i 的离差的平方和记为 l_{xx}，即

$$l_{xx} = \sum (x_i - \overline{x})^2 = \sum x_i^2 - \frac{1}{n}(\sum x_i)^2 \tag{1-14}$$

同样，将 y_i 的离差的平方和记为 l_{yy}，即

$$l_{yy} = \sum (y_i - \overline{y})^2 = \sum y_i^2 - \frac{1}{n}(\sum y_i)^2 \tag{1-15}$$

将 x_i 的离差与 y_i 的离差的乘积之和记为 l_{xy}，即

$$l_{xy} = \sum (x_i - \overline{x})(y_i - \overline{y}) = \sum x_i y_i - \frac{1}{n}(\sum x_i)(\sum y_i) \tag{1-16}$$

则式（1-12）可表示为

$$b = \frac{l_{xy}}{l_{xx}} = \frac{\sum x_i y_i - \frac{1}{n}(\sum x_i)(\sum y_i)}{\sum x_i^2 - \frac{1}{n}(\sum x_i)^2} \tag{1-17}$$

利用式（1-17）、式（1-13）计算表 1-10 中的数据，列于表 1-16 中。

表 1-16 弹簧荷重与弹簧伸长的关系采用最小二乘法计算数据

x_i/kg	0	2	4	6	8	10	12	14	16	$\sum x_i = 72$
y_i/cm	30.00	31.25	32.58	33.71	35.01	36.20	37.31	38.79	40.04	$\sum y_i = 314.89$
x_i^2	0	4	16	36	64	100	144	196	256	$\sum x_i^2 = 816$
$x_i y_i$	0	62.50	130.32	202.26	280.08	362.00	447.72	543.06	640.64	$\sum x_i y_i = 2668.52$
y_i^2	900.0	976.56	1061.46	1136.36	1225.70	1310.44	1392.04	1504.66	1603.20	$\sum y_i^2 = 11110.42$

$l_{xx}=816-(72)^2/9=240$

$l_{xy}=2668.58-72\times314.89/9=149.46$

$b=l_{xy}/l_{xx}=149.46/240=0.62275$

$a=314.89/9-0.62275\times72/9=30.006$

故回归方程为

$$y'=30.006+0.62275x$$

可见，与图 1-18 Excel 拟合的曲线表达式完全一致。

对于非线性模型作了线性化处理后的回归方程

$$Y'=A+BX$$

需注意，此模型并非最终模型，最后需恢复线性化处理前的模型原样。

以例 1-7 表 1-12 数据为例，由反应动力学知，反应速率常数与热力学温度的关系一般服从阿累尼乌斯（S. A. Arrhenius）方程，即：

$$k=k_0\exp[-E/(RT)]$$

由于此式为非线性函数，需进行线性化处理，两边取对数后得

$$\ln k=\ln k_0-\frac{E}{R}\left(\frac{1}{T}\right)$$

令

$$Y=\ln k,X=1/T,A=\ln k_0,B=-E/R$$

则

$$Y=A+BX$$

将原 k-T 数据组换算成 X-Y 数据组列于表 1-17。

表 1-17 例 1-7 反应速率与热力学温度的实验数据采用最小二乘法计算数据

T_i/K	363	373	383	393	403	Σ
$k_i/(1/\text{min})$	6.6800E−03	1.3760E−02	2.7170E−02	5.2210E−02	9.6630E−02	1.9645E−01
$X_i=1/T_i/K^{-1}$	2.7548E−03	2.6810E−03	2.6110E−03	2.5445E−03	2.4814E−03	1.3073E−02
$Y_i=\ln k_i$	−5.009	−4.286	−3.606	−2.952	−2.337	−18.190
X_i^2	7.5890E−06	7.1876E−06	6.8171E−06	6.4746E−06	6.1573E−06	3.4226E−05
X_iY_i	−1.380E−02	−1.149E−02	−9.414E−03	−7.513E−03	−5.799E−03	−4.8014E−02

将相关数据代入式（1-11）得：

$$B=\frac{-48.014\times10^{-3}-(13.073\times10^{-3})(-18.190)/5}{34.226\times10^{-6}-(13.073\times10^{-3})^2/5}=-9771.68$$

代入式（1-13）得

$$A=-18.190/5-(-9771.68)\times13.073\times10^{-3}/5=21.910$$

因为 $A=\ln k_0$，所以 $k_0=3.27786\times10^9$

所以原关联方程为：$k=3.27786\times10^9\exp(-9771.68/T)$

同样与图 1-20 由 Excel 拟合的完全一致。

（三）曲线拟合效果分析

1. 线性相关系数与显著性检验

需要指出，曲线拟合处理的是随机变量问题，观测值 x 与 y 不存在确定性函数关系，而只是一种相关关系。线性最小二乘法只适宜处理变量 x 与 y 具有相关的问题，但在线性最小二乘法应用过程中，并不需要限制两个变量之间一定具有线性相关关系，就是说即使平面图上一堆完全杂乱无章的散点，也可用此方法给它们配一条直线方程模型。显然这样做是毫无意义的。只有当两个变量大致呈线性关系时才适宜用直线模型去拟合数据，因此必须给出一个数量性指标描述两个变量线性关系的密切程度，该指标称相关系数，通常记作 r，其表达式为

$$r=\frac{l_{xy}}{\sqrt{l_{xx}l_{yy}}}=\frac{\sum(x_i-\overline{x})(y_i-\overline{y})}{\sqrt{\sum(x_i-\overline{x})^2\sum(y_i-\overline{y})^2}} \tag{1-18}$$

图 1-27 说明了 r 取各种不同数值时散点的分布情况。

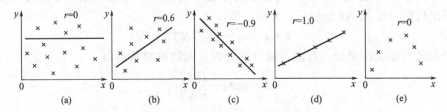

图 1-27 r 不同时散点分布情况

① $r=0$，此时 $l_{xy}=0$，因此 $b=0$，即根据最小二乘法确定的回归直线平行于 x 轴，这说明 y 的变化与 x 无关，此时 x 与 y 毫无线性关系，通常这时散点分布是完全不规则的。如图 1-27 中的 (a)。

② $0<|r|<1$，这是绝大多数情形，x 与 y 之间存在一定的线性关系。当 $|r|$ 越接近于 1，说明线性相关越大，也就是散点与回归直线越靠近。当 $r>0$ 时，$b>0$，y 随 x 增加而增加，称为正相关。当 $r<0$ 时，$b<0$，y 随 x 增加而减小，称为负相关。如图 1-27 中的 (b)、(c)。

③ $|r|=1$，所有数据都在回归直线上，此时，x 与 y 完全相关，实际上此时 x，y 间存在确定的线性函数关系。如图 1-27 中的 (d)。

利用式 (1-18) 对表 1-10 中弹簧荷重与弹簧伸长长度之间关系的回归方程进行线性相关系数的计算。

由式 (1-16) 得

$$l_{yy}=11110.42-(314.89)^2/9=93.124$$

$$r=\frac{l_{xy}}{\sqrt{l_{xx}l_{yy}}}=\frac{149.46}{\sqrt{240\times93.124}}=0.99975$$

由此可见，此例变量间线性相关程度很好。

必须指出，相关系数只表示 x 与 y 的线性关系的密切程度，当 r 很小或为零时，并不表示 x 与 y 不存在其他关系。如图 1-27 中的 (e)，x，y 呈某种曲线关系。可以对它进行线性化处理，变换成为 $Y=A+BX$ 直线方程模型，此时可以用相关系数来讨论新变量 X 与 Y 之间线性相关程度，但是，新变量 X 与 Y 线性相关程度并不能直接说明原始数据 x，y 与非线性模型拟合效果的优劣。因此，对于非线性模型拟合的效果常用另一指标——相关指数来衡量，记作 R^2，Excel 曲线拟合中提供的 R^2 即相关指数，其计算式如下：

$$R^2=1-\frac{\sum(y_i-y_i')^2}{\sum(y_i-\overline{y})^2} \tag{1-19}$$

式中　y_i——未经线性变换的原始数据；

y_i'——非线性模型的计算值；

$\overline{y}$——原始数据的平均值。

显然 $R^2 < 1$，R^2 值越接近于 1，拟合曲线效果越好，当 $R^2 = 1$ 时，说明 y_i 与 y_i' 趋于一致，实测点完全落在拟合曲线上。

利用表 1-16 的数据采用式（1-19）计算相关指数 R^2，其计算数据列于表 1-18。

表 1-18　例 1-6 曲线拟合相关指数计算数据表

x_i/kg	0	2	4	6	8	10	12	14	16	$\sum x_i = 72$
y_i/cm	30.00	31.25	32.58	33.71	35.01	36.20	37.31	38.79	40.04	$\sum y_i = 314.89$
y_i'/cm	30.01	31.25	32.50	33.74	34.99	36.23	37.48	38.73	39.97	$\sum y_i^1 = 314.896$
$(y_i - y_i')^2 \times 10^3$	0.036	0.003	6.856	1.076	0.467	1.156	28.764	4.199	4.789	$\sum (y_i - y_i^1)^2 \times 10^3 = 47.345$
$(y_i - \overline{y}_i)^2$	24.878	13.971	5.797	1.633	0.000	1.469	5.393	14.457	25.525	$\sum (y_i - \overline{y}_i)^2 = 93.124$

其中 $\overline{y} = 314.89/9 = 34.988$

将表 1-18 中的数据代入式（1-19）得：

$$R^2 = 1 - \frac{\sum (y_i - y_i')^2}{\sum (y_i - \overline{y})^2} = 1 - \frac{4.7345 \times 10^{-3}}{93.124} = 0.99949$$

与图 1-18 中由 Excel 拟合的结果 $R^2 = 0.99949$ 完全一致。

同样，利用表 1-17 的数据采用式（1-19）也可进行 R^2 计算，其计算数据列于表 1-19。

表 1-19　例 1-7 曲线拟合相关指数计算数据表

T_i/K	363	373	383	393	403	$\sum$
k_i/(1/min)	6.6800E−03	1.3760E−02	2.7170E−02	5.2210E−02	9.6630E−02	1.9645E−01
k_i'/(1/min)	6.679E−03	1.375E−02	2.724E−02	5.214E−02	9.663E−02	1.964E−01
$(k_i - k_i')^2$	6.684E−13	2.187E−10	4.947E−09	5.157E−09	1.155E−12	1.0325E−08
$(k_i - \overline{k}_i)^2$	1.063E−03	6.518E−04	1.469E−04	1.669E−04	3.288E−03	5.3169E−03

其中 $\overline{k} = 0.19645/5 = 3.9290 \times 10^{-2}$

将表 1-19 中的数据代入式（1-19）得：

$$R^2 = 1 - \frac{\sum (k_i - k_i')^2}{\sum (k_i - \overline{k})^2} = 1 - \frac{1.0325 \times 10^{-8}}{5.3169 \times 10^{-3}} = 0.999998$$

与图 1-20 中由 Excel 拟合的结果 $R^2 = 0.999998$ 完全一致。

2. 相关系数 r 与显著性水平 α

对于一个具体问题，只有当相关系数 r 的绝对值大到一定程度时方可用回归直线来近似表示 x 与 y 之间的关系。表 1-20 给出了 r 的起码值，它与观测次数 n 及显著性水平 α 有关，当 $|r|$ 大于表中相应的值时，所回归的直线才有意义。举例来说，当 $n-2=3$ 时，即用 5 个数据来回归直线时，相关系数 r 至少为 0.878，所得直线方程的置信度为 95%。

表 1-20 相关系数 r 与显著性水平 α 的关系

$n-2$	$\alpha=5\%$	$\alpha=1\%$	$n-2$	$\alpha=5\%$	$\alpha=1\%$	$n-2$	$\alpha=5\%$	$\alpha=1\%$
1	0.997	1.000	14	0.497	0.623	27	0.367	0.470
2	0.950	0.990	15	0.482	0.606	28	0.361	0.463
3	0.878	0.959	16	0.468	0.590	29	0.355	0.456
4	0.811	0.917	17	0.456	0.575	30	0.349	0.449
5	0.754	0.874	18	0.444	0.561	40	0.304	0.393
6	0.707	0.834	19	0.433	0.549	50	0.273	0.354
7	0.666	0.798	20	0.423	0.537	60	0.250	0.325
8	0.632	0.765	21	0.413	0.526	70	0.232	0.302
9	0.602	0.735	22	0.404	0.515	80	0.217	0.283
10	0.576	0.708	23	0.396	0.505	90	0.205	0.267
11	0.553	0.684	24	0.388	0.496	100	0.195	0.254
12	0.532	0.661	25	0.381	0.487	150	0.159	0.208
13	0.514	0.641	26	0.374	0.478	200	0.138	0.181

任务 三

求解一元非线性方程

知识目标

掌握一元三次以上非线性方程求根的原理，熟悉求解一元三次以上非线性方程的方法。

能力目标

能用 Newton 迭代法手工求解一元三次以上非线性方程的根，能用 Excel 的单变量求解法求一元三次以上非线性方程的根。

化学化工中的许多问题常常归结为解函数方程 $f(x)=0$。若 $f(x)$ 是一元线性方程式或一元二次方程式，就可用代数方法求解析解。若 $f(x)$ 是一元三次或高次的代数方程式，求解析解是不可能的，只能用数值方法求近似解。例如，用于处理真实气体的状态方程 Redlich-Kwong(RK)方程(以 1mol 气体为基准)为

$$\left[p+\frac{a}{T^{0.5}V(V+b)}\right](V-b)=RT \tag{1-20}$$

其展开式为

$$V^3-\frac{RT}{p}V^2+\frac{1}{p}\left(\frac{a}{T^{0.5}}-bRT-pb^2\right)V-\frac{ab}{pT^{0.5}}=0 \tag{1-21}$$

显然，式（1-21）为体积 V 的一元三次非线性方程。如果要计算在一定温度 T 和压力 p 时气体的摩尔体积，则需求解 $f(V)$ 这样一个一元三次非线性方程。

当然，采用数值计算法能处理上述问题，但计算过程往往较繁杂且需花费大量时间，但若以计算机为工具，利用数值计算法处理此问题，就很容易得到极为准确的数值解。本任务主要介绍处理一元非线性代数方程的常用数值计算方法及借助于计算机的具体处理步骤。

一、一元非线性方程求根方法

（一）逐步扫描法

逐步扫描法是一元非线性方程求根初始近似值常用的方法，若 $f(x)$ 是 n 次多项式，对应的方程为 n 次代数方程，这时方程的根也称为多项式的根。根有实根和复根之分，这里仅介绍实根的求法。用数值方法求方程的根可分为两步，先找出根的某个粗略近似值，又称为"初始近似值"，然后再将初始近似值逐步加工成满足精度要求的结果。

设待解方程为

$$f(x)=0$$

在直角坐标系中给出相应于 $y=f(x)$ 的曲线，如图 1-28 所示。显然，此曲线与 x 轴的交点就是方程 $f(x)=0$ 的根。若函数 $f(x)$ 在区间 $(a，b)$ 连续，且 $f(a)$ 与 $f(b)$ 异号，则区间 $(a，b)$ 内必定至少有一个实根。若函数 $f(x)$ 在区间 $(a，b)$ 连续并单调（单调上升或单调下降），则在区间 $(a，b)$ 必定只有一个实根（图 1-29）。这时，选定一个步长 h，并计算函数 $f(a)$、$f(a+h)$、$f(a)$ 与 $f(a+h)$ 两函数值乘积，若两函数值乘积大于零，说明该区间内无实根。这时，把区间的终点作为下一次迈步的始点。再计算 $f(a+2h)$ 的值，如此反复向前迈步，直至两函数值的乘积小于或等于零，即直至相邻两个函数值异号，此时可把两函数乘积小于或等于零的区间的始点作为方程式根的近似值。这个方法叫迈步法或逐步扫描法。

显然，步长缩小，精度提高。当精度要求较高时，步长要求很小，计算机循环计算的次数将会很大，所耗机时较大。因此，通常不用该方法求根的精确值，只用于求根的初始近似值。

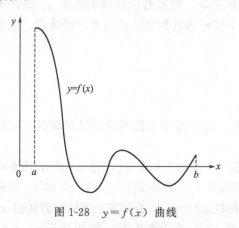

图 1-28　$y=f(x)$ 曲线

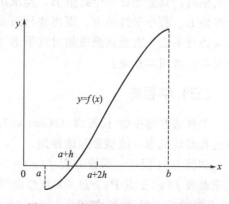

图 1-29　单调变化的 $y=f(x)$ 曲线

用迈步法求得非线性代数方程根的初始近似值后，可用以下介绍的二分法、牛顿法和弦截法等寻求根的精确值。

☆**思考：** 何谓逐步扫描法？

（二）二分法

设求解方程 $f(x)=0$ 通过逐步扫描法已知有根区间为 (x_1, x_2)，如图 1-30 所示。现取 x_1 与 x_2 的中点 x_0，即

$$x_0 = (x_1 + x_2)/2$$

从而将区间 (x_1, x_2) 分为相等的两部分。然后检查 $f(x_0)$ 与 $f(x_1)$ 的符号是否相同，如为同号，根必在 x_0 与 x_2 之间，如图 1-30(a)。令

$$x_1 = x_0$$

如为异号，则根必在 x_1 与 x_0 之间，如图 1-30(b)。令

$$x_2 = x_0$$

然后再取新区间 (x_1, x_2) 的中点，重复以上步骤，直至 x_1 与 x_2 之间的距离小于某指定值 ε 为止。取前一区间的中点 x_0 作为方程式根的精确值。这个方法称为"二分法"或"对分法"。只要区间 (x_1, x_2) 内有根，用二分法一定能够求出结果，因而它是最保险的一种方法，但其最大的缺点是收敛速度较慢。

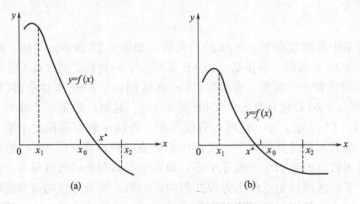

图 1-30　二分法求根的精确值

需要说明的是，用上述方法求根，只能得到方程式的一个实根。实际上，若方程式有数个实根时，只需增加一个终值 B，当求出第一个实根之后，检查有根区间的终点 x_2 是否小于终值 B。若小于终值 B，则再施行迈步法求下一个实根的近似值，进而求出精确值。如此反复进行下去，直至达到或超过终值 B 为止。

☆思考：何谓二分法？

（三）牛顿法

牛顿法亦称牛顿-拉福森（Newton-Raphson）法。由于这个方法的计算结果颇佳，而计算过程亦较简单，故被普遍地使用。

如图 1-31 所示，假设方程 $f(x)=0$ 有一个实根 x^*。取一初值 x_0，过 x_0 作 x 轴垂线交于曲线 $f(x)$ 于点 P_0，过 P_0 点作曲线 $f(x)$ 的切线并于 x 轴相交于 x_1 点，显然 x_1 点较 x_0 点更接近于根 x^*，如果 $|x_1 - x_0| < \varepsilon$，则方程根 $x^* = x_1$，否则按上述同样方法过 x_1 作 x 轴垂线交于曲线 $f(x)$ 于点 P_1，过 P_1 点作曲线 $f(x)$ 的切线并于 x 轴相交于 x_2……，直到 $|x_{k+1} - x_k| < \varepsilon$ 为止，方程的根为

$$x^* = x_{k+1}$$

由图 1-31 可得

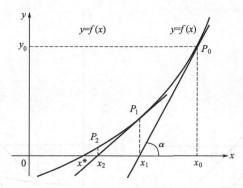

图 1-31 牛顿迭代法

$$\tan\alpha = f'(x_0) = \frac{f(x_0)}{x_0 - x_1}$$

则

$$x_1 = x_0 - \frac{f(x_0)}{f'(x_0)}$$

于是可写出牛顿迭代法的通式

$$x_{k+1} = x_k - \frac{f(x_k)}{f'(x_k)} \qquad (k = 0, 1, 2, \cdots) \tag{1-22}$$

式中 x_k，x_{k+1}——第 k、$k+1$ 次求得的方程近似根。

只要函数 $y = f(x)$ 的导数 $f'(x)$ 易得，初值适当，用牛顿迭代法求非线性方程 $f(x) = 0$ 的根既快又正确。但是必须注意，起始值若不在根的附近，牛顿迭代公式不一定收敛。所以，在实际使用中，牛顿迭代法最好与逐步扫描法结合起来，先通过逐步扫描法求出根的近似值，然后再用牛顿迭代公式求其精确值，以发挥牛顿法收敛速度快的优点。

☆思考：何谓牛顿迭代法？

（四）弦截法

虽然牛顿迭代法收敛速度快，但它要求计算 $f'(x)$ 的值。在科学与工程计算中，常会遇到 $f'(x)$ 不易计算或算式复杂而不便计算的情况。下面介绍一种既具有牛顿迭代法收敛速度快的优点、又不用求导数 $f'(x)$ 的弦截法。

弦截法的基本思想与牛顿迭代法相似，即将非线性函数 $f(x)$ 线性化后求解。两者的差别在于弦截法实现函数线性化的手段采用的是两点间的弦线，而不是某点的切线。

如图 1-32 所示，若已知非线性函数 $f(x)$ 的根区间 $(x_0，x_1)$，过 x_0、x_1 作垂线交函数 $f(x)$ 于 P_0、P_1 点，连接 P_0、P_1 交 x 轴于 x_2 点。

若 $f(x_2) = 0$，则方程的解为 $x* = x_2$；若 $f(x_2)f(x_1) > 0$，如图 1-32(a)，则用 x_2 代替 x_1；若 $f(x_2)f(x_1) < 0$，如图 1-32(b)，则用 x_2 代替 x_0；再用新得到的两个点用以上方法继续迭代，直到相邻两次值满足 $|x_{k+1} - x_k| < \varepsilon$ 为止，不难可得弦截法的迭代格式为

$$x_{k+1} = x_k - \frac{f(x_k)}{f(x_k) - f(x_{k-1})}(x_k - x_{k-1}) \qquad (k = 1, 2, 3, \cdots) \tag{1-23}$$

式中 x_{k-1}，x_k，x_{k+1}——第 $k-1$、k、$k+1$ 次求得的方程近似根。

与牛顿法只需给出一个初值不同，弦截法需要给出两个迭代初值 x_0 和 x_1。如果与逐步

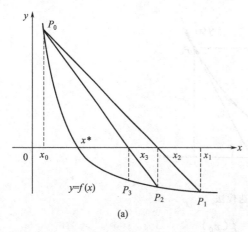 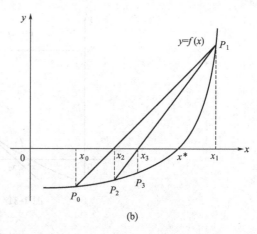

图 1-32 弦截法

扫描法结合起来，则最后搜索的区间的两个端点值常可作为初值 x_0 和 x_1。

☆思考：何谓弦截法？

弦截法虽比牛顿法收敛速度稍慢，但在每次迭代中只需计算一次函数值，又不必求函数的导数，且对初值 x_0 和 x_1 要求不甚苛刻，因此是工程计算中常用的有效计算方法之一。

二、手工求解一元非线性方程

上面讲解了几种求解一元非线性方程的方法，下面通过实例介绍手工求解一元非线性方程的具体步骤。

【例 1-8】 某一常压气相反应体系，当反应达平衡时其中某一组分的平衡分压 p（单位为 atm）符合以下方程：

$$4p^3 - 1.640p^2 + 1.640p - 0.410 = 0 \tag{1-24}$$

试求其分压的数值？

解： 以 Newton 迭代法为例

步骤 1： 令 $\qquad y = 4p^3 - 1.640p^2 + 1.640p - 0.410 \tag{1}$

则 $\qquad y' = 12p^2 - 3.280p + 1.640 \tag{2}$

步骤 2： 确定 p 的初值，由题意知为常压反应系统，则其分压可取为 $p_0 = 0.3\text{atm}$。

步骤 3： 将 $p_0 = 0.3\text{atm}$ 代入式（1）、式（2）计算得：$y_0 = 0.04240$、$y'_0 = 1.73600$。

步骤 4： 将 y_0、y'_0 代入式（1-22）计算得：

$$p_1 = p_0 - \frac{y_0}{y'_0} = 0.3 - \frac{0.04240}{1.73600} = 0.275576(\text{atm})$$

步骤 5： 计算 p_0、p_1 之间的相对误差 ε_1

$$\varepsilon_1 = \frac{|p_1 - p_0|}{p_0} = \frac{|0.275576 - 0.3|}{0.3} = 8.141 \times 10^{-2}$$

步骤 6： 判断误差 ε_1 是否符合计算精度（一人为规定的两次计算值之间的相对误差值，手工计算时可取 10^{-3}，计算机编程计算可取 10^{-4}，甚至更小些）要求，若满足精度要求，计算结束，此次计算值即为解，否则将本次计算值作为初值，重复步骤 3～6，直到满足计算精度要求。

本次计算的误差 $\varepsilon_1 > 10^{-3}$，需重复计算步骤 3～6，具体计算结果如表 1-21 所示，从表中数据可知，通过三次迭代计算，其迭代精度已达 10^{-6} 数量级，所以，该组分的平衡分压 p 为：

$$p = 0.2749\text{atm}$$

表 1-21　例 1-8 手工 Newton 迭代法计算数据汇总表

迭代次序	p 初值	y 计算值	y' 计算值	p 计算值	ε 迭代误差计算值	判断
1	0.3	0.04240	1.73600	0.275576	8.141E-02	$>10^{-3}$，需重新计算
2	0.275576	0.00111092	1.647416	0.274902	2.447E-03	$>10^{-3}$，需重新计算
3	0.274902	7.5678E-07	1.645174	0.274901	1.673E-06	$<10^{-3}$，满足精度

☆思考：如何利用 Excel 求解一元非线性方程？

三、采用 Excel 求解一元非线性方程

用 Excel 求解一元非线性方程可分为三种方法：①基于 Excel 单元格的 Newton 迭代法；②Excel 自带的单变量求解法；③规划求解法。以下仍以例 1-8 为例，详细说明采用以上三种方法如何求解非线性方程的过程。

（一）基于 Excel 单元格的 Newton 法

步骤 1：将原方程、一阶导数式的各系数输入单元格，如图 1-33 中单元格 D3、E3、F3、G3、E4、F4、G4。

步骤 2：第一次迭代取初值为 0.3，如图 1-33 中单元格 D6，迭代精度取 1×10^{-4}，如单元格 F6。建计算过程表格，如单元格 A7～G7，在单元格 A8～G8 中对应分别输入："1"、"0.3"、"=\$D\$3*B8^3+\$E\$3*B8^2+\$F\$3*B8+\$G\$3"、"=\$E\$4*B8^2+\$F\$4*B8+\$G\$4"、"=B8−C8/D8"、"=(E8−B8)/B8"、"=IF(ABS(F8)<\$F\$6"，"满足精度"，"重新计算")。

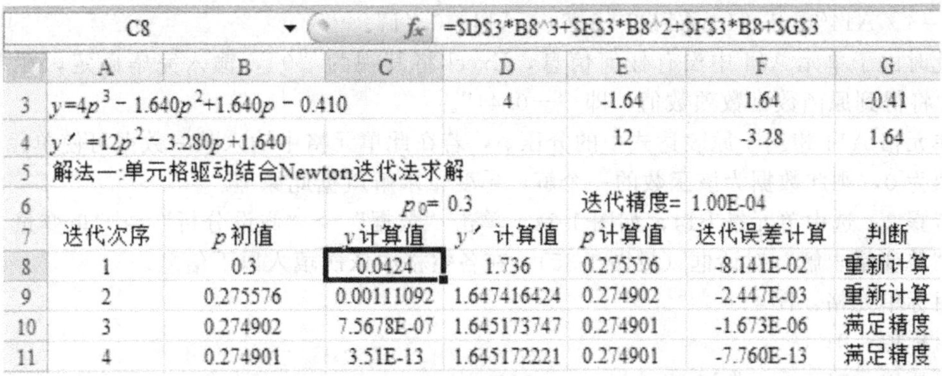

	C8	▼	f_x	=\$D\$3*B8^3+\$E\$3*B8^2+\$F\$3*B8+\$G\$3		
	A	B	C	D	E	F	G
3	$y=4p^3-1.640p^2+1.640p-0.410$			4	-1.64	1.64	-0.41
4	$y'=12p^2-3.280p+1.640$			12	-3.28	1.64	
5	解法一：单元格驱动结合Newton迭代法求解						
6			p_0= 0.3		迭代精度=1.00E-04		
7	迭代次序	p 初值	y 计算值	y' 计算值	p 计算值	迭代误差计算	判断
8	1	0.3	0.0424	1.736	0.275576	-8.141E-02	重新计算
9	2	0.275576	0.00111092	1.647416424	0.274902	-2.447E-03	重新计算
10	3	0.274902	7.5678E-07	1.645173747	0.274901	-1.673E-06	满足精度
11	4	0.274901	3.51E-13	1.645172221	0.274901	-7.760E-13	满足精度

图 1-33　例 1-8Excel 单元格结合 Newton 迭代法求解

在单元格 C8 中计算得函数值 0.0424，单元格 D8 中得一阶导数值 1.736，单元格 E8 中输入的是牛顿迭代公式（1-22）计算得到第一次迭代结果值 0.275576，单元格 F8 中计算的是第一次迭代结果与假设的初值之间的相对误差值 -8.141×10^{-2}，单元格 G8 用来判断计算是否可以结果，采用的是 Excel 自带的 IF 函数，其中 ABS 为绝对值函数。当单元格 G8 中判断需"重新计算"时，需进行第二次迭代计算。

步骤 3：在单元格 A9 中输入"2"，B9 中输入"＝E8"，即将第一次计算的结果作为第二次计算的初值，选中单元格 C8～G8，利用 Excel 的自动填充功能向下拉，让 Excel 自动填充单元格 C9～G9，由图 1-33 可见第二次迭代的计算结果。当 G9 中仍为："重新计算"时，则需进行第三次迭代计算。

步骤 4：由于第三次迭代计算方法与前两次完全一样，可以让 Excel 自动进行。选中单元格 B9～G9，利用 Excel 自动填充得 B10～G10 的结果，由图 1-33 可见，第三次迭代计算结果"0.274901"与第二次计算的结果"0.274902"相对误差已达 10^{-6} 数量级，满足计算精度要求，计算到此结束，计算结果与手工计算完全一致。

若第三次迭代计算精度仍不能满足要求，则需进行第四、五……，方法与步骤 4 完全相同，直到计算满足精度为止。

注意：此例中为便于使用 Excel 单元格的自动填充功能，单元中的输入格式有两种：绝对引用格式和相对引用格式，这两种格式的详细区别请参阅 Excel 相关章节的内容。

（二）Excel 自带的单变量求解法

步骤 1：打开 Excel，选择某一单元格，如图 1-34 中的单元格 B14，输入：

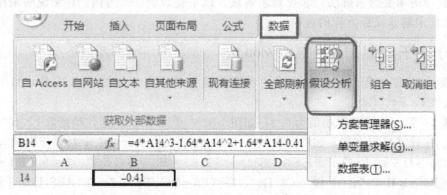

图 1-34　例 1-8Excel 单变量求解步骤 1

"＝4 * A14^3－1.64 * A14^2＋1.64 * A14－0.41"。

此时由于单元 A14 中没有任何信息，Excel 将其视为"0"，输入完毕确定，在单元格 B14 中将得到原函数常数项数值，即"－0.41"。

单元格 A14 相当于原表达式中的分压 p，若在此单元格中输入某一数据可使单元格 B14 中的值为 0，则此数据为该函数的一个解，单变量求解就据此原理。

步骤 2：选中单元格 B14，如图 1-34，单击"数据"⇒"假设分析"⇒"单变量求解"，出现"单变量求解"对话框（见图 1-35），在各空格中依次填入以下信息。

目标单元格：B14；

目标值：0；

可变单元格：$A$14 或 A14。

步骤 3：在图 1-35 中按"确定"按钮后⇒图 1-36"单变量求解状态"对话框。单击确定按钮，答案出现在单元格 A14 中（如图 1-35 所示）：0.27490124，很显然，此值与前面计算的结果完全一致。

需要说明的是单元格 B14 中的值为 0 时，说明此根为一精确解。但有时单元格 B14 中是一个很小的数值，Excel 可能显示的值为"0"而并非真为 0。若要减小误差使解更精确，可采取以下方法操作：单击左上角"Excel 按钮"⇒"Excel 选项"⇒"公式"⇒出现

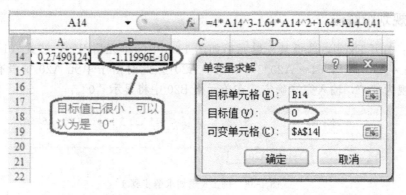

图 1-35　例 1-8Excel 单变量求解步骤 2——"单变量求解"对话框

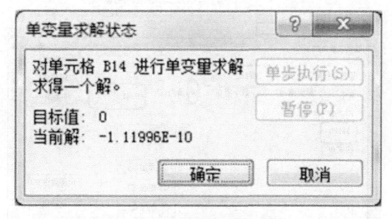

图 1-36　"单变量求解状态"对话框

"Excel 选项"卡，如图 1-37 所示，可将"计算选项"中的"最多迭代次数"和"最大误差"值进行修改，如将最多迭代次数由"100"改为"10000"，此值最大值为 32767。最小误差由"0.001"改为"0.0001"等，这样可使计算精度得到提高。

注意，此处的最小误差不能改得过小，否则有可能导致超出最大循环次数而无法计算。

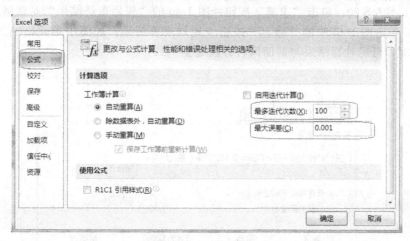

图 1-37　重新计算选项卡

☆**思考**：如何利用 Excel VBA 编写一段求解一元三次非线性方程的小程序？

（三）规划求解法

步骤1：打开 Excel，选择某一单元格如图 1-38 中的单元格 B20，按式（1-24）输入前三项："＝4 * A20^3－1.64 * A20^2＋1.64 * A20"。此时由于单元 A20 中没有任何信息，Excel 将其视为"0"，输入完毕确定，在单元格 B20 中将显示"0"。

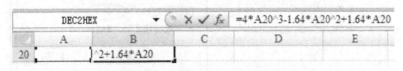

图 1-38　例 1-8 规划求解步骤 1

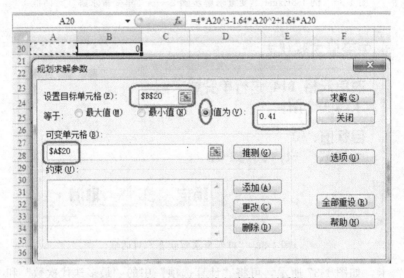

图 1-39　例 1-8 "规划求解参数" 对话框

步骤2：选中单元格 B20，单击"数据"，选择"规划求解"，调出"规划求解参数"对话框，如图 1-39 所示。选择"值为（V）"，输入方程的常数项值"0.41"。可变单元格输入框中输入：＄A＄20。单击"求解"按钮⇒图 1-40 的"规划求解结果"对话框。

步骤3：单击图 1-40 中的"确定"按钮⇒规划求解结果，如图中单元格 A20 中的数据"0.27490143"，可见计算结果与前面两种方法完全一致。

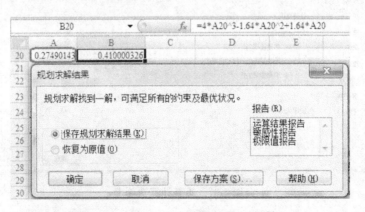

图 1-40　例 1-8 "规划求解结果" 对话框

注意：在 Office 软件安装时，规划求解往往不会被安装，可以通过加载实现。步骤是：单击软件左上角“Office 按钮”⇒“Excel 选项”⇒“加载项”⇒选择“规划求解”加载项⇒“加载宏”对话框⇒在“规划求解”项打勾即可。

四、技能拓展——ExcelVBA 自定义函数求解一元三次非线性方程

应用牛顿迭代法计算原理，采用 VBA 自编迭代函数求解，可使求解过程大为简化，以下仍以例 1-8 为例说明具体步骤。

步骤 1：打开 Excel⇒“开发工具”⇒“Visual Basic”编辑器⇒插入⇒模块⇒“添加过程”对话框，如处理的是一元三次非线性方程，则可输入函数名“Newton3”，如图 1-41 所示。

添加过程
名称(N): Newton3
确定
取消
类型
子程序(S)
函数(F)
属性(P)
范围
公共的(B)
私有的(V)
把所有局部变量声明为静态变量(A)

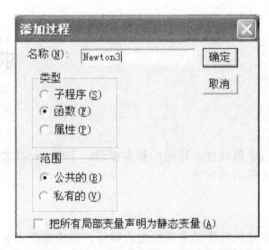

图 1-41　例 1-8 添加自定义 VBA 函数示意图

步骤 2：选择好相关类型后，按“确定”，出现 VBA 代码编辑窗口，在编辑窗口编写 VBA 代码，如图 1-42 所示。

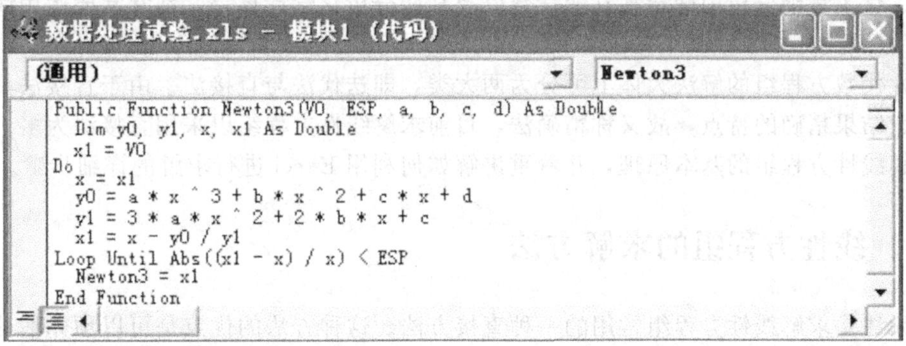

数据处理试验.xls - 模块1 (代码)
(通用)
Newton3
Public Function Newton3(V0, ESP, a, b, c, d) As Double
  Dim y0, y1, x, x1 As Double
  x1 = V0
Do
  x = x1
  y0 = a * x ^ 3 + b * x ^ 2 + c * x + d
  y1 = 3 * a * x ^ 2 + 2 * b * x + c
  x1 = x - y0 / y1
Loop Until Abs((x1 - x) / x) < ESP
  Newton3 = x1
End Function

图 1-42　例 1-8 自编 VBA 代码窗口示意图

步骤 3：在 Excel 表格中分别输入方程初值、迭代精度及方程中各系数之值，如图 1-43 中单元格 D6、F6、D3、E3、F3、G3。

步骤 4：在图 1-43 单元格 A17 中输入：=Newton3（D6，F6，D3，E3，F3，G3），按“Enter”即得方程的解为：0.27490124。

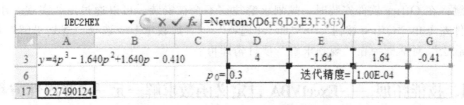

图 1-43 例 1-8 利用自编 VBA 函数求解示意图

显然，采用自编 VBA 函数求解结果与单变量求解结果完全相同。

任务 四

求解线性方程组

知识目标

掌握高斯消去法求解线性方程组的基本原理。了解 Excel 自带函数和 Excel 规划求解法处理线性方程组的方法。

能力目标

能运用高斯消去法进行手工求解线性方程组，能将高斯消去法和 Excel 单元格驱动相结合求解线性方程组。

化学化工中，用线性代数方法描述复杂的化学反应、定义多原子和多分子体系的线性空间、计算各种物质的物理化学性质的加和方法、物料衡算和能量衡算、确定反应体系的独立反应数、化工量纲分析中确定独立变量数以及某些分析化学计算等，都常常要运用线性代数方程组的计算。

线性代数方程组的解法大体上可分为两大类，即迭代法与直接法。由于直接法具有计算量较小、结果精确的特点，故又称精确法，目前求解线性方程组以采用直接法为多。以下将介绍求解线性方程组的基本原理，并着重讲解如何利用 Excel 进行求解的详细步骤。

一、线性方程组的求解方法

消元法是求解线性方程组常用的一种直接方法。这种方法的优点是可以预先估计计算的工作量，并且根据消元法的基本原理，可以得到有关矩阵运算的一些方法，故其应用很广泛。

☆思考：何谓高斯消元法？

（一）消元法

消元法亦称高斯（Gauss）消去法，其基本思想是通过线性变换将原线性方程组转化为三角形方程组（消元），然后再进行求解（回代）。消元法分为消元和回代两个过程。下面以一个四阶方程组为例说明消元法的基本过程。

$$\begin{cases} a_{11}x_1+a_{12}x_2+a_{13}x_3+a_{14}x_4=b_1 \\ a_{21}x_1+a_{22}x_2+a_{23}x_3+a_{24}x_4=b_2 \\ a_{31}x_1+a_{32}x_2+a_{33}x_3+a_{34}x_4=b_3 \\ a_{41}x_1+a_{42}x_2+a_{43}x_3+a_{44}x_4=b_4 \end{cases} \tag{1-25}$$

（1）消元过程

所谓消元，是指逐步减少方程式中变量的数目。为此将一个方程式乘以（或除以）某个常数，然后在方程式之间作加减运算。为便于说明，将式（1-25）写作增广矩阵的形式

$$\begin{bmatrix} a_{11} & a_{12} & a_{13} & a_{14} & b_1 \\ a_{21} & a_{22} & a_{23} & a_{24} & b_2 \\ a_{31} & a_{32} & a_{33} & a_{34} & b_3 \\ a_{41} & a_{42} & a_{43} & a_{44} & b_4 \end{bmatrix} \tag{1-26}$$

消元过程的第一步

若 $a_{11} \neq 0$（若 $a_{11}=0$，总可以通过方程次序互换，使满足 $a_{11} \neq 0$），将第一行各元素乘以 $(-a_{i1}/a_{11})$ 后加到第 i 行（$i=2, 3, 4$），则可得

$$\begin{bmatrix} a_{11} & a_{12} & a_{13} & a_{14} & b_1 \\ 0 & a_{22}^{(1)} & a_{23}^{(1)} & a_{24}^{(1)} & b_2^{(1)} \\ 0 & a_{32}^{(1)} & a_{33}^{(1)} & a_{34}^{(1)} & b_3^{(1)} \\ 0 & a_{42}^{(1)} & a_{43}^{(1)} & a_{44}^{(1)} & b_4^{(1)} \end{bmatrix} \tag{1-27}$$

消元过程的第二步

又若 $a_{22}^{(1)} \neq 0$（若 $a_{22}^{(1)}=0$，同样可以通过方程次序互换，使满足 $a_{22}^{(1)} \neq 0$）；将第二行各元素乘以 $\left[-a_{i2}^{(1)}/a_{22}^{(1)}\right]$ 后加到第 i 行（$i=3, 4$），则可得

$$\begin{bmatrix} a_{11} & a_{12} & a_{13} & a_{14} & b_1 \\ 0 & a_{22}^{(1)} & a_{23}^{(1)} & a_{24}^{(1)} & b_2^{(1)} \\ 0 & 0 & a_{33}^{(2)} & a_{34}^{(2)} & b_3^{(2)} \\ 0 & 0 & a_{43}^{(2)} & a_{44}^{(2)} & b_4^{(2)} \end{bmatrix} \tag{1-28}$$

消元过程的第三步

再若 $a_{33}^{(2)} \neq 0$，将第三行各元素乘以 $\left[-a_{i3}^{(2)}/a_{33}^{(2)}\right]$ 后加到第 i 行（$i=4$），则可得

$$\begin{bmatrix} a_{11} & a_{12} & a_{13} & a_{14} & b_1 \\ 0 & a_{22}^{(1)} & a_{23}^{(1)} & a_{24}^{(1)} & b_2^{(1)} \\ 0 & 0 & a_{33}^{(2)} & a_{34}^{(2)} & b_3^{(2)} \\ 0 & 0 & 0 & a_{44}^{(3)} & b_4^{(3)} \end{bmatrix} \tag{1-29}$$

至此消元过程完成，式（1-29）中原方程组的系数矩阵化为一上三角矩阵，原方程组（1-25）等价于如下三角形方程组

$$\begin{cases} a_{11}x_1+a_{12}x_2+a_{13}x_3+a_{14}x_4=b_1 \\ \quad a_{22}^{(1)}x_2+a_{23}^{(1)}x_3+a_{24}^{(1)}x_4=b_2^{(1)} \\ \qquad\qquad a_{33}^{(2)}x_3+a_{34}^{(2)}x_4=b_3^{(2)} \\ \qquad\qquad\qquad\qquad a_{44}^{(3)}x_4=b_4^{(3)} \end{cases} \tag{1-30}$$

注意消元过程中利用了这样两条运算规则：

① 某方程各项除或乘同一非零数所得方程组与原方程组等价；

② 某方程与另一方程相加或相减所得方程组与原方程组等价。

（2）回代过程

所谓回代，即从最后一个方程式直接解出

$$x_4=b_4^{(3)}/a_{44}^{(3)} \tag{1-31}$$

将 x_4 代入上一式，解出 x_3

$$x_3=(b_3^{(2)}-a_{34}^{(2)}x_4)/a_{33}^{(2)} \tag{1-32}$$

逐次往前计算，便可求出全部 x_i。

按此类推，n 阶线性方程组，即

$$\begin{cases} a_{11}x_1+a_{12}x_2+\cdots+a_{1n}x_n=b_1 \\ a_{21}x_1+a_{22}x_2+\cdots+a_{2n}x_n=b_2 \\ \cdots \\ a_{n1}x_1+a_{n2}x_2+\cdots+a_{nn}x_n=b_n \end{cases} \tag{1-33a}$$

式 (1-33a) 也可表达为

$$\sum_{j=1}^{n}a_{ij}x_j=b_i,i=1,2,\cdots,n \tag{1-33b}$$

其消元法的计算公式和步骤可归纳如下：

① 消元过程　依次按 $k=1,2,\cdots,n-1$ 计算下列系数

$$\begin{cases} l_{k,j}=a_{k,j}^{(k-1)}/a_{k,k}^{(k-1)} & (j=k+1,\cdots,n) \\ n_k=b_k^{(k-1)}/a_{k,k}^{(k-1)} \\ a_{i,j}^{(k)}=a_{i,j}^{(k-1)}-a_{i,k}^{(k-1)}l_{k,j} & (i=k+1,j=k+1,\cdots,n) \\ b_i^{(k)}=b_i^{(k-1)}-a_{i,k}^{(k-1)}n_k & (i=k+1) \end{cases} \tag{1-34}$$

② 回代过程

$$\begin{cases} x_n=b_n^{(n-1)}/a_{n,n}^{(n-1)} \\ x_i=(b_i^{(i-1)}-\sum_{j=i+1}^{n}a_{i,j}^{(i-1)}x_j)/a_{i,i}^{(i-1)} & (i=n-1,n-2,\cdots,1) \end{cases} \tag{1-35}$$

对于一个 n 阶方程组，采用高斯消元法需作 $n-1$ 次消元过程。消去第一列 $(n-1)$ 个系数需作乘法运算次数为 $n(n-1)$，消去第二列中 $(n-2)$ 个系数需作 $(n-2)(n-1)$ 次乘法运算，……，最后消去第 $(n-1)$ 列中一个系数需作 1×2 次乘法，总计消去过程的乘法运算次数为

$$\sum_{k=2}^{n}k(k-1)=\frac{1}{3}n^3-\frac{1}{3}n \tag{1-36a}$$

其次为使第 i 个方程的 x_i 系数为 1 时需作除法运算次数为

$$\sum_{k=1}^{n-1}k=\frac{1}{2}n^2-\frac{1}{2}n \tag{1-36b}$$

因此消元过程总运算次数为

$$\frac{1}{3}n^3+\frac{1}{2}n^2-\frac{5}{6}n \tag{1-36c}$$

在回代过程中需作乘法运算$\left(\frac{1}{2}n^2-\frac{1}{2}n\right)$次，除法运算 n 次。所以整个高斯消元过程运算总次数为

$$\frac{1}{3}n^3+n^2-\frac{1}{3}n \tag{1-37}$$

由此可见，采用高斯消元法求解高阶线性方程组的工作量很大，手工求解不太可能，如 $n=10$ 时，总运算次数为 430 次。

（二）高斯主元消去法

由式（1-28）可知，消元过程需用系数矩阵的对角线元素 $a_{k,k}$（通常称为主元素）做除数。若主元素为零，总能通过行交换找到非零 $a_{k,k}$，但若主元素很小，由于舍入误差及有效数字损失，其本身常有较大误差，再用它作除数，则会带来严重的误差增长，以致使最终解极不准确，由此提出了高斯列主元消去法，即在消元之前应对方程组的首行或首列元素进行检查，并将其中绝对值最大者调整到首行或首列。这种方法称为主元消去法。

根据误差分析，若选取主元素的绝对值最大的方程作为主方程，则所得的解的误差最小。选取主元素的方法有三种。

① 遍查方程组第一式中的所有元素（不包括常数项），并找出其中绝对值最大者作为主元素，然后将主元素及其所在列的其他元素与第一列各对应元素互换位置。这种选取主元素的方法，称为行主元法。

② 遍查方程组第一列中的所有元素，并找出其中绝对值最大者作为主元素，然后将主元素及其所在行的其他元素与第一式的各对应元素互换位置。这种选取主元素的方法，称为列主元法。

③ 同时采用行主元法与列主元法选取主元素，称为全主元法。

二、手工求解线性方程组

以下通过具体实例讲解如何应用上述方法求解线性方程组。

【例 1-9】 采用高斯消元法求解以下三阶方程组

$$2x_1-x_2+3x_3=1$$
$$4x_1+2x_2+5x_3=4$$
$$x_1+2x_2=7$$

解：对于三阶方程，采用高斯消元法需要二次消元过程。此三阶线性方程组经过两次消元过程即可将原方程组化为上三角形方程组，消元过程如下：

$$\begin{bmatrix} 2 & -1 & 3 \\ 4 & 2 & 5 \\ 1 & 2 & 0 \end{bmatrix}\begin{bmatrix} x_1 \\ x_2 \\ x_3 \end{bmatrix}=\begin{bmatrix} 1 \\ 4 \\ 7 \end{bmatrix} \xrightarrow[\substack{第2,3行各元素依次\\减去第1行各元素×2，\\×0.5后得}]{第一次消元} \begin{bmatrix} 2 & -1 & 3 \\ 0 & 4 & -1 \\ 0 & 2.5 & -1.5 \end{bmatrix}\begin{bmatrix} x_1 \\ x_2 \\ x_3 \end{bmatrix}=\begin{bmatrix} 1 \\ 2 \\ 6.5 \end{bmatrix}$$

$$\xrightarrow[\substack{第3行各元素依次\\减去第2行各元素\\×0.625后得}]{第二次消元} \begin{bmatrix} 2 & -1 & 3 \\ 0 & 4 & -1 \\ 0 & 0 & -0.875 \end{bmatrix}\begin{bmatrix} x_1 \\ x_2 \\ x_3 \end{bmatrix}=\begin{bmatrix} 1 \\ 2 \\ 5.25 \end{bmatrix}$$

回代过程是将上三角形方程组自下而上逐步进行求解，从而得出

$$x_3 = -6, \ x_2 = -1, \ x_1 = 9$$

三、采用 Excel 求解线性方程组

以下仍以例 1-9 为例，介绍如何运用 Excel 求解线性方程组的两种方法：①高斯消去法与 Excel 单元格驱动相结合求解线性方程组；②Excel 自带的函数求解线性方程组。

(一) 高斯消去法与 Excel 单元格驱动相结合求解线性方程组

具体步骤如下。

步骤 1：打开 Excel，将线性方程的增广矩阵依次输入单元格 A6：D8 中，如图 1-44 所示。

	A	B	C	D
5	x_1	x_2	x_3	b
6	2	-1	3	1
7	4	0	5	4
8	1	2	0	7

图 1-44 Excel 求解线性方程组方法一之示意图 1

步骤 2：第一次消元，选中 A6：D6，复制并粘贴到 A10：D10，如图 1-45，这样做的目的是保留原线性方程。在单元格 A11 中输入消元公式：＝A7－A6/＄A＄6＊＄A＄7，选中 A11，自动填充到 D11；在单元格 A12 中输入消元公式：＝A8－A6/＄A＄6＊＄A＄8，选中 A12，自动填充到 D12，第一次消元完成后的各方程系数及常数项的数值如图 1-45 所示。

A11	▼		= =A7-A6/$A$6*$A$7	
	A	B	C	D
9	第一次消元			
10	2	-1	3	1
11	0	4	-1	2
12	0	2.5	-1.5	6.5

图 1-45 Excel 求解线性方程组方法一之示意图 2

步骤 3：第二次消元，选中 A10：D11，采用选择性粘粘方法将其数值复制到 A14：D15，如图 1-46。在单元格 B16 中输入第二次消元公式：＝B12－B11/＄B＄11＊＄B＄12，选中 B16，自动填充到 D16，至此完成整个消元过程。

步骤 4：回代，如图 1-47 所示，分别在单元格 B18、D18、F18 中输入：＝D16/C16、＝（D15－C15＊B18）/B15、＝（D14－C14＊B18－B14＊D18）/A14 即可得线性方程组的解，即：

$$x_3 = -6, \ x_2 = -1, \ x_1 = 9$$

(二) 采用 Excel 自带函数求解线性方程组

步骤 1：求系数行列式的值，如图 1-48 所示，在 A23：C25 区域中输入系数行列式。选

B16		▼		=	=B12−B11/$B$11*$B$12	
	A	B	C	D	E	
13	第二次消元,成为三角阵					
14	2	-1	3	1		
15	0	4	-1	2		
16	0	0	-0.875	5.25		

图 1-46　Excel 求解线性方程组方法一之示意图 3

B18		▼		=	=D16/C16		
	A	B	C	D	E	F	
17	回代						
18	$x_3=$	-6		$x_2=$ -1		$x_1=$ 9	

图 1-47　Excel 求解线性方程组方法一之示意图 4

择单元格 D23，输入"=MDETERM（ ）"，在"（ ）"输入框中输入区域 A23：C25，单击"确定"，得方程组系数行列式的值为"－7"。由线性方程组求解知识可知，若方程组系数行列式的值不为 0，说明系数矩阵有逆矩阵，方程组有唯一解。

D23		▼		=	=MDETERM(A23:C25)	
	A	B	C	**D**	E	F
23	2	-1	3	-7		
24	4	2	5			
25	1	2	0			

图 1-48　Excel 自带函数求解线性方程组之示意图 1

步骤 2：求矩阵的逆。选择 3 行 3 列的一个区域，如 A27：C29，如图 1-49 所示，输入"=MINVERSE（ ）"，在"（ ）"中输入 A23：C25，同时按下 Ctrl、Shift、Enter 键，得逆阵。

A27		▼		=	{=MINVERSE(A23:C25)}	
	A	**B**	**C**	D	E	F
27	1.428571	-0.85714	1.571429			
28	-0.71429	0.428571	-0.28571			
29	-0.85714	0.714286	-1.14286			

图 1-49　Excel 自带函数求解线性方程组之示意图 2

步骤 3：求方程的解，即逆矩阵与列向量 **b** 的乘积，如图 1-50 所示。选择一个 1 列 3 行区域，如 D27：D29，输入列向量 **b**，即 1、4、7；另选一个 1 列 3 列区域，如 E27：E29，输入"=MMULT（ ）"，在"（ ）"中输入："A27：C29，D27：D29"，同时按下 Ctrl、Shift、Enter 键，即可在区域 E27：E29 中得方程组解。

E27			= {=MMULT(A27:C29,D27:D29)}		
	A	B	C	D	E	F
27	1.428571	-0.85714	1.571429	1	9
28	-0.71429	0.428571	-0.28571	4	-1
29	-0.85714	0.714286	-1.14286	7	-6

图 1-50 Excel 自带函数求解线性方程组之示意图 3

四、技能拓展——Excel 规划求解法解线性方程组

除采用单元格驱动结合高斯消去法、Excel 自带的函数求解线性方程组外，Excel 的规划求解法也可用于求解线性方程组，以下仍以例 1-9 为例，介绍规划求解法的具体处理过程。

步骤 1：如图 1-51 所示，依次在单元格 B33、B34、B35 中输入 3 个方程的表达式，即：$=2*A33-A34+3*A35$、$=4*A33+2*A34+5*A35$、$=A33+2*A34+0*A35$，其中 A33、A34、A35 分别代表 x_1、x_2、x_3。

B33			= =2*A33-A34+3*A35	
	A	B	C	D	E
33		1			
34		4			
35		7			

图 1-51 Excel 规划求解法求解线性方程组之示意图 1

步骤 2：选中 B33，单击"数据"，选择"规划求解"，调出"规划求解参数"对话框，

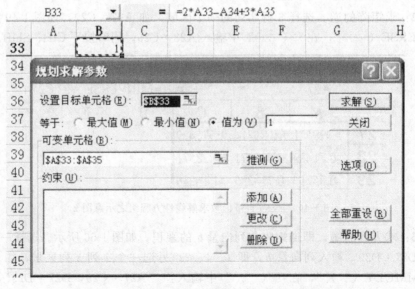

图 1-52 Excel 规划求解法求解线性方程组之示意图 2

如图 1-52 所示。选择值为（V），输入第一个方程的常数项值"1"。可变单元格输入框中输入：＄Ａ＄33：＄Ａ＄35。

步骤 3：设置约束条件，在"约束"窗口中单击"添加"按钮，出现"添加约束"对话框，如图 1-53 所示。在单元格引用位置输入＄B＄34，约束值前选择"＝"，其值输入 4，即第二个方程常数项的值。以同样的方法添加另一约束条件，即第三个方程常数项的值。

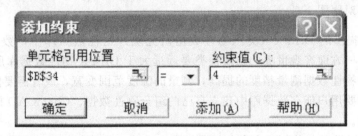

图 1-53　Excel 规划求解法求解线性方程组之示意图 3

步骤 4：求解计算，添加完约束条件后，在约束窗口就多了两个表达式，即＄B＄34＝4、＄B＄35＝7，如图 1-54 所示。按"求解"按钮，得"结果"对话框，此时在 A33：A35 位置出现方程组的解。

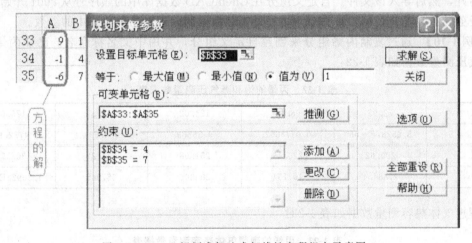

图 1-54　Excel 规划求解法求解线性方程组之示意图 4

可见，采用 Excel 的三种求解线性方程组的计算结果是完全一致的。

*任务 五

采用 ChemCAD 回归物性公式参数

知识目标

理解实验测量的物性数据与物性公式之间的曲线拟合关系，了解 ChemCAD 的

DIPPR 数据库中物性数据公式类型。

能力目标

采用 ChemCAD 创建自定义组分，根据实验数据回归饱和蒸气压公式参数，回归理想气体热容公式中参数以及其他物性数据公式的参数。作出实验数据、公式计算值的数据对比图。

ChemCAD 提供的 DIPPR（美国物性数据研究院）物性数据库中，数据都是灰色的，不让用户修改。一方面客观世界的物质种类要远远大于 DIPPR 物性数据库所提供的物质种类，另一方面，物性数据测量精度的提高，测量的温度范围变宽，或者需要使用用户自己的测量数据，都需要用户能在数据库中建立自己的组分物性数据。ChemCAD 提供了用户创建自己组分的功能。

ChemCAD 提供了三种创建自定义组分的命令。① "创建新的组分"菜单命令：一般用于创建数据库中没有的组分，软件会根据分子结构来估算出它的各种物性；② "复制组分"菜单命令：一般是先将数据库中的组分信息复制过来，然后对个别数据进行修改；③ "导入自定义组分物性数据文件"菜单命令：按照 ChemCAD 提供的文件格式把某些组分的物性数据写好，然后导入该文件。自定义组分在 ChemCAD 数据库中的顺序号从 8001 开始编号。本次任务的重点是介绍第二种命令，再通过实验数据回归更新物性公式中的参数。

【例 1-10】 通过复制丙烯组分来创建自定义组分，并用中文名称命名。已知丙烯的饱和蒸气压测量数据如表 1-22：

表 1-22 丙烯的饱和蒸气压测量数据表

温度/K	72.95	98.49	124.02	149.55	175.08
压力/Pa	5.65287E−08	0.0178652	9.38589	394.634	4732.94
温度/K	200.62	226.15	251.68	277.22	302.75
压力/Pa	27864.4	104791	293309	667945	1.30922E+06

理想气体热容测量数据如表 1-23：

表 1-23 丙烯的理想气体热容测量数据表

温度/K	72.95	98.49	124.02	149.55	175.08	200.62	226.15
热容/[J/(kmol·K)]	36550.7	38644.1	41072.5	43961.4	46892.1	50241.6	53591
温度/K	251.68	277.22	302.75	550	750	1050	1250
热容/[J/(kmol·K)]	57359.1	61127.2	64895.3	102577	125185	146957	159098

用表 1-22 和表 1-23 中的实验数据回归蒸汽压方程和热容方程中的参数，并替换 ChemCAD 中该组分原有公式参数。

解： 具体的解题步骤如下：

（1）启动 ChemCAD，建立新文件，命名为"自定义丙烯组分"。

（2）选择单位制：单击菜单按钮"格式及单位制"，在其下拉菜单中选择"工程单位…"命令，如图 1-55 所示。

（3）根据题目要求，单位选择国际单位（SI），如图 1-56 所示。

（4）复制组分：单击菜单按钮"热力学及物化性质"，选择"组分数据库"的子菜单命令"复制组分"，如图 1-57 所示。

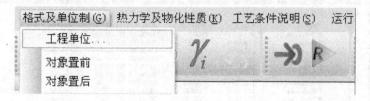

图 1-55 "工程单位…"菜单命令

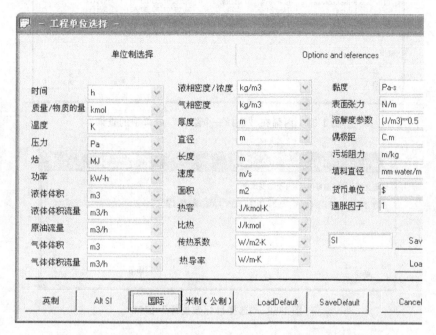

图 1-56 单位的选择：温度/K，压力/Pa，热容/[J/(kmol·K)]

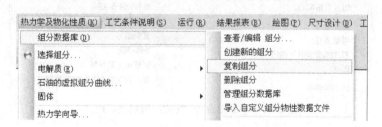

图 1-57 子菜单命令"复制组分"

（5）弹出"选择一个组分"窗口，在"查询"文本框中输入"C3H6"，数据库中序号为"23"的这一行变成灰色，单击确定，如图 1-58 所示。

（6）弹出"选择目标数据库"窗口，将自定义组分加入到用户组分数据库中，单击确定，如图 1-59 所示。

（7）ChemCAD 弹出消息框，提示用户已经克隆了丙烯，单击确定。

（8）修改编辑自定义组分。单击"热力学及物化性质"菜单按钮，选择"组分数据库"的子菜单命令"查看/编辑 组分…"，如图 1-60 所示。

（9）弹出"选择一个组分"窗口，将"有效的组分数据库："文本框中的滚动条拉动最

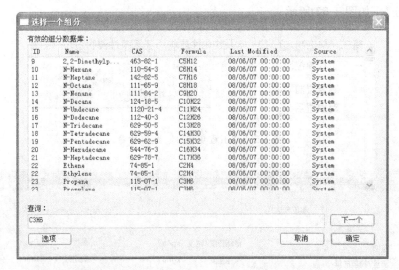

图 1-58　丙烯在"选择一个组分"窗口中的查询

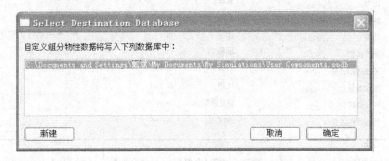

图 1-59　"选择目标数据库"窗口

图 1-60　子菜单命令"查看/编辑 组分…"

后，可以看到自定义组分"Clone Propylene"和"Propylene"，代表了同一个自定义组分的不同名称，在数据库中顺序号相同。选择"Clone Propylene"，单击确定，如图 1-61 所示。

（10）弹出"查看/编辑 组分物性数据"窗口，窗口排列了"退出"、"选择另一个组分"等按钮；如图 1-62 所示。

（11）单击"别名"按钮，将别名 1 改为"丙烯"，将别名 2 中"Propylene"删除，如图 1-63 所示；这样，数据库就会显示中文名称"丙烯"。

（12）下面操作将有关热容和蒸汽压方程系数都删除。单击"所需的最少数据"按钮，将理想气体热容多项式系数删除；单击"热容"按钮，将理想气体热容库方程的所有信息删除；单击"蒸汽压和蒸发热"按钮，将蒸汽压库方程的所有信息删除；单击"其他物性数据"按钮，将"非库数据方程"中安托尼蒸汽压库方程的所有信息删除；之后，退出"查

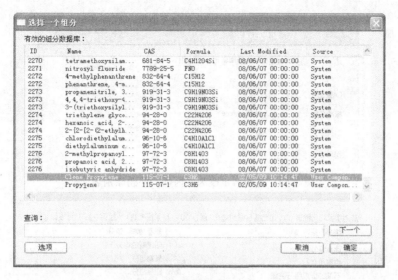

图 1-61　选择自定义组分"Clone Propylene"

图 1-62　"查看/编辑 组分物性数据"窗口

看/编辑 组分物性数据"窗口。

（13）ChemCAD 提示用户是否把这些修改信息应用于当前模拟，单击确定。如果用户另有现成的库方程系数，可以在步骤（12）直接修改原数据即可。

（14）下面是回归数据方程系数。单击"热力学及物化性质"菜单按钮，选择"组分数据库"的子菜单命令"自定义组分的物化数据回归"，如图 1-64 所示。

（15）弹出"自定义组分物性数据回归"按钮命令窗口，如图 1-65 所示。

（16）首先进行蒸汽压的安托尼方程系数的回归。单击"蒸汽压的安托尼方程"按钮，弹出"选择一个组分"窗口，在这个窗口中列出了自定义组分，选择"丙烯"即可，单击确定。

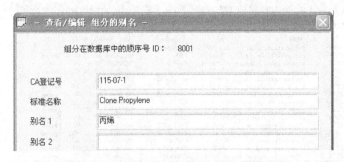

图 1-63 将别名 1 改为"丙烯"并删除别名 2

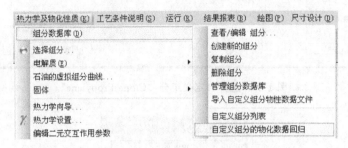

图 1-64 子菜单命令"自定义组分的物化数据回归"

（17）弹出安托尼方程系数取值范围的设定，采用默认值，单击 OK；弹出"饱和蒸汽压数据"窗口，填上题目所给数据，如图 1-66 所示。

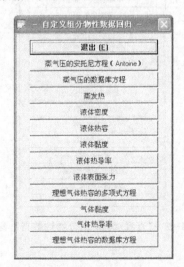

图 1-65 "自定义组分物性数据回归"按钮命令窗口

（18）单击图 1-66 窗口中的确定，计算完成，给出报告并给出实验数据与计算数据的对比图，见图 1-67。ChemCAD 提示用户是否更新数据库中的数据，单击确定。

（19）重复步骤（14）~（18），可以将蒸汽压的数据库方程、理想气体热容多项式、理想气体热容数据库方程的系数都回归出来。

在方程系数回归结果的对比图中，可以看出结果是否满意。对于误差大的点，可以通过改变权重来表现该数据点的重要程度，使得回归结果缩小该点的误差。

图 1-66 "饱和蒸汽压数据"窗口

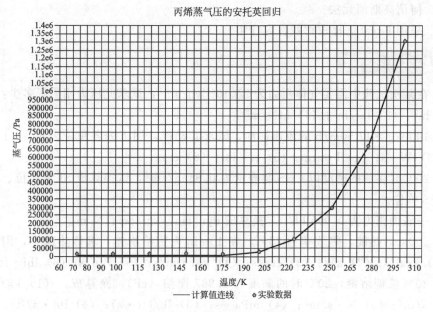

图 1-67 蒸气压实验数据与计算数据的对比图

☆**思考题**：1. 在 ChemCAD 中如何创建自定义组分？

2. 在 ChemCAD 中，可以进行哪些物性数据的回归？自变量都是什么物理量？

单元一复习思考题

1-1 何谓量纲（或因次）？何谓单位？

1-2 何谓单位制度？通常由哪几个部分构成？目前比较常用的单位制有哪几种？

1-3 国际单位制由哪几个基本单位构成？

1-4 SI 制的词头使用规则有哪些？

1-5 如何手工进行单位换算？

1-6 如何采用 Excel 进行单位换算？

1-7 如何采用 ChemCAD 进行单位换算？

1-8 利用所学计算机编程语言（如 VB、C、C++、Pascal 等）编写单位换算小程序。

1-9 何谓插值？常用的插值方法有哪几种？

1-10 何谓线性插值、Lagrange 插值？

1-11 如何采用 Excel 进行线性插值、Lagrange 插值？

1-12 何谓曲线拟合？

1-13 如何采用 Excel 进行曲线拟合？

1-14 何谓逐步扫描法？试简述其基本原理。

1-15 何谓二分法？试简述其基本原理。

1-16 何谓牛顿法？试简述其基本原理。

1-17 何谓弦截法？试简述其基本原理。

1-18 如何利用 Excel 求解一元三次及以上非线性方程？

1-19 利用 ExcelVBA 编写一段求解一元三次非线性方程的小程序。

1-20 利用所学的编程软件编写一求解一元三次非线性方程的小程序。

1-21 何谓高斯消元法？

1-22 采用 Excel 怎样求解线性方程组？

单元一习题

1-1 在某次试验中需要气体压力为 $2 \times 10^6 \, dyn/cm^2$，试求此压力相当于多少：（1）Pa；（2）$kgf/cm^2$；（3）$lbf/in^2$；（4）$MN/m^2$。

1-2 1000kg 水以 50m/h 的流速移动，试求其动能，用下列各单位表示：（1）J；（2）hp·s；（3）W·s；（4）l·atm；（5）ft·lbf；（6）erg。

1-3 20℃时煤油的密度以 CGS 制表示为 $0.845 g/cm^3$，试换算成 SI 制单位、米制工程单位、FPS 单位。

1-4 一表面张力为 0.005lbf/ft，换算成 dyn/cm、kgf/cm、N/m。

1-5 500kcal 热能，热效率为 75%，在 10min 内传给物体，求传热速率，用下列单位表示：（1）kcal/s；（2）kW；（3）erg/s；（4）kgf·m/s；（5）Btu/s；（6）lbf·ft/s。

1-6 20%蔗糖溶液，20℃时的黏度为 1.967 厘泊（cP），换算成：（1）kg/(m·h)；（2）$kgf·s/m^2$；（3）$N·s/m^2$；（4）mPa·s；（5）lb/(ft·s)；（6）$lbf·s/ft^2$。[CGS 制 1P=1g/(cm·s)，1cP=0.01P]

1-7 流体流经一圆管，由摩擦所产生的压力降可用下式表示：

$$\Delta p = \frac{2fL\rho u^2}{D}$$

式中，Δp 为压力降；u 为流速；L 为管长；ρ 为流体的密度；D 为管径。试分别以 SI 及米制工程制列出 Δp、u、L、ρ 与 D 的单位，并求出摩擦系数 f 的单位。

1-8 汞 20℃的热导率为 6.8kcal/(m·h·℃)，换算成 SI 单位、CGS 单位及 FPS 单位。

1-9 由手册查得下列液体在 68℉时热导率为：醋酸＝0.099Btu/(ft·h·℉)、煤油＝0.086Btu/(ft·h·℉)。换算成：（1）液体温度用℃表示；（2）热导率用 CGS 及 SI 单位表示。

1-10 由一温度已知值，计算下列所有温度：

项目	K	℃	℉	°R
(1)	500			
(2)		−10		
(3)			104	
(4)				600

1-11 丁烯（气体）于 158℉ 时之热容为 0.366Btu/(lb·℉)，换算成 kcal/(kg·℃) 及 kJ/(kg·℃)。

1-12 铜的热容为 $c_p = 5.44 + 0.1462 \times 10^{-2} T$ [cal/(mol·℃)]，式中 T 的单位为℃。试求：

(1) 将上式换算成 c_p 用 Btu/(lb·mol·°R) 表示，式中 T 用 °R 表示。

(2) 求 60℃ 时铜之 c_p 值，单位用 Btu/(lb·mol·°R) 表示。

1-13 一反应器的水银压力表读数为 26.5inHg 柱真空度。当日气压读数为 763mmHg 柱。求容器内绝压为多少？用 lbf/in²、lbf/ft²、bar、mmHg、inHg 及 mmH₂O 表示。

1-14 30%（质量分数）的 H_2SO_4 在 15.6℃ 时的相对密度为 1.22，试求此 H_2SO_4 的浓度，以下列单位表示：(1) mol/m³；(2) g/l；(3) lbm/ft³；(4) kg H_2SO_4/kg H_2O；(5) mol H_2SO_4/mol 溶液。

1-15 $ZnBr_2$ 的水溶液，其密度在 20℃ 和 80℃ 时分别为 2.002g/ml 和 1.924g/ml，其组成为 20℃ 时 100ml 的溶液中含 130g $ZnBr_2$，用下列方法表示其组成：(1) 质量分数；(2) 摩尔分数；(3) 千克（溶质)/千克（溶剂）；(4) 摩尔（溶质)/千克（溶剂）；(5) 克（溶质)/100ml 溶液（在 80℃ 时）；(6) 摩尔（溶质)/升溶液（在 20℃)。[Br=79.90、Zn=65.38、$ZnBr_2$=225.18]

1-16 一种三组分的液体混合物，其中含 A 10kg、B 25%（质量分数）以及 1mol B 含 1.5mol C。A、B、C 三组分的分子量分别为 56、58、72；相对密度分别为 0.58、0.60、0.67。计算：(1) 混合物的摩尔分数（%) 及体积分数。(2) 混合物的平均分子量。

1-17 一气体混合物组成如下：

H_2O	CO	H_2	CO_2	CH_4	N_2	Σ
6.8%	5.6%	9.2%	11.2%	25.4%	41.8%	100.00%

若以上组成用干基表示，应为多少？

1-18 利用线性插值法、Lagrange 多项式插值法，采用手工计算、Excel 单元格驱动、Excel 自编 VBA 函数处理温度为 76.7℃ 时水的蒸气压值。已知 70℃、80℃、90℃ 时水的蒸气压值分别为 0.03117MPa、0.04736MPa、0.07011MPa。

1-19 已知常压下空气的恒压热容与温度的数据表如下 [kJ/(kmol·K)]：

温度/K	300	400	500	600	700	800	900	1000	1100	1200	1300
c_p	29.18	29.43	29.89	30.47	31.23	31.91	32.57	33.17	33.68	34.15	34.55

试采用 Excel 将其拟合为 $c_p = f(T) = a + bT + cT^2$ 的表达式。

1-20 试用牛顿迭代法、Excel 单变量求解法求下列一元非线性方程的根：

(1) $0.262955T^3 + 3068.23T^2 - 1.3742545 \times 10^6 T + 1.463 \times 10^6 = 0$

(2) $-6.9067 \times 10^{-6} T^4 + 0.08344T^3 + 562.956T^2 - 1.4100 \times 10^6 T - 5.0280 \times 10^4 = 0$

1-21 试用 Excel 自带的函数 MDETERM、MINVERSE、MMULT 和 Excel 规划求解法求解下列线性方程组：

(1) $3x_1 - 2x_2 - 2x_3 = 1$

$x_1 - 2/3x_2 - 1/3x_3 = 0$

$-x_1 - 4x_2 + x_3 = -10$

(2) $2x_1 - 2x_2 + 3x_3 - 4x_4 = 6$

$2x_1 + 2x_2 - x_3 + x_4 = 5$

$x_1 - 2x_2 + x_4 = -1$

$-4x_2 + 5x_3 - 2x_4 = -2$

气体的热力学性质计算

任务 一

计算气体的 p、V、T 数据

知识目标

掌握气体 p、V、T 数据计算方法——状态方程法和普遍化法，了解真实气体混合物的 p、V、T 数据计算方法。

能力目标

能用 Excel、ChemCAD 软件计算气体的 p、V、T 数据。

在众多的热力学性质中，尽管气体的压力 p、摩尔体积 V 和温度 T 可通过仪器测量或实验测得，但若能利用 p-V-T 之间的关系处理未测气体的数据，则不仅能节省大量的人力、物力和财力，而且可利用热力学关系计算不能直接从实验测得的其他性质，如焓 h、熵 s 等。

☆**思考**：气体 p、V、T 数据的计算方法通常可分为哪几类？

一、气体 p、V、T 数据的计算方法

气体 p、V、T 数据的计算方法通常可分为两类：其一为状态方程法，其二为对应态原理法。

（一）状态方程法

描述处于平衡状态的气体其状态参数之间关系的数学表达式称为气体状态方程。

☆**思考**：理想气体的特征？理想气体状态方程中各参数的含义？

1. 理想气体状态方程

理想气体是极低压力和较高温度下各种真实气体的极限情况，实际上并不存在。通过对实际气体的抽象，将理想气体微观模型描述为：①气体分子是不占体积的质点；②气体分子之间无相互作用力；③气体分子是弹性体。

从 17 世纪开始，波义尔（Boyle）、盖·吕萨克（Gay-Lussac）及阿伏加德罗（Avogadro）

等著名物理学家，分别在特定的条件下测定了某些气体的 p、V、T 性质之间的相互关系，通过归纳总结可得出如下理想气体状态方程：

$$pV = nRT \tag{2-1}$$

式中 p——气体内部的压力，因气体分子之间无相互作用力，其值等于气体分子对容器壁面产生的压力，Pa；

T——气体所处的温度，K；

n——气体物质的量，mol；

V——$n(\text{mol})$ 气体在压力 p、温度 T 时占有的总体积，实际上是理想气体分子的自由活动空间，由于气体分子本身是不占体积的质点，故其值等于容器的体积，m^3；

R——常数，与气体种类无关，称为通用气体常数，其对应数值为 8.314J/(mol·K)。

根据 $n = \dfrac{m}{M}$，则式（2-1）可以写成：

$$pV = \frac{m}{M}RT \tag{2-2a}$$

应用式（2-2a）时应注意质量 m 的单位，此处应采用 g，当 m 用 kg 为单位时，相应地 p 应用 kPa。

若根据 $\rho = \dfrac{m}{V}$，则式（2-2a）可表示：$pM = \rho RT$

即：

$$\rho = \frac{pM}{RT} \tag{2-2b}$$

由于密度 ρ 的 SI 制单位为 kg/m^3，故应用式（2-2b）时，p 的单位应用 kPa。

☆思考：真实气体的微观模型？描述真实气体的状态方程通常可分为哪几类？

2. 真实气体状态方程

理想气体状态方程，是建立在理想气体的微观模型基础上的数学表达式，实际上理想气体状态方程对各种真实气体都是近似的。即使是在常压范围内，在同样的温度、压力下，不同气体的摩尔体积也不是完全相同的。其原因是真实气体分子之间存在着相互作用力；加之气体分子本身占有一定体积，当气体压力增大，气体分子之间的距离将缩小，气体分子之间相互作用力增大，同时气体分子本身占有的体积与气体所占有的空间相比也越来越大，使得上述定律及方程也越来越不准确。

由此可以抽象地描绘真实气体的微观模型：①气体分子具有体积；②气体分子之间有相互作用力；③气体分子是不可压缩的刚体。

对各种气体，只有在 $p \to 0$ 时其行为才比较准确地服从理想气体状态方程，而随着现代科技的不断发展，愈来愈多地采用高压和低温技术。如制冷和深度冷冻过程等。由于气体压力的提高和温度的降低，真实气体与理想气体之间的偏差也愈来愈显著。为了深入地说明真实气体不遵守理想气体定律的情况，必须对理想气体状态方程式进行必要的修正，只有这样才能更确切地反映真实气体状态参数的变化规律。

描述真实气体的状态方程很多，目前已有百种以上，但实际上还没有一个方程能精确地用于不同条件下的各种气体。根据状态方程的形式，大致可分为两类，一类为立方型状态方程式，另一类为多常数型状态方程。这些都是经验或半经验、半理论的方程。

（1）立方型状态方程

所谓立方型状态方程是因为方程展开为体积或密度的三次多项式。其中最早、最具有代表性和指导性的是范德华（van der Waals）方程。

① van der Waals（vdW）方程（1873） 真实气体与理想气体的区别之一在于理想气体忽略了气体分子的体积。在理想气体状态方程中的体积项可以认为是每个气体分子能够自由活动的空间。对真实气体来说，由于气体分子具有一定体积，这样就相应地减小了每个分子自由活动的空间（或者说容器中每个分子的活动空间）。以 b 表示 1mol 气体所有分子具有的体积，则容器中气体分子的实际自由活动空间为 $V-b$。

由于真实气体分子之间还存在相互作用力，对于气体内部的分子而言，其受力是平衡的或称合力为零，但对于处于靠近容器内壁的气体分子，由于只受到内部气体分子的吸引力（早期人们对气体分子之间作用力的认识，认为是相互吸收），其所受的总合力为指向气体分子的内部方向，这一影响使气体分子对容器内壁的压力减小。范德华将这种由于引力而减小的数值用 $\dfrac{a}{V}$ 来表示，并称之为内压力。则对 1mol 气体而言，其真实的压力为 $p+\dfrac{a}{V^2}$。

通过对压力及体积的修正，由理想气体状态方程可以很方便地导出范德华方程式，即：

$$\left(p+\frac{a}{V^2}\right)(V-b)=RT \tag{2-3a}$$

或

$$V^3-(b+RT/p)V^2+aV/p-ab/p=0 \tag{2-3b}$$

式（2-3a）、式（2-3b）中 a、b 称为范德华常数，只与气体的种类有关，可由临界参数通过式（2-3c）、式（2-3d）求出，或查相关手册。

$$a=\frac{27R^2T_c^2}{64p_c} \tag{2-3c}$$

$$b=\frac{RT_c}{8p_c} \tag{2-3d}$$

② Redlich-Kwong（RK）方程（1949） 范德华方程只是提供了一种实际气体的简化模型，是从各种气体实测的 p、V、T 数据拟合得出。在几兆帕斯卡的中压范围内，其精度比用理想气体状态方程高。但是，该方程对实际气体提出的模型过于简化，所以其计算结果还不能满足工程上对高压数值计算的要求。RK 方程是 vdW 方程的经验修正式，方程如下：

$$\left[p+\frac{a}{T^{0.5}V(V+b)}\right](V-b)=RT \tag{2-4a}$$

或

$$V^3-\frac{RT}{p}V^2+\frac{1}{p}\left(\frac{a}{T^{0.5}}-bRT-pb^2\right)V-\frac{ab}{pT^{0.5}}=0 \tag{2-4b}$$

式中，a、b 两个因物质而异的常数，其值取决于真实气体的临界常数。

$$a=0.42748\frac{R^2T_c^{2.5}}{p_c} \tag{2-4c}$$

$$b=0.08664\frac{RT_c}{p_c} \tag{2-4d}$$

RK 方程能较成功地用于气相 p、V、T 数据的计算，但对液相的效果较差，也不能预测纯流体的蒸气压（即气液平衡计算）。

③ Soave-Ridlich-Kwong（SRK）方程（1972） Soave 对 RK 方程进行了改进，将原方程中的常数 a 作为温度的函数，并引入了与物质分子结构有关的参数——偏心因子 ω，其方

程如下

$$\left[p+\frac{a}{V(V+b)}\right](V-b)=RT \tag{2-5a}$$

或

$$V^3-\frac{RT}{p}V^2+\frac{1}{p}(a-bRT-pb^2)V-\frac{ab}{p}=0 \tag{2-5b}$$

式中

$$a=a_c\alpha(T_r,\omega) \tag{2-5c}$$

$$a_c=0.42748\frac{R^2T_c^2}{p_c} \tag{2-5d}$$

$$\alpha^{0.5}=1+(0.48+1.574\omega-0.176\omega^2)(1-T_r^{0.5}) \tag{2-5e}$$

$$b=0.08664\frac{RT_c}{p_c} \tag{2-5f}$$

与 RK 方程相比，SRK 方程大大提高了表达纯物质气液平衡的能力，使之能用于混合物的气液平衡计算，拓宽了方程的应用领域。

除上述立方型状态方程外，尚有 Peng-Robinson（PR）方程、Patel-Teja（PT）方程等，具体可参阅其他书籍或专著。

☆ **思考**：1. 如何求解立方型状态方程？

2. Virial 方程中的 Virial 系数的含义是什么？

（2）多常数型状态方程

多常数型状态方程中最经典的是 Virial 方程，"Virial" 是拉丁文，"力"的意思，Virial 方程由荷兰人 Onnes（翁内斯）于 1901 年提出，20 世纪 60 年代后才被逐步重视。最初的 Virial 方程是以经验式提出的，之后由统计力学得到证明。

密度型：

$$Z=\frac{pV}{RT}=1+\frac{B}{V}+\frac{C}{V^2}+\frac{D}{V^3}+\cdots \tag{2-6a}$$

压力型：

$$Z=\frac{pV}{RT}=1+B'p+C'p^2+D'p^3+\cdots \tag{2-6b}$$

式中，$B(B')$、$C(C')$、$D(D')$、$\cdots\cdots$、分别称为第二、第三、第四、$\cdots\cdots$、Virial 系数。

不难推得：B 与 B'、C 与 C' 之间的关系

$$B'=\frac{B}{RT}, \quad C'=\frac{C-B^2}{(RT)^2}$$

Virial 系数，微观上反映了分子间的相互作用，如第二 Virial 系数（B 或 B'）反映了两分子间的相互作用，第三 Virial 系数（C 或 C'）反映了三分子间的相互作用等等。宏观上，纯物质的 Virial 系数仅是温度的函数。

工程计算中，通常可截取二项式或三项式：

$$Z=\frac{pV}{RT}=1+\frac{B}{V} \tag{2-6c}$$

$$Z=\frac{pV}{RT}=1+\frac{B}{V}+\frac{C}{V^2} \tag{2-6d}$$

除 Virial 外，常用的多常数型方程还有 Benedict-Webb-Rubin（BWR）方程、Martin-Hou（MH）方程等，具体可参阅其他书籍或专著。

☆**思考**：何谓对比态原理？两参数对比态原理成立的条件是什么？

（二）对比态原理法

以上的立方型状态方程和多常数型状态方程，皆是从理想气体状态方程的左边进行修正，即从气体的微观角度对理想气体状态方程进行了修正，并使状态方程越来越复杂，以下所述的对应态原理，是从理想气体状态方程的右边进行了修正，即直接从宏观观察的角度出发进行修正。

对比态原理认为，在相同的对比状态参数下，所有物质具有相同的性质。

真实气体的状态方程皆可表达成：

$$pV = ZRT \tag{2-7}$$

式中 Z——压缩因子，代表了理想气体与真实气体之间的偏差，对于理想气体，$Z=1$。

由式（2-7）可知，只要能简单处理压缩因子 Z，则已知 T、p 求体积 V，就不必如前面的立方型状态方程那样求解一元三次非线性方程。由此可见，运用式（2-7）处理真实气体 p-V-T 之间的关系，关键是如何处理压缩因子 Z。

目前工程上广泛采用三参数对比态原理，将压缩因子看成是对比压力 p_r、对比温度 T_r 和偏心因子 ω 这三个参数的函数，即：

$$Z = f(p_r, T_r, \omega) \tag{2-8}$$

☆思考：采用三参数对比态原理具体处理 p-V-T 关系时又分为哪几类？各类的适用条件是什么？

常见物质的偏心因子 ω 值见附录表 1-4，三参数对应态原理在具体应用时又可分为两种方法。

1. 三参数普遍化法压缩因子法

（1）适用条件

$V_r < 2$ 或由对应的 p_r-T_r 图（图 2-1）进行判断，即通常适用于温度较低，而压力相对较高的范围。

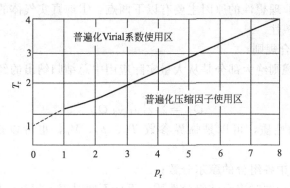

图 2-1 普遍化关系式适用区域

（2）处理方法（公式）

$$Z = Z^{[0]} + \omega Z^{[1]} \tag{2-9a}$$

$$Z^{[0]} = f(p_r, T_r) \tag{2-9b}$$

$$Z^{[1]} = f(p_r, T_r) \tag{2-9c}$$

$$pV = ZRT$$

式中，$Z^{[0]}$ 和 $Z^{[1]}$ 是 T_r 和 p_r 的复杂函数。根据实验数据得到的 $Z^{[0]}$ 和 $Z^{[1]}$ 与 T_r 和 p_r 的函数关系分别示于附录图 2-1(a)、(b) 和附录图 2-2(a)、(b)，附录表 1-5 给出了不同

p_r（从 0.2 到 9）和 T_r（从 0.35 到 4.0）下的 $Z^{[0]}$ 和 $Z^{[1]}$ 值，可供工程计算使用。

2. 三参数第二 Virial 系数法

（1）适用条件

$V_r \geqslant 2$ 或由 p_r-T_r 图（图 2-1）进行判断，通常适用于温度较高，而压力相对较低的范围。

（2）处理方法（公式）

$$B^{[0]} = f(T_r) = 0.083 - 0.422/T_r^{1.6} \tag{2-10a}$$

$$B^{[1]} = f(T_r) = 0.139 - 0.172/T_r^{4.2} \tag{2-10b}$$

$$\frac{Bp_c}{RT_c} = B^{[0]} + \omega B^{[1]} \tag{2-10c}$$

$$Z = 1 + \frac{Bp}{RT} = 1 + \left(\frac{Bp_c}{RT_c}\right)\left(\frac{p_r}{T_r}\right) \tag{2-10d}$$

$$pV = ZRT$$

☆思考：如何利用纯气体的 p-V-T 数据处理混合物的 p-V-T 数据？

（三）真实气体混合物的 p-V-T 关系

以上介绍了纯气体的 p-V-T 关系，而在日常生活和实际化工生产中，处理的物系往往是多组分的真实气体混合物。目前显然已收集、积累了许多纯物质的 p-V-T 数据，但混合物的实验数据很少，远远不能满足工程设计的需要。如何利用已有的纯物质的 p-V-T 数据及处理纯物质 p-V-T 之间关系的方法去解决真实气体混合物的 p-V-T 数据及其他们之间的关系呢？答案是肯定的，解决这一问题的关键是要在纯组分性质和混合物性质之间建立起联系，用纯物质性质来预测或推算混合物的性质。这种关联纯物质性质和混合物性质的函数式称为混合规则。纯气体的 p-V-T 关系式借助于混合规则便可推广到气体混合物。

☆思考：何谓混合规则？常用的混合规则有哪几种？

造成气体混合物非理想性的原因主要有以下两点：①纯真实气体的非理想性；②各气体之间混合作用的非理想性。

1. 常用的几种混合规则

目前使用的混合规则绝大部分是从大量实际应用中总结归纳出的经验式，其中典型的混合规则表达式为

$$Q_m = \sum\sum y_i y_j Q_{ij} \tag{2-11}$$

式中 Q_m——混合物性质，可以是临界参数 T_c、p_c、V_c，也可以是偏心因子 ω 等其他参数；

y——混合物中各组分的摩尔分数；

Q_{ij}——当下标相同时表示纯组分性质，下标不同时表示相互作用项，且 $Q_{ij} = Q_{ji}$。

如对于三个组分的混合物，则将式（2-11）展开得：

$$Q_m = y_1 y_1 Q_{11} + y_1 y_2 Q_{12} + y_1 y_3 Q_{13} + y_2 y_1 Q_{21} + y_2 y_2 Q_{22} +$$
$$y_2 y_3 Q_{23} + y_3 y_1 Q_{31} + y_3 y_2 Q_{32} + y_3 y_3 Q_{33}$$
$$= y_1^2 Q_{11} + 2y_1 y_2 Q_{12} + 2y_1 y_3 Q_{13} + y_2^2 Q_{22} + 2y_2 y_3 Q_{23} + y_3^2 Q_{33}$$

相互作用项 Q_{ij} 代表了混合过程引起的非理想性，如何求取 Q_{ij} 对混合规则有很大影响，通常采用算术平均或几何平均来计算。

当 Q_{ij} 采用算术平均法，即：

$$Q_{ij} = (Q_{ii} + Q_{jj})/2$$

则式（2-11）变为

$$Q_m = \sum y_i Q_i \tag{2-12}$$

式（2-12）称为 Kay 规则或称直线摩尔平均法。

当 Q_{ij} 采用几何平均法，即：

$$Q_{ij} = (Q_{ii}Q_{jj})^{0.5}$$

则式（2-11）变为

$$Q_m = (\sum y_i Q_i^{0.5})^2 \tag{2-13}$$

一般情况，算术平均用于表示分子大小的参数，几何平均用于表示分子能量的参数。

☆思考：利用混合规则处理真实气体混合物 p-V-T 关系的方法通常有哪几种？

2. 真实气体混合物 p-V-T 关系的处理方法

利用混合规则处理真实气体混合物 p-V-T 关系的方法通常有以下三种。

（1）虚拟临界参数法

将混合物视为假想的纯物质，具有虚拟临界参数，就可以把纯物质的对比态方法应用到混合物上。混合物的虚拟临界参数的处理通常采用 Kay 规则，即式（2-12），可表示为

$$T_{cm} = \sum y_i T_{ci}, \quad p_{cm} = \sum y_i p_{ci}, \quad \omega_m = \sum y_i \omega_i \tag{2-14}$$

采用虚拟临界参数处理混合物的 p-V-T 关系的方法与处理纯气体的对比态方法相同，也有两参数法和三参数法两种。

① 两参数法

$$T_{rm} = T/T_{cm}、p_{rm} = p/p_{cm}、Z_m = f(p_{rm}, T_{rm})$$

② 三参数法

$$T_{rm} = T/T_{cm}、p_{rm} = p/p_{cm}、\omega_m = (y_i\omega_i、Z_m = f(p_{rm}, T_{rm}, \omega_m)$$

但需注意，应用虚拟临界参数法处理组分差别很大的混合物，尤其是含有极性组分或有缔合成二聚体倾向的体系，其计算结果通常不能满意。

（2）气体混合物的第二 Virial 系数法

此法的关键是混合物的第二 Virial 系数 B_m 的处理，具体计算公式如下：

$$B_m = \sum \sum y_i y_j B_{ij} \tag{2-15}$$

$$B_{ij} = \frac{RT_{cij}}{p_{cij}}(B_{ij}^{[0]} + \omega_{ij}B_{ij}^{[1]}) \tag{2-16}$$

$$T_{cij} = (T_{ci}T_{cj})^{0.5}(1 - k_{ij}) \tag{2-17}$$

$$V_{cij} = \left(\frac{V_{ci}^{1/3} + V_{cj}^{1/3}}{2}\right)^3 \tag{2-18}$$

$$Z_{cij} = \frac{Z_{ci} + Z_{cj}}{2} \tag{2-19}$$

$$p_{cij} = \frac{Z_{cij}RT_{cij}}{V_{cij}} \tag{2-20}$$

$$\omega_{ij} = \frac{\omega_i + \omega_j}{2} \tag{2-21}$$

式中 k_{ij} ——二元相互作用参数，一般由实验数据拟合得到，对组分性质相近的混合物或作近似计算时，可视为 0。

（3）RK 型状态方程法

RK 型状态方程主要指 vdW、RK、SRK、PR 方程，这些方程用来处理混合物时，其方程中的常数通常采用以下混合规则处理：

$$a_m = \sum \sum y_i y_j a_{ij} \tag{2-22}$$

$$a_{ij} = (a_i a_j)^{0.5}(1 - k_{ij}) \tag{2-23}$$

$$b_m = \sum y_i b_i \tag{2-24}$$

由式（2-22）～式（2-24）计算出状态方程中混合物的常数 a_m、b_m 后，混合物的 p-V-T 关系的处理方法与处理纯物质的完全相同。

二、手工计算气体的 p-V-T 数据

以上介绍了纯气体、混合气体 p-V-T 数据的两类计算方法，即状态方程法和对应态原理法。在手工处理纯气体、混合气体 p-V-T 数据时，若采用状态方程法，计算往往比较繁杂，如已知 p、T，求 V 时，若用立方型状态方程计算，则需求解一个体积的一元三次非线性方程，其求解方法同例 1-8，这里不再叙述。在计算机还不普遍的时代，手工处理 p-V-T 数据时往往大多采用对应态原理的方法。下面通过实例说明采用对应态原理手工计算 p-V-T 数据的具体过程。

【例 2-1】 试用普遍化法计算 CH_4 在 323.16K 时产生的压力，已知 CH_4 的摩尔体积为 $1.25 \times 10^{-4}\,m^3/mol$，压力的实验值为 $1.875 \times 10^7\,Pa$。

解： 由附录表 1-4 查得 CH_4 的临界参数为：

$T_c = 190.6K$，$p_c = 4.600MPa$，$V_c = 9.9 \times 10^{-5}\,m^3/mol$，$\omega = 0.008$

$V_r = V/V_c = 1.25 \times 10^{-4}/(9.9 \times 10^{-5}) = 1.26 < 2$，应采用 Pitzer 的普遍化关系式

$T_r = T/T_c = 323.16/190.6 = 1.695$

因为 $pV = ZRT$

所以 $Z = pV/(RT) = p_r p_c V/(RT) = p_r \times 4.600 \times 10^6 \times 1.25 \times 10^{-4}/(8.314 \times 323.16) = 0.214 p_r$

$$Z = 0.214 p_r \tag{A}$$

$$Z = Z^{[0]} + \omega Z^{[1]} \tag{B}$$

将不同的 p_r 值代入式（A）、式（B）计算的 Z 值列表，见表 2-1。

表 2-1 例 2-1 数据表

p_r	3.5	4.0	4.5	...
Z_A	0.749	0.856	0.963	
$Z_B^{[0]}$	0.87	0.88	0.89	
$Z_B^{[1]}$	0.25	0.26	0.27	
Z_B	0.872	0.882	0.892	

分别由 p_r-Z_A、p_r-Z_B 作图（见图 2-2）得一交叉点即其解。

$p_r = 4.125$、$Z = 0.884 \Rightarrow p = p_r p_c = 4.125 \times 4.600 = 18.975$（MPa）

误差：$(18.975 - 18.75)/18.75 = 1.2\%$

【例 2-2】 质量为 500g 的氨气贮于容积为 $0.03m^3$ 的钢弹内，钢弹浸于温度为 65℃的恒温浴中，试用普遍化法计算氨气压力，并与文献值 $p = 2.382MPa$ 比较。

解： 由附录表 1-4 查得氨的临界参数为

$T_c = 405.6K$，$p_c = 11.28MPa$，$V_c = 72.5 \times 10^{-6}\,m^3/mol$，$\omega = 0.250$

氨的摩尔体积为

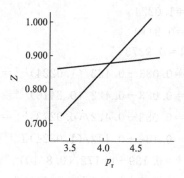

图 2-2　例 2-1 p_r-Z 示意图

$$V=\frac{0.03}{500/17.02}=1.021\times10^{-3}(\mathrm{m}^3/\mathrm{mol})$$

对比体积为

$$V_r=\frac{1.021\times10^{-3}}{72.5\times10^{-6}}=14.1$$

因为 $V_r>2$，所以适用普遍化第二 Virial 系数法

$T_r=T/T_c=338.15/405.6=0.834$

$B^{[0]}=0.083-0.422/T_r^{1.6}=0.083-0.422/(0.834)^{1.6}=-0.481$

$B^{[1]}=0.139-0.172/T_r^{4.2}=0.139-0.172/(0.834)^{4.2}=-0.230$

$\dfrac{Bp_c}{RT_c}=B^{[0]}+\omega B^{[1]}=-0.481-0.250\times0.230=-0.539$

所以 $B=-0.539RT_c/p_c=-0.539\times8.314\times405.6/(11.28\times10^6)=-1.611\times10^{-4}$
$(\mathrm{m}^3/\mathrm{mol})$

$p=RT/(V-B)=8.314\times338.15/(1.021\times10^{-3}+1.611\times10^{-4})=2.378\times10^6(\mathrm{Pa})$

误差：

$$(2.378-2.382)/2.382=-0.17\%$$

计算值与实验值非常接近，说明在压力不太高时，普遍化第二 Virial 系数法用于极性物质广度性质计算，结果也较满意。

【例 2-3】　试求 CO_2 （1）—C_3H_8 （2）体系在 311K 和 1.50MPa 的条件下的混合物的摩尔体积，两组分的摩尔比为 3/7。

解：先查出各组分的临界参数，然后计算两组分相互作用的交叉性质项

ij	T_{cij}/K	Z_{cij}	ω_{ij}	$V_{cij}/(\mathrm{m}^3/\mathrm{kmol})$	p_{cij}/MPa	B^0_{ij}	B^1_{ij}	$B_{ij}/(\mathrm{m}^3/\mathrm{kmol})$
11	304.2	0.274	0.225	0.0940	7.376	−0.32433	−0.017749	−0.1129
22	369.8	0.281	0.152	0.2030	4.246	−0.47373	−0.21696	−0.3661
12	335.4	0.2775	0.1885	0.14171	5.4604	−0.39321	−0.097211	−0.2102

$T_{c12}=(T_{c1}T_{c2})^{0.5}=(304.2\times369.8)^{0.5}=335.4(\mathrm{K})$

$Z_{c12}=(Z_{c1}+Z_{c2})/2=(0.274+0.281)/2=0.2775$

$\omega_{12}=(\omega_1+\omega_2)/2=(0.225+0.152)/2=0.1885$

$V_{c12}=\left(\dfrac{V_{c1}^{1/3}+V_{c2}^{1/3}}{2}\right)^3=\left(\dfrac{0.0942^{1/3}+0.203^{1/3}}{2}\right)^3=0.14171$

$p_{c12}=Z_{c12}RT_{c12}/V_{c12}=0.2775\times8.314\times335.4/0.14171=5.4604(\mathrm{MPa})$

$$T_{r1} = T/T_{c1} = 311/304.2 = 1.0224$$

$$T_{r2} = T/T_{c2} = 311/369.8 = 0.8410$$

$$T_{r12} = T/T_{c12} = 311/335.4 = 0.9273$$

$$B_{11}^0 = 0.083 - 0.422/T_{r1}^{1.6} = 0.083 - 0.422/(1.0224)^{1.6} = -0.32433$$

$$B_{22}^0 = 0.083 - 0.422/T_{r2}^{1.6} = 0.083 - 0.422/(0.8410)^{1.6} = -0.47373$$

$$B_{12}^0 = 0.083 - 0.422/T_{r12}^{1.6} = 0.083 - 0.422/(0.9273)^{1.6} = -0.39321$$

$$B_{11}^1 = 0.139 - 0.172/T_{r1}^{4.2} = 0.139 - 0.172/(1.0224)T_{r1}^{4.2} = -0.017749$$

$$B_{22}^1 = 0.139 - 0.172/T_{r2}^{4.2} = 0.139 - 0.172/(0.8410)^{4.2} = -0.21696$$

$$B_{12}^1 = 0.139 - 0.172/T_{r12}^{4.2} = 0.139 - 0.172/(0.9273)^{4.2} = -0.097211$$

$$B_{11} = RT_{c1}(B_{11}^0 + \omega_1 B_{11}^1)/p_{c1} = 8.314 \times 304.2 \times [-0.32433 + 0.225 \times (-0.017749)]/$$
$$(7.376 \times 10^6)$$

$$= -0.1129 \times 10^{-3}(\mathrm{m}^3/\mathrm{mol})$$

$$B_{22} = RT_{c2}(B_{22}^0 + \omega_2 B_{22}^1)/p_{c2} = 8.314 \times 369.8 \times [-0.47373 + 0.152 \times (-0.21696)]/$$
$$(4.246 \times 10^6)$$

$$= -0.3661 \times 10^{-3}(\mathrm{m}^3/\mathrm{mol})$$

$$B_{12} = RT_{c12}(B_{12}^0 + \omega_{12} B_{12}^1)/p_{c12} = 8.314 \times 3335.4 \times [-0.39321 + 0.1885 \times$$
$$(-0.097211)]/(5.4604 \times 10^6)$$

$$= -0.2102 \times 10^{-3}(\mathrm{m}^3/\mathrm{mol})$$

$$B = y_1^2 B_{11} + 2y_1 y_2 B_{12} + y_2^2 B_{22} = 0.3^2 \times (-0.1129) + 2 \times 0.3 \times 0.7 \times (-0.2102) +$$
$$0.7^2 \times (-0.3661)$$

$$= -0.2778(\mathrm{m}^3/\mathrm{kmol})$$

$$Z = 1 + \frac{Bp}{RT} = 1 + \frac{(-0.2778 \times 10^{-3}) \times 1.5 \times 10^6}{8.314 \times 311} = 1 - 0.1612 = 0.8388$$

$$V = ZRT/p = 0.8388 \times 8.314 \times 311/(1.5 \times 10^6) = 1.446 \times 10^{-3}(\mathrm{m}^3/\mathrm{mol})$$

三、采用 Excel 计算气体的 p-V-T 数据

采用 Excel 计算气体 p-V-T 数据的方法有以下三种：①Newton 迭代法结合单元格驱动求解法；②单变量求解法；③自编 VBA 函数计算法。以下通过具体例子详细说明方法一、方法二、方法三参阅本任务的技能拓展部分。

【例 2-4】 采用 RK 方程计算异丁烷在 300K、0.3704MPa 时饱和蒸气的摩尔体积。已知实验值为：$V = 6.031 \times 10^{-3}\,\mathrm{m}^3/\mathrm{mol}$。$M = 58$。

解：（1）采用 Newton 迭代法结合单元格驱动求解法

由附表 1-4 查得异丁烷的物性数据：$T_c = 408.1\mathrm{K}$、$p_c = 3.648\mathrm{MPa}$、$\omega = 0.176$。

步骤 1： 如图 2-3 所示，在 Excel 单元格 A83、B83、C83、D83、E83 中依次输入已知条件 T、p 及物性数据 T_c、p_c、ω 等。

步骤 2： 由式（2-4c）、式（2-4d）计算出式（2-4b）中常数 a、b，可在 Excel 直接输入公式计算，如图 2-3 中单元格 C84、G84 分别输入常数 a、b 的计算式：

"$= 0.42748 * 8.314^2 * C83^{2.5}/D83$"，"$= 0.08664 * 8.314 * C83/D83$"

计算可得：

$$a = 22.2519\mathrm{m}^6 \cdot \mathrm{Pa} \cdot \mathrm{K}^{0.5}/\mathrm{mol}^2、b = 8.058 \times 10^{-5}\mathrm{m}^3/\mathrm{mol}$$

	C88		f_x	=B88^3+$E$85*B88^2+$F$85*B88+$G$85		
	A	B	C	D	E	F	G

	A	B	C	D	E	F	G
82	$T=$	$p=$	$Tc=$	$pc=$	$\omega=$	$V_0=$	$V_{实验}=$
83	300	3.704E+05	408.1	3.648E+06	0.176	6.73380E-03	6.031E-03
84	$a=0.42748R^2T_c^{2.5}/p_c=$ 27.2519			m⁶·Pa·K^0.5/n $b=0.08664RT_c/p_c=$			8.058E-05
85	立方型方程中各系数值:		1		-6.73380E-03	3.69870E-06	-3.42299E-10
86	一阶导数式中各系数值:				3	-1.34676E-02	3.69870E-06
87	迭代次序	V 假设值	y 计算值	y' 计算值	V 计算值	ε 误差计算值	判断
88	1	6.7338E-03	2.4564E-08	4.9043E-05	6.2329E-03	7.438E-02	>0.0001,大于精度
89	2	6.2329E-03	3.2530E-09	3.6304E-05	6.1433E-03	1.438E-02	>0.0001,大于精度
90	3	6.1433E-03	9.5343E-11	3.4184E-05	6.1405E-03	4.540E-04	>0.0001,大于精度
91	4	6.1405E-03	9.0963E-14	3.4119E-05	6.1405E-03	4.342E-07	<0.0001,满足精度
92	计算值与实际值相对误差%:		1.82%				

图 2-3　例 2-4 Excel 单元格驱动计算数据

步骤 3：由式（2-4b）得用于 Newton 迭代法计算的函数式和对应的一阶导数式：

$$y = V^3 - \frac{RT}{p}V^2 + \frac{1}{p}\left(\frac{a}{T^{0.5}} - bRT - pb^2\right)V - \frac{ab}{pT^{0.5}} \tag{1}$$

$$y' = 3V^2 - \frac{2RT}{p}V + \frac{1}{p}\left(\frac{a}{T^{0.5}} - bRT - pb^2\right) \tag{2}$$

在单元格 D85、E85、F85、G85 分别输入式（1）函数式中对应系数的计算式，即：
"1"、"=−8.314 * A83/B83"、"=(C84/A83^0.5−G84 * 8.314 * A83−B83 * G84^2)/B83"、"=−C84 * G84/B83/A83^0.5"。

计算得对应的数值为："1"、"-6.73380×10^{-3}"、"3.69870×10^{-6}"、"-3.42299×10^{-10}"。

在单元格 E86、F86、G86 分别输入式（2）一阶导数式各项系数的计算式，即：
"3"、"=2 * E85"、"=F85"。

计算得对应的数值为："3"、"-1.34676×10^{-2}"、"3.69870×10^{-6}"。

步骤 4：由理想气体状态方程计算出体积的初值 V_0，即在对应单元格 F83 中输入：
"=8.314 * A83/B83"，计算得："6.73380×10^{-3}"。

步骤 5：第 1 次迭代，在单元格 C88 中输入式（1），即函数式：
　　　　"=B88^3＋$E$85 * B88^2＋$F$85 * B88＋$G$85"
计算出函数值："2.4564×10^{-8}。"

在单元格 D88 中输入式（2），即导数式：
　　　　"=$E$86 * B88^2＋$F$86 * B88＋$G$86"
计算得："4.9043×10^{-5}"。

注意：输入的表达式中的绝对引用与相对引用，此处采用的格式是为了便于以后迭代可以采用 Excel 自动填充功能。

步骤 6：由 Newton 迭代式（1-22）计算出第 1 次迭代的体积 V_1 值，即在单元格 E88 输入：
　　　　　　"=B88−C88/D88"
计算得 V_1 值："6.2329×10^{-3}" m³/mol。

步骤 7：计算第 1 次迭代初值 V_0、计算值 V_1 之间的相对误差 $\varepsilon_1 = (V_1 - V_0)/V_0$。在单

元格 F88 中输入：

$$"=ABS(E88-B88)/B88"$$

计算得 ε_1 值："7.438×10^{-2}"。

至此，第 1 次迭代计算结束。

步骤 8：判断误差 ε_1 是否符合计算精度（取 10^{-4}）要求，若满足精度要求，计算结束，此次计算值即为解，否则将本次计算值作为下次迭代的初值，重复步骤 5～8，直到满足计算精度要求。

显然，第 1 次迭代计算精度 ε_1 大于 10^{-4} 要求，需进行第 2 次迭代。整个计算过程的数据见图 2-3。从第 2 次迭代起，不必重新输入相关表达式，可采用 Excel 自动填充功能就可实现。

由图 2-3 可知，第 4 次迭代计算结束后，经判断其迭代精度 $\varepsilon_4=4.342\times10^{-7}$ 已小于迭代精度 10^{-4} 要求，至此，整个迭代过程结束。

异丁烷在 300K、0.3704MPa 时饱和蒸气的摩尔体积为 $6.1405\times10^{-3}\text{ m}^3/\text{mol}$，与实验值的相对误差为 1.82%。

（2）采用单变量求解法

单变量求解法的具体使用步骤已在单元一任务中进行了详细讲解，在采用具体方法之前，同样需进行物性数据的查询和 RK 方程中常数 a、b 的计算，针对本例，具体的处理方法又可分为两种：①采用式（2-4a）；②采用立方型方程式（2-4b），以下分别加以说明：

① 采用式（2-4a）求解

步骤 1：对照式（2-4a），将其改写为如下形式：

$$\left[p+\frac{a}{T^{0.5}V(V+b)}\right](V-b)-RT=0 \tag{3}$$

如图 2-4，在单元格 F93 按式（3）输入：

$$"=(B83+C84/A83^{0.5}/E93/(E93+G84))*(E93-G84)-8.314*A83"$$

上式中各单元格分别对应的变量为：

B83$\Leftrightarrow p$、C84$\Leftrightarrow a$、A83$\Leftrightarrow T$、E93$\Leftrightarrow V$、G84$\Leftrightarrow b$。

注意：由于单元格 E93 为空，输入完毕会出现"＃DIV/0!"，意思表示"0"不能作除数，不必在意！

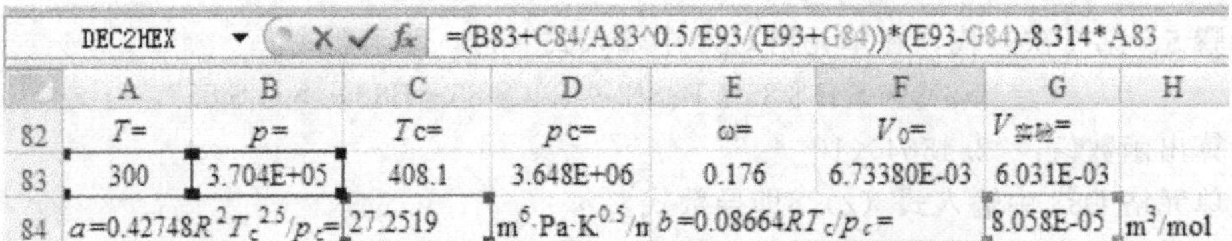

	DEC2HEX	▼	✗ ✓ fx	=(B83+C84/A83^0.5/E93/(E93+G84))*(E93-G84)-8.314*A83			
	A	B	C	D	E	F	G	H
82	$T=$	$p=$	$Tc=$	$pc=$	$\omega=$	$V_0=$	$V_{实验}=$	
83	300	3.704E+05	408.1	3.648E+06	0.176	6.73380E-03	6.031E-03	
84	$a=0.42748R^2T_c^{2.5}/p_c=$	27.2519		$m^6\cdot Pa\cdot K^{0.5}/n$ $b=0.08664RT_c/p_c=$			8.058E-05	m^3/mol
93	单变量求解法					=(B83+C84/A	

图 2-4 例 2-4 采用式（2-4a）的 Excel 单变量求解步骤 1

步骤 2：在单元格 E93 中输入由理想气体状态方程计算的体积值 $V_0=6.73380\times10^{-3}$ 作为单变量求解的初值，选中单元格 F93⇒"数据"⇒"假设分析"⇒"单变量求解"⇒图 2-5 的"单变量求解"对话框⇒填写完整"目标值"、"可变单元格"⇒"确定"⇒图 2-6 的"单变量求解状态"对话框⇒"确定"⇒方程的解，即单元格 E93 中的数值"6.1405×10^{-3}"。

由此可见，采用式（2-4a）采用 Excel 单变量求解法，只要方法得当，同样能快速得到正确的计算结果。

注意：采用该法时在第 2 步开始时一定要在放置体积根的单元格即本例的 E93 中先输入一合适的初值，才能得到正确的结果，否则可能无法得到正确的结果，甚至无法继续计算。

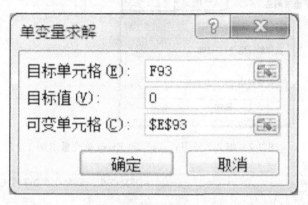

图 2-5　例 2-4 采用式 (2-4a) 的 Excel 单变量求解步骤 2-1

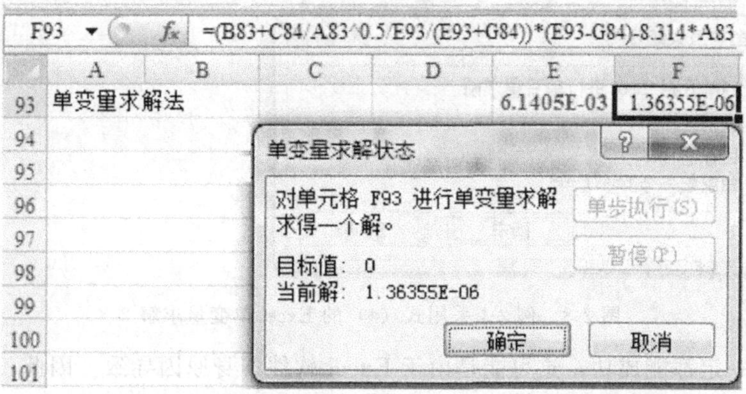

图 2-6　例 2-4 采用式 (2-4a) 的 Excel 单变量求解步骤 2-2

② 采用立方型方程式 (2-4b) 求解　如图 2-3，已计算出立方型状态方程 (2-4b) 中的各系数值，分别位于单元格 D85、E85、F85、G85，即现要求解的一元三次非线性方程为：

$$V^3-6.73380\times10^{-3}V^2+3.69870\times10^{-6}V-3.42299\times10^{-10}=0 \qquad (4)$$

这样，上述一元三次非线性方程求解的单变量求解法与单元一任务 3 中介绍的例 1-8 完全相同。但事实果真如此吗？

步骤 3：如图 2-7 所示，在单元格 D96 中输入：

"=D85 * C96^3＋E85 * C96^2＋F85 * C96＋G85"

将由理想气体状态方程计算得到的体积根 $V_0=6.73380\times10^{-3}$ 输入单元格 C96 中。选中单元格 D96，单击 "数据" ⇒ "假设分析" ⇒ "单变量求解" ⇒图 2-7 的 "单变量求解" 对话框⇒填写完整 "目标值"、"可变单元格" ⇒ "确定" ⇒图 2-8 的 "单变量求解状态" 对话框⇒ "确定" ⇒方程的解。

对比图 2-7、图 2-8，发现 Excel 虽然运行了，但结果没有任何改变，这是为什么呢？

仔细分析可以发现，在单元格 C96 中输入 $V_0=6.73380\times10^{-3}$ 后，单元格 D96 中的数值为 "2.6547×10^{-8}"，此值已是个非常小的数值，Excel 将其视为 "0"，因此，可变单元格 C96 中的 V_0 值被 Excel 视为方程的根，尽管有时可以通过改变 Excel 中的设置来改变这

图 2-7 例 2-4 采用式（4）的 Excel 单变量求解 1

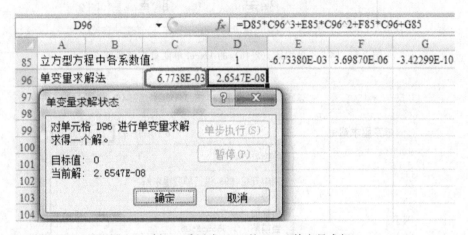

图 2-8 例 2-4 采用式（4）的 Excel 单变量求解 2

种情况，但不一定都能成功，这可能是由于 Excel 软件本身原因导致。因此，此例说明，只掌握软件的基本使用方法而不掌握相关领域知识，无法得到正确的数据。就以本例而言，C96 中输入"0"，Excel 会认为"0"是一个更适合于方程（4）的一个根，因为单元格的值为"-3.42299×10^{-10}"。

那么，针对本例的方程（4），如何利用 Excel 单变量求解法得到需要的解呢？

根据函数的性质，对其系数放大某一倍数不影响其解这一性质，将式（4）的前 3 个系数与常数项相除，放大倍数的各系数分别位于单元格 D97、E97、F97、G97 中，由图 2-9，具体处理方法是在单元格 D97 中输入："＝D85/＄G＄85"，选中 D97，让 Excel 自动填充至 E97、F97、G97 中，则式（4）变为：

$$-2.9214\times10^{9}V^{3}+1.9672\times10^{7}V^{2}-1.0805\times10^{4}V+1=0 \tag{5}$$

	A	B	C	D	E	F	G
85	立方型方程中各系数值：		1	-6.73380E-03	3.69870E-06		-3.42299E-10
97	调整立方型方程中各系数值：		-2.9214E+09	1.9672E+07	-1.0805E+04		1.0000E+00
98	单变量求解法		6.1405E-03	=D97*C98^3			

图 2-9 例 2-4 采用式（5）的 Excel 单变量求解

将 $V_0=6.73380\times10^{-3}$ 输入单元格 C98 中，选中单元格 D98，单击"数据"⇒"假设分

析"⇒"单变量求解"⇒"单变量求解"对话框⇒填写完整"目标值＝0"、"可变单元格＝C98"⇒"确定"⇒"单变量求解状态"对话框⇒"确定"⇒方程的解，如图 2-9 中单元格 C98 中的数值"6.1405E-03"。

由此可见，计算结果与前面几种的结果完全一致。

四、采用 ChemCAD 计算气体 p、V、T 数据

为了能够对各种计算方法所得结果进行比较，以下仍以例 2-4 为例，说明采用 ChemCAD 软件的具体计算过程。

解：具体的解题步骤如下：

（1）建立新文件，命名为"异丁烷摩尔体积"。

（2）构建计算流程图，如图 2-10 所示。

图 2-10　构建计算流程图

（3）单击菜单"格式及单位制"，单击其下拉菜单中的"工程单位"，选择单位制；从弹出的"－工程单位选择－"窗口中，单击"SI"按钮，选择国际单位制。

（4）单击菜单"热力学及物化性质"，单击其下拉菜单中的"选择组分…"或直接单击工具按钮"　　"；弹出了"选择组分"窗口，该窗口左边是"有效的组分数据库"，提供了软件自带组分数据库的查询，在"Search："的文本框中键入"C4H10"或"c4h10"或"I-butane"，单击窗口中间的"＞"按钮或回车或双击"Available Components"框内的蓝色选中条，将异丁烷组分加到右边的"Selected Components"，单击"确定"按钮。

（5）如果弹出了"－Thermodynamic Wizard（热力学向导）－"窗口，可以根据题意修改温度和压力的范围，软件会帮助选择一个合适的热力学模型用于全流程的热力学性质的计算；采用默认值，单击"OK"按钮。

（6）随后弹出软件建议的热力学方法提示框，相平衡模型采用理想溶液模型（VAP），焓的计算采用 SRK 状态方程，如图 2-11。

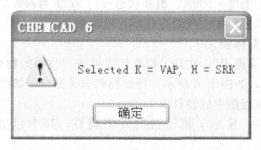

图 2-11　热力学方法提示框

（7）单击图 2-11 中"确定"按钮，弹出"－热力学设置（Thermodynamic Settings）－"窗口，可以通过"全流程相平衡常数（K 值）的选择"的下拉文本框，另选择其他状态方程如 SRK 或 PR 代替理想溶液模型"Ideal Vapor Pressure"；选中状态方程 SRK 替换 VAP，如图 2-12，单击"OK"。

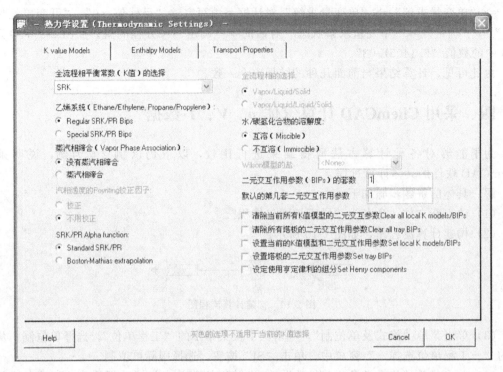

图 2-12 "热力学设置"窗口

（8）双击流程图中进料箭头"➡"后面的连线或"①"，弹出"编辑物料信息"窗口，如图 2-13 所示；流程中的连线代表了一个单元操作流向另一单元操作的物料，包含了该物料的一些基本性质，如温度，压力，气相分率，单位时间下的总焓值，流量，各组分的分率或分流量等。

（9）物料在"编辑物料信息"窗口的信息填写如图 2-13 所示，在"先确定各组分单位"这一栏中可以将原流量单位"kmol/h"更换成"mol/h"，当然也可以不换，注意最后结果单位的换算关系。然后单击"编辑物料信息"窗口左上方的"闪蒸"按钮，对物料作一次相平衡计算，然后单击窗口右上方的"确定"按钮。题目将给出温度、压力、饱和状态（Vapor Fraction＝1）；三个条件，实际上只需知道其中的两个条件，所以物料信息的编辑还有另外两种组合方式：①温度＝300K、饱和状态＝1；②压力＝0.3704MPa、饱和状态＝1；另外一个条件会通过"闪蒸"按钮自动算出。

（10）查看物料的实际体积。

（11）单击菜单"结果报表"，在其下拉菜单中单击"物料的物化性质▶"，选择其子菜单中的"选择某物料…"，如图 2-14 所示；弹出物料选择窗口，如图 2-15 所示；在窗口中填入数字 1 或用鼠标单击流程图中的物料线 1。

（12）弹出结果文件，显示了该物料的许多物性，其中包括了实际体积为 0.0061（0.006101）。

（13）如果在第（8）步选择 Peng-Robinson 方程，物料 1 的体积为 0.006067。

本题总结：

此法与前面计算结果非常一致。根据状态方程，已知 T、p、V 三者中的任意两个，即可以求另外一个。通常 T、p 易测量，体积是要待求的量；本题还可以不给出温度，通过饱和蒸气压与温度的一一对应的关系，让软件算出饱和蒸气（Vapor Fraction＝1）的温度，

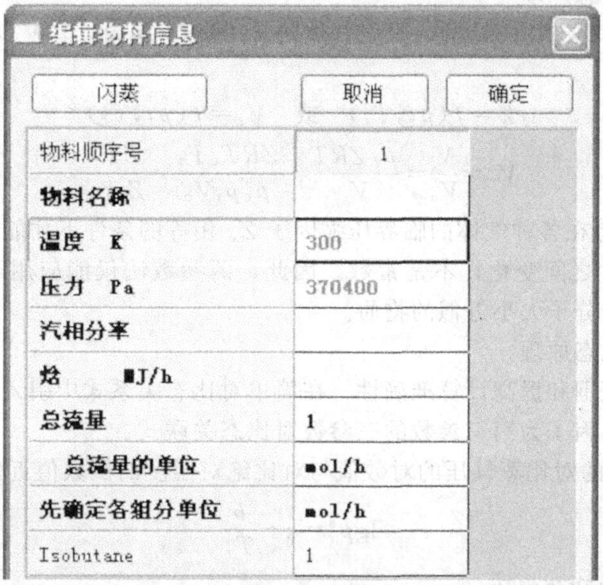

图 2-13 "编辑物料信息"窗口的信息填写

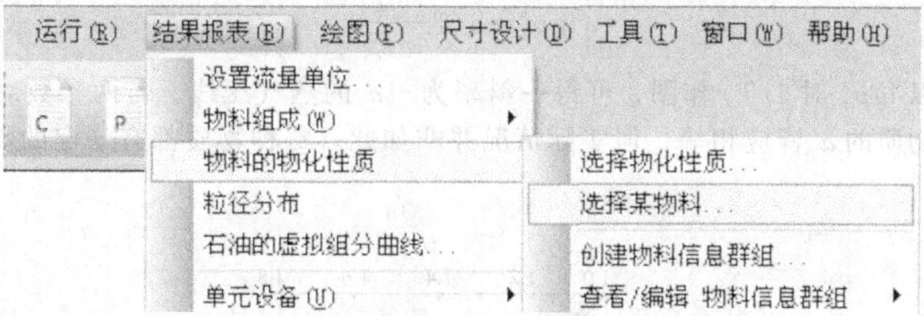

图 2-14 "结果报表"的下拉菜单命令选择

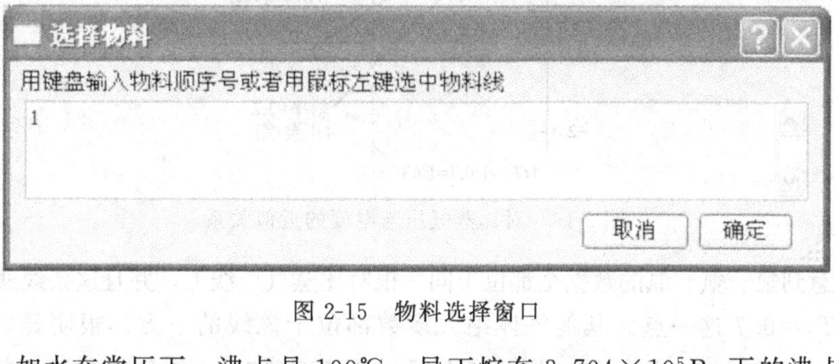

图 2-15 物料选择窗口

即沸点温度。如水在常压下，沸点是 100℃。异丁烷在 3.704×10^5 Pa 下的沸点是 299.56K（29.4℃），有了压力、温度，再通过状态方程求出体积。

☆思考：在"物料信息编辑"窗口中如何进行物料信息编辑？

五、知识拓展——偏心因子

采用对应态原理，真实气体状态方程可简化为式（2-7），即：$pV = ZRT$。

(1) 两参数对比态原理

早期的两参数对比态原理认为，只要气体的 p_r 和 T_r 相同，其 V_r 必相同。此种关系在数学上表示为

$$Z=f(p_r,T_r) \quad 或 \quad V_r=f(p_r,T_r) \tag{2-25}$$

因为

$$V_r=\frac{V}{V_c}=\frac{p/ZRT}{V_c}=\frac{ZRT_cT_r}{p_cp_rV_c}=\frac{ZT_r}{Z_cp_r}$$

所以，式(2-25)只有在各种气体的临界压缩因子 Z_c 相等的条件下才能严格成立。实际上物质的 Z_c 在 0.2～0.3 之间变化，不是常数。因此，两参数法仅能应用于球形非极性的简单分子和组成、结构、分子大小近似的物质。

(2) 三参数对比态原理

为了拓宽应用范围和提高计算准确性，在简单对比态关系式中引入了第三参数，目前工程上广泛采用以偏心因子为第三参数的三参数对比态关联式。

Pitzer 发现物质的对比蒸气压的对数值与对比绝对温度的倒数值近似线性关系，即：

$$\lg p_r^s=a-\frac{b}{T_r} \tag{2-26}$$

式中 p_r^s——对比饱和蒸气压。

因临界点时，$T_r=p_r=1$，代入式(2-26)得 $a=b$，则式(2-26)为

$$\lg p_r^s=a\left(1-\frac{1}{T_r}\right) \tag{2-27}$$

因此，以 $\lg p_r^s$ 对 $1/T_r$ 作图，可得一斜率为 $-a$ 的蒸气压线。若两参数对比态原理正确，则所有物质的 a 皆应相等。但实际情况并非如此，每种物质都有一定的斜率 a（如图 2-16）。

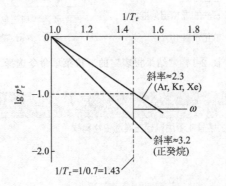

图 2-16 对比蒸气压与温度的近似关系

Pitzer 注意到氩、氪、氙的数据全都位于同一根对比蒸气压线上，并且这条线通过 $\lg p_r^s=-1$ 和对比温度 $T_r=0.7$ 这一点。其他气体绝大多数都位于该线的下方。很明显，其他流体在 $T_r=0.7$ 处的纵坐标 $\lg p_r^s$ 值与氩、氪、氙在同一条件下的 $\lg p_r^s$ 值的差能够表征该物质的某种特性，Pitzer 就把这个差值定义为偏心因子 ω，即

$$\omega=-\lg(p_r^s)_{T_r=0.7}-1.00 \tag{2-28}$$

因此，若已知物质的临界参数 p_c、T_c 以及 $T_r=0.7$ 时的饱和蒸气压数据，即可确定 ω 值。常见物质的临界参数 p_c、T_c 和 ω 等值见附录表 1-4。

由 ω 的定义，简单流体的 ω 值等于零，这些气体的压缩因子 Z 仅是 T_r 和 p_r 的函数。而对所有 ω 值相同的流体而言，若其 T_r、p_r 相同，则其压缩因子 Z 必定相等。这就是

Pitzer 提出的三参数对应态原理，可表示为：
$$Z = f(p_r, T_r, \omega)$$
Pitzer 关系式对于非极性或弱极性的气体能够提供可靠的结果，其误差在 3% 以内；应用于极性气体时，误差达 5%～10%；对于缔合气体，其误差要大得多；对量子气体，如氢、氦等，普遍化关系得不到好的结果。应当指出，普遍化关系并不能用来代替 p-V-T 的可靠实验数据。

六、技能拓展——ExcelVBA 自定义函数计算 p、V、T 数据

利用 ExcelVBA 开发针对性的自定义函数可极大提高解题的效率，以下仍以例 2-4 为例分三种情况介绍。

（一）利用 ExcelVBA 通用自定义函数求解

在单元一任务三的技能拓展部分已介绍了利用 ExcelVBA 开发求解一元三次非线性方程的自定义函数 Newton3，具体代码见图 1-42。例 2-4 式（4）刚好符合此种类型，可直接采用 Newton3 自定义函数求解。

如图 2-17，在单元格 E95 中输入：

"＝Newton3（F83，0.0001，D85，E85，F85，G85）"

按 "Enter" 键后，即可得体积值 "6.1405×10⁻³"。

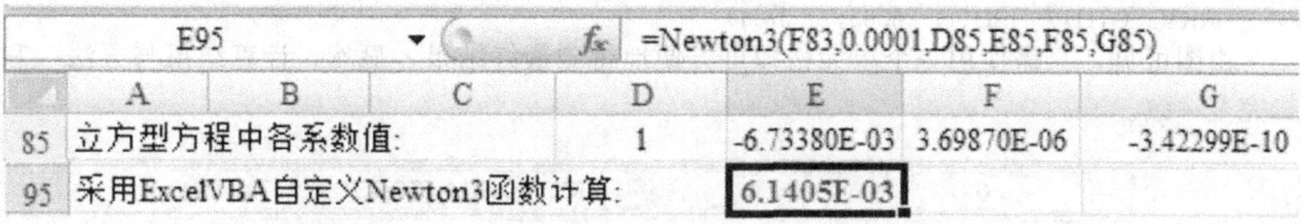

	E95		▼	f_x	=Newton3(F83,0.0001,D85,E85,F85,G85)	
	A	B	C	D	E	F	G
85	立方型方程中各系数值:			1	-6.73380E-03	3.69870E-06	-3.42299E-10
95	采用ExcelVBA自定义Newton3函数计算:				6.1405E-03		

图 2-17 例 2-4 采用 Newton3 函数求解

（二）利用针对具体状态方程开发的 ExcelVBA 自定义函数求解

利用 ExcelVBA 将立方型状态方程与 Newton 迭代法通用函数相结合，编写成对应于具体状态方程的特定函数，可使计算过程更为简单化，使用时只需将已知条件作为自定义函数的变量输入即可得到答案。

采用将 RK 方程与 Newton 迭代法相结合编写的自定义函数 RKEqV_pTpcTcESP 即可求解例 2-4，如图 2-18 所示，在单元格 E94 中输入：

"＝RKEqV_pTpcTcESP（B83，A83，D83，C83，0.0001）"

按 "确定" 按钮，得其体积为 6.1405×10^{-3} m³/mol。

由图 2-18 可知，与上述几种方法计算结果完全一致。自定义函数 RKEqV_pTpcTcESP 的 ExcelVBA 完整代码如下：

```
Public Function RKEqV_pTpcTcESP(p, T, pc, Tc, ESP) As Double
'由 RK 方程求体积，输入压力 Pa，温度 K，临界压力，临界温度，迭代精度
  Dim V0, R, a, b, A1, A2, A3, A4 As Double
  R＝8.314
  V0＝R * T/p
  a＝R^2 * Tc^2.5/9/(2^(1/3)-1)/pc
```

E94		fx	=RKEqV_pTpcTcESP(B83, A83, D83, C83, 0.0001)			

	A	B	C	D	E	F	G
82	T=	p=	Tc=	pc=	ω=	V0=	V实验=
83	300	3.704E+05	408.1	3.648E+06	0.176	6.73380E-03	6.031E-03
94	采用ExcelVBA自定义函数直接计算:				6.1405E-03		

图 2-18　例 2-4 采用 ExcelVBA 自定义函数计算数据示意图

```
    b=(2^(1/3)-1)*R*Tc/3/pc
    A1=1
    A2=-R*T/p
    A3=(a/T^0.5-b*R*T-p*b^2)/p
    A4=-a*b/p/T^0.5
    RKEqV_pTpcTcESP=Newton3(V0, ESP, A1, A2, A3, A4)
End Function
```

其中 Newton3 为采用牛顿迭代法求解一元三次非线性方程的子函数，其代码可见图 1-42。

(三) 利用针对具体物质与状态方程相结合的 ExcelVBA 自定义函数求解

若将具体物质所对应的临界参数开发为自定义函数，则可将方法二中的自定义函数与临界参数自定义函数相结合，开发出针对具体物质与所用的状态方程相结合的特定自定义函数，使计算和使用更加方便。如图 2-19 所示，在单元格 G94 中输入：

=RKV_C4H10_ISO(1, 26.85, 0.3704)

由图可见，只需使用一个单元格即可方便地得到最终结果，显然，计算结果与方法一和二完全一致。

G94		fx	=RKV_C4H10_ISO(1,26.85,0.3704)			

	A	B	C	D	E	F	G
94	采用ExcelVBA自定义函数直接计算:				6.1405E-03		6.1405E-03

图 2-19　采用针对具体物质开发的特定自定义函数计算

自定义函数 RKV_C4H10_ISO(n, Ct, MPa)的 VBA 代码如下：

```
Public Function RKV_C4H10_ISO(n, Ct, MPa) As Double
'异丁烷 C4H10_ISO 已知 n, Ct/℃, MPa 求体积 m3
Dim TK, P, Tc, Pc As Double
TK=Ct+273.15
P=MPa*1000000#
Tc=Tc_C4H10_ISO( )
Pc=1000000#*Pc_C4H10_ISO( )
RKV_C4H10_ISO=n*RKEqV_pTpcTcESP(P, TK, Pc, Tc, 0.0001)
End Function
```

其中 Tc_C4H10_ISO（ ）、Pc_C4H10_ISO（ ）为异丁烷临界温度、临界压力查询自定义函数，其代码非常简单，属于无参数的自定义函数，其代码如下：

```
Public Function Tc_C4H10_ISO( ) '异丁烷临界温度 408.1K
    Tc_C4H10_ISO=408.1
End Function
Public Function Pc_C4H10_ISO( ) '异丁烷临界压力 3.648MPa
    Pc_C4H10_ISO=3.648
```

End Function
☆思考：1. 如何利用 ExcelVBA 编写求解气体 p-V-T 的自定义函数？
　　　　2. 如何利用 ExcelVBA 编写针对具体物质的求解气体 p-V-T 的自定义函数？

任务 二

计算气体的焓（h）、熵（s）数据

知识目标

掌握纯气体 h、s 数据计算方法，了解真实气体混合物的 h、s 数据计算方法。

能力目标

能用 Excel、ChemCAD 软件计算气体的 h、s 数据。

前一任务所讲的气体的 p-V-T 性质，属于可直接测量的热力学状态函数，而本任务所要处理的气体的焓（h）、熵（s）属于不能直接测量的热力学状态函数。这些状态函数或称热力学性质都是化工过程计算、分析以及化工装置设计中不可缺少的重要依据。本任务重点介绍气体热力学性质中 h、s 的计算及过程的 Δh、Δs 的计算。

一、气体 h、s 的计算方法

本小节主要讨论以下两种工质在状态变化过程中的 h、s 和 Δh、Δs 的计算。
① 纯理想气体、理想气体混合物；②纯真实气体、真实气体混合物。
气体在状态变化过程中的 h、s 和 Δh、Δs 的计算方法大致有以下几类：
① 由 p、V、T 实验数据，通过图解积分法计算，此类方法工作量大，计算精度较差，目前已不采用；
② 利用 p、V、T 之间的关系即状态方程，通过 Maxwell 等关系式，建立可测量与不可测量的状态参数之间的关系，利用相应的数学方法处理，此类方法因状态方程的复杂性，手工计算较繁杂，需借助计算机处理；
③ 采用对应态原理的方法处理，此类方法比较适合于手工计算。
以下分别介绍采用第二、三类方法如何计算 h、s 和 Δh、Δs 的原理与方法。
☆思考：如何计算理想气体状态变化过程的焓变和熵变？

（一）理想气体的 h^*、s^* 计算方法

理想气体是所有物质中最简单的物质，其任意状态 p、T 下的焓 h^*、熵 s^* 计算可通过人为选择一基准态来确定，如图 2-20 所示。
取 p_0、T_0 下的理想气体的焓、熵为 h_0^*、s_0^*，由图 2-20 得：
$$\Delta h^* = h^* - h_0^*, \Delta s^* = s^* - s_0^*$$

81

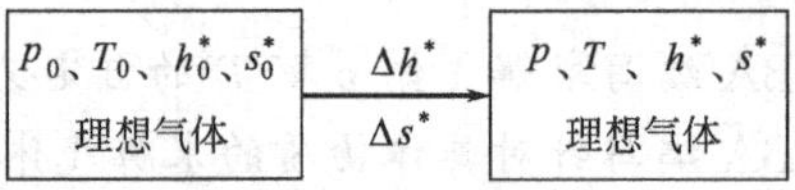

$$\boxed{\begin{array}{c} p_0、T_0、h_0^*、s_0^* \\ 理想气体 \end{array}} \xrightarrow[\Delta s^*]{\Delta h^*} \boxed{\begin{array}{c} p、T、h^*、s^* \\ 理想气体 \end{array}}$$

图 2-20　理想气体在 p、T 下 h^*、s^* 计算

而 Δh^*、Δs^* 的计算可采用式(2-29)、式(2-30)。

$$\Delta h^* = \int_{T_0}^{T} c_p^* \, \mathrm{d}T \tag{2-29}$$

$$\Delta s^* = \int_{T_0}^{T} \frac{c_p^*}{T} \mathrm{d}T - R\ln\frac{p}{p_0} \tag{2-30}$$

则：

$$h^* = h_0^* + \int_{T_0}^{T} c_p^* \, \mathrm{d}T \tag{2-31}$$

$$s^* = s_0^* + \int_{T_0}^{T} \frac{c_p^*}{T} \mathrm{d}T - R\ln\frac{p}{p_0} \tag{2-32}$$

☆**思考**：如何计算真实气体状态变化过程的焓变和熵变？何谓剩余性质？h^R、s^R 通常可采用哪几种处理方法？

（二）真实气体 h、s 的计算方法

真实气体的焓 h，不仅是温度的函数，而且也受压力的影响，计算时远较理想气体复杂。目前除少数几种常用气体可利用 $c_p = f(T，p)$ 的经验公式计算外，绝大部分物质由于实验数据的缺乏无法直接计算。以下介绍如何采用剩余性质分步计算真实气体的 h、s。

1. 原理

状态函数只与始终态有关，与具体的变化过程无关，故可任意设计计算途径，如图2-21所示。

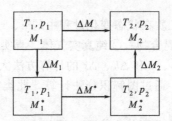

图 2-21　采用剩余性质计算状态函数变化值

$$\Delta M = \Delta M_1 + \Delta M^* + \Delta M_2 \tag{2-33}$$

式中　M——任一热力学容量性质，如 U、H、S、A、G。

2. 剩余性质的定义

气体在真实状态下的热力学性质与在同温、同压下当气体处于理想状态下热力学性质之间的差额。

$$M^R = M - M^* \tag{2-34}$$

则图 2-21 中 ΔM_1、ΔM_2 分别为：

$$\Delta M_1 = -M_1^R，\Delta M_2 = M_2^R$$

3. 任意 T、p 下的 h、s 的计算通式

图 2-22 所示为任意 T、p 下的 h、s 的计算途径。

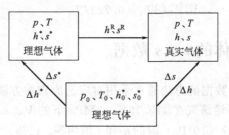

图 2-22　任意 T、p 下的 h、s 的计算途径

由图可得

$$\Delta h = h - h_0^* = \Delta h^* + h^R$$

$$\Delta s = s - s_0^* = \Delta s^* + s^R$$

则

$$h = h_0^* + \int_{T_0}^T c_p^* \, \mathrm{d}T + h^R \tag{2-35}$$

$$s = s_0^* + \int_{T_0}^T \frac{c_p^*}{T} \mathrm{d}T - R\ln\frac{p}{p_0} + s^R \tag{2-36}$$

4. 真实气体的 h^R、s^R 的具体处理方法

同上节处理气体的 p-V-T 关系一样，h^R、s^R 的手工处理方法也可采用对应态原理法，此法同样也分为两种。

(1) 三参数普遍化法压缩因子法

① 适用范围　$V_r < 2$ 或由图 2-1 判断确定。

② 处理公式

$$\frac{h^R}{RT_c} = \frac{(h^R)^{[0]}}{RT_c} + \omega \frac{(h^R)^{[1]}}{RT_c} \tag{2-37}$$

$$\frac{s^R}{R} = \frac{(s^R)^{[0]}}{R} + \omega \frac{(s^R)^{[1]}}{R} \tag{2-38}$$

将 $(h^R)^{[0]}/(RT_c)$、$(h^R)^{[1]}/(RT_c)$、$(s^R)^{[0]}/R$ 和 $(s^R)^{[1]}/R$ 算出，以 p_r、T_r 作参数，即可绘出相应的普遍化图，如附录图 2-3～附录图 2-6 所示。利用这些热力学性质图，结合式(2-37)、式(2-38) 就可求出 h^R 和 s^R 之值。

(2) 三参数第二 Virial 系数法

① 适用范围　$V_r \geqslant 2$ 或由图 2-1 判断确定。

② 计算公式

$$\frac{h^R}{RT_c} = p_r\left[B^{[0]} - T_r\frac{\mathrm{d}B^{[0]}}{\mathrm{d}T_r} + \omega\left(B^{[1]} - T_r\frac{\mathrm{d}B^{[1]}}{\mathrm{d}T_r}\right)\right] \tag{2-39}$$

$$\frac{s^R}{R} = -p_r\left(\frac{\mathrm{d}B^{[0]}}{\mathrm{d}T_r} + \omega\frac{\mathrm{d}B^{[1]}}{\mathrm{d}T_r}\right) \tag{2-40}$$

式(2-39)、式(2-40) 中的 $B^{[0]}$、$B^{[1]}$ 由式(2-10a)、式(2-10b) 求得，$\mathrm{d}B^{[0]}/\mathrm{d}T_r$、$\mathrm{d}B^{[1]}/\mathrm{d}T_r$ 可通过对式(2-10a)、式(2-10b) 求导得到。这样，三参数第二 Virial 系数法需通过式(2-39)、式(2-40) 结合以下四式便可求出。

$$B^{[0]} = f(T_r) = 0.083 - 0.422/T_r^{1.6} \tag{2-10a}$$

$$B^{[1]} = f(T_r) = 0.139 - 0.172/T_r^{4.2} \tag{2-10b}$$

$$\mathrm{d}B^{[0]}/\mathrm{d}T_r = 0.675/T_r^{2.6} \tag{2-41a}$$

$$dB^{[1]}/dT_r = 0.722/T_r^{5.2} \tag{2-41b}$$

二、手工计算气体的 h、s 数据

手工计算气体的 h、s 数据的方法通常采用对应态原理的方法，以下通过一实例说明。

【例 2-5】 试估计 1-丁烯蒸气在 473.15K，7MPa 下的 V、h、u 和 s。假定 1-丁烯饱和液体在 273.15K（$p^s=1.27×10^5$Pa）时的 h 和 s 值为零。已知：$T_c=419.6$K、$p_c=4.02$MPa、$\omega=0.187$、$T_n=267$K（正常沸点）、$c_p*/R=1.967+31.630×10^{-3}T-9.837×10^{-6}T^2$（$T$，K）。

解： $T_r=473.15/419.6=1.13$、$p_r=7/4.02=1.74$

由图 2-1 可得，宜采用普遍化压缩因子法。

查附录图 2-1（b）与附录图 2-2（b）得：$Z^{[0]}=0.476$ 和 $Z^{[1]}=0.135$

$$Z=Z^{[0]}+\omega Z^{[1]}=0.476+0.187×0.135=0.501$$
$$V=ZRT/p=0.501×8.314×10^{-3}×473.15/7=0.2815(\text{m}^3/\text{kmol})$$

计算过程的 Δh、Δs，设计以下计算途径（如图 2-23）：

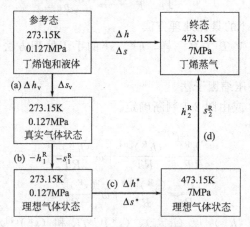

图 2-23 例 2-5 计算步骤图

（1）Δh_v、Δs_v 的计算

因此过程的数据是非正常沸点下的数据，通常无法直接查得。因此先查得或计算正常沸点（$T_n=267$K）下的汽化焓（Δh_n）和汽化熵（Δs_n），然后再计算 273.15K 下的 Δh_v、Δs_v 数据。

正常沸点（$T_n=267$K）下的汽化焓（Δh_n）计算采用 Riedel 公式（此式的误差很少超过 5%，一般都在 5% 之内）。

$$\frac{\Delta h_n}{T_n}=\frac{9.079(\ln p_c+1.2897)}{0.930-T_{rn}}$$

式中 T_n——正常沸点，K；

Δh_n——正常沸点下的汽化潜热，J/mol；

p_c——临界压力，MPa；

T_{rn}——正常沸点下的对比温度，此题为 $T_{rn}=267/419.6=0.6363$。

将有关数据代入上式得

$$\frac{\Delta h_n}{T_n}=\frac{9.079×(\ln 4.02+1.2897)}{0.930-0.6363}=82.88$$

$$\Delta h_n = 267 \times 82.88 = 22129.4 (\text{J/mol})$$

由正常沸点的 Δh_n 计算 273.15K 下的 Δh_v 数据，采用 Watson 公式（此式在离临界温度 10K 以外，平均误差仅 1.8%）。

$$\frac{\Delta h_v}{\Delta h_n} = \left(\frac{1-T_r}{1-T_{rn}}\right)^{0.38} = \left(\frac{1-0.6510}{1-0.6363}\right)^{0.38} = 0.9845$$

$$\Delta h_v = 0.9845 \times 22129.4 = 21786.2 (\text{J/mol})$$

$$\Delta s_v = \Delta h_v / T = 21786.2 / 273.15 = 79.76 [\text{J/(mol·K)}]$$

（2）$-h_1^R$、$-s_1^R$ 的计算采用普遍化法

$T_{r1} = T_1/T_c = 273.15/419.6 = 0.6510$、$p_{r1} = p_1/p_c = 0.127/4.02 = 0.0316$

由图 2-1 判断得，宜用普遍化第二 Virial 系数法

由式（2-10a）、式（2-10b）、式（2-41a）、式（2-41b）得

$$B^{[0]} = 0.083 - 0.422/T_{r1}^{1.6} = 0.083 - 0.422/(0.6510)^{1.6} = -0.7557$$

$$dB^{[0]}/dT_{r1} = 0.675/T_{r1}^{2.6} = 0.675/(0.6510)^{2.6} = 2.061$$

$$B^{[1]} = 0.139 - 0.172/T_{r1}^{4.2} = 0.139 - 0.172/(0.6510)^{4.2} = -0.9046$$

$$dB^{[1]}/dT_{r1} = 0.722/T_{r1}^{5.2} = 0.722/(0.6510)^{5.2} = 6.730$$

将上式计算结果代入式（2-39）、式（2-40）得

$$\frac{h^R}{RT_c} = p_r \left[B^{[0]} - T_r \frac{dB^{[0]}}{dT_r} + \omega \left(B^{[1]} - T_r \frac{dB^{[1]}}{dT_r} \right) \right]$$

$$= 0.0316 \times [-0.7557 - 0.6510 \times 2.061 + 0.187 \times$$

$$(-0.9046 - 0.6510 \times 6.730)]$$

$$= -0.0975$$

$$h_1^R = -0.0975 \times 8.314 \times 419.6 = -340.1 (\text{J/mol})$$

$$\frac{s^R}{R} = -p_r \left(\frac{dB^{[0]}}{dT_r} + \omega \frac{dB^{[1]}}{dT_r} \right) = -0.0316 \times (2.061 + 0.187 \times 6.730)$$

$$= -0.1049$$

$$s_1^R = -0.1049 \times 8.314 = -0.8719 [\text{J/(mol·K)}]$$

（3）Δh^*、Δs^* 的计算

$$\Delta h^* = \int_{T_1}^{T_2} c_p^* dT$$

$$\Delta s^* = \int_{T_1}^{T_2} \frac{c_p^*}{T} dT - R\ln\frac{p_2}{p_1}$$

将 $c_p^* = (1.967 + 31.630 \times 10^{-3} T - 9.837 \times 10^{-6} T^2) R$ 代入上式积分后得

$$\Delta h^* = 20564.23 \text{J/mol}$$

$$\Delta s^* = 22.138 \text{J/(mol·K)}$$

（4）h_2^R、s_2^R 的计算

$$T_{r2} = T_2/T_c = 473.15/419.6 = 1.13、p_{r2} = p_2/p_c = 7/4.02 = 1.74$$

由图 2-1 判断得，宜用普遍化压缩因子法

查附录图 2-3～附录图 2-6 得：

$$\frac{(h^R)^{[0]}}{RT_c} = -2.34、\frac{(h^R)^{[1]}}{RT_c} = -0.62、\frac{(s^R)^{[0]}}{R} = -1.63、\frac{(s^R)^{[1]}}{R} = -0.56$$

$$h_2^R = 8.314 \times 419.6 \times [-2.34 + 0.187 \times (-0.62)] = -8582(\text{J/mol})$$

$$s_2^R = 8.314 \times [-1.63 + 0.187 \times (-0.56)] = -14.38 [\text{J/(mol·K)}]$$

$$h = \Delta h_v - h_1^R + \Delta h^* + h_2^R = 21786.2 + 304.1 + 20564.23 - 8582 = 34108.53(J/mol)$$

$$s = \Delta s_v - s_1^R + \Delta s^* + s_2^R = 79.76 + 0.8719 + 22.138 - 14.38 = 88.39[J/(mol \cdot K)]$$

$$u = h - pV = 34108.53 - 7 \times 10^6 \times 0.2815 \times 10^{-3} = 32138.03(J/mol)$$

三、采用 Excel 计算气体的 h、s 数据

以 Excel 为计算平台计算气体的 h、s 数据时可采用状态方程法，较快捷、方便的方法是将计算公式编写为 Excel 自定义函数，以下给出的是分别以 RK 方程、SRK 方程、PR 方程导出的计算 h^R、s^R 的公式。

① 由 RK 方程，式(2-4)结合剩余性质概念导出 h^R、s^R 的公式。

$$h^R = RT(Z-1) - \frac{1.5a}{bT^{0.5}}\ln\left(1 + \frac{b}{V}\right) \tag{2-42a}$$

$$s^R = R\ln\frac{p(V-b)}{RT} - \frac{a}{2bT^{1.5}}\ln\left(1 + \frac{b}{V}\right) \tag{2-42b}$$

② 由 SRK 方程，式(2-5)结合剩余性质概念导出 h^R、s^R 的公式。

$$h^R = RT(Z-1) - \frac{1}{b}\left[a - T\left(\frac{da}{dT}\right)\right]\ln\left(1 + \frac{b}{V}\right) \tag{2-43a}$$

$$s^R = R\ln\frac{p(V-b)}{RT} + \frac{1}{bR}\left(\frac{da}{dT}\right)\ln\left(1 + \frac{b}{V}\right) \tag{2-43b}$$

③ 由 PR 方程，式(2-6)结合剩余性质概念导出 h^R、s^R 的公式。

$$h^R = RT(Z-1) - \frac{1}{2^{1.5}b}\left[a - T\left(\frac{da}{dT}\right)\right]\ln\frac{V+(\sqrt{2}+1)b}{V-(\sqrt{2}-1)b} \tag{2-44a}$$

$$s^R = R\ln\frac{p(V-b)}{RT} + \frac{1}{2^{1.5}b}\left(\frac{da}{dT}\right)\ln\frac{V+(\sqrt{2}+1)b}{V-(\sqrt{2}-1)b} \tag{2-44b}$$

式(2-43)、式(2-44)中，$\left(\dfrac{da}{dT}\right) = -m\left(\dfrac{aa_c}{TT_c}\right)^{0.5}$。

以下通过一实例介绍利用上述计算公式结合 Excel 单元格驱动法求解真实气体的剩余焓、熵值。

【例 2-6】 试计算丙烯在 125℃、10MPa 下的摩尔体积、剩余焓值和剩余熵值。

解：由附录表 1-4 中查得丙烯的临界参数为：

$T_c = 365.0K$、$p_c = 4.620MPa$、$\omega = 0.148$

将已知条件及临界参数依次输入 Excel 的各单元格中，如图 2-24 所示。

步骤 1：计算丙烯的摩尔体积，其具体的计算步骤同例 2-4。

步骤 2：计算压缩因子 Z，在单元格 B183 中输入：

=B171*B182/8.314/A171。

步骤 3：计算剩余焓，对照式(2-42a)在单元格 B184 中输入：

=8.314*A171*(B183-1)-1.5*C172/G172/A171^0.5*LN(1+G172/B182)

步骤 4：计算剩余熵，对照式(2-42b)在单元格 B185 中输入：

=8.314*LN(B171*(B182-G172)/8.314/A171)-C172/2/G172/A171^1.5*LN(1+G172/B182)

以上整个计算过程见图 2-24。

由图 2-24 得：

取迭代精度为 10^{-4} 时，采用 Newton 迭代法循环计算 6 次，摩尔体积、压缩因子、剩余焓、

	B184	▼	f_x	=8.314*A171*(B183-1)-1.5*C172/G172/A171^0.5*LN(1+G172/B182)			
	A	B	C	D	E	F	G	H
169	例2-6以RK方程为例							
170	温度T(K):	压力p(Pa)	T_c(K)	p_c(Pa)	ω偏心因子	$V_0=$	计算精度ESP	
171	398.15	1.00E+07	365	4.62E+06	0.148	3.31022E-04	1.00E-04	
172	$a=0.42748R^2T_c^{2.5}/p_c=$	16.2789	m⁶·Pa·K^0.5/mol²	$b=0.08664RT_c/p_c=$		5.691E-05		m³/mol
173	立方型方程中各系数值:		1	-3.31022E-04	5.95069E-08	-4.64282E-12		
174	一阶导数式中各系数值:			3	-6.62044E-04	5.95069E-08		
175	迭代次序	V假设值	y计算值	y'计算值	V计算值	ε误差计算值	判断	
176	1	3.3102E-04	1.5055E-11	1.6908E-07	2.4198E-04	2.690E-01	重新计算	
177	2	2.4198E-04	4.5429E-12	7.4969E-08	1.8138E-04	2.504E-01	重新计算	
178	3	1.8138E-04	1.2276E-12	3.8123E-08	1.4918E-04	1.775E-01	重新计算	
179	4	1.4918E-04	1.8762E-13	2.7508E-08	1.4236E-04	4.572E-02	重新计算	
180	5	1.4236E-04	5.1034E-15	2.6058E-08	1.4216E-04	1.376E-03	重新计算	
181	6	1.4216E-04	3.6771E-18	2.6020E-08	1.4216E-04	9.941E-07	满足精度	
182	摩尔体积V:	1.4216E-04	m³/mol					
183	压缩因子Z:	0.4295						
184	h^R:	-9128.63	J/mol					
185	s^R:	-17.34	J/(mol.K)					

图 2-24 例 2-6 Excel 单元格驱动计算过程

剩余熵值分别为 $1.4216 \times 10^{-4}\,\text{m}^3/\text{mol}$、0.4295、$-9128.6\,\text{J/mol}$、$-17.34\,\text{J/(mol·K)}$。

四、采用 ChemCAD 计算气体的 h、s 数据

（一）ChemCAD 中焓的计算

在 ChemCAD 中，理想气体的焓采用式（2-31）计算，真实气体的焓采用式（2-35）计算，以下通过一实例说明。

【例 2-7】 用 ChemCAD 分别求 473.15K 下饱和水蒸气的焓（相对焓）和 473.15K 下水蒸气处于理想状态时的焓。

解：

① 启动 ChemCAD，建立新文件"水的焓 .cc6"或其他名称，画好流程图如图 2-25。

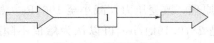

图 2-25 构建流程图

② 单击菜单"格式及单位制/工程单位..."，选择符合题意的单位。以国际单位制为主，对部分单位作如下选择："质量/摩尔数"的单位选择"kg"，"焓"的单位选择"kJ"。

③ 单击菜单"热力学及物化性质"，单击其下拉菜单中的"选择组分..."或直接单击工具按钮" "；弹出了"组分选择"窗口，该窗口左边是"有效的组分数据库"，提供了软件自带组分数据库的查询，在"查询："的文本框中键入"H2O"或"h2o"或"water"，单击窗口中间的"＞"按钮或回车或双击"有效的组分数据库"框内的蓝色选中条，将水这个组分加到右边的"选中的组分"窗口中；单击"确定"按钮，弹出软件建议的 K 值与 H 值的方法如图 2-26。

④ 单击上图提示框中的确定按钮。弹出的 K 值选择窗口，无需改动，"确定"。

⑤ 输入题目中的已知条件：双击 stream 1 或 ①，弹出"编辑物料信息"窗口，在"温

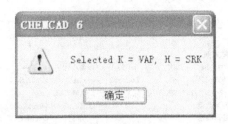

图 2-26　热力学方法提示框

度 K"栏框中填入 473.15，在"气相分率"栏框中填入 1，组分单位选择采用默认的
"kg/h"，在"Water"栏框中填入 1，如图 2-27 所示。

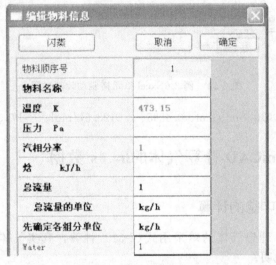

图 2-27　物料信息编辑窗口

⑥ 单击图 2-27 窗口左上角"闪蒸"按钮，求出的是饱和蒸汽的相对焓和饱和压力。饱
和压力是 1552654Pa，相对焓是 2790.34kJ/h。

⑦ 真实气体在低压下可以近似为理想气体，但低压的数值却因物质而异。利用理想气
体焓仅仅是温度的函数这一原理，改变压力，减小至 1961Pa，相对焓是 2879.11kJ/h。如果
压力再减小 10 倍，相对焓是 2879.19kJ/h，可以认为焓值不随压力而改变，仅仅是温度的
函数，处于理想气体状态。

（二）ChemCAD 中熵的计算

无论是真实状态下的熵还是理想气体状态下的熵都与温度和压力有关。理想气体的熵变
计算公式为式（2-32）。

【例 2-8】　试计算温度为 473.15K，压力分别为 $p_1 = 1961Pa$ 和 $p_2 = 196Pa$ 下水蒸气作
为理想气体时的熵值。

解：（1）$T = 473.15K$、$p_1 = 1961Pa$ 时

① 先在 473.15K 和 1961Pa 条件下，作一次"闪蒸"计算，同例 2-7。在算好焓值的同
时，也算好了其他物性，如熵、体积、压缩因子、热导率等数十种，通过选择所需的物性并
查看。

② 单击菜单按钮"结果报表/物料的物化性质/选择物化性质"，如图 2-28。

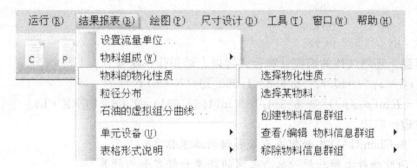

图 2-28　查看例 2-8 的物性计算结果菜单命令

③ 在弹出的"查看物料性质选项"窗口中，选上"Entropy 熵"，"确定"。

④ 单击菜单按钮"结果报表/物料的物化性质/选择某物料"，如图 2-28 所示的下一个菜单命令。弹出"选择物料"窗口，用鼠标单击一下要选的物料，物料顺序号会自动显示在文本框中，如图 2-29 所示。

图 2-29　选择查看某一条物料的物性数据

⑤ 单击"确定"后，显示物性的部分结果如下：

物料的顺序号　　　　1
物性名称
- - 多相系统 - -
摩尔流量 kmol/h　　　0.0555
质量流量 kg/h　　　　1.0000
温度 K　　　　　　　　473.1500
压力 Pa　　　　　　　1961.0000
气相分率　　　　　　　1.000
焓 kJ/h　　　　　　　2879.1
熵 kJ/K/h　　　　　　9.658

（2）$T = 473.15\text{K}$、$p_2 = 196\text{Pa}$ 时

在 473.15K 和 196Pa 条件下，作一次"闪蒸"计算，重复（1）步骤②～⑤，调出结果，显示如下：

物料的顺序号　　　　1
物性名称
--多相系统--
摩尔流量 kmol/h　　　0.0555
质量流量 kg/h　　　　1.0000
温度 K　　　　　　　　473.1500
压力 Pa　　　　　　　196.0000

气相分率	1.000
焓 kJ/h	2879.2
熵 kJ/(K·h)	10.72

按照等温下理想气体的熵变计算公式对以上结果作一次验算。

$$\Delta s^* = s_2^* - s_1^* = 10.72 - 9.658 = 1.062 [kJ/(K·h)]$$

$$\Delta s^* = -R\ln(p_2/p_1) = -8.314/18 \times \ln(196/1961) = 1.063 [kJ/(K·h)]$$

公式左边＝右边

☆**思考**：1. 在 ChemCAD 中如何查看焓和熵的结果信息？

2. 两股物料之间或两种状态之间的焓变和熵变如何计算？

五、技能拓展——ExcelVBA 自定义函数计算剩余性质

尽管采用 Excel 单元格驱动法计算真实气体的剩余焓、剩余熵值较以往手工计算法大为方便，但毕竟计算步骤还是比较繁多，若将式(2-42)～式(2-44)编写成 ExcelVBA 函数，如 RKHR、RKSR、SRKHR、SRKSR、PRHR、PRSR 等，则可使计算大大简化，以下仍以例 2-6 为例说明上述自定义函数的应用。

试利用 ExcelVBA 自定义函数计算丙烯在 125℃、10MPa 下的摩尔体积、剩余焓值和剩余熵值。

解：由附录表 1-4 中查得丙烯的临界参数为：

$T_c = 365.0K$、$p_c = 4.620MPa$、$\omega = 0.148$

将已知条件及临界参数依次输入 Excel 的各单元格中，输入相应的自定义函数，计算结果如图 2-30 所示。

C191		f_x	=RKHR(B171,A171,D171,C171,G171)			
	A	B	C	D	E	F	G
170	温度T(K):	压力p(Pa)	T_c(K)	p_c(Pa)	ω偏心因子	V_0=	计算精度ESP
171	398.15	1.00E+07	365	4.62E+06	0.148	3.31022E-04	1.00E-04
189	EOS类型	vdWEq	RKEq	SRKEq	PREq	VirEq	
190	V(m³/mol):	1.5754E-04	1.4217E-04	1.4784E-04	1.3591E-04	1.4625E-04	
191	h^R(J/mol):	-7072.5	-9128.6	-9902.7	-9942.8	-6192.9	
192	s^R(J/(mol.K)):	-12.30	-17.34	-19.53	-19.16	-10.91	

图 2-30　利用 Excel 自定义函数计算 V、h^R、s^R 值

单元格 B191～F191 中分别是采用 vdW、RK、SRK、PR、Virial 状态计算的剩余焓值，单元格 B192～F192 中分别是采用 vdW、RK、SRK、PR、Virial 状态计算的剩余熵值。

从图 2-30 可看出，SRK、PR 两个方程导出的 h^R、s^R 的计算比较接近。

以下是上述自定义函数的 ExcelVBA 代码，供参考。

```
Public Function RKHR(P, T, Pc, Tc, ESP) As Double
'由 RK Eq 计算剩余焓，ESP 为迭代精度
Dim a, b, V, Z, R As Double
  a=RK_A(Tc,Pc)  '针对 RK 方程计算常数 a 式(2-4c)的自定义函数
  b=RK_B(Tc,Pc)  '针对 RK 方程计算常数 b 式(2-4d)的自定义函数
  V=RKEqV_pTpcTcESP(P,T,Pc,Tc,ESP)  '调用采用 RK 方程计算体积
  R=8.314
  Z=P*V/(R*T)
```

```
    RKHR=(Z-1)*R*T+1.5*a/(b*T^0.5)*Log(V/(V+b))
End Function
Public Function RKSR(P，T，Pc，Tc，ESP) As Double
'由 RK Eq 计算剩余熵，ESP 为迭代精度
Dim a，b，V，R As Double
    a=RK_A(Tc，Pc)
    b=RK_B(Tc，Pc)
    V=RKEqV_pTpcTcESP(P，T，Pc，Tc，ESP)
    R=8.314
    RKSR=R*Log(P*(V-b)/(R*T))+0.5*a/(b*T^1.5)*Log(V/(V+b))
End Function
Public Function SRKHR(P，T，Pc，Tc，W，ESP) As Double
'由 SRK Eq 计算剩余焓，W 为偏心因子，ESP 为迭代精度可取 1E-4
Dim a，b，V，Z，R，m，ac，dadT As Double
    a=SRK_A(T，Tc，Pc，W)
    b=SRK_B(Tc，Pc)
    V=SRKEqV_pTpcTcESP(P，T，Pc，Tc，W，ESP)
    R=8.314
    m=0.48+1.574*W-0.176*W^2
    ac=R^2*Tc^2/9/(2^(1/3)-1)/Pc
    dadT=-m*(a*ac/T/Tc)^0.5
    Z=P*V/(R*T)
    SRKHR=(Z-1)*R*T+1/b*(a-T*dadT)*Log(V/(V+b))
End Function
Public Function SRKSR(P，T，Pc，Tc，W，ESP) As Double
'由 SRK Eq 计算剩余熵，ESP 为迭代精度
Dim a，b，V，R，m，ac，dadT As Double
    a=SRK_A(T，Tc，Pc，W)
    b=SRK_B(Tc，Pc)
    V=SRKEqV_pTpcTcESP(P，T，Pc，Tc，W，ESP)
    R=8.314
    m=0.48+1.574*W-0.176*W^2
    ac=R^2*Tc^2/9/(2^(1/3)-1)/Pc
    dadT=-m*(a*ac/T/Tc)^0.5
    SRKSR=R*Log(P*(V-b)/(R*T))-dadT/b*Log(V/(V+b))
End Function
Public Function PRHR(P，T，Pc，Tc，W，ESP) As Double
'由 PR Eq 计算剩余焓，ESP 为迭代精度
Dim a，b，V，Z，R，m，ac，dadT As Double
    a=PR_A(T，Tc，Pc，W)
    b=PR_B(Tc，Pc)
    V=PREqV_pTpcTcESP(P，T，Pc，Tc，W，ESP)
    R=8.314
    m=0.37464+1.54226*W-0.26992*W^2
    ac=0.457235*R^2*Tc^2/Pc
    dadT=-m*(a*ac/T/Tc)^0.5
    Z=P*V/(R*T)
    PRHR=(Z-1)*R*T-1/b/2^1.5*(a-T*dadT)*Log((V+(2^0.5+1)*b)/(V-(2^0.5-1)*
b))
End Function
Public Function PRSR(P，T，Pc，Tc，W，ESP) As Double
'由 PR Eq 计算剩余熵，ESP 为迭代精度
```

```
Dim a，b，V，R，m，ac，dadT As Double
  a＝PR_A(T，Tc，Pc，W)
  b＝PR_B(Tc，Pc)
  V＝PREqV_pTpcTcESP(P，T，Pc，Tc，W，ESP)
  R＝8.314
  m＝0.37464＋1.54226＊W－0.26992＊W^2
  ac＝0.457235＊R^2＊Tc^2/Pc
  dadT＝－m＊(a＊ac/T/Tc)^0.5
  PRSR＝R＊Log(P＊(V－b)/(R＊T))＋dadT/b/2^1.5＊Log((V＋(2^0.5＋1)＊b)/(V－(2^0.5－1)＊
b))
End Function
```

说明：

① 在以上 ExcelVBA 自定义函数中分别调用了本单元任务一的技能拓展部分介绍的采用 ExcelVBA 特定的自定义函数求解体积的自定义函数。

② 若将附录表 1-4 中的临界参数编写为自定义函数，再与上述自定义函数相结合，则可开发出针对具体物质而言的由物质的量（n/kmol）、温度（t/℃）、压力（p/MPa）为参数的自定义函数，可使前台计算过程更为简化，请读者不妨尝试一下，如图 2-31，在单元格 C193、C194 中分别输入：＝RKHR_C3H6(1，125，10)、＝RKSR_C3H6(1，125，10) 可得 1mol 乙烯在 125℃、10MPa 下的剩余焓、熵值分别为－9128.57J/mol、－17.34J/(mol·K)，可见，计算结果与图 2-30 的完全一致。

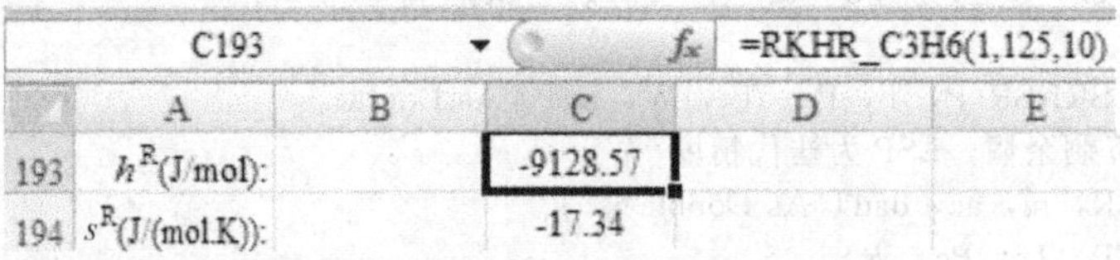

	C193	▼	f_x	=RKHR_C3H6(1,125,10)
	A	B	C	D	E
193	h^R(J/mol):		-9128.57		
194	s^R(J/(mol.K)):		-17.34		

图 2-31 利用 Excel 自定义函数直接计算对应物质的 h^R、s^R 值

自定义函数 RKHR_C3H6 (kn，Ct，MPa)、RKSR_C3H6 (kn，Ct，MPa) 的 VBA 代码如下：

```
Public Function RKHR_C3H6(kn，Ct，MPa) As Double
'Propylene，丙烯(C3H6)的剩余焓计算，kmol，℃，MPa
Dim TK，P，Tc，Pc As Double
TK＝Ct＋273.15
P＝MPa＊1000000#
Tc＝Tc_C3H6()
Pc＝1000000#＊Pc_C3H6()
RKHR_C3H6＝RKHR(P，TK，Pc，Tc，0.0001)
End Function


Public Function RKSR_C3H6(kn，Ct，MPa) As Double
'Propylene，丙烯(C3H6)的剩余熵计算，kmol，℃，MPa
Dim TK，P，Tc，Pc As Double
TK＝Ct＋273.15
P＝MPa＊1000000#
Tc＝Tc_C3H6()
Pc＝1000000#＊Pc_C3H6()
RKSR_C3H6＝RKSR(P，TK，Pc，Tc，0.0001)
End Function
```

其中临界温度、压力的自定义函数 VBA 代码如下：

```
Public Function Tc _ C3H6(  )   'C3H6(g)临界温度 365.0K
   Tc _ C3H6＝365
End Function
Public Function Pc _ C3H6(  )   'C3H6(g)临界压力 4.620MPa
   Pc _ C3H6＝4.62
End Function
```

☆**思考：** 如何利用 ExcelVBA 编写计算真实气体 h^R、s^R 的自定义函数？

单元二复习思考题

2-1　气体 p、V、T 数据的计算方法通常可分为哪几类？

2-2　试简要描述理想气体的微观模型，并简述理想气体状态方程中各参数的含义。

2-3　试简要描述真实气体的微观模型，并描述真实气体的状态方程通常可分为哪几类？

2-4　如何求解立方型状态方程？

2-5　Virial 方程中的 Virial 系数的含义是什么？

2-6　何谓对比态原理？两参数对比态原理成立的条件是什么？

2-7　何谓偏心因子？

2-8　何谓三参数对比态原理，其具体处理方法可分为哪几类？各类的适用条件是什么？

2-9　何谓混合规则？常用混合规则有哪几种？

2-10　利用混合规则处理真实气体混合物 p-V-T 关系的方法通常有哪几种？

2-11　如何采用 ChemCAD 计算气体 p、V、T 数据？

2-12　何谓剩余性质？h^R、s^R 通常可采用哪几种处理方法？

2-13　如何采用 ChemCAD 计算气体 h、s 数据？

单元二习题

2-1　已知氯甲烷在 60℃时的饱和蒸气压为 1.376MPa，试用理想气体、Van der Waals、RK 方程计算在此条件下饱和蒸气的摩尔体积？并与实验值 1.636m³/kmol 进行比较。

2-2　已知 200℃时异丙醇蒸气的第二、第三维里系数分别为：$B＝-0.388$m³/kmol、$C＝-0.026$m⁶/kmol²，试分别用（1）理想气体状态方程；（2）Virial 两项式；（3）Virial 三项式计算 200℃、1MPa 时异丙醇蒸气的摩尔体积 V 和压缩因子 Z。

2-3　已知某钢瓶内装有乙烷，其容积为 22656cm³，温度为 316.3K，压力为 136atm，试采用三参数普遍化法计算乙烷的量？

2-4　试用三参数普遍化法计算 136atm、921K 时水蒸气的比容，并将其结果与按理想气体状态方程计算的结果及实验值 $V＝0.0292$m³/kg 进行比较，比较结果说明了什么？

2-5　试用普遍化法计算 C_3H_8 在 378K、0.507MPa 下的剩余焓和剩余熵。

2-6　试利用 ExcelVBA 编写一段计算真实气体体积、剩余焓和剩余熵的小程序。

2-7　试计算甲烷与氮气的气体混合物（甲烷的摩尔分数为 60%），在 200K 下，压力从零增至 4.86MPa 中焓的变量。（K、H＝SRK 或 BWRS）

2-8　试计算丙烷气体从 378K、0.507MPa 的初态变到 463K、2.535MPa 的终态时过程的 Δh 和 Δs 值。

2-9　有人用 A 和 B 两股水蒸气通过绝热混合获得 0.5MPa 的饱和蒸汽，其中 A 股是干度为 98%的湿蒸汽，压力为 0.5MPa，流量为 1kg/s；而 B 股是 473.15K、0.5MPa 的过热蒸汽，试求 B 股过热蒸汽的流量该为多少？

化工过程物料衡算

任务 一

理解物料衡算基础知识

知识目标

掌握物料衡算的类型、化工过程的类型、物料衡算的理论依据，熟悉物料衡算时计算基准的选择方法，熟悉物料衡算的一般步骤。

能力目标

能针对不同类型的化工过程和衡算对象，选择合适的计算基准和比较正确的衡算步骤。

物料衡算是化工计算中最基本、也是最重要的内容之一，它是能量衡算的基础。通常情况下，先进行物料衡算，然后再进行能量平衡计算。例如，设计或研究一个化工过程，或对某生产过程进行分析，需要了解能量的分布情况，都必须在物料衡算的基础上，才能进一步算出物质之间交换的能量以及整个过程的能量分布情况。因此，物料衡算和能量衡算是进行化工工艺设计、过程经济评价、节能分析以及过程最优化的基础。

一、物料衡算的两大类型

通常，物料衡算有以下两种情况：

① 核算型——对已有的生产设备或装置，利用实际测定的数据，计算出另一些不能直接测定的物理量。用此计算结果，对生产情况进行分析、作出判断、提出改进措施。

② 设计型——根据设计任务，先作物料衡算，求出进出各设备的物料量，然后再作能量衡算，求出设备或过程的热负荷等，从而确定设备尺寸及整个工艺流程。

二、化工生产过程的类型

化工生产过程根据其操作方式可以分成间歇操作、连续操作以及半连续操作三类。或者将其分为稳定状态操作和非稳定状态操作两类。在对某个化工生产过程作物料或能量衡算时，必须先了解生产过程的类别。

① 间歇操作过程：原料在生产操作开始时一次加入，然后进行反应或其他操作，一直到操作完成后，物料一次排出，即为间歇操作过程。此过程的特点是在整个操作时间内，再无物料进出设备，设备中各部分的组成、条件随时间而不断变化。

② 连续操作过程：在整个操作期间，原料不断稳定地输入生产设备，同时不断从设备排出同样数量（总量）的物料。设备的进料和出料是连续流动的，即为连续操作过程。在整个操作期间，设备内各部分组成与条件不随时间而变化。

③ 半连续操作过程：操作时物料一次输入或分批输入，而出料是连续的；或连续输入物料，而出料是一次或分批的。

间歇操作过程通常适用于生产规模比较小、产品品种多或产品种类经常变化的生产。例如制药、染料以及产量比较小的助剂等精细化工产品的生产用间歇过程比较多。也有一些由于反应物的物理性质或反应条件的限制，采用连续过程有困难，例如悬浮聚合，则只能用间歇过程。间歇过程的优点是操作简便，但每批生产之间需要加料、出料等辅助生产时间，劳动强度较大，产品质量不易稳定。

连续过程由于减少了加料、出料等辅助生产时间，设备利用率较高，操作条件稳定，产品质量容易保证，加之，反应设备内各点条件稳定，便于设计结构合理的反应器和采用先进的工艺流程，以便实现自动控制和提高生产能力。因此，适用于大规模的生产。例如合成氨、乙烯、丙烯等化学产品的生产均采用连续过程。

若连续生产过程的操作条件（如温度、压力、物料量及组成等）不随时间而变，则称此过程为稳定操作过程，对于正常的连续化工生产过程，通常都可视为稳定状态操作过程，或称稳定过程。但在开、停工期间或操作条件变化和出现故障时，则属非稳定状态操作。间歇过程及半连续过程是非稳定状态操作。

三、物料衡算的理论依据及物料衡算式

物料衡算的理论依据是质量守恒定律，即在一个孤立物系中，不论物质发生任何变化，它的质量始终不变（不包括核反应，因为核反应能量变化非常大，此定律不适用）。

物料衡算是研究某一个体系内进、出物料量及组成的变化。所谓体系就是物料衡算的范围，它可以根据实际需要人为地选定。体系可以是一个设备或几个设备，也可以是一个单元操作或整个化工过程。

进行物料衡算时，必须首先确定衡算的体系。

根据质量守恒定律，对某一个体系，输入体系的物料量应该等于输出物料量与体系内积累量之和。所以，物料衡算的基本关系式应该表示为：

$$m_入 = m_出 + m_{积累} \tag{3-1}$$

式中　$m_入$——单位时间内输入体系的物料量，kg；

　　　$m_出$——单位时间内输出体系的物料量，kg；

　　　$m_{积累}$——单位时间内体系内积累量之和，kg。

对于无化学反应的过程，式(3-1)中各变量的单位也可采用物质的量单位，mol；对于有化学反应的过程，若将式(3-1)中各变量分解为元素进行衡算，则采用 kg 或 mol 均可。但若对于有化学反应的体系中某一组分 i 进行衡算，必须把由反应消耗或生成的量亦考虑在内。所以式(3-1)成为：

$$m_{i入} \pm m_{i生成或消耗} = m_{i出} + m_{i积累} \tag{3-2}$$

式(3-2)中若 i 组分为反应物，则为由反应消耗的量，取"—"；若 i 组分为生成物，则为由反应生成的量，取"+"。

若体系为稳定状态操作，则式(3-1)、式(3-2)中积累项都为零，可简化为：

$$m_入 = m_出 \tag{3-3}$$

$$m_{i入} \pm m_{i生成或消耗} = m_{i出} \tag{3-4}$$

四、物料衡算计算基准及其选择

进行物料、能量衡算时，必须选择一个计算基准。从原则上说选择任何一种计算基准，都能得到正确的解答。但是，计算基准选样得恰当，可以计算简化，避免错误。

对于不同化工过程，采用什么基准适宜，需视具体情况而定，不能作硬性规定。通常对于稳定操作过程，可选单位时间作为计算基准，如：1h、1min、1s。若单位时间内物料量较大，也可选择单位数量或某一整量的原料或产品作为计算基准，如：气体原料，可选 100mol 或 100kmol 或 100m³（标准）等，理由是气体物料通常用摩尔分数（%）组成或体积分数（%）表示；对于液体原料，可选 100kg 作为计算基准，理由是液体物料通常采用质量分数（%）表示。对于间歇生产过程，不采用单位时间为计算基准，通常可采用加入设备的整批物料量作为计算基准。

下面举例说明选择计算基准对整个计算过程的影响。

☆思考：如何选择物料衡算计算基准？

【例 3-1】 戊烷充分燃烧，空气用量为理论量的 120%，反应式为：

$$C_5H_{12} + 8O_2 \longrightarrow 5CO_2 + 6H_2O$$

问每 100mol 燃烧产物需要多少（mol）空气？

解：由题意画出示意流程图（见图 3-1）

图 3-1 例 3-1 附图

方法一：基准——1mol C_5H_{12}

则理论 O_2 量：$n_{理论氧} = 8n_{戊烷} = 8$（mol）

实际 O_2 量：$n_{实际氧} = 1.20 n_{理论氧} = 1.20 \times 8 n_{戊烷} = 9.60$（mol）

实际空气用量：$n_{实际空气} = 9.60/0.21 = 45.71$（mol）

N_2 量：$n_{实际氮} = 45.71 \times 0.79 = 36.11$（mol）

计算结果列表如下：

组分	物质的量/mol	质量/g	组分	物质的量/mol	摩尔分数/%	质量/g
C_5H_{12}	1	72	CO_2	5	10.26	220
O_2	9.60	307.2	H_2O	6	12.32	108
N_2	36.11	1011.20	O_2	1.6	3.28	51.2
			N_2	36.11	74.13	1011.20
Σ	46.71	1390.40	Σ	48.71	100.00	1390.40

每 100mol 燃烧产物（烟气）所需空气量为：$45.71 \div 48.71 \times 100 = 93.84$（mol）

或由 N_2 平衡方程得：$100 \times 74.13\% \div 79\% = 93.84$（mol）

方法二：基准——1mol 空气

则其中 O_2 量：$n_{实际氧} = 0.21$（mol）

反应的 O_2 量：$n_{反应氧} = 0.21/1.20 = 0.175$（mol）

燃烧的 C_5H_{12} 量：$n_{戊烷} = 0.175/8 = 0.0219$（mol）

计算结果列表如下：

输入项			输出项			
组分	物质的量/mol	质量/g	组分	物质的量/mol	摩尔分数/%	质量/g
C_5H_{12}	0.0219	1.575	CO_2	0.1094	10.26	4.8125
O_2	0.21	6.72	H_2O	0.1313	12.32	2.3625
N_2	0.79	22.12	O_2	0.035	3.28	1.12
			N_2	0.79	74.13	22.12
Σ	1.0219	30.415	Σ	1.0656	100.00	30.415

每 100mol 燃烧产物（烟气）所需空气量为：$100/1.0656 = 93.84$（mol）

或由 N_2 平衡方程得：$100 \times 74.13\% \div 79\% = 93.84$（mol）

方法三：基准——100mol 烟气，设：

N——烟气中 N_2 量，mol；

M——烟气中 O_2 量，mol；

P——烟气中 CO_2 量，mol；

Q——烟气中 H_2O 量，mol；

A——入口空气量，mol；

B——入口 C_5H_{12} 量，mol。

以上 6 个未知数，需要 6 个独立方程。

C 平衡：$5B = P$ (1)

H_2 平衡：$6B = Q$ (2)

O_2 平衡：$0.21A = M + P + Q/2$ (3)

N_2 平衡：$0.79A = N$ (4)

总物料：$M + N + P + Q = 100$ (5)

过剩 O_2：$(0.21A - M) \times 1.20 = 0.21A \Rightarrow 0.035A = M$ (6)

以上 6 个线性方程的增广矩阵如下：

N	M	P	Q	A	B	常数项
0	0	1	0	0	-5	0
0	0	0	1	0	-6	0
0	-1	-1	-0.5	0.21	0	0
-1	0	0	0	0.79	0	0
1	1	1	1	0	0	100
0	-1	0	0	0.035	0	0

采用 Excel 的 MDETERM、MINVERSE、MMULT 三个函数或规划求解法求解上述线性方程如图 3-2 所示，具体步骤可参阅单元一任务五的知识拓展部分，求解结果如下：

组分	N	M	P	Q	A	B
物质的量/mol	74.135	3.284	10.264	12.317	93.842	2.053

	O43			f_x	{=MMULT(I43:N48,G43:G48)}										
A	B	C	D	E	F	G	H	I	J	K	L	M	N	O
N	M	P	Q	A	B	常数项								
0	0	1	0	0	-5	0	-8.53	0.2780	-0.2317	1.0194	-0.2587	0.7413	-0.2780	**74.135**
0	0	0	1	0	-6	0		0.0123	-0.0103	0.0452	0.0328	0.0328	-1.0123	**3.284**
0	-1	-1	-0.5	0.21	0	0		0.4135	-0.3446	-0.4839	0.1026	0.1026	0.5865	**10.264**
-1	0	0	0	0.79	0	0		-0.7038	0.5865	-0.5806	0.1232	0.1232	0.7038	**12.317**
1	1	1	0	0	0	100		0.3519	-0.2933	1.2903	0.9384	0.9384	-0.3519	**93.842**
0	-1	0	0	0.04	0	0		-0.1173	-0.0689	-0.0968	0.0205	0.0205	0.1173	**2.053**

图 3-2　Excel 求解线性方程组示意图

结论：

① 手算以限制反应为基准（即方法一）能简化计算；

② 计算机编程计算或采用 Excel 计算，则以已知条件最多的物料为计算基准（即方法三）较为适宜。

☆思考：物料衡算的一般步骤？

五、物料衡算的一般步骤

进行物料衡算时，尤其是那些复杂的物料衡算，为了避免错误，建议采用下列计算步骤。当然，对于一些简单的问题，这种步骤似乎有些烦琐，但是训练这种有条理的解题方法，有助于今后对复杂问题的解决。

计算步骤如下：

① 搜集计算原始数据。如输入或输出物料的流量、温度、压力、浓度、密度等。这些原始数据，在进行设计计算时，常常是给定值。如果需要从生产现场收集，则应该尽量使数据正确。所有收集的数据，使用统一的单位制进行汇总。

② 根据相关任务画出过程物料流程简图，明确已知量、待求量。在图中，标出所有物料线，并注明所有已知和未知变量。如果过程中有很多流股，则可将每个流股编号，减少计算时变量书写的复杂性。

③ 选择衡算体系。根据已知条件及计算要求，明确衡算体系，必要时可在流程图中用虚线表示体系边界。

④ 选择合适的计算基准，必要时可在流程图上注明所选的基准值。

⑤ 写出有关化学反应方程式，包括主、副反应，标出有用的分子量，如果无化学反应，则此步可免去。

⑥ 列出物料衡算式，选择合适的数学方法求解。对于一般的简单计算题，可采用手工计算即可解决，但对于一些复杂的计算问题，必须选择合适的数学方法并且要采用计算机编程或相关的计算软件才能解决。

⑦ 整理数据，校核计算结果，如将数据列成表格或由数据画出物料流程图，这样便于校对。

任务二

物理过程的物料衡算

知识目标

掌握典型物理过程的物料衡算方法。

能力目标

能针对化工生产过程中的常见物理过程，列出物料平衡式并解出正确答案。

在化工过程中，对于一些只有物理变化而无化学反应的单元操作，如混合、蒸馏、蒸发、干燥、吸收、结晶、萃取等的物料衡算都可以根据物料衡算式(3-3)列出总物料和各组分的衡算式，再用代数法求解。

属于上述类型的物料衡算，通常可列出三类衡算式，即：①总物料平衡式；②组分平衡式；③归一方程，即各组分的摩尔分率或质量分率之和为1。

一、混合过程物料衡算

混合过程是化工生产过程中较为常见的过程之一，例如溶液的配制过程就是典型的混合过程。下面通过举例加以说明。

【例 3-2】 一种废酸，组成为 33% （质量分数）HNO_3、47% H_2SO_4 和 20% H_2O，加入 98.5% 的浓 H_2SO_4 和 95% 的浓 HNO_3，要求混合成含 37% HNO_3 及 53% H_2SO_4 的混合酸，计算所需废酸及加入浓酸的数量。

分析：此题已知相对量，绝对量可任意假定。

解：设 x——废酸量，kg；y——浓 H_2SO_4 量，kg；z——浓 HNO_3 量，kg。

计算基准：100kg 混合酸

由题意画出过程示意图（见图 3-3）

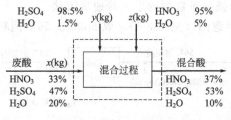

图 3-3 例 3-2 附图

总物料平衡：$x+y+z=100$ (1)

H_2SO_4 平衡：$0.47x+0.985y=100\times0.53$ (2)

HNO_3 平衡：$0.33x+0.95z=100\times0.37$ (3)

解上式方程组得：$x=41.29$kg、$y=34.11$kg、$z=24.60$kg

即由废酸 41.29kg、浓 H_2SO_4 34.11kg 和浓 HNO_3 24.60kg 可以混合成 100kg 混合酸。

根据水平衡，可以核对以上结果：

加入的水量：$41.29×0.20+34.11×0.015+24.60×0.05=10.0$（kg）

混合后的酸中含 $10\%H_2O$，所以计算结果正确。

以上物料衡算式，亦可以选总物料衡算式及 H_2SO_4 与 H_2O 两个衡算式或 H_2SO_4、HNO_3 和 H_2O 三个组分衡算式进行计算，均可以求得上述结果。

同样，该题可以采用单元一任务四中介绍的利用 Excel 自带的函数求解上述线性方程组，求解结果如图 3-4 所示，具体过程请读者自行验证。

	E66	▼	f_x	{=MMULT(A66:C68,D63:D65)}	
	A	B	C	D	E
62	x	y	z	b	
63	1	1	1	100	
64	0.47	0.985	0	53	
65	0.33	0	0.95	37	
66	5.6988	-5.7856	-5.9988	x	·41.291
67	-2.7192	3.7759	2.8624	y	34.105
68	-1.9796	2.0097	3.1364	z	24.604

图 3-4 例 3-2Excel 自带函数求解

二、蒸发与结晶过程物料衡算

蒸发与结晶是化工领域常用的单元操作，蒸发主要用于稀浓度的浓缩，如氯碱生产过程中稀碱液的蒸发等，也可同时兼顾溶液和溶剂，如采用多效蒸发将海水淡化制取淡水，在蒸发获得淡水的同时也获得了高浓度的 NaCl 溶液。蒸发与结晶往往联系在一起，稀浓度经浓缩、冷却后可析出结晶，从而通过沉降、离心分离等获得固体结晶。

以下通过两个实例说明蒸发结晶过程的物料衡算。

【例 3-3】 现有 5000kg 56℃ 的饱和 $NaHCO_3$ 溶液，现将其温度降低至 24℃，问可从中结晶析出多少（kg）的 $NaHCO_3$？已知 $NaHCO_3$ 的溶解度数据如下：

t（温度）/℃	0	5	10	20	30	40	50	60
C_t（溶解度）/(g/100g)	6.9	7.45	8.15	9.6	11.1	12.7	14.45	16.4

解：方法 1——采用线性内插处理数据的手工普通求解法

由题意作出如下过程示意图（见图 3-5），取 5000kg 56℃ 饱和 $NaHCO_3$(aq) 为基准

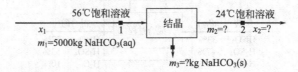

图 3-5 例 3-3 附图

由 $t_1=56℃$ 采用线性内插法查得：$C_{t1}=15.62g/100gH_2O(l)$

所以 $x_1=C_{t1}/(100+C_{t1})=15.62/115.62=0.1351$

$t_2=24℃$ 采用线性内插法查得：$C_{t2}=10.2 g/100gH_2O(l)$

所以 $x_2=C_{t2}/(100+C_{t2})=10.2/110.2=0.09256$

总物料平衡：$\qquad\qquad m_1 = m_2 + m_3$ (1)

$NaHCO_3(s)$平衡：$\qquad m_1 x_1 = m_2 x_2 + m_3$ (2)

代入数据得：

$$5000 = m_2 + m_3 \qquad (3)$$

$$5000 \times 0.1351 = m_2 \times 0.09256 + m_3 \qquad (4)$$

解之得：$m_2 = 4765.61kg$、$m_3 = 234.39kg$

此题同样也可采用 Excel 自带的线性方程求解函数进行上述方程组的求解，如图 3-6 所示。

		Q83		f_x	{=MMULT(O83:P84,Q81:Q82)}	
		O	P	Q	R	S
80		m_3	m_2	常数		
81		1	1	5000		
82		1	0.0926	675.49		
83		-0.102	1.102	234.39		
84		1.102	-1.102	4765.61		

图 3-6　例 3-3Excel 自带函数求解线性方程（3）、（4）

由图 3-6 可见，求解结果完全一致。

☆**思考**：如何利用单元一所学的曲线拟合求解此例题？

方法 2——采用 Excel 曲线拟合处理数据的求解法

利用溶解度 C_t 与溶液百分比浓度 x 之间的关系将温度 t 与溶解度 C_t 之间关系换算成温度 t 与溶液百分比浓度 x 之间的关系，并利用 Excel 将 x-t 之间关系进行曲线拟合，如图 3-7 所示，即拟合 $x = f(t)$ 关系式。

	A	B	C	D	E	F	G	H	I
70	t(温度)/℃	0	5	10	20	30	40	50	60
71	C_t(溶解度)/(g/100g)	6.9	7.45	8.15	9.6	11.1	12.7	14.45	16.4
72	溶液浓度 x	0.0645	0.0693	0.0754	0.0876	0.0999	0.1127	0.1263	0.1409
73	溶液浓度拟合值 x'	0.0642	0.0698	0.0755	0.0873	0.0997	0.1128	0.1264	0.1408
74	相对误差/%	-0.53%	0.65%	0.19%	-0.29%	-0.16%	0.07%	0.15%	-0.07%

$t_1 =$	56	℃
$t_2 =$	24	℃
$x_1 =$	0.13497	
$x_2 =$	0.09223	

图中拟合曲线公式：

$$x = 5.84373\text{E-}09t^3 + 2.53344\text{E-}06t^2 + 1.10337\text{E-}03t + 6.42073\text{E-}02$$

$$R^2 = 9.99911\text{E-}01$$

图 3-7　例 3-3 溶液百分比浓度与温度的拟合

由图 3-7 得拟合的表达式为：

$x = 5.84373E - 09t^3 + 2.53344E - 06t^2 + 1.10337E - 03t + 6.42073E - 02$

将 $t_1 = 56℃$、$t_2 = 24℃$ 代入上式得：$x_1 = 0.13497$、$x_2 = 0.09223$

将上述数据代入式（2）得：

$$674.836 = 0.09223m_2 + m_3 \tag{5}$$

利用 Excel 自带的线性方程求解函数求解式（3）、式（5），如图 3-8 所示。

I95 ▼		f_x	{=MMULT(G95:H96,I93:I94)}	
	G	H	I	J
92	m_2	m_3	常数	
93	1	1	5000	
94	0.09223	1	674.836	
95	1.1016	-1.1016	4764.594	
96	-0.1016	1.1016	235.406	

图 3-8 例 3-3Excel 求解线性方程（3）、（5）

由图 3-8 得：$m_2 = 4764.59kg$、$m_3 = 235.41kg$

与方法 1 相比较，计算结果十分接近。

【例 3-4】 利用例 3-3 的溶解度数据，计算需将 5000kg 60℃的饱和 NaHCO$_3$ 溶液冷却至多少（℃）才可结晶析出 250kg 的 NaHCO$_3$？

解：方法 1——采用线性内插处理数据的手工普通求解法

基准 5000kg60℃饱和 NaHCO$_3$ 溶液，由题意画出过程示意图（见图 3-9）：

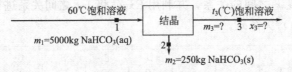

图 3-9 例 3-4 附图

由 $t_1 = 60℃$ 查得：$C_1 = 16.4g/100gH_2O$（l） 所以 $x_1 = C_1/(100 + C_1) = 16.4/116.4 = 0.1409$

总物料平衡： $$m_1 = m_2 + m_3 \tag{1}$$

NaHCO$_3$（s）平衡： $$m_1x_1 = m_2 + m_3x_3 \tag{2}$$

代入数据得：

$$5000 = 250 + m_3 \tag{3}$$

$$5000 \times 0.1409 = 250 + m_3x_3 \tag{4}$$

解之得：$m_3 = 4750kg$、$x_3 = 0.09568$

所以 $C_3 = 100x_3/(1 - x_3) = 100 \times 0.09568/(1 - 0.09568) = 10.58g/100gH_2O$（l）

由溶解度数据线性内插得：$t_3 = 20 + 10/(11.1 - 9.60) \times (10.58 - 9.60) = 26.53$（℃）

方法 2——采用 Excel 曲线拟合处理数据的求解法

利用 Excel 将 t-x 之间关系进行曲线拟合，即拟合 $t = f(x)$ 关系式（此处省略具体拟合过程，并采用 5 次多项式，请读者自行验证）得：

$t = 3.66600 \times 10^7 x^5 - 1.93390 \times 10^7 x^4 + 4.01035 \times 10^6 x^3 - 4.09577 \times 10^5 x^2 +$

$\quad 2.14392 \times 10^4 x - 4.61201 \times 10^2$

将 $x_3 = 0.09568$ 代入上式得：$t_3 = 26.505℃$。

三、吸收过程物料衡算

吸收是最常见的化工单元操作之一，常用于混合气体中某一或某几个成分的吸收，例如合成氨原料的净化过程中，常用碱性溶液（热 K_2CO_3）吸收原料气中的 CO_2 等。

【**例 3-5**】含 20%（质量分数）丙酮与 80%空气的混合气进吸收塔，塔顶喷水吸收丙酮。吸收塔出口气体含丙酮 3%，塔底得到 50kg 含 10%丙酮的水溶液，计算进吸收塔气体的量。

解：由题意画出物料流程示意图（见图 3-10），以 50kg 10%丙酮水溶液为计算基准

设进塔气体量为 x(kg)，出塔气体量为 y(kg)

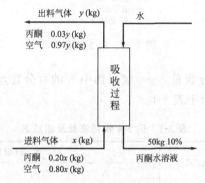

图 3-10 例 3-5 附图

列衡算式：

丙酮衡算式： $0.20x = 0.03y + 50 \times 0.10$ (1)

空气衡算式： $0.80x = 0.97y$ (2)

解式(1)、式(2)得：$x = 28.529$kg，$y = 23.529$kg

此题采用 Excel 自带的线性方程求解函数进行求解，如图 3-11 所示。

	N110		f_x	{=MMULT(L110:M111,N108:N109)}	
	L	M	N	O	P
107	x_i	y_i	b		
108	0.20	-0.03	5.00		
109	0.80	-0.97	0.00		
110	5.7059	-0.1765	28.529		
111	4.7059	-1.1765	23.529		

图 3-11 例 3-5 Excel 自带函数求解

四、精馏过程物料衡算

精馏是根据液体混合物中各组分的相对挥发度的差异而进行各组分分离的化工单元操作。溶液中轻组分由塔顶产出，重组分由塔底产出，其物料衡算同样可通过总物料平衡和组分平衡列出衡算式。

【**例 3-6**】有一个蒸馏塔，输入和输出物料量及组成如图 3-12。输入物料 1 中 A 组分的 98.7%自塔顶蒸出。求每小时输入物料可得到塔顶馏出物 2 的量及其组成。

解：基准为 1h

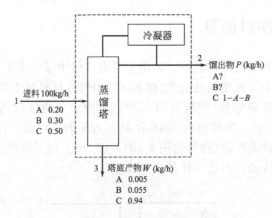

图 3-12 例 3-6 附图

令 x＝馏出物中 A 的百分含量，y＝馏出物中 B 的百分含量。

将各物料的流量及组成列于表 3-1。

表 3-1 例 3-6 物料流量及组成表

流股号	流量/(kg/h)	组分(质量分数)/%		
		A	B	C
1	100	20	30	50
2	P	x	y	$1-x-y$
3	W	0.5	5.5	94.0

由表 3-1 可以看出，共有 5 个未知量，即 P、W 及流股 2 的组成 A、B、C，由于组成 $A+B+C=1$，所以只需求得任意两个组成，如 A、B（或 B、C 或 C、A），第三个组成就可求出。因此实际上是 4 个未知量，需要 4 个方程。但是输入和输出物料共有 3 个组分，因而只能写出 3 个独立物料衡算式。第四个方程必须从另外给定的条件列出。

根据题意，已知输入物料中 A 组分的 98.7% 自塔顶蒸出，即流股 2 中 A 组分量为：

$$Px=100×20\%×98.7\%=19.74（kg）\tag{1}$$

总物料衡算式有 P 和 W 两个未知量。A、B、C 三组分的衡算式中，A 组分的衡算式只含有一个未知量 W，所以先列 A 组分的衡算式。

A 组分衡算式 $100×20\%=W×0.5\%+19.74$ (2)

总物料衡算式 $100=P+W$ (3)

B 组分衡算式 $100×30\%=5.5\%W+Py$ (4)

由式(2)得 $W=52kg$

代入式(3)得 $P=100-52=48（kg）$

代入式(4)得 $y=56.54\%$

由式(1)得 $x=19.74/P=19.74/48=41.13\%$

C 组分成为 $1-x-y=1-41.13\%-56.54\%=2.33\%$

由 C 组分衡算式得 $100×50\%=52×94\%+48(1-x-y)$

$1-x-y=2.33\%$ 结果符合。

五、技能拓展——ExcelVBA 自定义函数计算结晶过程

① 已知进入结晶器的溶液量 m_1（kg/h）、温度 t_1（℃），出结晶器的温度 t_2（℃），计算结晶量 m_3＝? kg/h

对于例 3-3，采用开发的自定义函数 JSNaHCO3 _ TmLineC（m1, t1, t2）可直接计算，如图 3-13 所示，在单元格 A97 输入 "＝JSNaHCO3 _ TmLineC（5000，56，24）"，即可得结晶量 m_3＝234.389kg/h。可见，与例 3-3 方法 1 计算的完全一致。

图 3-13　例 3-3 由结晶温度计算结晶量自定义函数

以下是自定义函数 JSNaHCO3 _ TmLineC(m1,t1,t2) 的 Excel VBA 代码，供参考。

```
Public Function JSNaHCO3 _ TmLineC(m1 As Double, t1 As Double, t2 As Double) As Double
Dim C1, C2, x1, x2, m2, m3 As Double
  C1＝C _ NaHCO3(t1)
  C2＝C _ NaHCO3(t2)
  x1＝C1/(100＋C1)
  x2＝C2/(100＋C2)
  m2＝m1 * (1-x1)/(1-x2)
  m3＝m1-m2
  JSNaHCO3 _ TmLineC＝m3
End Function
```

其中 C _ NaHCO3（t）为由温度采用线性内插法查询溶解度的自定义函数，其 ExcelVBA 代码如下：

```
Public Function C _ NaHCO3(t As Double) As Double
Dim I As Integer
Dim X(7), Y(7) As Double
  If t＜0 Or t＞60 Then
    MsgBox"对不起，NaHCO3 溶解度只提供了 0～60℃的数据，此值已超范围！"48，"NaHCO3 溶解
度查询温度输入提示，其值用℃输入，只能在 0～60 之间"
      Exit Function
    End If
    X(0)＝0；X(1)＝5；X(2)＝10；X(3)＝20；X(4)＝30；X(5)＝40；X(6)＝50；X(7)＝60
    Y(0)＝6.9；Y(1)＝7.45；Y(2)＝8.15；Y(3)＝9.6；Y(4)＝11.1；Y(5)＝12.7；Y(6)＝14.45；
Y(7)＝16.4
    For I＝0 To 7 Step 1
    If (t＞＝X(I))And(t＜＝X(I＋1))Then
      C _ NaHCO3＝LineIn(Y(I＋1)，Y(I)，X(I＋1)，X(I)，t)
    Exit For
   End If
  Next I
End Function
```

其中 LineIn（Y1，Y2，X1，X2，X）为线性内插自定义函数，其 ExcelVBA 代码如下：

```
Public Function LineIn(Y1，Y2，X1，X2，X) As Double
```

```
        LineIn＝y1＋(Y2-y1)/(x2-x1)＊(X-x1)
    End Function
```

② 已知进入结晶器的溶液的量 m_1（kg/h）、温度 t_1（℃），结晶量 m_3，计算结晶器出口温度 t_2＝?℃

对于例 3-4，采用自定义函数 JSNaHCO3 _ mTLineC(m1，t1，m3) 直接计算，如图 3-14，在单元格 F136 中输入："＝JSNaHCO3 _ mTLineC(5000，60，250)" 即可得温度 26.533℃。对照例 3-4 方法一，计算结果完全相同。

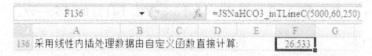

图 3-14　例 3-4 由结晶量计算结晶温度自定义函数

以下是自定义函数 JSNaHCO3 _ mTLineC(m1，t1，m3) 的 ExcelVBA 代码，供参考。

```
Public Function JSNaHCO3 _ mTLineC(m1 As Double，t1 As Double，m3 As Double) As Double
Dim C1，C2，x1，x2，m2，t2 As Double
Dim mc1，ml1，mc0，m3max As Double
    m2＝m1-m3
    C1＝C _ NaHCO3(t1)    '由温度采用线性内插法处理溶解度
    x1＝C1/(100＋C1)
    mc1＝m1＊x1    '计算入口溶液中溶质的量
    ml1＝m1＊(1-x1)    '计算入口溶液中溶剂的量
    mc0＝ml1＊6.9/100    '计算入口溶液降温至 0℃时溶剂中溶解的饱和量即对应出口溶液中溶质量
    m3max＝mc1-mc0    '计算入口溶液降温至 0℃析出的最大结晶量
    If m3＜0 Or m3＞m3max Then
        MsgBox "对不起，溶液结晶量超出了该溶液的最大结晶量!"，48，"溶液结晶量超出 NaHCO3 溶解度数据范围"
        Exit Function
        End If
    x2＝1-m1＊(1-x1)/m2
    C2＝100＊x2/(1-x2)
    t2＝t _ NaHCO3(C2)    '由溶解度采用线性内插法处理温度
    JSNaHCO3 _ mTLineC＝t2
End Function
```

其中 t _ NaHCO3(C2) 为由 NaHCO3 的溶解度 g/100g，采用线性内插法反查温度℃的自定义函数，其代码如下：

```
Public Function t _ NaHCO3(C As Double) As Double
Dim I As Integer
Dim X(7)，Y(7) As Double
    If C＜6.9 Or C＞16.4 Then
        MsgBox "对不起，NaHCO3 溶解度只提供了 6.9～16.4 即 0～60℃的数据，此值已超范围!"，
48，"NaHCO3 溶解温度查询溶解度输入提示，其值用 g/100g 输入，只能在 6.9～16.4 之间"
        Exit Function
        End If
    X(0)＝6.9；X(1)＝7.45；X(2)＝8.15；X(3)＝9.6；X(4)＝11.1；X(5)＝12.7；X(6)＝14.45；X(7)＝16.4
    Y(0)＝0；Y(1)＝5；Y(2)＝10；Y(3)＝20；Y(4)＝30；Y(5)＝40；Y(6)＝50；Y(7)＝60
    For I＝0 To 7 Step 1
    If (C＞＝X(I))And(C＜＝X(I+1))Then
        t _ NaHCO3＝LineIn(Y(I+1)，Y(I)，X(I+1)，X(I)，C)
```

```
            Exit For
        End If
        Next I
    End Function
```

注意：在上述自定义函数中调用的 C_NaHCO3(t)、t_NaHCO3(C) 自定义函数，都是用最原始的数据表数据采用的线性内插法，也可预先利用 Excel 曲线拟合功能将溶解度数据（C_t）与温度（t）之间或溶液饱和浓度（x）与温度（t）之间的关系处理成 $C_t = f(t)$、$t = f(C_t)$、$x = f(t)$、$t = f(x)$ 函数，可使自定义函数简单些。

任务 三

化学反应过程的物料衡算

知识目标

掌握反应物配比、转化率、选择性、收率的概念，掌握单一化学反应过程物料衡算的方法，了解复杂化工过程物料衡算的一般步骤、方法。

能力目标

能对单一化学反应过程进行物料衡算，能对典型循环过程进行物料衡算。

一、反应物配比

在实际化工生产过程中，由于参与反应的各物料价格的差异、或由于各反应物混合后可能形成爆炸性气体而给生产带来危险。因此，为了充分利用高价反应物或为了避免反应物混合后形成爆炸性气体，通常各反应物之间的比例关系并非按照化学反应方程式中的计量比进行配制。

☆思考：何谓限制反应物？实际生产过程中是如何选择限制反应物的？何谓过量反应物、如何计算过量百分数？

（1）限制反应物

化学反应原料不按化学计量比配料时，其中以最小化学计量数存在的反应物称为限制反应物。

（2）过量反应物

不按化学计量比配料的原料中，某种反应物的量超过限制反应物完全反应的理论量，该反应物称为过量反应物，即用量超过理论量的反应物。

注意：限制反应物只有一种，而过量反应物则可能有若干种。如下列方程：

$2CH_3—CH=CH_2 + 2NH_3 + 3O_2 \rightleftharpoons 2CH_2=CH—CN + 6H_2O$，其中丙烯是限制反应物，其余两种反应物氨、氧气是过量反应物。

（3）过量百分数

过量反应物超过限制反应物所需理论量的部分占其所需理论量的百分数称为过量百分数。

$$过量百分数 = \frac{n_e - n_{id}}{n_{id}} \times 100\% \tag{3-5}$$

式中　n_e——过量反应物的总用量，mol；

　　　n_{id}——过量反应物的理论用量，mol。

二、转化率、选择性、收率

☆**思考**：何谓单程转化率、总转化率、平衡转化率？它们之间的关系？

（一）转化率（x）

某一反应物反应掉的量占其输入量的百分数。

根据选择的对象不同以及计算内容的不同，转化率又可分为三种：①单程转化率；②总转化率；③平衡转化率。

（1）单程转化率（$x_单$）

以反应器为对象（体系），某一物料一次性通过反应器反应掉的量与其反应器输入量之比值。

注意：一个化学反应往往有若干个反应物参与反应，由于实际反应系统中通常不按化学计量比配料，因此不同的反应物为计算对象可得到不同的转化率，故需指明具体的反应物的转化率。若没有指明时，则往往是指限制反应物的转化率。

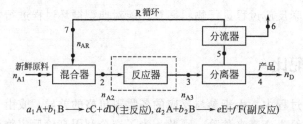

$$a_1A + b_1B \longrightarrow cC + dD(主反应), \quad a_2A + b_2B \longrightarrow eE + fF(副反应)$$

图 3-15　有循环过程的物料流程图

如图 3-15 所示为一具有循环过程的物料流程示意图，假定反应物 A 为限制反应物，则：

$$x_{A单} = \frac{n_{A2} - n_{A3}}{n_{A2}} \times 100\% = \frac{n_{A反}}{n_{A2}} \times 100\% \tag{3-6}$$

式中　n_{A2}——反应器进口限制反应物的量，mol 或 kmol；

　　　n_{A3}——反应器出口限制反应物的量，mol 或 kmol；

　　　$n_{A反}$——一次通过反应器反应掉的限制反应物的量，mol 或 kmol。

（2）总转化率（$x_总$）

当单程转化率较低时，为充分利用未反应的原料，待反应物出反应器后需经过分离将未反应物重新返回反应器反应，此时以整个反应系统为对象计算的某一反应物的转化率称为总转化率，即：某一物料一次性通过反应器反应掉的量与其反应系统输入的该物质的新鲜量之比值。

$$x_{A总} = \frac{n_{A2} - n_{A3}}{n_{A1}} \times 100\% = \frac{n_{A反}}{n_{A1}} \times 100\% \tag{3-7}$$

式中　n_{A1}——进入反应系统的限制反应物的量，mol 或 kmol。

（3）平衡转化率（x^*）

以反应器为对象（体系），当反应达平衡时某一物料在反应器中反应掉的量与其反应前的量之比值。

$$x^* = \frac{n_{A反}^*}{n_{A2}} \times 100\% \tag{3-8}$$

式中　$n_{A反}^*$——在反应器中反应达平衡时限制反应物反应掉的量，mol 或 kmol。

（4）三种转化率之间的关系

$x_单 \leqslant x^*$、$x_单 \leqslant x_总$、x^* 与 $x_总$ 无法相比。

（二）选择性（S）

$$a_1A + b_1B \longrightarrow cC + dD（主反应）$$
$$a_2A + b_2B \longrightarrow eE + fF（副反应）$$

其中 D 为目的产物。

生成目的产物所耗某反应物的量（$n_{A反}^D$）与该反应物反应掉的量的比值，或生成目的产物的量与反应掉的原料所能生成的目的产物的理论量的比值，即

$$S = \frac{n_{A反}^D}{n_{A反}} \times 100\% = \frac{n_D \times \frac{a_1}{d}}{n_{A2} - n_{A3}} \times 100\% = \frac{n_D}{(n_{A2} - n_{A3}) \times \frac{d}{a_1}} \times 100\% \tag{3-9}$$

当反应系统属催化反应系统时，用选择性的概念较好，此值的大小反映了催化剂的性能好坏。

☆思考：何谓单程收率、总收率、单程质量收率、总质量收率？它们之间的关系？

（三）收率（Y）

（1）摩尔收率（简称收率）

① 单程收率（$Y_单$）　以反应器为体系，生成目的产物所耗的某原料量与进入反应器的该原料量之比值。或生成目的产物的量与进入反应器的原料全部转化为目的产物的量之比值。

$$Y_单 = \frac{n_{A反}^D}{n_{A2}} \times 100\% = \frac{n_D \times \frac{a_1}{d}}{n_{A2}} \times 100\% = \frac{n_D}{n_{A2} \times \frac{d}{a_1}} \times 100\% \tag{3-10}$$

② 总收率（$Y_总$）　以整个反应系统为体系，生成目的产物所耗的某原料量与进入反应系统的该原料量（新鲜原料）之比值。或生成目的产物的量与进入反应系统的原料全部转化为目的产物的量之比值。

$$Y_总 = \frac{n_{A反}^D}{n_{A1}} \times 100\% = \frac{n_D \times \frac{a_1}{d}}{n_{A1}} \times 100\% = \frac{n_D}{n_{A1} \times \frac{d}{a_1}} \times 100\% \tag{3-11}$$

（2）质量收率

当反应器内发生的反应比较复杂，难于写出具体的化学反应方程时，比如重油加氢生产

轻油时，此时采用获得的产品的质量与进入反应器或反应系统的某一物料的质量之比来表示收率。

① 单程质量收率（$Y_{单质}$） 以反应器为体系，生成的目的产物的质量（m_D）与输入反应器的某一物料的质量（m_{A2}）之比称为单程质量收率，即：

$$Y_{单质} = \frac{m_D}{m_{A2}} \times 100\% \tag{3-12}$$

② 总质量收率（$Y_{总质}$） 以反应系统为体系，生成的目的产物的质量与输入反应系统的某一物料的质量之比称为总质量收率，即：

$$Y_{总质} = \frac{m_D}{m_{A1}} \times 100\% \tag{3-13}$$

注意：当此类反应是分子量增大的反应时，单程质量收率和总质量收率有可能大于1。

☆思考：转化率、选择性、收率三者之间存在什么关系？

（四）转化率、选择性、收率三者之间的关系

$$x_{A单} = \frac{n_{A2} - n_{A3}}{n_{A2}} = \frac{n_{A反}}{n_{A2}}$$

$$S = \frac{n_{A反}^D}{n_{A反}} = \frac{n_D \times \dfrac{a_1}{d}}{n_{A2} - n_{A3}} = \frac{n_D}{(n_{A2} - n_{A3}) \times \dfrac{d}{a_1}}$$

$$Y_单 = \frac{n_{A反}^D}{n_{A2}} \times 100\% = \frac{n_D \times \dfrac{a_1}{d}}{n_{A2}} \times 100\% = \frac{n_D}{n_{A2} \times \dfrac{d}{a_1}} \times 100\%$$

$$Y_单 = x_{A单} S \tag{3-14}$$

$$x_{A总} = \frac{n_{A2} - n_{A3}}{n_{A1}} = \frac{n_{A反}}{n_{A1}}$$

$$S = \frac{n_{A反}^D}{n_{A反}} = \frac{n_D \times \dfrac{a_1}{d}}{n_{A2} - n_{A3}} = \frac{n_D}{(n_{A2} - n_{A3}) \times \dfrac{d}{a_1}}$$

$$Y_总 = \frac{n_{A反}^D}{n_{A1}} \times 100\% = \frac{n_D \times \dfrac{a_1}{d}}{n_{A1}} \times 100\% = \frac{n_D}{n_{A1} \times \dfrac{d}{a_1}} \times 100\%$$

$$Y_总 = x_{A总} S \tag{3-15}$$

【例 3-7】 乙烯氧化制环氧乙烷的反应：

（1）主反应　　　　　$CH_2\!=\!CH_2 + 1/2O_2 \Longrightarrow CH_2\!-\!CH_2O$

（2）副反应　　　　　$CH_2\!=\!CH_2 + 3O_2 \longrightarrow 2CO_2 + 2H_2O$

已知进入反应器的乙烯量为 1000kg，离开反应器时乙烯量为 200kg，进入反应系统的新鲜乙烯量为 816.3kg，经分离后得产品环氧乙烷的量为 1000kg。试计算：①单程转化率；②总转化率；③选择性；④单程收率；⑤总收率；⑥单程质量收率；⑦总质量收率。

解：由题意画出过程示意图如图 3-15 所示

① $x_{A单}=(n_{A2}-n_{A3})/n_{A2}=(1000-200)/1000=80\%$

② $x_{A总}=(n_{A2}-n_{A3})/n_{A1}=(1000-200)/816.3=98.0\%$

$m_D=1000kg\Rightarrow n_D=1000/44=22.73(kmol)\Rightarrow n_{A反}^D=22.73\times28=636.4(kg)$

③ $S=636.4/800=79.55\%$

④ $Y_单=n_{A反}^D/n_{A2}=636.4/1000=63.64\%$

或 $m_{id}=(n_{A2}/28)\times44=1571.4(kg)\Rightarrow Y_单=m_D/m_{id}=1000/1571.4=63.64\%$

或 $Y_单=x_{A单}S=80\%\times79.55\%=63.64\%$

⑤ $Y_总=n_{A反}^D/n_{A1}=636.4/816.3=77.96\%$

或 $m_{id}'=(n_{A1}/28)\times44=(816.3/28)\times44=1282.8(kg)\Rightarrow Y_总=m_D/m_{id}'=1000/1282.8=77.96\%$

或 $Y_总=x_{A总}S=98\%\times79.55\%=77.96\%$

⑥ $Y_{单质}=m_D/n_{A2}=1000/1000=100\%$

⑦ $Y_{总质}=m_D/n_{A1}=1000/816.3=122.5\%$

☆**思考**：有化学反应的过程进行物料衡算时，常用的衡算式有哪几种？

三、简单反应系统的物料衡算

（一）直接求解法

（1）条件

①写出明确的化学反应方程式；②已知三率等。

（2）衡算式

①根据化学反应方程式的化学计量系数之间的关系；②三率、过量百分数等表达式。

（3）计算基准

通常采用某种原料（往往是限制反应物）为基准。

（4）计算举例

【例 3-8】 1000kg 对硝基氯苯 $ClC_6H_4NO_2$ 用含 20%游离 SO_3 的发烟硫酸磺化，规定反应终点时，废酸中含游离 SO_3 7%（假定反应转化率为 100%）。反应式如下：

$$ClC_6H_4NO_2+SO_3\longrightarrow ClC_6H_3(SO_3H)NO_2$$

试计算：①20% SO_3 的发烟硫酸用量；②废酸生成量；③对硝基氯苯磺酸生成量。

解：以 1kmol 对硝基氯苯为计算基准，所需 20%游离 SO_3 量为 x(kg)

组分	$ClC_6H_4NO_2$	SO_3	H_2SO_4	$ClC_6H_3(SO_3H)NO_2$
分子量	157.5	80	98	237.5

输入量：对硝基氯苯 1kmol=157.5kg

发烟硫酸　　其中 SO_3　　　0.2x　（kg）

　　　　　　H_2SO_4　　　　0.8x　（kg）

输出量：对硝基氯苯磺酸　1kmol=237.5kg

废酸　　　　其中 SO_3　　　0.2$x-80$　（kg）

　　　　　　H_2SO_4　　　　0.8x　（kg）

已知废酸中含 SO_3 7%

所以 $\dfrac{0.2x-80}{(0.2x-80)+0.8x}=7\%$，解得：$x=572.3\text{kg}$。

将以上计算结果折合成以 1000kg 对硝基氯苯为计算基准，乘上比例系数 $1000/157.5=6.3492$，则：

① 20%SO_3 的发烟硫酸用量：$572.3\times6.3492=3633.7$（kg）

② 废酸生成量：$(572.3-80)\times6.3492=3125.7$（kg）

③ 对硝基氯苯磺酸生成量：$237.5\times6.3492=1507.9$（kg）

验算：

输入量 $1000+3633.7=4633.7$（kg）

输出量 $3125.7+1507.9=4633.6$（kg）

符合。

（二）元素衡算法

（1）适用场合

反应体系复杂，难于正确写出或根本无法写出体系中具体的化学反应方程式及各反应所占的比例等。

（2）衡算式

各元素平衡。

（3）计算举例

【例 3-9】 甲烷、乙烷与水蒸气用镍催化剂进行转化反应生成合成气，反应器出口气体组成（干基）为：

组分	CH_4	C_2H_6	CO	CO_2	H_2
摩尔分数/%	4.6	2.5	18.6	4.6	69.7

假定原料中只含 CH_4 和 C_2H_6 两种成分，则求这两种气体的摩尔比为多少？每 1000m^3（标准）原料气需要多少（kg）水蒸气参加反应？

解： 计算基准 100kmol 干燥产物气体

由题意画出过程示意图如图 3-16。

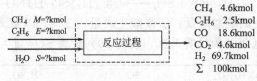

图 3-16 例 3-9 附图

列元素衡算式

O 原子 $\quad S=18.6+2\times4.6=27.8$ (kmol) $\qquad\qquad$ (1)

C 原子 $\quad M+2E=4.6+2\times2.5+18.6+4.6=32.8$ (kmol) $\qquad$ (2)

H 原子 $\quad 4M+6E+2S=4\times4.6+6\times2.5+2\times69.7=172.8$ (kmol) $\quad$ (3)

解上述方程组得：

$S=27.8\text{kmol}/100\text{kmol}$ 干燥产物气体

$M=18.8\text{kmol}/100\text{kmol}$ 干燥产物气体

$E=7.0\text{kmol}/100\text{kmol}$ 干燥产物气体

因此原料中 CH_4/C_2H_6 摩尔比为：$M/E=18.8/7.0=2.69$

$1000m^3$（标准）原料气所需参与反应的水蒸气量为：

$$\frac{1000}{22.4}\times\frac{S}{M+E}\times18=44.643\times\frac{27.8}{18.8+7.0}\times18=865.9(kg)$$

（三）利用联系组分作衡算

联系组分即不参与反应的惰性组分。当系统中同时存在几个联系组分时，应选择数量级较大的联系组分作衡算式，以免造成较大的误差。

【例 3-10】 已知一段转化炉出口气量为 $90000m^3$（标准）/h，组成为：

组分	H_2	N_2	CO	CO_2	CH_4	Ar
一段出口气	71.00	0.50	5.50	14.00	9.00	—
二段出口气	58.43	21.30	8.44	11.36	0.20	0.27

求：①二段出口气量？②二段炉中加入的空气量？（假定空气组成：$O_2=21\%$、$N_2=78\%$、$Ar=1\%$）③在二段炉中是水蒸气分解为氢，还是氢被氧化为水？求分解的水或氧化的氢量为多少？

解：取 1h 为计算基准

① 由 C 平衡可得：

$$90000\times(0.0550+0.1400+0.900)=V_2(0.0844+0.1136+0.0020)$$

$$\Rightarrow V_2=128250m^3（标准）/h$$

② 由 N 平衡得：

$$90000\times0.0005+V_{air}\times0.78=128250\times0.2130\Rightarrow V_{air}=34445.2m^3（标准）/h$$

若采用 Ar 平衡，则：$0.01V_{air}=0.0027V_2\Rightarrow V_{air}=34627.5m^3$（标准）/h，相差 $182.3m^3$（标准）/h。

③ 干气中的 H 平衡：

一段转化气中含 H：$(V_{H_2})_1=90000\times(0.7100+2\times0.0900)=80100[m^3（标准）/h]$

二段转化气中含 H：$(V_{H_2})_2=128250\times(0.5843+2\times0.0020)=75449.5[m^3（标准）/h]$

则：$(V_{H_2})_2<(V_{H_2})_1$，说明有 H_2 被氧化为 H_2O。

被氧化的 H_2 为：$(V_{H_2})_1-(V_{H_2})_2=80100-75449.5=4650.5[m^3（标准）/h]$

（四）利用化学平衡进行衡算

（1）适用条件

①正确写出化学反应方程式；②已知化学反应的平衡常数。

此类计算，往往出现非线性方程或方程组，需借助计算机编程计算。

（2）计算举例

【例 3-11】 在接触法硫酸生产中，SO_2 被氧化为 SO_3。反应式为：$SO_2+1/2O_2\rightleftharpoons SO_3$，氧化过程的温度为 $570℃$，压力为 1.1atm。输入气体的组成（摩尔分数）为：SO_2 8%、O_2 9%、N_2 83%。计算达到平衡时的转化率及平衡组成。（已知 $570℃$ 的平衡常数 K_p 为 14.9）

解：基准为 1mol 输入气体，设 SO_2 平衡转化率为 x，则反应前后各组分的量如下表：

组分	输入项		输出项	
	物质的量/mol	摩尔分数/%	物质的量/mol	摩尔分数/%
SO_2	0.08	8	$0.08(1-x)$	$0.08(1-x)/(1-0.04x)$
O_2	0.09	9	$0.09-0.5\times0.08x$	$(0.09-0.04x)/(1-0.04x)$
SO_3	—	—	$0.08x$	$0.08x/(1-0.04x)$
N_2	0.83	83	0.83	$0.83/(1-0.04x)$
总计	1	100	$1-0.04x$	100

因反应系统处于常压下，故系统内的各气体可视为理想气体。由平衡常数表达式得：

$$K_p = \frac{p_{SO_3}}{p_{SO_2}\sqrt{p_{O_2}}} \tag{1}$$

将各组分的分压代入 K_p 表达式得：

$$K_p = \frac{\dfrac{0.08x}{1-0.04x}p}{\dfrac{0.08(1-x)}{1-0.04x}p\sqrt{\dfrac{0.09-0.04x}{1-0.04x}p}} \tag{2}$$

将 $K_p=14.9$、$p=1.1\text{atm}$ 代入式(2) 整理得：

$$10.705284x^3-44.6675x^2+59.0991x-24.1769=0$$

采用 Newton 迭代法解得：$x=0.793$，故计算结果为：

组分	输入项		输出项	
	物质的量/mol	摩尔分数/%	物质的量/mol	摩尔分数/%
SO_2	0.08	8	$0.08(1-0.793)=0.01656$	1.71
O_2	0.09	9	$0.09-0.04\times0.793=0.05828$	6.02
SO_3	—	—	$0.08\times0.793=0.06344$	6.55
N_2	0.83	83	0.83	85.72
总计	1	100	$1-0.04\times0.793=0.96828$	100.00

四、复杂反应系统的物料衡算

所谓复杂反应系统通常是指反应系统中带有未反应物与产物的分离装置、未反应物循环利用回路及惰性组分或其他副反应产物排放管路的复杂系统。在这类系统中，通常单程转化率较低，反应后产物中尚有大量的未反应的原料，为了充分利用未反应的原料，必须将其与产物分离，这样在反应系统中必须设置未反应物与产物的分离器，而循环回路是为了将未反应物重新返回至反应器反应。由于有了循环回路，会导致系统中惰性组分或副反应产物的逐步积累，为了有效控制系统中的惰性组分或副产物的含量，必须设置排放管路。如合成氨反应系统就是一典型的复杂反应系统，如图 3-17 所示为一具有循环及排放过程的复杂反应系统的物料流程示意图。

图 3-17 中 R/W [或 R/F、$R/(MF)$] 称为循环比。其包括了 5 个衡算体系，每个衡算体系各物料之间的关系为：

总物料衡算　　　　　　　　　　$F=P+W$

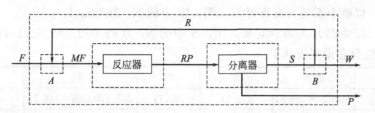

图 3-17 具有循环及排放过程的复杂反应系统的物料流程示意图

反应器物料衡算 $MF = RP$（只能适用于 kg 为单位）

分离器物料衡算 $RP = S + P$

结点 A（混合器）物料衡算 $F + R = MF$

结点 B（分流器）物料衡算 $S = W + R$

通常对有循环过程的物料衡算，若已知总转化率，可先做总物料衡算；若已知单程转化率，则可先从反应器衡算做起。

☆**思考**：设置循环回路、排放管路的目的是什么？

【例 3-12】 乙烯氧化制环氧乙烷，其生产流程如图 3-18 所示。已知新鲜原料中乙烯：空气＝1：10，乙烯单程转化率为 55%，吸收塔出口气体总量的 65% 循环返回反应器。计算：①总转化率、各流股物料量及排放物料 W 组成。②如果 W 的分析数据为：N_2 81.5%、O_2 16.5%、C_2H_4 2.0%，循环比（R/W）为 3.0，计算新鲜原料中乙烯与空气的比例和单程转化率。

假设此反应系统中只发生乙烯氧化生成环氧乙烷的单一主反应。

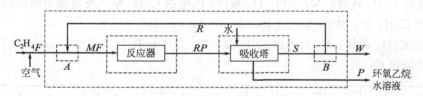

图 3-18 例 3-12 附图

解：反应式 $C_2H_4 + 1/2O_2 \longrightarrow C_2H_4O$

① 以 10mol 新鲜原料中的 C_2H_4 为计算基准，则加入空气量为 100mol，其中 O_2 为 21mol、N_2 为 79mol。

设 MF 中 C_2H_4 为 x(mol)，O_2 为 y(mol)。

以结点 A 为衡算对象，由单程转化率和循环比得：

$$10 + x(1-0.55) \times 65\% = x \Rightarrow x = 14.134 \text{mol}$$

反应生成的环氧乙烷的量：

$$55\% x = 0.55 \times 14.134 = 7.774 \text{(mol)}$$

反应器出口物料 RP 中 C_2H_4 剩余量：

$$14.134 - 7.774 = 6.360 \text{(mol)}$$

总转化率为：

$$7.774/10 = 77.74\%$$

反应掉的 O_2 为：

$$0.5 \times 7.774 = 3.887 \text{(mol)}$$

以结点 A 为衡算对象对 O_2 衡算得：

$$21 + 0.65(y - 3.887) = y \Rightarrow y = 52.781 \text{mol}$$

对 N_2 作平衡，以整个系统为衡算对象，则：W 中的 N_2 为 79mol。

对 N_2 作平衡，以结点 B 为衡算对象，则：S 中的 N_2 为 $79/0.35 = 225.71$ （mol）

各流股中组分含量列表如下：

项目	F	MF	RP	S	R	W	P
N_2	79	$79/0.35 = 225.71$	225.71	225.71	$225.71 \times 65\% = 146.71$	79	—
O_2	21	$y = 52.781$	$52.781 - 3.887$	48.894	$48.894 \times 65\% = 31.781$	17.113	—
C_2H_4	10	$x = 14.134$	6.360	6.360	$6.360 \times 65\% = 4.134$	2.226	—
C_2H_4O	—	—	7.774				7.774

② 以 100mol 排放气（W）为计算基准。以整个系统为体系，由 N_2 平衡得：$n_W y_{N_2}^W = 0.79 n_{air} \Rightarrow n_{air} = 81.5/0.79 = 103.16$ （mol）

F 中 O_2 为：$0.21 n_{air} = 0.21 \times 103.16 = 21.66$ （mol）

因为 R、W、S、RP（不包括环氧乙烷）的组成相同，且 $R/W = 3$

所以 $n_R = 3W = 300$mol、$n_S = 4W = 400$mol、$n_{RP} = 4W = 400$mol（不包括环氧乙烷）

所以 RP 中的 O_2 为：$400 \times 0.1650 = 66$ （mol）

对 A 点进行 O_2 衡算，则 MF 中 O_2 为 F 中 O_2 与 R 中的 O_2 之和，即：$21.66 + 300 \times 0.1650 = 71.16$ （mol）

对反应器进行 O_2 衡算，则反应掉的 O_2 为：$71.16 - 66 = 5.16$ （mol）

反应消耗的 C_2H_4 量：$2 \times 5.16 = 10.32$ （mol）

对反应器进行 C_2H_4 衡算：MF 中 C_2H_4 量 $= RP$ 中的 C_2H_4 量 + 反应器中消耗的 C_2H_4 量

所以 MF 中 C_2H_4 量：$400 \times 0.02 + 10.32 = 18.32$ （mol）

对 A 点进行 C_2H_4 衡算：$18.32 - 300 \times 0.02 = 12.32$ （mol）

物料衡算结果如下：

项目	F	MF	RP	S	R	W	P
N_2	81.5	$81.5 \times 4 = 326$	326	326	$3 \times 81.5 = 244.5$	81.5	—
O_2	21.66	71.16	$4 \times 16.5 = 66$	66	$3 \times 16.5 = 49.5$	16.5	—
C_2H_4	12.32	18.32	8.0	8.0	6.0	2.0	—
C_2H_4O	—	—	10.32	—	—	—	10.32
合计	115.48	415.48	410.32	400	300	100	10.32

C_2H_4 的单程转化率：$10.32/18.32 = 56.33\%$

新鲜原料中 C_2H_4：空气 $= 12.32 : 103.16 = 1 : 8.373$。

五、技能拓展——ExcelVBA 自定义函数计算 SO_2 平衡转化率

针对例 3-11 采用 ExcelVBA 开发可直接用于计算 SO_2 平衡转化率的自定义函数，如图 3-19 所示，"=H2SO4XT（C369，C370，C371，C374，E374）"。

```
Public Function H2SO4XT(A, B, C, T, P) As Double '二氧化硫氧化为三氧化硫平衡转化率计算
'A, B, C 分别表示入口气体中二氧化硫，氧气，三氧化硫的摩尔分率，是以 100 份入口气为基准，压力单位为 MPa
Dim x0, ESP, Kp, A1, A2, A3, A4, P0 As Double
```

D375		fx	=H2SO4XT(C369,C370,C371,C374,E374)	
A	B	C	D	E
	mol数	mol%	mol数	mol%
SO₂	0.08	8	0.01596	1.649%
O₂	0.09	9	0.05798	5.990%
SO₃	0	0	0.06404	6.615%
N₂	0.83	83	0.83	85.745%
总计	1	100	0.96798	100.000%
温度 ℃: 570		843.15	压力 MPa: 0.1114575	
采用自定义函数计算此条件下的平衡转化率			0.7926	

图 3-19　SO_2 平衡转化率计算自定义函数

```
x0＝0.7
ESP＝0.0001
P0＝P/0.101325
Kp＝H2SO4KP(T)
A1＝0.5 * A^3 * (Kp^2 * P0-1)
A2＝A^2 * (100-C-(A+B) * Kp^2 * P0)
A3＝A * (C * (200-0.5 * C)＋A * Kp^2 * P0 * (0.5 * A＋2 * B))
A4＝100 * C^2-A^2 * B * Kp^2 * P0
H2SO4XT＝Newton3(x0，ESP，A1，A2，A3，A4)
End Function
```

其中 H2SO4KP(T)为二氧化硫氧化为三氧化硫的平衡常数计算自定义函数，其代码如下：

```
Public Function H2SO4KP(T) As Double  '二氧化硫氧化为三氧化硫的平衡常数计算，单位为 K
Dim Kp As Double
    Kp＝4812.3/T-2.8245 * Log(T)/Log(10)＋2.284 * 0.001 * T-7.02 * 0.0000001 * T^2＋1.197 *
0.0000000001 * T^3＋2.23
    '在 Excel 中 log 为 10 为底的对数，在 VBA 中 log 表示自然对数
    H2SO4KP＝10^Kp
End Function
```

单元三复习思考题

3-1 物料衡算有哪两大类型？

3-2 化工过程根据其操作方式可以分成哪几类？

3-3 物料衡算计算基准如何选择？

3-4 物料衡算的一般步骤？

3-5 物理过程物料衡算时通常的衡算式有哪几种？

3-6 何谓限制反应物、过量反应物、过量百分数？

3-7 何谓单程转化率、总转化率、平衡转化率？它们之间的关系？

3-8 何谓选择性？

3-9 何谓单程收率、总收率、单程质量收率、总质量收率？它们之间的关系？

3-10 转化率、选择性、收率三者之间存在什么关系？

3-11 有化学反应的过程进行物料衡算时，常用的衡算式有哪几种？

3-12 设置循环回路的目的是什么？

3-13 设置排放管路的目的是什么？

单元三习题

3-1 天然气与空气相混合，混合气含 8％（体积分数）CH_4。天然气组成为 85％（质

量分数) CH_4 和 15% C_2H_6。试计算天然气与空气的比率（mol 天然气/mol 空气）。

3-2 一蒸发器连续操作，处理量为 25t/h 溶液，原液含 $10\%NaCl$、$10\%NaOH$ 及 80%（质量分数）H_2O。经蒸发后，溶液中水分蒸出，并有 NaCl 结晶析出，离蒸发器溶液浓度为 $12\%NaCl$、$40\%NaOH$ 及 $48\%H_2O$。计算：（1）每小时蒸出的水量（kg/h）；（2）每小时析出的 NaCl 量；（3）每小时离蒸发器的浓溶液的量。

3-3 一蒸馏塔分离戊烷和己烷混合物，进料组成为各 50%（质量分数），顶部馏出液含戊烷 95%，塔底排出液含己烷 96%，回流比为 0.6。计算：（1）每千克进料馏出产物及塔底产物的量；（2）进冷凝器物料量与原料量之比；（3）若进料为 100kmol/h，计算馏出产物及塔底产物的流量（kg/h）。

3-4 H_2 与 CO 混合气与空气燃烧，燃烧后的废气分析结果为：$N_2=79.8\%$（摩尔分数）、$O_2=18.0\%$、$CO_2=2.2\%$（干基）。计算：（1）H_2 与 CO 混合气的组成；（2）混合燃料与空气的比率。

3-5 用苯、氯化氢和空气生产氯苯，反应式为：

$$2C_6H_6+2HCl+O_2 \longrightarrow 2C_6H_5Cl+2H_2O$$

原料经反应、洗涤除去未反应的氯化氢、苯及所有产物，剩下的尾气组成为：$N_2=88.8\%$（摩尔分数）、$O_2=11.2\%$，求进过程的每摩尔空气生成氯苯的物质的量（mol）。

3-6 碳氢化合物 CH_n 燃烧，燃烧后生成的气体经分析测得组成（摩尔分数）为：$CO_2=3.8\%$、$O_2=15.4\%$、$CO=0.34\%$、$H_2=0.12\%$、$CH_4=0.08\%$，气体中无未燃的 CH_n 痕迹，计算：（1）空气/燃料之比值；（2）过量空气百分数；（3）燃料的成分（即 n 值）。

3-7 原料 A 与 B 进行下列反应：$2A+5B \longrightarrow 3C+6D$，若新鲜原料中 A 过剩 20%，B 的单程转化率是 60%，B 的总转化率是 90%。反应器出来的产物进分离器将产物 C 与 D 分出，剩下未反应的 A、B 组分，一部分排放，其余循环返回反应器，流程如下：

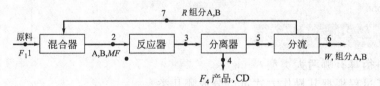

求：（1）循环气（R）的摩尔组成（摩尔分数，$\%$）；（2）排放气（W）与循环气的摩尔比；（3）循环气与进反应器原料（MF）量之摩尔比。

单一化工过程能量衡算

任务 一

计算显热

知识目标

掌握显热的概念、显热的计算方法。

能力目标

能用 Excel、ChemCAD 计算理想气体和真实气体的显热。

物料在不发生相变化和化学变化时与外界交换的热量称为显热。在化工设计、化工生产过程能量核算、化工过程中节能挖潜改造等相关计算中经常用到显热的计算，以下借助 Excel、ChemCAD 软件，通过具体实例说明显热的各种处理方法。

一、采用 Excel 进行显热计算

(一)理想气体状态变化过程的显热计算

【例 4-1】 计算常压下 10mol CO_2 从 100℃到 400℃所需的热量。

解：方法一——采用常压下的真实恒压摩尔热容与温度的经验公式，即 $c_p = f(T)$ 的表达式进行积分计算。计算公式为：

$$Q_p = n \int_{T_1}^{T_2} c_p \mathrm{d}T \tag{4-1}$$

式中　c_p——物质在常压下的真实恒压摩尔热容，J/(mol·K)。

此式中通常采用 $c_p = f(T)$ 的经验公式，该经验公式由 c_p-T 实验数据通过回归得到，通常回归成以下两种表达式：

$$c_p = a_0 + a_1 T + a_2 T^{-2} + a_3 T^2 \text{（无机气体）} \tag{4-2a}$$

和　　　　　　　$c_p = a_0 + a_1 T + a_2 T^2 + a_3 T^3 \text{（有机气体）} \tag{4-2b}$

式中　　　　　　T——热力学温度，K；

a_0、a_1、a_2、a_3——随气体性质而异的经验常数，由实验测定。

计算时，物质的真实恒压热容经验公式可查阅相关手册，表 4-1 列出了几种常见无机物质的 $c_p = f(T)$ 的表达式，也可查阅附录表 1-6。将式（4-2a）、式（4-2b）代入式（4-1）即可计算出 $T_1 \sim T_2$ 过程显热。

$$Q_p = n \int_{T_1}^{T_2} c_p \mathrm{d}T = n \int_{T_1}^{T_2} (a_0 + a_1 T + a_2 T^{-2} + a_3 T^2) \mathrm{d}T$$
$$= n \left[a_0 (T_2 - T_1) + \frac{1}{2} a_1 (T_2^2 - T_1^2) - a_2 \left(\frac{1}{T_2} - \frac{1}{T_1} \right) + \frac{1}{3} a_3 (T_2^3 - T_1^3) \right] \quad (4\text{-}3a)$$

和

$$Q_p = n \int_{T_1}^{T_2} c_p \mathrm{d}T = n \int_{T_1}^{T_2} (a_0 + a_1 T + a_2 T^2 + a_3 T^3) \mathrm{d}T$$
$$= n \left[a_0 (T_2 - T_1) + \frac{1}{2} a_1 (T_2^2 - T_1^2) + \frac{1}{3} a_2 (T_2^3 - T_1^3) + \frac{1}{4} a_3 (T_2^4 - T_1^4) \right]$$

$$(4\text{-}3b)$$

表 4-1 常见物质的真实恒压摩尔热容　　　　　单位：J/(mol·K)

名　　称	分子式	$c_p = a_0 + a_1 T + a_2 T^{-2} + a_3 T^2$				适应温度范围/K
		a_0	$a_1 \times 10^3$	$a_2 \times 10^{-5}$	$a_3 \times 10^6$	
氮气	N_2	27.87	4.268	—		298~2500
氢气	H_2	27.28	3.264	0.5021		298~2000
氧气	O_2	29.96	4.184	-1.674		298~2000
一氧化碳	CO	27.61	5.021	—		273~2500
二氧化碳	CO_2	28.66	35.70	—	-10.36	273~1500
水蒸气	H_2O	30.00	10.71	0.3347		298~2500

由表 4-1 或附录表 1-6 可查得 CO_2 的恒压真实恒压热容经验公式为：

$$c_p = f(T) = 28.66 + 35.70 \times 10^{-3} T - 10.36 \times 10^{-6} T^2 [\text{J/(mol·K)}]$$

将上式代入式（4-3a）得：

$$Q_p = n \int_{T_1}^{T_2} c_p \mathrm{d}T = 10 \int_{373.15}^{673.15} (28.66 + 35.70 \times 10^{-3} T - 10.36 \times 10^{-6} T^2) \mathrm{d}T = 133270.1 (\text{J})$$

上式采用单元格驱动法计算 Q_p 的具体处理步骤如下：

（1）打开 Excel，在单元格 A9、B9、C9、D9、E9、F9、G9 依次输入初温 T_1、终温 T_2、物质的量 n 及 $c_p = f(T)$ 的系数值：373.15、673.15、10、28.66、35.70×10^{-3}、0、-10.36×10^{-6}；

（2）在单元格 B10 中输入积分展开式：

=C9 * (D9 * (B9-A9)+0.5 * E9 * (B9^2-A9^2)-F9 * (1/B9-1/A9)+G9/3 * (B9^3-A9^3))

输入完毕按 "Enter" 即得答案：133270.1J。

具体处理过程的 Excel 显示如图 4-1 所示。

B10 ▼	=	=C9*(D9*(B9-A9)+0.5*E9*(B9^2-A9^2)-F9*(1/B9-1/A9)+G9/3*(B9^3-A9^3))					
	A	B	C	D	E	F	G	H
8	T_1=	T_2=	n=	a=	b=	c=	d=	
9	373.15	673.15	10	28.66	3.57E-02	0	-1.036E-05	
10	Q_p=	133270.1						

图 4-1　例 4-1 步骤（1）、（2）示意

采用自编 VBA 函数计算 Q_p 的具体处理步骤：

（1）打开 Excel⇒"开发工具"（或采用快捷键 Alt＋F11）⇒Visual Basic 开发环境，如图 4-2 所示。

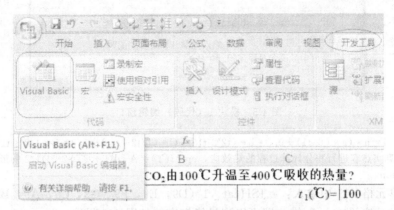

图 4-2　启动 Excel 中 Visual Basic 编辑器

（2）选择菜单："插入"⇒"模块"，如图 4-3。

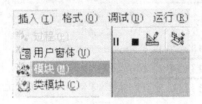

图 4-3　插入模块

（3）选择菜单："插入"⇒"过程"⇒"添加过程"对话框，如图 4-4。在名称输入框中输入过程名：JSHeat（意为计算热量，此过程名可根据此函数的用途由用户自己取名），在"类型"中选择"函数"，"范围"中两者皆可选择，此处选择"公共的"。按"确定"按钮，出现图 4-5 的模块 1（代码）编辑窗口。

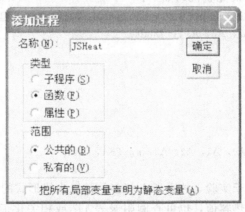

图 4-4　"添加过程"对话框

（4）在函数 JSHeat＿1 的括号内依次输入计算用的变量：A、B、C、D、n、T_1、T_2，在函数体部分输入具体的计算公式，完整的代码如下：

```
Public Function JSHeat＿1(a, b, C, D, n, t1, t2) As Double
```

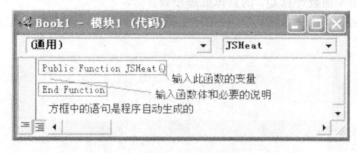

图 4-5 模块 1（代码）编辑窗口

JSHeat _ 1＝n * (a * (t2-t1)＋0.5 * b * (t2^2-t1^2)-C * (1/t2-1/t1)＋1/3 * D * (t2^3-t1^3))
'利用恒压真实热容进行积分计算过程的热效应，cp＝f(T)＝A＋BT＋CT^2＋DT^2 的形式
End Function

（5）在单元格 B11 中输入：＝JSHeat _ 1（D9，E9，F9，G9，C9，A9，B9）
输入完毕，按"Enter"键，即可得到最终答案，如图 4-6 所示。

	A	B	C	D	E	F	G
B11				= =JSHeat_1(D9,E9,F9,G9,C9,A9,B9)			
8	$T_1=$	$T_2=$	$n=$	$a=$	$b=$	$c=$	$d=$
9	373.15	673.15	10	28.66	3.57E-02	0	-1.036E-05
10	$Q_p=$	133270.1	单元格驱动计算值				
11	$Q_p=$	133270.1	VBA函数JSHeat_1计算值				
12	$Q_p=$	133270.1	VBA函数Q_CO2计算值 =Q_CO2(10,100,400)				

图 4-6 利用自编 VBA 函数计算热效应

当然，采用 VBA 函数计算 Q_p 也可一步到位，即将上述 $c_p＝f(T)$ 的各系数直接写入 VBA 函数表达式中，这样只需在 Excel 的某一单元格中输入"＝Q _ CO2（10，100，400）"，按"Enter"即可得到答案，如图 4-6 的单元格 B12。

自定义函数 Q _ CO2 的完整代码如下：

```
Public Function Q _ CO2(n, t1, t2) As Double 'n/mol，初温 t1℃，终温 t2℃
Dim TK1, TK2, A0, A1, A2, A3 As Double
    TK1＝t1＋273.15
    TK2＝t2＋273.15
    A0＝28.66
    A1＝35.7 * 0.001
    A2＝0
    A3＝-10.36 * 0.000001
    Q _ CO2＝JSHeat _ 1(A0, A1, A2, A3, n, TK1, TK2)
End Function
```

因热容数据最初来源于实验，故手册上较多的是以表格形式的热容数据，表 4-2 列出了几种常用气体的真实恒压热容值，也可查阅附录表 1-7 或相关化工数据手册等。利用表 4-2 或附录表 1-7 的数据回归成式（4-2b）的形式，然后再采用式（4-3b）计算。

将表格中的真实恒压摩尔热容数据回归成 $c_p＝f(T)$ 的表达式，具体处理步骤：
① 将表 4-2 中 CO_2 的 c_p-T 数据输入 Excel 表格；
② 选中数据列，单击"插入"⇒"散点图"⇒选择第一张散点图，如图 4-7 所示。

表 4-2　某些气体的真实恒压摩尔热容　　　　　　　　单位：J/(mol·K)

温度/K	H_2	N_2	CO	空气	O_2	NO	H_2O	CO_2
300	28.85	29.12	29.14	29.18	29.37	29.85	33.58	37.21
400	29.18	29.25	29.34	29.43	30.10	29.97	34.25	41.30
500	29.26	29.58	29.79	29.89	31.08	30.50	35.21	44.61
600	29.32	30.11	30.44	30.47	32.09	31.25	36.30	47.33
700	29.43	30.76	31.17	31.23	32.99	32.04	37.48	49.58
800	29.61	31.43	31.90	31.91	33.74	32.77	38.72	51.46
900	29.87	32.10	32.58	32.57	34.36	33.43	39.99	53.04
1000	30.20	32.70	33.19	33.17	34.87	34.00	41.26	54.37
1100	30.58	33.25	33.71	33.68	35.31	34.49	42.45	55.48
1200	30.98	33.74	34.17	34.15	35.69	34.90	43.57	56.44
1300	31.40	34.16	34.58	34.55	36.02	35.25	44.63	57.24
1400	31.84	34.53	34.93	34.90	36.30	35.56	45.64	57.95
1500	32.27	34.85	35.23	35.21	36.56	35.82	46.58	58.53

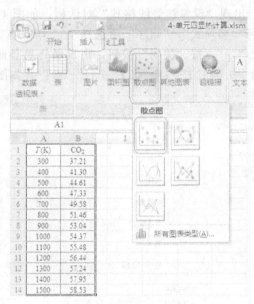

图 4-7　插入散点图

③ 单击图 4-7 中的散点图，可得如图 4-8 所示的 CO_2 的恒压热容与温度的散点图。

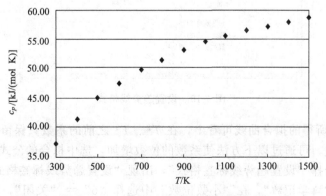

图 4-8　CO_2 的恒压热容与温度的散点图

④ 右击散点图中数据点，在出现的右键菜单中单击"添加趋势线"，如图 4-9 所示。

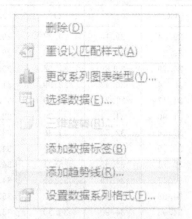

图 4-9　添加趋势线

⑤ 单击添加趋势线，出现"设置趋势线格式"对话框，如图 4-10 所示。在"趋势预测/回归分析类型"中，选择"多项式"，"顺序"项选择"3"阶。在"显示公式"和"显示 R 平方值"之前的复选框打"√"，按"关闭"按钮，出现最终趋势曲线及对应的 $c_p = f(T)$ 表达式，即：$c_p = 21.691 + 0.0633T - 4E - 05T^2 + 1E - 08T^3$，如图 4-11 所示。

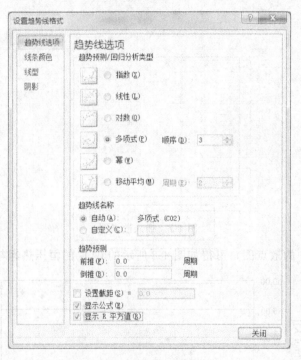

图 4-10　设置趋势线格式

⑥ 由图 4-11 所得的拟合曲线可看出，在 T^2、T^3 之前的系数只保留了一位整数，计算时可能会带来误差，可通过以下方法使系数的位数增加，选中拟合的公式，右击公式，在弹出的右键菜单中选择"设置趋势线标签格式"，出现"设置趋势线标签格式"对话框，例如，选择"数字"⇒"科学记数"，在"小数位数"中选择"5"⇒"关闭"，即可获得小数位数是"5"位的科学记数格式的表达式，如图 4-12 所示。

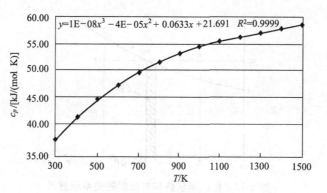

图 4-11　添加趋势曲线完成图

由图 4-12 可得最终的表达式：

$$c_p = 21.6907 + 0.0633198T - 4.01878E - 05T^2 + 9.59207E - 09T^3$$

⑦ 由回归的 $c_p = f(T)$ 表达式计算 Q_p。

若采用图 4-11 回归的表达式由式(4-3b) 计算，最终结果为：$Q_p = 135325.4$J。

若采用图 4-12 回归的表达式由式(4-3b) 计算，最终结果为：$Q_p = 135007.5$J。

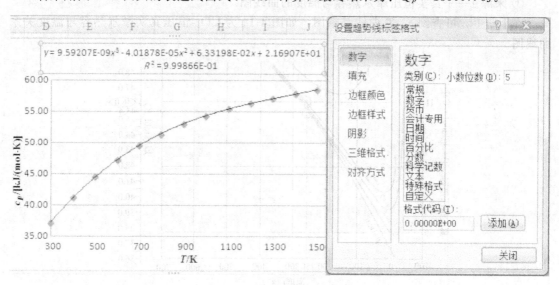

图 4-12　曲线拟合最终方程

方法二——采用任意温度区间的平均恒压热容数据计算

（1）计算原理和公式

图 4-13 为任一气体的恒压摩尔热容与温度关系示意曲线图。由式(4-3) 就知，计算出气体由 $T_1(t_1)$ 变化至 $T_2(t_2)$ 的恒压加热过程中所需的热量 Q_p，其值相当于图 4-13 中的曲边梯形 $12T_2T_1$1 的面积。

由图 4-13，理论上可找到与曲边梯形面积相等的矩形，假定为图中矩形 BDT_2T_1B，这样，若能得到 $T_1(t_1) \sim T_2(t_2)$ 区间 c_p 的平均值，则就可用矩形 BDT_2T_1B 面积代替曲边梯形 $12T_2T_1$1 的面积，相应的计算公式为：

$$Q_p = n\overline{c}_{p(t_1 \to t_2)}(t_2 - t_1) \tag{4-4}$$

式中　$\overline{c}_{p(t_1 \to t_2)}$——$t_1 \sim t_2$ 区间平均恒压热容，为方便书写，通常忽略其温度下标，即表达为 $\overline{c}_p$。

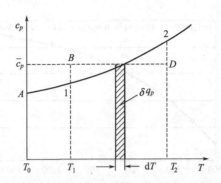

图 4-13 恒压摩尔热容与温度的关系示意图

(2) 具体计算方法分类

在式(4-4) 的具体计算时，通常是不可能采用区间的恒压真实热容平均值，因采用此法的本意是为了简化计算，那样做的话反而使计算复杂化了。因此，常常采用区间的平均温度下的真实恒压热容数据代替区间的平均值。根据恒压热容的数据来源的不同，具体处理方法可分为以下几种情况：

① 来源 1——真实恒压摩尔热容与温度的曲线图。

在手册上，可查到 c_p-T 曲线关系图，如图 4-14 为 CO_2 恒压真实摩尔热容与温度关系曲线图。

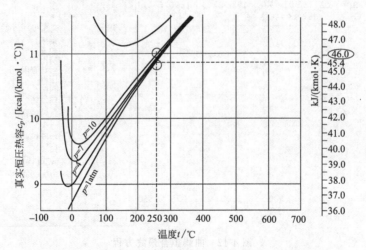

图 4-14 CO_2 恒压真实摩尔热容与温度关系曲线图

当温度区间较小或在计算温度范围内 c_p-T 近似直线关系时，$\bar{c}_p$ 的处理较简单，可采用算术平均温度 $\bar{T}$ 查图 4-14 得到。

对于本题，由已知条件得：$\bar{t} = \dfrac{1}{2} \times (t_1 + t_2) = \dfrac{1}{2} \times (100 + 400) = 250(℃)$

由图 4-14 查得：$\bar{c}_p = 45.4 \text{J/(kmol} \cdot \text{K)}$，代入式(4-4) 得：

$$Q_p = n \bar{c}_{p(t_1 \to t_2)} (t_2 - t_1) = 10 \times 45.4 \times (400 - 100) = 136200(\text{J})$$

② 来源 2——真实恒压摩尔热容与温度的数据表。

如表 4-2 或附录表 1-7 所示的恒压摩尔热容数据表，由 $\bar{t} = 250℃ \Rightarrow \bar{T} = 523.15\text{K}$，采用线性内插法，查表 4-2 得：$\bar{c}_p = 45.24 \text{J/(mol} \cdot \text{K)}$，代入式(4-4) 得：

$$Q_p = n \bar{c}_{p(t_1 \to t_2)} (t_2 - t_1) = 10 \times 45.24 \times (400 - 100) = 135720(\text{J})$$

③ 来源 3——由 c_p-T 经验式计算。

对于本题，将 $\bar{t}=250℃ \Rightarrow \bar{T}=523.15$K 代入由表 4-1 查得的 CO_2 的 c_p-T 经验式计算得：

$$\bar{c}_p = 28.66 + 35.70 \times 10^{-3} \times 523.15 - 10.36 \times 10^{-6} \times 523.15^2$$
$$= 44.501 \ [J/(mol \cdot K)]$$
$$Q_p = n \bar{c}_{p(t_1 \to t_2)} (t_2 - t_1) = 10 \times 44.501 \times (400 - 100)$$
$$= 133503.2(J)$$

（3）注意事项

① 方法二通常称为任意温度区间平均恒压热容数据处理法，是近似计算法。实际上 $\bar{c}_p$ 并非 $T_1 \sim T_2$ 之间的真正平均值，而是 $\bar{T}$ 下的真实恒压热容数据值。因此，此法只能适合于 $T_1 \sim T_2$ 区间较小或在此温度区间内 c_p-T 曲线关系近似直线关系的情况。

② 一般情况下，此法用于估算而不能用于精确计算。

③ 此法通常对于数据来源情况 1、2 适用，数据来源情况 3 一般不采用。

方法三——采用常压下的平均恒压摩尔热容计算

（1）计算原理和公式

由图 4-13，气体由 T_1（t_1）变化至 T_2（t_2）的恒压加热过程中所需的热量 Q_p，其值相当于曲边梯形 $12T_2T_11$ 的面积，等于面积 $A2T_2T_0A$ 与面积 $A1T_1T_0A$ 之差，而后两个面积分别代表从 T_0（t_0）加热到对应温度 T_2（t_2）与 T_1（t_1）所需的热量。因此

$$Q_p = 面积 A2T_2T_0A - 面积 A1T_1T_0A$$
$$= n \int_{T_0}^{T_2} c_p dT - n \int_{T_0}^{T_1} c_p dT = n \bar{c}_{p(t_0 \to t_2)}(t_2 - t_0) - n \bar{c}_{p(t_0 \to t_1)}(t_1 - t_0) \quad (4-5)$$

式中　　　　　t_0——基准态温度，工程上常取 0℃ 和 25℃；

$\bar{c}_{p(t_0 \to t_1)}$，$\bar{c}_{p(t_0 \to t_2)}$——$t_0 \sim t_1$、$t_0 \sim t_2$ 的平均恒压摩尔热容，kJ/(kmol·K)。

当取 $t_0 = 0℃$ 时，式（4-5）可写成

$$Q_p = n(\bar{c}_{p2}t_2 - \bar{c}_{p1}t_1) \quad (4-6)$$

为书写方便，$\bar{c}_{p(t_0 \to t_1)}$、$\bar{c}_{p(t_0 \to t_2)}$ 下标括号中的 $t_0 \to t_1$ 与 $t_0 \to t_2$ 通常省略，即表示为 $\bar{c}_{p1}$、$\bar{c}_{p2}$。但需注意的是，从基准温度 t_0 至 t_1、t_2 的平均恒压摩尔热容，即 $\bar{c}_{p1}$、$\bar{c}_{p2}$ 之值不是由 $t_0 \sim t_1$、$t_0 \sim t_2$ 的平均温度所决定，而是由下式通过积分计算得到，即：

$$\bar{c}_{p(t_0 \to t_1)} = \frac{q_p}{t_1 - t_0} = \frac{\int_{T_0}^{T_1} c_p dT}{t_1 - t_0} \quad (4-7)$$

故上式计算的平均恒压热容值是精确数据值，而方法二任意温度区间的平均恒压热容值则不是由区间积分值再除区间温度差得到，而是简单地处理成由平均温度下的真实恒压热容值，故其值是近似值。工程上已有相应的表格和图形来表示 $\bar{c}_{p(t_0 \to t)}$-T 之间的关系。如表 4-3 为以 0℃ 为基准温度的某些气体常压下的平均恒压摩尔热容值，也可查阅附录表 1-8、附录表 1-9 或相关手册，图 4-15 为 CO_2 气体的平均恒压平均摩尔热容值与温度的关系曲线，此类曲线图也可由相关手册查到。

（2）具体计算方法分类

在采用式（4-5）、式（4-6）计算时，根据恒压热容的数据来源的不同，具体处理方法可分为以下几种情况：

① 来源 1——平均恒压摩尔热容与温度的曲线图。

表 4-3 某些气体的平均恒压摩尔热容（$t_0 = 0$℃）单位：kJ/(kmol·K)

温度/℃	O₂	N₂	CO	CO₂	H₂O	SO₂	空气
0	29.274	29.115	29.123	35.860	33.499	38.854	29.073
100	29.538	29.144	29.178	38.112	33.741	40.654	29.153
200	29.931	29.228	29.303	40.059	34.118	42.329	29.299
300	30.400	29.383	29.517	41.755	34.575	43.878	29.521
400	30.878	29.601	29.789	43.250	35.090	45.217	29.789
500	31.334	29.864	30.099	44.573	35.630	46.390	30.095
600	31.761	30.149	30.425	45.753	36.195	47.353	30.405
700	32.150	30.451	30.752	46.813	36.789	48.232	30.723
800	32.502	30.748	31.070	47.763	37.392	48.944	31.028
900	32.825	31.037	31.376	48.617	38.008	49.614	31.321
1000	33.118	31.313	31.665	49.392	38.619	50.158	31.598

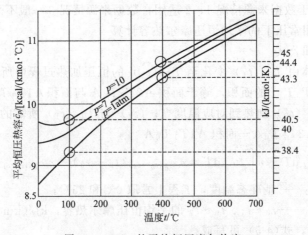

图 4-15 CO_2 的平均恒压摩尔热容

在手册上，可查到 $\bar{c}_p$-T 曲线关系图，如图 4-15 为以 0℃为基准的 CO_2 平均恒压摩尔热容与温度关系曲线图。

由图 4-15 查得：

0～100℃时：$\bar{c}_{p1} = 38.4$kJ/(kmol·K)；0～400℃时：$\bar{c}_{p2} = 43.3$kJ/(kmol·K)

由式（4-6）得：$Q_p = n\bar{c}_{p2}t_2 - n\bar{c}_{p1}t_1 = 10 \times (43.3 \times 400 - 38.4 \times 100) = 134800$ （J）

② 来源 2——以 0℃为基准的平均恒压摩尔热容与温度的数据表。

如表 4-3 或附录表 1-8 所示为以 0℃为基准的平均恒压摩尔热容与温度的数据表，由表可查得：

0～100℃时：$\bar{c}_{p1} = 38.112$kJ/(kmol·K)；0～400℃时：$\bar{c}_{p2} = 43.250$kJ/(kmol·K)

则由式（4-6）得：

$$Q_p = n\bar{c}_{p2}t_2 - n\bar{c}_{p1}t_1 = 10 \times (43.250 \times 400 - 38.112 \times 100) = 134888(J)$$

③ 来源 3——以 25℃为基准的平均恒压摩尔热容与温度的数据表。

如附录表 1-9 所示为以 25℃为基准的平均恒压摩尔热容与温度的数据表，由表可查得：

25～100℃时：$\bar{c}_{p1} = 38.687$kJ/(kmol·K)；25～400℃时：$\bar{c}_{p2} = 43.766$kJ/(kmol·K)

则由式（4-5）得：

$$Q_p = n[\bar{c}_{p2}(t_2 - t_0) - \bar{c}_{p1}(t_1 - t_0)] = 10 \times [43.766 \times (400 - 25) - 38.687 \times (100 - 25)]$$

$= 135107.5$（J）

方法四——采用焓值数据计算

利用焓值数据进行过程显热计算的方法称为焓值法，其计算公式为：

$$Q = \Delta H = m(h_2 - h_1) \tag{4-8}$$

对于理想气体，只需由初、终温度 T_1、T_2 查得对应的焓值 h_1、h_2。常见气体的焓值数据如表 4-4 所示，也可查阅附录表 1-10 或相关化工手册。显然，利用表 4-4 中焓值数据及式(4-8)计算过程的焓变要比采用热容数据计算过程的显热的方法简单得多。

表 4-4　一些气体的焓值数据　　　　　　　　　　单位：J/mol

温度/K	N₂	O₂	空气	H₂	CO	CO₂	H₂O
273	0.0	0.0	0.0	0.0	0.0	0.0	0.0
291	524.5	527.4	523.7	516.6	525.3	655.6	603.3
298	728.4	732.6	727.1	718.3	728.8	911.7	838.1
300	786.5	791.2	785.3	763.9	787.0	986.2	905.4
400	3697.1	3754.4	3698.7	3656.9	3701.3	4903.6	4284.4
500	6647.4	6814.8	6664.1	6593.0	6655.7	9204.8	7753.0
600	9632.0	9975.2	9678.0	9523.0	9669.7	13807.2	11326.1
700	12658.5	13231.9	12742.2	12445.0	12754.7	18656.5	15016.4
800	15764.5	16572.4	15885.9	15421.0	15906.8	23710.7	18823.8
900	18971.0	19979.8	19125.8	18393.3	19134.2	28936.5	22761.0
1000	22181.6	23445.8	22378.4	21398.8	22424.4	34308.8	26823.6

由表 4-4 查得：

$T_1 = 373.15\text{K}$ 时，$h_1 = 3851.8\text{J/mol}$；$T_2 = 673.15\text{K}$ 时，$h_2 = 17354.5\text{J/mol}$

$$Q = \Delta H = n(h_2 - h_1) = 10 \times (17354.5 - 3851.8) = 135027(\text{J})$$

以上各种方法的计算结果及与方法一计算结果的相对误差汇总于表 4-5。

表 4-5　理想气体显热四种计算方法及不同数据来源的计算结果汇总表

方法	方法一	方法一	方法二	方法二	方法二	方法三	方法三	方法三	方法四
数据来源	$c_p = f(T)$ 经验式	$c_p = f(T)$ 回归式	c_p-T 曲线图	表 4-2 附录表 1-7	$c_p = f(T)$ 经验式	$\overline{c_p}$-T 曲线图	表 4-3 附录表 1-8	附录 表 1-9	表 4-4 附录 表 1-10
Q_p 值	133270.1	135007.5	136200	135720	133503.2	134800	134888	135107.5	135026.9
相对误差	0	1.30%	2.20%	1.84%	0.17%	1.15%	1.21%	1.38%	1.32%

从表 4-5 可看出，若以方法一的 $c_p = f(T)$ 经验式计算的结果为评价基准，则除方法二的两种数据来源计算结果的误差相对大一点外，其余各法的相对误差变化不大。

注意：

① 由例 4-1 可知，显热计算时，采用不同的计算方法和不同的数据来源，计算结果则不同；

② 在对某个化工过程或系统进行物料、能量衡算时，尽可能采用同一计算方法和同一化工数据手册，不要采用教材附录数据，避免造成因数据来源的不同带来的计算误差。

☆思考：1. 理想气体的显热如何计算？通常可采用哪几种处理方法？对应的数据来源？

2. 如何利用 ExcelVBA 进行显热计算？试编写 ExcelVBA 自定义函数进行显热计算。

（二）真实气体状态变化过程的显热计算

真实气体的显热计算要比理想气体、液体和固体的显热计算复杂，其数据类型与理想气体的 c_p 数据相同，同样有经验公式、表格和曲线等表达方式，但数据量要少得多。以下通过举一实例加以说明。

【例 4-2】 计算 $p=1.01325MPa$ 下 10mol CO_2 从 100℃到 400℃所需的热量。

解：方法一——采用加压下的真实恒压摩尔热容与温度、压力的经验公式，即 $c_p=f(T, p)$ 的表达式进行积分计算

计算公式与式（4-1）相同。可查得 CO_2 的 $c_p=f(T, p)$ 经验公式为：

$$c_p=f(T,p)=26.4954+4.4689\times10^{-2}T-1.6731\times10^{-5}T^2+$$
$$0.1540p-1.8297\times10^{-4}pT \ [J/(mol \cdot K)]$$

式中 p——该组分的压力，MPa。

将上述表达式代入式（4-1）通过积分计算得：

$$Q_p=135578.8J$$

上述具体计算过程采用 Excel，其计算过程示意图如图 4-16。

A80 ▾	f_x	=I78*(A78*(G78-F78)+B78*0.5*(G78^2-F78^2)+C78/3*(G78^3-F78^3)+D78*H78*(G78-F78)-E78*0.5*H78*(G78^2-F78^2))									
	A	B	C	D	E	F	G	H	I	J	K
77	$c_p=26.4954+4.4689\times10^{-2}T-1.6731\times10^{-5}T^2+0.1540p-1.8297\times10^{-4}pT$ J/(mol·K)										
78	26.4594	4.4689E-02	-1.6731E-05	0.1540	-1.8297E-04	373.15	673.15	1.01325	10		
79	a	b	c	d	e	T_1	T_2	p	n		
80	135578.8	J/mol									

图 4-16 例 4-2 方法一 Excel 求解示意图

方法二——任意温度区间的平均恒压热容法

此法根据具体数据来源不同，又可分为以下三种情况：

（1）采用 c_p-T，p 曲线图进行计算

由图 4-14 查得：$\bar{t}=250℃$、$p=1.01325MPa$ 时，$\bar{c}_p=46.0J/(kmol \cdot K)$，代入式（4-4）得：

$$Q_p=n\bar{c}_{p(t_1\to t_2)}(t_2-t_1)=10\times46.0\times(400-100)=138000(J)$$

（2）采用 $c_p=f(T, p)$ 的表达式计算

由平均温度 $\bar{t}=250℃ \Rightarrow \overline{T}=523.15K$ 代入 CO_2 的 $c_p=f(T, p)$ 经验公式得：

$$\bar{c}_p=26.4954+4.4689\times10^{-2}\times523.15-1.6731\times10^{-5}\times523.15^2+0.1540\times1.01325$$
$$-1.8297\times10^{-4}\times1.01325\times523.15$$
$$=45.318[J/(kmol \cdot K)]$$

由式（4-4）得：$Q_p=n\bar{c}_{p(t_1\to t_2)}(t_2-t_1)=10\times45.318\times(400-100)=135955.2(J)$

（3）采用普遍化热容差图校正常压热容数据进行计算

由于常压下的恒压热容数据较多，故可通过将常压下的数据进行压力校正的方法处理加压下的热容数据。

$$c_p=c_p^*+\Delta c_p \tag{4-9a}$$

式中 c_p^*——理想气体的恒压真实摩尔热容；

Δc_p——理想气体与对应条件下的真实气体的恒压摩尔热容的差值，其值可由 T_r、p_r 查图 4-17 得到。

针对本题，采用上述方法处理真实气体的显热时，只能采用任意温度下的平均恒压热容

处理法，即：

$$\bar{c}_p = \bar{c}_p^* + \Delta\bar{c}_p \qquad (4-9b)$$

式中　$\bar{c}_p^*$——理想气体的恒压平均摩尔热容，通常此值为区间平均温度下的真实摩尔热容；

　　　$\Delta\bar{c}_p$——理想气体与对应条件下的真实气体在区间平均温度下的恒压摩尔热容的差值，

　　　　　其值可由 $\bar{T}_r$、p_r 查图 4-17 得到。

查附录表 1-4 得 CO_2 的临界常数为：$T_c = 304.2K$、$p_c = 7.376MPa$

则：$\bar{T}_r = 523.15/304.2 = 1.72$、$p_r = 1.01325/7.376 = 0.14$

由图 4-17 查得：$\Delta\bar{c}_p = 0.197cal/(mol \cdot K) = 0.8242J/(mol \cdot K)$

由图 4-14 查得：$\bar{c}_p^* = 45.4J/(mol \cdot K)$

注意：此处的数据也可通过查如附表 1-8 或对应的经验公式得到。

由式(4-9b) 得：$\bar{c}_p = \bar{c}_p^* + \Delta\bar{c}_p = 45.4 + 0.8242 = 46.224 \ [J/(mol \cdot K)]$

由式(4-4) 得：$Q_p = n\bar{c}_{p(t_1 \to t_2)} (t_2 - t_1) = 10 \times 46.224 \times (400 - 100) = 138672.7 \ (J)$

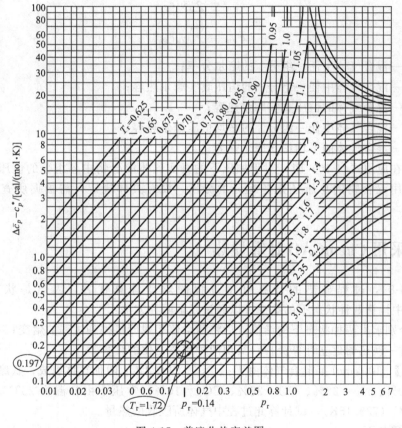

图 4-17　普遍化热容差图

方法三——采用平均恒压热容计算

此法采用 $\bar{c}_p$-T，p 曲线图进行计算，如图 4-15 数据 ($t_0 = 0℃$) 计算，查得：

$p = 1.01325MPa$，$0 \sim 100℃$时：$\bar{c}_{p1} = 40.5kJ/(kmol \cdot K)$；$0 \sim 400℃$时：$\bar{c}_{p2} = 44.4kJ/(kmol \cdot K)$

由式(4-6) 得：

$$Q_p = n\bar{c}_{p2}t_2 - n\bar{c}_{p1}t_1 = 10 \times (44.4 \times 400 - 40.5 \times 100) = 137100(J)$$

将上述三种方法的计算结果汇总于表 4-6，其中方法四为采用 ChemCAD 软件计算，通过学习 ChemCAD 软件后，可自行验证。

表 4-6　真实气体显热四种计算方法的结果汇总表

方法	方法一	方法二	方法二	方法二	方法三	方法四
数据来源	$c_p = f(T, p)$经验式	c_p-T, p 曲线图	$c_p = f(T, p)$经验式	普遍化校正	$\overline{c}_p$-T, p 曲线图	ChemCAD
Q_p 值	135578.8	138000.0	135955.2	138672.7	137100.0	137466.8
相对误差	−1.37%	0.39%	−1.10%	0.88%	−0.27%	0.00%

☆思考：1. 真实气体的显热如何计算？工程上有哪几种方法？
　　　　2. 理想气体与真实气体混合物的显热如何计算？

以上所述各类恒压热容皆对纯物质而言，对于混合物的恒压热容，可采用以下处理方法：

$$c_{pm} = \sum_i y_i c_{pi} \tag{4-10a}$$

$$\overline{c}_{pm} = \sum_i y_i \overline{c}_{pi} \tag{4-10b}$$

式中　y_i——混合气体中任一组分 i 的摩尔分率；

　　　c_{pi}——混合气体中任一组分 i 的恒压真实摩尔热容；

　　　c_{pm}——混合气体的恒压真实摩尔热容；

　　　$\overline{c}_{pi}$——混合气体中任一组分 i 的平均恒压摩尔热容；

　　　$\overline{c}_{pm}$——混合气体的平均恒压摩尔热容。

注意：在应用式(4-10)时，对于加压下的真实气体混合物中各组分的恒压热容数据的处理，是采用混合物的总压还是各组分的分压，没有具体规定，需根据所查的数据来源而定。

二、采用 ChemCAD 计算显热

由式(4-8)，过程显热的计算可用过程的焓变计算代替，因焓是状态函数，在 ChemCAD 中计算两种状态下的焓变可以通过以下两种方法：

① 先分别求出两种状态下的焓值，后将两焓值相减即可得到过程的焓变；

② 通过一换热器建立计算流程，实现两种状态变化的计算。

【例 4-3】　100kmol 某混合气体由 H_2、N_2、CO、CO_2 四种气体组成，其摩尔分率分别为：$H_2 = 40\%$、$N_2 = 22\%$、CO = 28%、$CO_2 = 10\%$，常压下由初温为 25℃（298.15K），升温至 450℃（723.15K），试计算此过程中气体所吸收的热量。

解题步骤如下：

（1）建立新文件，命名为"混合气体显热计算"。

（2）构建流程图，如图 4-18 所示。

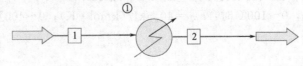

图 4-18　例 4-3 计算流程图

（3）单击菜单"格式及单位制"，单击其下拉菜单中的"工程单位..."，选择单位制；从弹出的"－工程单位选择－"窗口中，单击"国际"按钮，焓的单位选为 kJ，如图 4-19 所示。

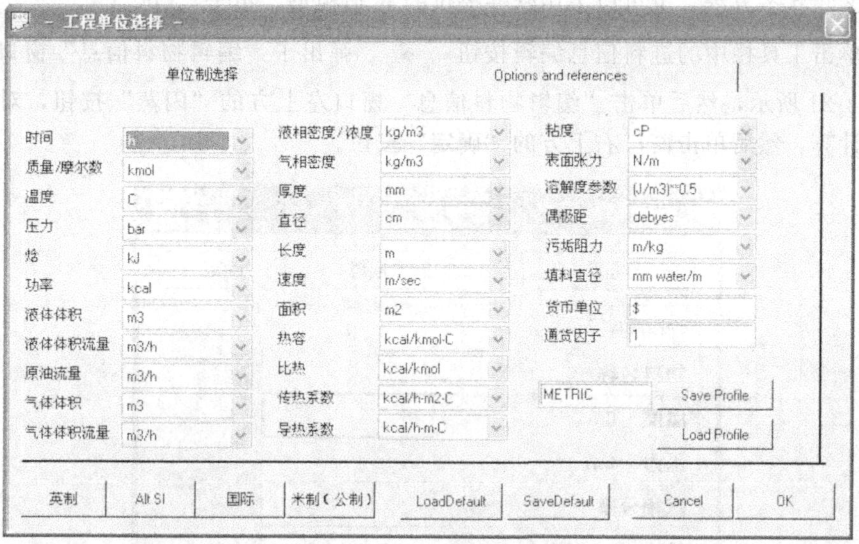

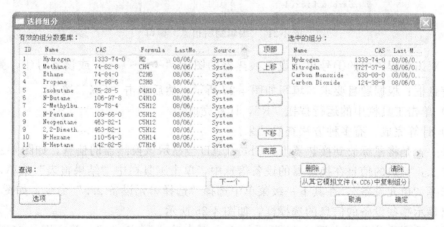

图 4-19　单位制选择窗口

（4）单击菜单"热力学及物化性质"，单击其下拉菜单中的"选择组分..."或直接单击工具按钮" "；弹出了"选择组分"窗口，该窗口左边是"有效的组分数据库"，提供了软件自带组分数据库的查询，在"查询："的文本框中键入"H2"或"Hydrogen"，单击窗口中间的"＞"按钮或回车或双击"有效的组分数据库"框内的蓝色选中条，将氢气加到右边的"选中的组分"窗口中，再依次将 N_2，CO，CO_2，选中加入到左边的"选中的组分"窗口中，如图 4-20 所示，单击"确定"按钮。

图 4-20　组分选择窗口

（5）如果弹出了"－Thermodynamic Wizard（热力学向导）－"窗口，可以根据题意修改温度和压力的范围，软件会帮助选择一个合适的热力学模型用于全流程的热力学性质的计算；采用默认值，单击"OK"按钮。

（6）随后弹出软件建议的热力学方程提示框，相平衡模型采用气体状态方程 SRK，焓的计算采用气体状态方程 SRK。

(7) 单击"确定"按钮，弹出"一热力学设置（Thermodynamic Settings）一"窗口，可以通过"全流程相平衡常数（K值）的选择"的下拉文本框，另选择其他状态方程如 PR 代替"SRK"状态方程，也可以采用软件提供的 K 值模型，单击"OK"。

(8) 单击工具栏中的进料信息编辑按钮 ，弹出了"编辑物料信息"窗口，其信息填写如图 4-21 所示，然后单击"编辑物料信息"窗口左上方的"闪蒸"按钮，对物料作一次相平衡计算，然后单击窗口右上方的"确定"按钮。

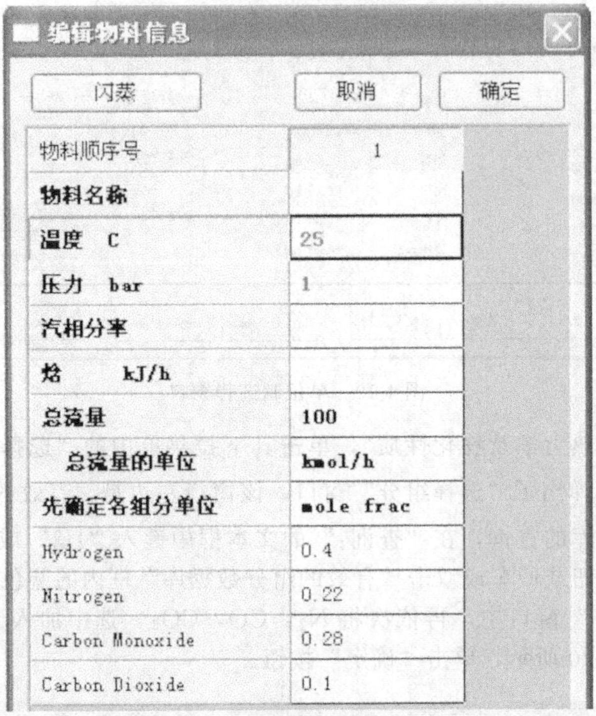

图 4-21 "编辑物料信息"窗口

(9) 双击流程图中的①号单元设备换热器的图标"——"或设备号①，弹出换热器输入信息框；根据题目要求，填写如图 4-22 所示，然后单击"OK"按钮。

(10) 单击工具栏中的运行按钮"R"，计算完成。

(11) 计算完成，有多种方法查看结果。

方法一：是将鼠标放到换热器上，ChemCAD 会显示该换热器的信息，如图 4-23 所示。

方法二：换热的信息在换热器的设备信息中，单击工具栏中"结果报表"菜单，在其子菜单中选择"单元设备"，在其下一级菜单中选择"选择单元设备..."命令，如图 4-24。

弹出显示哪些设备的信息的选择框，如图 4-25 所示。

用鼠标选中换热器或在图 4-25 所示的文本框中输入数字"1"，单击图 4-25 中的"确定"按钮，弹出换热器的设备信息；其中：$\Delta H = Q = 1.3223\mathrm{e}+006\mathrm{kJ/h}$。

(12) 也可以显示两股物料的焓值，通过减法计算 ΔH：单击"结果报表"菜单按钮，在其子菜单中选择"物料的物化性质/所有物料"命令，如图 4-26；或直接单击工具栏中的 按钮，如图 4-27 所示。

简单换热器

操作说明 | Utility Rating | Cost Estimations

压力降 [ ] bar ID: 1

对于设计模式，填写其中下列条件中的一个：

物料 2 的温度 [450] C

物料 2 的汽相分率 [ ]

物料 2 的温度在泡点下 [ ] C

物料 2 的温度在露点以上 [ ] C

换热量 [ ] kJ/h

温差：物料 2 − 物料 1 [ ] C

图 4-22 换热器设备操作信息的输入

```
Equip. No.                          1
   Name
第一进料的出温  C              450.0000
换热量的计算结果  kJ/h    1.3223E+006
对数平均温差校正因子LMTD Corr    1.0000
第一进料的出口压力            1.0000
  (bar)
```

图 4-23 通过鼠标的"流程结果快速查看"功能查看结果

运行(R) 结果报表(B) 绘图(P) 尺寸设计(D) 工具(T) 窗口(W) 帮助(H)

C P

设置流量单位…
物料组成(W) ▶
物料的物化性质 ▶
粒径分布
石油的虚拟组分曲线…

单元设备(U) ▶ | 选择单元设备(U)…
表格形式说明 ▶ | 在顺序计算设备群中添加设备…
精馏 ▶ | 查看/编辑顺序计算设备群 ▶
单元设备连接顺序 | 移除顺序计算设备群 ▶

Palette
Search

图 4-24 结果报表下拉菜单中的命令"选择单元设备…"

选择物料 [?][X]

用键盘输入物料顺序号或者用鼠标左键选中物料线

[取消] [确定]

图 4-25 所需显示结果的单元设备选择窗口

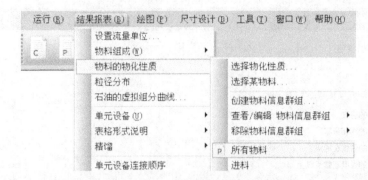

图 4-26 "结果"菜单中所有物料命令选择

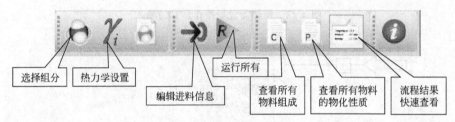

图 4-27 工具栏中常用按钮

弹出文本显示本流程中所有物料的物性，部分物性如下：

物料的顺序号	1	2
物性名称		
--多相系统--		
摩尔流量 kmol/h	100.0000	100.0000
质量流量 kg/h	1921.3198	1921.3198
温度 C	25.0000	450.0000
压力 bar	1.0000	1.0000
汽相分率	1.000	1.000
焓 kJ/h	−7.0305E+006	−5.7082E+006

由焓值计算过程显热：$\Delta H = -5.7082\mathrm{E}006 - (-7.0305\mathrm{E}006) = 1.3223\mathrm{E}+006 (\mathrm{kJ/h})$。

很显然，几种计算方法所得结果完全一致。

☆思考：1. 在 ChemCAD 中如何构建物料换热的流程图？

2. 如何根据换热器的工艺操作要求确定信息编辑？

3. 如何采用 Excel 重新计算例 4-3？

三、综合练习

以例 4-3 为例讲解基于 Excel 的解题方法。

解题说明：例 4-3 的解法可采用例 4-1 完全相同的方法，实际上在具体处理时，应该有选择地采用相对既正确又较简便的方法，通常可采用附录表 1-6、附录表 1-9、附录表 1-10 这几种形式的数据进行计算。

解：方法一——采用教材附录表 1-6 数据

步骤 1：数据查询。

查得 H_2、N_2、CO、CO_2 四种气体对应的恒压热容数据分别输入 Excel，如图 4-28 单元格 C127~F130。

	C131		f_x	{=SUM(\$B\$127:\$B\$130*C127:C130)}	
	A	B	C	D	E	F
126	组分	mol%	a_0	a_1	a_2	a_3
127	H_2	40%	27.28	3.264E-03	5.0210E+04	0
128	N_2	22%	27.87	4.268E-03	0.00	0
129	CO	28%	27.61	5.021E-03	0.00	0
130	CO_2	10%	28.66	3.570E-02	0.00	-1.036E-05
131	合计	100%	27.64	7.220E-03	2.0084E+04	-1.036E-06

图 4-28 例 4-3 采用附录表 1-6 计算步骤 1、2 示意图

步骤 2：计算混合气体的恒压热容。

由式(4-10a) 可得混合气体恒压热容表达式中各系数，如 a_{0m} 具有同样的表达形式，即：

$$a_{0m} = \sum_i y_i a_{0i}$$

利用 Excel 可采用两种处理方法，以第一系数 a_{0m} 为例：

(1) 在单元格 C131 中输入：=\$B\$127*C127+\$B\$128*C128+\$B\$129*C129+\$B\$130*C130，按 "Enter" 即可得 a_{0m}=27.64，其余几个系数可采用 Excel 自动填充功能，选中单元格 C131，当右下角出现小黑 "+" 字形时，按住鼠标向右拖动即可。

(2) 采用数组公式，在单元格 C131 中输入：=SUM（\$B\$127：\$B\$130*C127：C130），同时按下 "Ctrl"、"Shift"、"Enter" 三个键，即可得 a_{0m}=27.64，当混合气体中组分较多时，采用此法尤为方便。

由图 4-28 可得混合气体的恒压热容为：

$$c_p = 27.64 + 7.220\times10^{-3}T + 2.0084\times10^4 T^{-2} - 1.036\times10^{-6}T^2$$

步骤 3：计算过程显热。

将混合气体的恒压热容表达式代入式(4-3a) 即可计算得到过程显热，具体的计算方法有以下几种：

(1) 将式(4-3a) 输入 Excel 单元格直接计算，具体方法与图 4-1 相同；

(2) 采用 ExcelVBA 自定义通用函数 JSHeat _ 1 处理，如图 4-29。

	A132		f_x	=JSHeat_1(C131,D131,E131,F131,F124,G123,G124)	
	A	B	C	D	E	F
131	合计	100%	27.64	7.220E-03	2.0084E+04	-1.036E-06
132	1.32323E+06					

图 4-29 例 4-3 采用附录表 1-6 利用通用自定义函数计算示意图

在单元格 A132 中输入：= JSHeat _ 1（C131，D131，E131，F131，F124，G123，G124），即可得过程显热为：1.32323×10^6 kJ。

注意：若已根据具体物质开发了对应的显热计算自定义函数，如图 4-6 中介绍的 Q _ CO2(n，t1，t2)，则计算更为方便，上述步骤皆可略，只需一个单元格即可解决问题，如图 4-30 所示。

B132	▼	f_x	=Q_H2(40,25,450)+Q_N2(22,25,450)+Q_CO(28,25,450)+Q_CO2(10,25,450)		
	A	B	C	D	E	F
131	合计	100%	27.64	7.220E-03	2.0084E+04	-1.036E-06
132	1.32323E+06	1.32323E+06				

图 4-30　例 4-3 采用附录表 1-6 特定自定义函数计算示意图

在单元格 B132 中输入：

＝Q_H2(40，25，450)＋Q_N2(22，25，450)＋Q_CO(28，25，450)＋Q_CO2(10，25，450)

可见计算结果完全一致。

方法二——采用教材附录表 1-9 数据

由 $T_2=450+273.15=723.15$（K）采用线性内插法查附录表 1-9 得各气体 298.15～723.15K 的平均恒压摩尔热容数据，输入如图 4-31 所示的单元格 B136～E136。

F136	▼	f_x	{=SUM(B135:E135*B136:E136)}		
	A	B	C	D	E	F
134	组分	H$_2$	N$_2$	CO	CO$_2$	合计
135	mol%	40%	22%	28%	10%	100%
136	平均恒压热容	29.472	30.915	31.339	50.015	32.366
137	1.37557E+06					

图 4-31　例 4-3 采用附录表 1-9 数据计算

在单元格 F136 中进行混合气体的平均恒压摩尔热容计算，输入：

＝SUM(B135：E135＊B136：E136)

同时按下"Ctrl、Shift、Enter"键，由图 4-31 可得混合气体的平均恒压热容为：$\bar{c}_{pm}=32.366$kJ/(kmol・K)。

由式(4-4) 得：

$$Q_p=n\bar{c}_{p(t_1\to t_2)}(t_2-t_1)=100\times32.366\times(450-25)=1.3755\times10^6(\text{kJ})。$$

方法三——采用教材附录表 1-10 数据

由 $t_1=25℃$、$t_2=450℃\Rightarrow T_1=298K$、$T_2=723K$ 采用线性内插法查附录表 1-10 得各气体的焓值，输入如图 4-32 所示的单元格 B141～E142。

F142	▼	f_x	{=SUM(B140:E140*B142:E142)}		
	A	B	C	D	E	F
139	组分	H$_2$	N$_2$	CO	CO$_2$	合计
140	mol%	40%	22%	28%	10%	100%
141	298K的h$_i$	718.300	728.400	728.800	911.700	742.802
142	723K的h$_i$	13129.480	13372.880	13479.683	19818.966	13950.033
143	1.32072E+06					

图 4-32　例 4-3 采用附录表 1-10 数据计算

在单元格 F141、F142 中输入：

＝SUM(B140：E140＊B141：E141)、＝SUM(B140：E140＊B142：E142)

得混合气体始、终态的焓值为：$h_{m1}=742.802$kJ/kmol，$h_{m2}=13950.033$kJ/kmol

由式(4-8) 得：

$$Q = \Delta H = m(h_2 - h_1) = 100 \times (13950.033 - 742.802) = 1.32072 \times 10^6 \, (\text{kJ})$$

将上述三种方法计算的结果与采用 ChemCAD 软件计算的结果进行比较，如表 4-7 所示。

表 4-7　例 4-3 显热四种计算方法的结果汇总表

数据来源	附录表 1-6	附录表 1-9	附录表 1-10	ChemCAD
结果	1.3232E+06	1.3756E+06	1.3207E+06	1.3223E+06
相对误差	0.070%	4.029%	−0.119%	0.000%

从表 4-7 可看出，采用附录表 1-6、附录表 1-10 计算的结果与 ChemCAD 软件计算的结果相当吻合。

四、技能拓展——采用剩余性质法计算真实气体状态变化过程显热

在本任务的例 4-2 中虽已介绍了三种真实气体显热计算的方法，但这三种方法都存在一定的局限性，具体来说：

方法一，采用的是真实气体 $c_p = f(T, p)$ 经验式，尽管这种形式适合于连续计算，但手册中提供的较少，一般较难查到。

方法二，任意温度区间的平均恒压热容法，该法只能用于近似计算且较难实现连续计算。

方法三，采用平均恒压热容计算，此法需借助 $\bar{c}_p$-T，p 曲线图进行计算，同样存在数据来源缺乏和较难实现连续计算的问题。

那么有无一种既能实现连续计算，计算精度又比较高的显热计算方法呢？答案是肯定的。由稳流体系热力学第一定律可得，对于可忽略动能、位能变化的静设备，过程的焓变化就等于过程中体系与外界交换的热，即：

$$Q = \Delta H \tag{4-11}$$

在单元二任务二中已介绍了剩余性质的概念及任意状态变化过程焓、熵变的计算，结合图 2-21、式（2-33）和式（4-11），可设计以下状态变化过程的显热计算途径，如图 4-33。

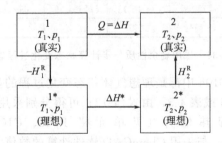

图 4-33　采用剩余性质计算状态变化过程显热

由图 4-33 可得：

$$Q = \Delta H = -H_1^R + \Delta H^* + H_2^R \tag{4-12}$$

式（4-12）中的 H_1^R、H_2^R 属于剩余性质计算，其计算方法可参阅单元二的任务二，ΔH^* 等于理想气体的显热计算，已在本任务中介绍。为了既能实现连续计算，又可满足一定的计算精度，目前的计算软件中通常根据不同物质所处的状态选择合适的状态方程计算剩余性质与理想气体状态变化过程焓变计算相结合的方法，即可采用式（2-42a）、式（2-43a）、

式(2-44a) 等由真实气体状态方程导出的计算式计算剩余性质，加上本任务的式(4-1)～式(4-3) 理想气体状态变化过程的焓变计算，从而实现连续计算真实气体状态变化过程的显热，具体的计算方法又分为以下两类：

（一）采用 ExcelVBA 通用自定义函数计算

该法就是针对式(4-12) 进行分步计算，式中的剩余性质计算，即 H_1^R、H_2^R 的计算，可采用单元二任务二的第三部分介绍的方法或第五部分技能拓展中介绍的针对 RK、SRK、PR 等状态方程开发的自定义函数 RKHR（P，T，Pc，Tc，ESP)、SRKHR（P，T，Pc，Tc，W，ESP)、PRHR（P，T，Pc，Tc，W，ESP）计算，其 ExcelVBA 代码参阅单元二任务二的技能拓展部分。ΔH^* 值计算采用本任务第一部分的理想气体状态变化过程显热计算方法一，以下仍以例 4-2 为例，如图 4-34 所示，在单元格 B103、C103、D103 中计算 CO_2 在 100℃、1013250Pa 下的剩余性质 H_1^R 值，分别输入：

=RKHR(G100，C101，E100，C100，A101) * 10
=SRKHR(G100，C101，E100，C100，G101，A101) * 10
=PRHR(G100，C101，E100，C100，G101，A101) * 10

在单元格 B104、C104、D104 中计算 CO_2 在 400℃、1013250Pa 下的剩余性质 H_2^R 值，分别输入：

=RKHR(G100，E101，E100，C100，A101) * 10
=SRKHR(G100，E101，E100，C100，G101，A101) * 10
=PRHR(G100，E101，E100，C100，G101，A101) * 10

B103 　 f_x =RKHR(G100,C101,E100,C100,A101)*10

	A	B	C	D	E	F	G
100	剩余性质法	T_c= 304.2		p_c= 7376000		p= 1013250	
101	1.00E-04	T_1= 373.15		T_2= 673.15		ω= 0.225	
102	状态方程种类	RK方程	SRK方程	PR方程	ChemCAD软件		
103	H_1^R(kJ)	-2473.74	-2758.23	-2917.28			
104	H_2^R(kJ)	-823.23	-665.21	-832.80			
105	ΔH^*(kJ)	133270.11	133270.11	133270.11			
106	合计	134920.62	135363.12	135354.58	137466.80		
107	与软件误差%	-1.85%	-1.53%	-1.54%	0.00%		

图 4-34 采用剩余性质分步计算状态变化过程显热

单元格 B105、C105、D105 中都是理想气体状态变化过程的显热，其数据同例 4-1 方法一，具体可见图 4-1、图 4-6 或表 4-5，由式(4-12) 可得分别采用 RK、SRK、PR 状态方程计算剩余性质的过程显热值为（见单元格 B106、C106、D106）：134920.62kJ、135363.12kJ、135354.58kJ，与采用 ChemCAD 软件计算的数值 137466.80kJ 之间的相对误差分别为－1.85%、－1.53%、－1.54%，与表 4-6 中列出的计算方法相比，结果很接近。

（二）采用 ExcelVBA 特定的自定义函数计算

若将 CO_2 的临界参数与采用状态方程计算剩余性质的 ExcelVBA 自定义函数相结合，再与 CO_2 作为理想气体的显热计算组合，就可开发出针对具体物质（实际气体）采用不同状态方程直接进行状态变化过程显热计算的特定自定义函数，如图 4-35 的单元格 I103、J103、K103 中输入的就是依据教材附录表 1-4、附录表 1-6 中提供的原始数据所开发的过程显热计算自定义函数，分别输入：

＝QRK＿CO2(10，100，400，1.01325，1.01325)

＝QSRK＿CO2(10，100，400，1.01325，1.01325)

＝QPR＿CO2(10，100，400，1.01325，1.01325)

由图 4-35 可知，其计算结果与图 4-34 分步计算的完全相同。

			I103		▼		f_x	=QRK＿CO2(10,100,400,1.01325,1.01325)	

	G	H	I	J	K	L
102	状态方程种类	数据来源	RK方程	SRK方程	PR方程	ChemCAD软件
103	过程显热	教材附录	134920.62	135363.12	135354.58	137466.80
104	与软件误差%		-1.85%	-1.53%	-1.54%	0.00%

图 4-35　采用 ExcelVBA 特定自定义函数直接计算过程显热

上述三个自定义函数的变量数、变量种类均相同，依次分别为物质的量（mol 或 kmol）、初温（℃）、终温（℃）、初压（MPa）、终压（MPa），其代码如下：

```
Public Function QRK＿CO2(n, t1, t2, P1, P2) As Double
'二氧化碳，CO2，采用 RKEOS 计算真实气体显热，kmol,℃，MPa，kJ
Dim Qid, HR1, HR2 As Double
Qid＝Q＿CO2(n, t1, t2)
HR1＝RK＿HR＿CO2(n, t1, P1)
HR2＝RK＿HR＿CO2(n, t2, P2)
QRK＿CO2＝Qid-HR1＋HR2
End Function
Public Function QSRK＿CO2(n, t1, t2, P1, P2) As Double
'二氧化碳，CO2，采用 SRKEOS 计算真实气体显热，kmol,℃，MPa，kJ
Dim Qid, HR1, HR2 As Double
Qid＝Q＿CO2(n, t1, t2)
HR1＝SRK＿HR＿CO2(n, t1, P1)
HR2＝SRK＿HR＿CO2(n, t2, P2)
QSRK＿CO2＝Qid-HR1＋HR2
End Function
Public Function QPR＿CO2(n, t1, t2, P1, P2) As Double
'二氧化碳，CO2，采用 PREOS 计算真实气体显热，kmol,℃，MPa，kJ
Dim Qid, HR1, HR2 As Double
Qid＝Q＿CO2(n, t1, t2)
HR1＝PR＿HR＿CO2(n, t1, P1)
HR2＝PR＿HR＿CO2(n, t2, P2)
QPR＿CO2＝Qid-HR1＋HR2
End Function
```

其中 Q＿CO2(n, t1, t2)的代码见本任务中理想气体状态变化过程显热计算方法一。

RK＿HR＿CO2(n, t, P)、SRK＿HR＿CO2(n, t, P)、PR＿HR＿CO2(n, t, P)分别是针对 CO_2 采用 RK、SRK、PR 方程编写的计算剩余焓的 ExcelVBA 自定义函数，其代码如下：

```
Public Function RK＿HR＿CO2(kn, Ct, MPa) As Double
'二氧化碳 CO2 已知 kn，Ct/℃，MPa 求剩余焓 HR
Dim TK, P, Tc, Pc As Double
TK＝Ct＋273.15
P＝MPa＊1000000＃
Tc＝Tc＿CO2()
Pc＝1000000＃＊Pc＿CO2()
RK＿HR＿CO2＝kn＊RKHR(P, TK, Pc, Tc, 0.0001)
```

```
End Function
Public Function SRK _ HR _ CO2(kn，Ct，MPa) As Double
′二氧化碳 CO2 已知 kn，Ct/℃，MPa 求剩余焓 HR
Dim TK，P，Tc，Pc，W As Double
TK＝Ct＋273.15
P＝MPa * 1000000 ♯
Tc＝Tc _ CO2()
Pc＝1000000 ♯ * Pc _ CO2()
W＝W _ CO2()
SRK _ HR _ CO2＝kn * SRKHR(P，TK，Pc，Tc，W，0.0001)
End Function
Public Function PR _ HR _ CO2(kn，Ct，MPa) As Double
′二氧化碳 CO2 已知 kn，Ct/℃，MPa 求剩余焓 HR
Dim TK，P，Tc，Pc，W As Double
TK＝Ct＋273.15
P＝MPa * 1000000 ♯
Tc＝Tc _ CO2()
Pc＝1000000 ♯ * Pc _ CO2()
W＝W _ CO2()
PR _ HR _ CO2＝kn * PRHR(P，TK，Pc，Tc，W，0.0001)
End Function
```

需要说明的是，当采用不同的数据来源时，例 4-2 即使采用同样的计算方法，其计算结果也会有一定的不同，相对而言，采用权威数据计算的结果可信度要高，如图 4-36 所示单元格 I105、J105、K105 为采用 Perry 手册的临界参数和理想气体恒压热容经验公式结合真实气体状态方程编写的显热计算自定义函数计算的结果。

	I105	▼	f_x	=QGRK_CO2(10,100,400,1.01325,1.01325)	
	G	H	I	J	K	L
102	状态方程种类	数据来源	RK方程	SRK方程	PR方程	ChemCAD软件
103	过程显热	教材附录	134920.62	135363.12	135354.58	137466.80
104	与软件误差%		-1.85%	-1.53%	-1.54%	0.00%
105	过程显热	Perry手册	137011.74	137451.64	137443.09	137466.80
106	与软件误差%		-0.33%	-0.01%	-0.02%	0.00%

图 4-36 采用 Perry 手册数据编写的 ExcelVBA 特定自定义函数计算过程显热

由图 4-36 的计算结果可见，采用 Perry 手册数据计算结果与 ChemCAD 软件计算的结果相当吻合。

任务 二

计算相变潜热

知识目标

掌握相变潜热的概念和常用的处理方法。

能力目标

能用 Excel、ChemCAD 计算相变潜热。

在恒定的温度和压力下，单位质量或物质的量的物质发生相变化时的焓变称为相变潜热，其常用的单位为 kJ/kg 或 kJ/mol。

☆思考：化工生产过程中常见的相变潜热的种类有哪几种？通常有哪几种处理方法？

物质的相变通常有三类：①汽化和冷凝；②熔化和凝固；③升华和凝华。这些相变过程往往伴有显著的内能和焓变化，并常成为过程热量的主体。以下主要介绍这类过程能量衡算的几种主要方法。

一、相变潜热的计算方法

（1）查手册

许多纯物质在正常沸点（或熔点）下的相变潜热数据可在手册中查到，部分物质的相变潜热数据见附录表 1-11。若查到的数据，其条件不符合要求时，可设计一定的计算途径来计算。例如，已知 T_1、p_1 条件下某物质的汽化潜热为 Δh_1(kJ/mol)，可用图 4-37 所示的方法求得 T_2、p_2 条件下的汽化潜热 Δh_2。

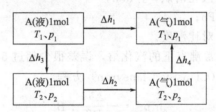

图 4-37 任意状态下汽化潜热的计算

$$\Delta h_2 = \Delta h_1 - \Delta h_3 - \Delta h_4$$

其中 Δh_3、Δh_4 分别是液体、气体的焓变，其计算方法可见前节内容。

（2）经验公式

对于有些在手册中查不到现成的相变潜热数据时，可采用经验方程进行计算，现将常用的几种方法介绍如下：

① 特鲁顿（Trouton）法则，又称沸点法。

此法用于计算标准汽化热即正常沸点下的相变潜热。

$$\Delta h_v = b T_b \text{(kJ/mol)} \tag{4-13}$$

式中　b——常数，对非极性液体，$b=0.088$；水、低分子量醇，$b=0.109$；

　　　　T_b——液体的正常沸点，K；

　　　　Δh_v——汽化潜热，kJ/mol。

此法计算的误差在 30% 以内。

② 陈氏（Chen）方程

$$\Delta h_v = \frac{8.319 T_b (3.978 T_b/T_c - 3.938 + 1.555 \ln p_c)}{1.07 - (T_b/T_c)} \text{(J/mol)} \tag{4-14}$$

式中　T_b——液体的正常沸点，K；

　　　　T_c——临界温度，K；

　　　　p_c——临界压力，atm。

此方程适合于烃类及弱极性化合物，误差一般小于 4%。但不适用于醇、酸等具有缔合性的化合物。

对于一元醇和一元羟酸类的沸点汽化热，可用 Kistiakowsky 经验方程 [式(4-15)]，平均误差在 3.0% 左右，但该式不适用于甲酸。

$$\Delta h_v = T_b(a + b\lg T_b + cT_b/M + dT_b^2/M + eT_b^3/M)(\text{J/mol}) \tag{4-15}$$

式中　M——物质的摩尔质量，g/mol。

方程中系数 a、b、c、d、e 值，如表 4-8 所示：

表 4-8　式(4-15) 中系数 a、b、c、d、e 值

项目	a	b	c	d	e
一元醇类	81.1737	13.0917	−25.7861	0.14663	−2.13671×10⁻⁴
一元酸类	20914.029	−7873.487	602.7485	−4.46129	7.02068×10⁻³

③ Riedel 方程

$$\frac{\Delta h_v}{T_b} = \frac{9.079(\ln p_c + 1.2897)}{0.930 - T_{rb}} \tag{4-16}$$

式中　T_b——正常沸点，K；

　　Δh_v——正常沸点下的汽化潜热，J/mol；

　　p_c——临界压力，MPa；

　　T_{rb}——正常沸点下的对比温度。

采用 Riedel 公式计算正常沸点下的汽化焓，误差很少超过 5%，一般都在 5% 之内。

④ 克劳修斯-克拉贝隆（Clausius-Clapeyron）方程

$$\ln p^* = -\frac{\Delta h_v}{RT} + B \tag{4-17}$$

式中　p^*——蒸气压，其单位要视式中常数 B 的数值而定。

此方程是将 Δh_v 看作常数。

若在蒸气压数据覆盖的范围内，Δh_v 可看作常数，则可将实验测得的几个温度下相应的饱和蒸气压数据，作 $\ln p^*$-$1/T$ 图，由直线斜率 $(-\Delta h_v/R)$ 求出此温度范围内的平均摩尔汽化热。或根据两个温度下的饱和蒸气压来计算。

在很多情况下，汽化热随温度改变，需用克拉贝隆方程：

$$\frac{dp^*}{dT} = \frac{\Delta h_v}{T(V_g - V_1)} \tag{4-18}$$

式中，V_g、V_1 分别为气体和液体在温度 T 时的摩尔容积。

中、低压下，$V_g \gg V_1$，由理想气体状态方程代入式(4-18) 得：

$$\frac{d\ln p^*}{dT} = \frac{\Delta h_v}{RT^2} \tag{4-19}$$

温度 T 时的汽化热可用 $\ln p^*$-T 图由蒸气压数据来计算，即曲线上某温度处的切线斜率，就是该温度的 $(d\ln p^*/dT)$，解式(4-19) 求出 Δh_v。

⑤ 沃森（Watson）公式

$$\frac{(\Delta h_v)_2}{(\Delta h_v)_1} = \left(\frac{1 - T_{r2}}{1 - T_{r1}}\right)^{0.38} \tag{4-20}$$

式中，T_{r1}、T_{r2} 分别是 T_1、T_2 下的对比温度。

此式在离临界温度 10K 以外平均误差为 1.8%。

⑥ 标准熔化热的估算

$$\Delta h_{\rm m}({\rm J/mol}) \approx 9.2 T_{\rm m}（用于金属元素）$$
$$\approx 25 T_{\rm m}（用于无机化合物）$$
$$\approx 50 T_{\rm m}（用于有机化合物） \qquad (4-21)$$

式中　$T_{\rm m}$——正常熔点，K。

二、采用 Excel 计算相变潜热

利用上述公式(4-13)～式(4-21)通过 Excel 单元格驱动法可方便地计算物质的相变潜热，若将上述公式开发成 ExcelVBA 自定义函数式，则计算更加方便。

【例 4-4】　试分别利用 Riedel 公式(4-16)、Watson 公式(4-20)计算水在正常沸点下和 80℃下的汽化潜热，并与文献值比较。正常沸点下水的汽化潜热文献值为 2257.0kJ/kg，80℃下文献值为 2308.8kJ/kg。

解：步骤 1：将式(4-16)、式(4-20)编写成 ExcelVBA 自定义函数 Hv_Riedel、Hv_Watson。

步骤 2：由附录表 1-4 查得水的临界压力、临界温度，并将其填写入 Excel 的单元格中，如图 4-38 所示的单元格 B13、E13、H13、K13 中分别输入临界压力、临界温度、正常沸点和正常沸点下的汽化潜热。

	B15	▼		=	=Hv_Riedel(H13,E13,B13)							
	A	B	C	D	E	F	G	H	I	J	K	
12	解 查出水的临界参数											
13	p_c=	22.05	MPa		T_c=		647.3 K		T_b=	373.15 K	文献 ΔH_b=	2257.0 kJ/kg
14	（1）利用 Riedel 公式（4-16）计算水在正常沸点下的汽化潜热 ΔH_b											
15	ΔH_b=	42.00	kJ/mol=	2333.44 kJ/kg		与文献值误差为：		3.39%				
16	（2）利用 Watson 公式（4-20）计算水在 80℃下的汽化潜热 ΔH_v											
17	文献 ΔH_v=	2257.0	kJ/kg					T_2=	353.15 K			
18	ΔH_v=	2318.2	kJ/kg	与文献值误差为：		2.71%						

图 4-38　例 4-4 ExcelVBA 计算附图

步骤 3：在单元格 B15 中输入：＝Hv_Riedel (H13，E13，B13)，单元格 B18 中输入：＝Hv_Watson (H13，H17，E13，K13)，则分别可得水在正常沸点下的摩尔汽化潜热计算值 42.00kJ/mol 和 80℃下水的汽化潜热的计算值 2318.2kJ/kg。

步骤 4：在单元格 D15 中将单元格 B15 中的摩尔汽化潜热计算值化为单位 kg 为基准的数值 2333.44，在单元格 H15、G18 中分别计算出与文献值的误差值 3.39％和 2.71％。

ExcelVBA 自定义函数 Hv_Riedel、Hv_Watson 的代码如下：

```
Public Function Hv_Riedel(Tb, Tc, Pc) As Double
'Riedel 公式计算正常沸点下的汽化潜热，Pc 单位 MPa，Tb, Tc 单位 K，Hv 单位 kJ/mol
    Hv_Riedel=(9.079 * (Log(Pc)+1.2897) * Tb/(0.93-Tb/Tc))/1000
End Function
Public Function Hv_Watson(t1, t2, Tc, h1) As Double
'Watson 公式计算汽化潜热，已知 t1 下的汽化潜热 h1，求 T2 下的汽化潜热 h2，温度单位为 K
    Hv_Watson=h1 * ((Tc-t2)/(Tc-t1))^0.38
End Function
```

☆思考：如何利用 ExcelVBA 编写计算相变潜热的自定义函数？

三、采用 ChemCAD 计算相变潜热

利用 ChemCAD 计算相变潜热可以在换热器、闪蒸器等单元设备中完成。这些单元设备计算相变潜热时，最重要的参数是汽化率。

【例 4-5】 混合物的部分汽化。含苯 50%（摩尔分数）的苯、甲苯混合物，温度为 10℃（283.15K），连续加入汽化室内，在汽化室内混合物被加热至 50℃，汽化率为 30%，问 1kmol 进料需向汽化室提供多少（kJ）的热量？并求平衡压力和气液相组成。

解：本题的过程示意图如图 4-39 所示，一进两出（分离成气相和液相出料，求出各自组成），不符合换热器的进、出料要求，但符合闪蒸器（flash）的进、出料要求。通过闪蒸器不仅算出能量平衡同时也算出物料平衡。另外，进料信息不充分，在温度、压力、饱和状态三者之间应该知道其中两个，但题目只给出了温度这一个条件，通过液体进料这个条件不能确定出压力或饱和状态，但是只要压力大于饱和压力就可以确保液体进料了，液体焓仅仅是温度的函数，不随压力改变。解题步骤如下：

（1）建立新文件，命名为"相变潜热"。

（2）构建流程图，如图 4-39 所示。

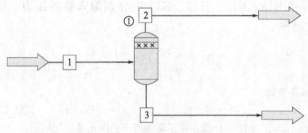

图 4-39　闪蒸的流程图

（3）单击菜单"格式及单位制"，单击其下拉菜单中的"工程单位..."，选择单位制；从弹出的"－工程单位选择－"窗口中，单击"Metric"按钮，选择米制单位制，并将焓的单位 kcal 改选为 kJ，将压力的单位 bar 改为 Pa。

（4）单击菜单"热力学及物化性质"，单击其下拉菜单中的"选择组分..."或直接单击工具按钮"　"；弹出了"选择组分"窗口，该窗口左边是"有效的组分数据库"，提供了软件自带组分数据库的查询，在"查询："的文本框中键入"C6H6"或"benzene"，单击窗口中间的"＞"按钮或回车或双击"有效的组分数据库"框内的蓝色选中条，将苯组分加到右边的"选中的组分"，再依次将"C7H8"选中加入到左边的"选中的组分"，单击"OK"按钮。

（5）如果弹出了"－Thermodynamic Wizard（热力学向导）－"窗口，可以根据题意修改温度和压力的范围，软件会帮助选择一个合适的热力学模型用于全流程的热力学性质的计算；采用默认值，单击"OK"按钮。

（6）随后弹出软件建议的热力学方程提示框，相平衡模型采用非理想溶液模型中的基团贡献模型（NRTL），焓的计算采用潜热模型（LATE）。

（7）单击"确定"按钮，弹出"－热力学设置（Thermodynamic Settings）－"窗口，可以通过"全流程相平衡常数（K 值）的选择"的下拉文本框，另选其他溶液活度系数方程，如"Wilson"代替"NRTL"方程，也可以采用软件建议的 K 值模型"NRTL"，单击

"OK"。

（8）单击工具栏中的"⇨"按钮，对流程中的进料信息进行编辑，包含了所有进料的一些基本性质，如温度，压力，气相分率，单位时间下的总焓值，流量，各组分的分率或分流量等。弹出的"编辑物料信息"窗口，其信息填写如图4-40（a）所示，然后单击"编辑物料信息"窗口左上方的"闪蒸"按钮，对物料作一次相平衡计算，如图4-40（b）所示，此时压力为饱和液体时的压力，只要将"气相分率"文本框中的"0"删去，压力重新填一个大于3837.143Pa的数值，单击"闪蒸"，可以发现焓值不变。然后单击窗口右上方的"确定"按钮。

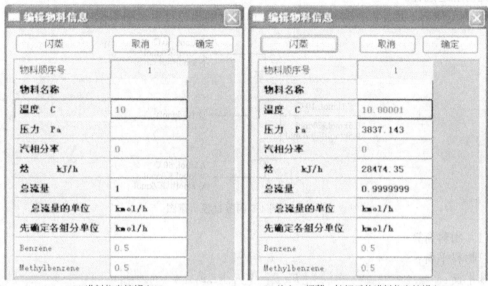

(a) 进料信息编辑窗口　　　　　　　(b) 单击"闪蒸"按钮后的进料信息编辑窗口

图 4-40　编辑物料信息

（9）双击流程图中的①号单元设备闪蒸器的图标或设备号①，弹出闪蒸器信息编辑窗口；根据题目要求，填写如图4-41所示，然后单击"OK"按钮。

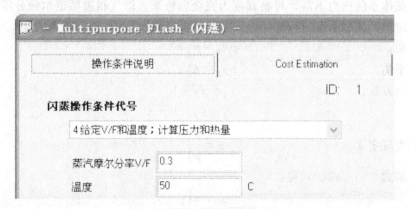

图 4-41　闪蒸器信息编辑窗口

（10）单击工具栏中的运行按钮"R"，计算完成；结果如下：$Q=16057$kJ/kmol，气相中苯的摩尔分率0.6802，液相中苯的摩尔分率0.4228，平衡压力为22450.8Pa。

☆**思考**：1. 汽化率、气相分率、蒸气摩尔分率、V/F 都代表了同一个意思，那么物理意义是什么？

2. 通过闪蒸器的流程模拟计算，可以获得什么样的结果？

四、综合练习

相变潜热的计算往往不单独进行，通常只是一个过程的一部分，如例 4-5 的计算，实际上涉及三个平衡计算，即：①物料衡算；②相平衡计算；③能量衡算。以下仍以例 4-5 为例详细说明解题过程。

解：以 1kmol 混合物为物料计算基准，由题意画出过程示意图如图 4-42 所示。

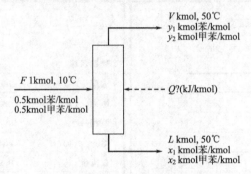

图 4-42 例 4-5 闪蒸过程示意图

（1）物料衡算

总物料平衡：
$$F = V + L \tag{1}$$

苯平衡：
$$F x_{F_1} = V y_1 + L x_1 \tag{2}$$

汽化率：
$$\varepsilon = V/L \tag{3}$$

联立求解式(1)～式(3) 得：
$$x_{F_1} = \varepsilon y_1 + (1-\varepsilon) x_1 \tag{4}$$

（2）相平衡计算

因该闪蒸体系的压力不高，可将其视为完全理想系，即气相遵循道尔顿分压定律，液相遵循拉乌尔定律，则相平衡方程如下。

苯相平衡：
$$p y_1 = p_1^s x_1 \tag{5}$$

甲苯相平衡：
$$p y_2 = p_2^s x_2 \tag{6}$$

结合归一方程：
$$x_1 + x_2 = 1 \tag{7}$$

$$y_1 + y_2 = 1 \tag{8}$$

相对挥发度定义：
$$\alpha = \frac{p_1^s}{p_2^s} \tag{9}$$

联立求解式（5）～式（9）得：
$$y_1 = \frac{\alpha x_1}{1 + (\alpha - 1) x_1} \tag{10}$$

将式（10）代入式（4）可得：
$$(1-\varepsilon)(\alpha-1) x_1^2 + [(\alpha-1)(\varepsilon - x_{F_1}) + 1] x_1 - x_{F_1} = 0 \tag{11}$$

则：

$$x_1 = \frac{-[(\alpha-1)(\varepsilon-x_{F_1})+1]+\sqrt{[(\alpha-1)(\varepsilon-x_{F_1})+1]^2+4(1-\varepsilon)(\alpha-1)x_{F_1}}}{2(1-\varepsilon)(\alpha-1)} \tag{12}$$

通过式(12)可解得 x_1，但需先获得式中相对挥发度 α 值，此例可采用教材附录表1-4提供的蒸气压计算方程，Antoine方程，$\ln p_{vp} = A - B/(T+C)$ 计算。查附录表1-4得苯、甲苯的饱和蒸气压计算方程——Antoine方程中的各系数为：

物质	A	B	C
苯	9.2806	2788.51	−52.36
甲苯	9.3935	3096.52	−53.67

$\ln p_{vp苯} = A - B/(T+C) = 9.2806 - 2788.51/(50+273.15-52.36) = -1.017084553 \Rightarrow$
$p_{vp苯} = 36164.78\text{Pa}$

$\ln p_{vp甲苯} = A - B/(T+C) = 9.3935 - 3096.52/(50+273.15-53.67) = -2.097222874 \Rightarrow$
$p_{vp甲苯} = 12279.70\text{Pa}$

$\alpha = p_{vp苯}/p_{vp甲苯} = 36164.78/12279.70 = 2.94509$

将 α、ε、x_{F_1} 值代入式(12)整理后得：

$$1.361561x^2 + 0.610983x - 0.5 = 0$$

解得：$x_1 = 0.421826$、$y_1 = 0.682407$、$p = 22355.04\text{Pa}$

(3) 热量衡算

以整个汽化室为体系，则：$\sum \Delta H_i = Q$。

为方便计算，以10℃苯(l)、甲苯(l)为热量衡算基准，忽略混合热（因是同系物），忽略压力对焓的影响（因 p 较低），故每个流股的总焓等于流股中各组分焓的和。

$$\sum \Delta H_i = H_V + H_L - H_F = H_{V_1} + H_{V_2} + H_{L_1} + H_{L_2} - H_{F_1} - H_{F_2}$$
$$= V_1 h_{V_1} + V_2 h_{V_2} + L_1 h_{L_1} + L_2 h_{L_2} - (V_1+L_1)h_{F_1} - (V_2+L_2)h_{F_2}$$
$$= V_1(h_{V_1} - h_{F_1}) + V_2(h_{V_2} - h_{F_2}) + L_1(h_{L_1} - h_{F_1}) + L_2(h_{L_2} - h_{F_2})$$
$$= \Delta H_a + \Delta H_b + \Delta H_c + \Delta H_d$$

由手册查得气、液体苯、甲苯的恒压热容 $c_p = a_0 + a_1 T + a_2 T^2 + a_3 T^3$ 如下表：

组分	分子式	a_0	a_1	a_2	a_3	温度范围/K
苯(g)	C_6H_6	−37.9598	4.900930E−01	−3.211730E−04	7.931150E−08	298~1500
甲苯(g)	C_7H_8	−35.1697	5.628020E−01	−3.495620E−04	8.253320E−08	298~1500
苯(l)	C_6H_6	119.1207	−9.995542E−02	5.251917E−04		279~360
甲苯(l)	C_7H_8	190.6049	−7.524756E−01	2.977882E−03	−2.783031E−06	178~380

由附录表1-11查得苯、甲苯的正常沸点 $T_b(\text{K})$ 及对应的汽化潜热为：

$T_{b苯} = 353.3\text{K}(80.15℃)$、$\Delta h_{v(苯)} = 30750\text{kJ/kmol}$

$T_{b甲苯} = 383.8\text{K}(110.65℃)$、$\Delta h_{v(甲苯)} = 33470\text{kJ/kmol}$

① 苯(l)从10~50℃的 ΔH_a

$$\Delta H_a = L x_1 \int_{T_1}^{T_2} c_{p(苯,l)} \mathrm{d}T$$

$$= 0.7 \times 0.4218 \int_{283.15}^{323.15} (119.1207 - 9.995542 \times 10^{-2} T + 5.251917 \times 10^{-4} T^2)\mathrm{d}T$$

$$= 1619.95(\text{kJ})$$

② 甲苯(l) 从 10~50℃的 ΔH_b

$$\Delta H_b = L(1-x_1)\int_{T_1}^{T_2} c_{p(甲苯,\ l)}\mathrm{d}T$$

$$= 0.7\times(1-0.4218)\int_{283.15}^{323.15}(190.6049-0.7524756T+2.977882\times10^{-3}T^2$$

$$-2.783031\times10^{-6}T^3)\mathrm{d}T = 2568.93\ (\mathrm{kJ})$$

③ 苯(l) 10℃~苯(g) 50℃ ΔH_c。该过程的计算可设计成如下途径：

苯(l)10℃→苯(l)80.15℃→苯(g)80.15℃→苯(g)50℃

$$\Delta H_c = Vy_1\left(\int_{T_1}^{T_{b1}} c_{p(苯,l)}\mathrm{d}T + \Delta H_{v(苯)} + \int_{T_{b1}}^{T_2} c_{p(苯,g)}\mathrm{d}T\right)$$

$$= 0.3\times0.6824\left[\int_{283.15}^{353.3}(119.1207-9.995542\times10^{-2}T+5.251917\times10^{-4}T^2)\mathrm{d}T\right.$$

$$+30750+\int_{283.15}^{353.3}(-37.9598+0.490093T-3.21173\times10^{-4}T^2+7.93115$$

$$\left.\times10^{-8}T^3)\mathrm{d}T\right]=7735.12(\mathrm{kJ})$$

该过程也可由苯(l) 10℃→苯(l) 50℃→苯(g) 50℃途径计算，50℃的汽化热由沃森公式计算，查苯的临界温度 562.1K，计算结果：7749.41kJ，请读者自行验证。

☆思考：能否采取苯(l) 10℃→苯(g) 10℃→苯(g) 50℃途径计算？

④ 甲苯(l) 10℃~甲苯(g) 50℃ ΔH_d

甲苯(l)10℃→甲苯(l)110.65℃→苯(g)110.65℃→甲苯(g)50℃

$$\Delta H_d = V(1-y_1)\left[\int_{T_1}^{T_{b2}} c_{p(甲苯,\ l)}+\Delta H_{v(甲苯)}+\int_{T_{b2}}^{T_2} c_{p(甲苯,\ g)}\mathrm{d}T\right]$$

$$= 0.3\times(1-0.6824)\left[\int_{283.15}^{383.8}(190.6049-0.7524756T+2.977882\times10^{-3}T^2\right.$$

$$-2.783031\times10^{-6}T^3)\mathrm{d}T$$

$$+33470+\int_{383.8}^{323.15}(-35.1697+0.562802T-3.49562\times10^{-4}T^2+8.25332$$

$$\left.\times10^{-8}T^3)\mathrm{d}T\right]$$

$$=4083.43\ (\mathrm{kJ})$$

也可由甲苯(l) 10℃→甲苯(l) 50℃→甲苯(g) 50℃途径计算，50℃汽化热由沃森公式计算，甲苯临界温度 591.7K，计算结果：4119.50kJ。

☆思考：能否采取甲苯(l) 10℃→甲苯(g) 10℃→甲苯(g) 50℃途径计算？

⑤ 加热器供给的热量 Q

$$Q=\sum\Delta H_i=1619.95+2568.93+7735.12+4083.43=16007.42(\mathrm{kJ/kmol})$$

非正常途径的计算结果：

$$Q=\sum\Delta H_i=1619.95+2568.93+7749.41+4119.50=16057.79(\mathrm{kJ/kmol})$$

非正常途径的计算结果与正常途径的误差：$(16057.79-16007.42)/16007.42=0.315\%$

计算结果与 ChemCAD 软件计算结果比较如表 4-9。

表 4-9 例 4-5 手工计算与 ChemCAD 软件计算结果比较表

项目	x_1	y_1	p/Pa	Q/kJ
ChemCAD 软件计算	0.4228	0.6802	22405.8	16057
Excel 计算	0.4218	0.6824	22355.0	16007.42
相对误差	-0.230%	0.324%	-0.227%	-0.309%

由表 4-9 可看出，通过 Excel 软件采用正确的计算方法处理类似例 4-5 的常压体系，其结果与专业计算软件相比，结果相当正确，但计算工作量较大。对于中、高压体系，处理过程就没有这么方便了，且计算的误差会增大。因此，对于中、高压的复杂体系，建议采用专业的计算软件，既可减少计算工作量，又可提高计算精度。

*任务 三

计算溶解与混合过程热效应

知识目标

掌握积分溶解热与积分混合热概念，掌握硫酸溶液、氢氧化钠溶液、盐酸溶液稀释或浓缩时热效应的计算方法。

能力目标

能用 Excel、ChemCAD 计算硫酸、氢氧化钠和盐酸溶解与混合过程热效应。

固体、气体溶于液体，或两种液体混合，由于分子间的相互作用与它们在纯态时不同，伴随这些过程就会有能量的放出或吸收，因而造成纯组分与混合物之间内能和焓的差别。对于气体混合物，或结构相似的液体混合物，可以忽略两种分子间的相互作用，其混合物的焓等于各组分单独处于混合物状态时的焓加和。但是，有一些物质的混合过程，如浓硫酸与水的混合，就会产生较大的热效应，此类混合物的焓绝不是其混合前焓的加和。本节讨论混合前后有较大焓差的混合过程热效应的计算。

一、积分溶解热与积分混合热概念

（一）积分溶解热

$1mol$ 溶质于恒压恒温下溶于一定量 $[n(mol)]$ 溶剂中，形成一定浓度的溶液时的焓变化称为该浓度的积分溶解热 $\Delta h_s(T, n)$。随着 n 的增大，$\Delta h_s(T, n)$ 将趋于一极限值，称为无限稀释积分溶解热 Δh_s^{∞}。

通常积分溶解热数据是在 p_0、T_0 下获得的，称为标准积分溶解热 ΔH_s^0。标准积分溶解热可通过有关图、表查得，如表 4-10。

表 4-10　25℃ 时积分溶解热和积分混合热

$n/(molH_2O/mol$ 溶质$)$	HCl$(g)\Delta h_s/(kJ/mol)$	NaOH$(s)\Delta h_s/(kJ/mol)$	$H_2SO_4(l)\Delta h_s/(kJ/mol)$
0.5	—	—	−15.73
1	−26.22	—	−28.07
1.5	—	—	−36.90

$n/(\text{mol}H_2O/\text{mol 溶质})$	$\text{HCl}(g)\,\Delta h_s/(kJ/mol)$	$\text{NaOH}(s)\,\Delta h_s/(kJ/mol)$	$\text{H}_2\text{SO}_4(l)\,\Delta h_s/(kJ/mol)$
2	−48.82	—	−41.92
3	−56.85	−28.87	−48.99
4	−61.20	−34.43	−54.06
5	−64.05	−37.74	−58.03
10	−69.49	−42.51	−67.03
20	−71.78	−42.84	—
25	—	—	−72.03
30	−72.59	−42.72	—
40	−73.00	−42.59	—
50	−73.26	−42.51	−73.34
100	−73.85	−42.34	−73.97
200	−74.20	−42.26	—
500	−74.52	−42.38	−76.73
1000	−74.63	−42.47	−78.57
2000	−74.82	−42.55	—
5000	−74.93	−42.68	−84.43
10000	−74.99	−42.72	−87.07
50000	−75.08	−42.30	—
100000	−75.10	—	−93.64
500000	—	—	−95.31
∞	−75.14	−42.89	−96.19

（二）积分稀释热

在一定温度、压力下，某一浓度的溶液由于蒸发或加入溶剂而发生浓度变化时产生的折合成 1mol 溶质的焓变称为积分稀释热。若此过程在 p_0、T_0 下进行，则称为标准积分稀释热。通常用 Δh_{Dil}^0 表示。若将表 4-10 中标准积分溶解热绘制成曲线，则其形状如图 4-43 所示，图中溶液从浓度 1 到浓度 2 时，其积分稀释热 Δh_{Dil}^0 之值即为对应浓度下积分溶解热之差。

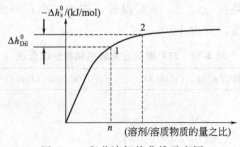

图 4-43　积分溶解热曲线示意图

☆思考：混合热的种类有哪几种？如何利用标准积分溶解热数据计算溶液混合过程热效应？

二、手工计算溶解与混合过程热效应

以下通过实例说明采用手工计算溶解与混合过程热效应的具体过程。

【例 4-6】 求在含有 $1mol\ H_2SO_4$ 与 $5mol\ H_2O$ 的硫酸溶液中加入 $5mol\ H_2O$，使之成为含有 $1mol\ H_2SO_4$ 与 $10mol\ H_2O$ 的硫酸溶液时所产生的热量？

解：由题意画出过程示意图（见图 4-44），以 $1mol\ H_2SO_4$ 为计算基准

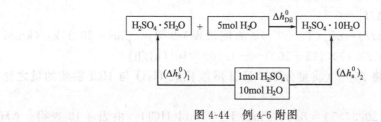

图 4-44 例 4-6 附图

则：$(\Delta h_s^0)_1 + \Delta h_{Dil}^0 = (\Delta h_s^0)_2 \Rightarrow \Delta h_{Dil}^0 = (\Delta h_s^0)_2 - (\Delta h_s^0)_1$

查表 4-10 得：$(\Delta h_s^0)_1 = -58.03kJ/mol$、$(\Delta h_s^0)_2 = -67.03kJ/mol$

所以 $\Delta h_{Dil}^0 = -67.03 - (-58.03) = -9(kJ/mol)$

【例 4-7】 $25℃$、$101325Pa$ 下 $200g\ H_2SO_4$ 溶于水形成 $40\%\ H_2SO_4$（质量分数）溶液时所放出的热量？

解：$40\%\ H_2SO_4$（质量分数）换算成 H_2O/H_2SO_4 物质的量之比

$(60/18)/(40/98) = 8.167(mol/mol)$

查表 4-10 可得：$\Delta h_s^0 = -63.73kJ/mol$

所以 $Q = n\Delta h_s^0 = 200/98 \times (-63.73) = -130.06(kJ)$

【例 4-8】 在盐酸生产过程中，如果用 $100℃$、$HCl(g)$ 和 $25℃$ 的水生产 $40℃$、20%（质量分数）盐酸水溶液 $1000kg/h$。试计算吸收装置中应加入或移走的热量为多少（kJ/h）？

解：由题意画出过程示意图，如图 4-45 所示。

（1）物料衡算

基准：$1000kg$、20%（质量分数）盐酸（或 $1h$）

$n_{HCl} = 1000 \times 20\%/36.5 = 5.479(kmol/h)$

$n_{水} = 1000 \times 80\%/18 = 44.444(kmol/h)$

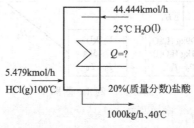

图 4-45 例 4-8 附图 1

（2）能量衡算

基准：$25℃$、$H_2O(l)$、$HCl(g)$

为便于计算，现设计如图 4-46 所示的计算途径。

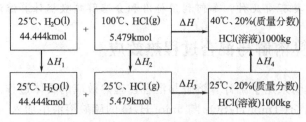

图 4-46 例 4-8 附图 2

则：$\Delta H = \Delta H_1 + \Delta H_2 + \Delta H_3 + \Delta H_4$

① ΔH_1 的计算：$\Delta H_1 = 0$

② ΔH_2 的计算：$\Delta H_2 = n\bar{c}_p(T_0 - T_1)$、查附录表 1-9 得：$\bar{c}_{p\,HCl} = 29.17 \text{kJ/(kmol} \cdot \text{K)}$

故：$\Delta H_2 = 5.479 \times 29.17 \times (25 - 100) = -1.199 \times 10^4 \text{(kJ/h)}$

③ ΔH_3 的计算：将 20%（质量分数）HCl 溶液化成 H_2O 与 HCl 物质的量之比的浓度为：

$n_0/n_1 = (80/18)/(20/36.5) = 8.111 \text{(mol } H_2O/\text{mol HCl)}$；由表 4-10 查得：$\Delta H_{sn}^0 = -67.43 \text{kJ/mol HCl}$

故：$\Delta H_3 = n_{HCl}\Delta H_{sn}^0 = 5.479 \times 10^3 \times (-67.43) = -3.695 \times 10^5 \text{(kJ/h)}$

④ ΔH_4 的计算：$\Delta H_4 = n\bar{c}_p(T_2 - T_0)$、由手册查得：$\bar{c}_p = 2.866 \text{kJ/(kg} \cdot \text{K)}$

故：$\Delta H_4 = 1000 \times 2.866 \times (40 - 25) = 4.299 \times 10^4 \text{(kJ/h)}$

所以：$\Delta H = \sum \Delta H_i = -3.385 \times 10^5 \text{kJ/h}$，即吸收过程中需移出热量 $3.385 \times 10^5 \text{kJ/h}$。

【例 4-9】 将 78%（质量分数）的 H_2SO_4 加水稀释为 25%，试计算：(1) 配制 1000kg 25% 的 H_2SO_4 需 78% 的 H_2SO_4 和水各为多少？(2) 若稀释过程在 25℃、101325Pa 下进行，则稀释过程的放热量？(3) 该过程能否在绝热条件下进行？若能，则终温为多少？已知 25% H_2SO_4 的恒压热容为 3.347kJ/(kg·K)，且可视为常数。

解：物料衡算基准为 1000kg 25% 的 H_2SO_4

① 物料衡算求出 78% 的 H_2SO_4 的量 m_1 和加水量 m_0

由酸平衡得：$1000 \times 25\% = 78\% m_1 \Rightarrow m_1 = 320.5 \text{kg}$、$m_0 = 679.5 \text{kg}$

② 求稀释过程的放热量。

由题意画出稀释过程示意图，如图 4-47 所示：

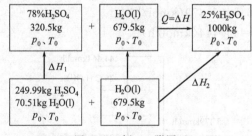

图 4-47 例 4-9 附图 1

则：$Q = \Delta H = \Delta H_2 - \Delta H_1$

将质量分数换算成 $H_2O(l)/H_2SO_4$ 物质的量之比

$78\% H_2SO_4 \Rightarrow (n_0/n_1)_1 = 22/18/(78/98) = 1.536$

$25\% H_2SO_4 \Rightarrow (n_0/n_1)_2 = 75/18/(25/98) = 16.33$

查表 4-10 得：$(\Delta h_s^0)_1 = -37.264 \text{kJ/mol}$、$(\Delta h_s^0)_2 = -69.252 \text{kJ/mol}$

所以 $\Delta h_{\mathrm{Dil}}^0 = -69.252 - (-37.264) = -31.99\,(\mathrm{kJ/mol})$

所以 $Q = n\Delta h_{\mathrm{Dil}}^0 = 1000 \times 25\% \times 10^3 \times (-31.99)/98 = -8.160 \times 10^4\,(\mathrm{kJ})$

③ 判断能否在绝热下混合，绝热混合过程示意图如图 4-48 所示。

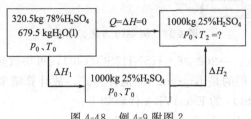

图 4-48　例 4-9 附图 2

则：$Q = \Delta H = \Delta H_1 + \Delta H_2 = 0$

$\Delta H_1 = -8.160 \times 10^4\,\mathrm{kJ}$

$\Delta H_2 = mc_p(t_2 - t_0) = 1000 \times 3.347(t_2 - 25)$

即：$3347(t_2 - 25) = 8.160 \times 10^4 \Rightarrow t_2 = 49.4\,℃$

查硫酸手册得：25% H_2SO_4 的泡点为 $t_b = 105\,℃$

因为 $t_2 < t_b$，所以该过程可在绝热下进行

三、采用 Excel 计算溶解与混合过程热效应

利用 Excel 进行积分溶解热的查询和混合过程热效应的计算可大大提高计算的精度和效率。

【例 4-10】 利用 Excel 重新计算例 4-7。

解：方法一

步骤 1： 将表 4-10 中有关硫酸的积分溶解热数据输入 Excel。

步骤 2： 将 40% H_2SO_4（质量分数）换算成 H_2O/H_2SO_4 物质的量之比，在单元格 A34 中输入：$=(60/18)/(40/98)$ 可得 8.167，如图 4-49 所示。

	C34	▼		= =LineIn(C10,C11,A10,A11,A34)			
	A	B	C	D	E	F	G	H
1	H_2SO_4溶解和稀释的积分热				NaOH(晶体)溶解和稀释的积分热			
2	H_2O分子数	Δh_f^0	Δh_{sm}^0	$\Delta h_{\mathrm{Dil}}^0$	H_2O分子数	Δh_f^0	Δh_{sm}^0	$\Delta h_{\mathrm{Dil}}^0$
10	5	-869.352	-58.032	-3.975	40	-469.340	-42.593	0.126
11	10	-878.347	-67.028	-8.996	50	-469.252	-42.509	0.084
34	8.167		-63.7295			-130.06		

图 4-49　例 4-10 方法一附图

步骤 3： 在单元格 C34 中输入：$=\mathrm{LineIn}(C10,C11,A10,A11,A34)$ 可得积分溶解热数据 $-63.73\,\mathrm{kJ/mol}$。

步骤 4： 在单元格 F34 中输入：$=200/98 * C34$ 可得放热量 $-130.06\,\mathrm{kJ}$。

方法二

将硫酸的标准积分溶解热数据和 Lagrange 插值计算式(1-3) 相结合，编写成可利用质量分数直接查得标准积分溶解热的自定义函数 HSNH2SO4，由该自定义函数直接计算的结果如图 4-50 所示。

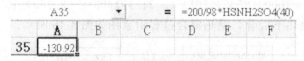

图 4-50 例 4-10 方法二附图

在单元格 A35 中输入：＝200/98 * HSNH2SO4(40)，可得放热量－130.92kJ。

由于此自定义函数采用的是 Lagrange 插值计算式，故计算结果与方法一稍有不同。

自定义函数 HSNH2SO4 的 ExcelVBA 代码如下：

```
Public Function HsnH2SO4(C As Double) As Double
'由质量％浓度查硫酸的积分溶解热 kJ/mol
Dim n，i As Integer
Dim XJ，YJHSN As Double
ReDim x(17)，Y(17)
    If C<0 Or C>100 Then
        MsgBox"硫酸溶液浓度值不对，请重输!"，48，"硫酸溶液输入提示，其值用％输入，一般在1～
100之间"
        Exit Function
    End If
    n=17
    XJ=((100-C)/18.014)/(C/98.074)
For i=0 To n Step 1
    x(i)=0
    Next i
For i=0 To n Step 1
    Y(i)=0
    Next i
    x(0)=0；x(1)=0.5；x(2)=1；x(3)=1.5；x(4)=2；x(5)=3；x(6)=4；x(7)=5；x(8)=10；
x(9)=25；x(10)=50；x(11)=100；x(12)=500；x(13)=1000；x(14)=5000；x(15)=10000；x(16)=
100000；x(17)=500000
    Y(0)=0；Y(1)=15.732；Y(2)=28.075；Y(3)=36.903；Y(4)=41.924；Y(5)=48.995；Y
(6)=54.057；Y(7)=58.032；Y(8)=67.028；Y(9)=72.3；Y(10)=73.346；Y(11)=73.973；Y(12)=
76.735；Y(13)=78.576；Y(14)=84.433；Y(15)=87.069；Y(16)=93.638；Y(17)=95.312
    If XJ=x(0) Then
        YJHSN=Y(0)
    End If
    If XJ>x(n)Then
        YJHSN=96.19
    End If
    If XJ>x(n-1)Then
        YJHSN=Y(n-2) * (XJ-x(n-1)) * (XJ-x(n))/(x(n-2)-x(n-1))/(x(n-2)-x(n)) _
            +Y(n-1) * (XJ-x(n-2)) * (XJ-x(n))/(x(n-1)-x(n-2))/(x(n-1)-x(n)) _
            +Y(n) * (XJ-x(n-2)) * (XJ-x(n-1))/(x(n)-x(n-2))/(x(n)-x(n-1))
    End If
    For i=0 To n Step 1
    If XJ >=x(i) And XJ <=x(i+1) And XJ <=x(n-1) Then
        YJHSN=Y(i) * (XJ - x(i+1)) * (XJ - x(i+2))/(x(i) - x(i+1))/(x(i) - x(i+2))+Y
(i+1) * (XJ - x(i)) * (XJ - x(i+2))/(x(i+1) - x(i))/(x(i+1) - x(i+2))+Y(i+2) * (XJ - x(i)) *
(XJ - x(i+1))/(x(i+2) - x(i))/(x(i+2) - x(i+1))
        Exit For
```

```
        End If
      Next i
   HsnH2SO4=-YJHSN
   End Function
```

【例 4-11】 利用 ExcelVBA 自定义函数 HsnH2SO4 计算 100kg 50％ H_2SO_4 与 80kg 90％ H_2SO_4 在 25℃、101325Pa 下混合的热效应。

解：步骤 1： 计算混合后硫酸水溶液的质量％，具体如图 4-51 所示。

在单元格 C38 中输入：＝（100＊0.5＋80＊0.9）/180，可得混合后质量％浓度为 67.78％。

	B41	▼		=	=(G38*E38*C38-G39*E39*C39-G40*E40*C40)*1000/98			
	A	B	C	D	E	F	G	H	I
37			质量%		kg数		积分溶解热	kJ/mol	
38	混合后溶液质量%:		67.78%		180		-46.327		
39	混合前溶液1质量%:		50.00%		100		-58.978		
40	混合前溶液2质量%:		90.00%		80		-18.614		
41	混合热	-1.391E+04							

图 4-51　例 4-11ExcelVBA 计算附图

步骤 2： 在单元格 C39、C40、E38、E39、E40 中分别输入混合前的溶液浓度和溶液的质量。

步骤 3： 查标准积分溶解热数据，在单元格 G38 中输入：＝HSNH2SO4（100＊C38），按 "Enter" 键可得对应的积分溶解热数值-46.327。选中单元格 G38，当该单元格右下角出现黑色 "＋" 字符号时，按下鼠标左键拖动至 G40，可得 50.00％、90.00％ 两个浓度下的积分溶解热数据。

步骤 4： 在单元格 B41 中输入：＝（G38＊E38＊C38-G39＊E39＊C39-G40＊E40＊C40）＊1000/98，回车，即可得混合热-1.391E＋04。

四、采用 ChemCAD 计算溶解与混合过程热效应

以例 4-9 为例，采用 ChemCAD 进行溶解热的计算，ChemCAD 对电解液会自动推荐电解液 K 值模型 NRTL1986 和电解液焓模型，用于计算电解质的相平衡常数和焓，并用 Gibbs 自由能的最小化计算电离度。

解题步骤如下：

（1）建立新文件，命名为 "硫酸稀释热"。

（2）构建流程图：如图 4-52，稀释的过程可以看作是两股物料的混合，混合过程可以在混合器中完成，由于在混合器中混合是绝热过程，会引起混合物料温度升高，需再用一个换热器将混合物料降为常温，通过换热量计算出硫酸稀释热。另一种方法是用储罐操作单元（又称为多项输出闪蒸器）进行混合同时计算出稀释热。

（3）单击菜单 "格式及单位制"，单击其下拉菜单中的 "工程单位..."，选择单位制；从弹出的 "－工程单位选择－" 窗口中，单击 "国际" 按钮，选择焓的单位为 kJ，将 Mass/Mole 的单位改为 kg，如图 4-53 所示。

（4）单击菜单 "热力学及物化性质"，单击其下拉菜单中的 "选择组分..." 或直接单击工具按钮 "🔘"；弹出了 "选择组分" 窗口，该窗口左边是 "有效的组分数据库"，提供了

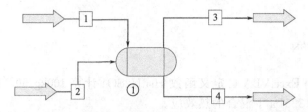

图 4-52 计算硫酸稀释热的"多项输出闪蒸器"的流程示意图

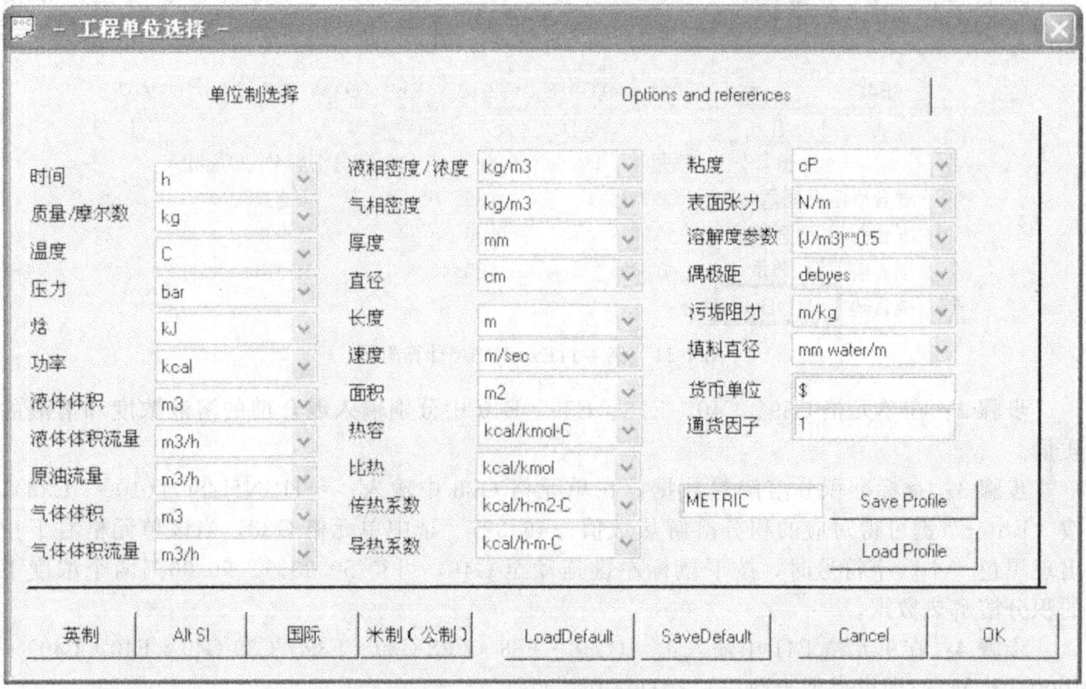

图 4-53 "单位制选择"窗口

软件自带组分数据库的查询，在"查询："的文本框中键入"H2O"或"h2o"或"water"，单击窗口中间的"＞"按钮或回车或双击"有效的组分数据库"框内的蓝色选中条，将水组分加到右边的"选中的组分"；再将 H_2SO_4 选中加入到左边的"选中的组分"，单击"确定"按钮。

（5）如果弹出了"－Thermodynamic Wizard（热力学向导）－"窗口，可以根据题意修改温度和压力的范围，软件会帮助选择一个合适的热力学模型用于全流程的热力学性质的计算；采用默认值，单击"OK"按钮。

（6）随后弹出软件建议的热力学方程提示框，如图 4-54 所示，显示"Electrolyte Model Is Recommended"，即软件推荐使用电解液模型。

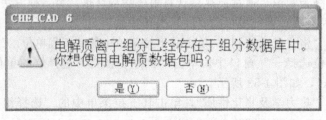

图 4-54 ChemCAD 专家系统建议的热力学模型消息框

（7）单击确定，弹出电解物质选择窗口，如图4-55所示。

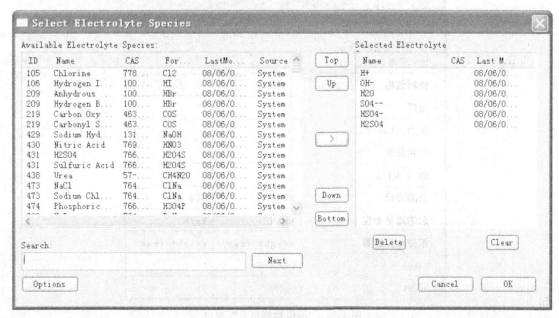

图4-55　电解物质选择窗口

（8）软件已经根据水和硫酸的电解液性质将溶液中的离子都添加到组分中去了，单击"OK"，对于后面逐一弹出的窗口，都逐一地单击"OK"，全部采用软件提供的默认值，直至弹出电解液编辑命令窗口如图4-56所示。

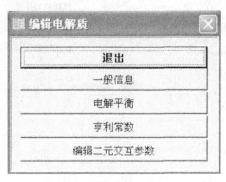

图4-56　电解液编辑命令窗口

（9）如果还想对电解液模型进行编辑，则分别单击图4-56"退出"键下面的四个按钮，否则，单击"退出"按钮。

（10）单击工具栏中的进料信息编辑按钮"→"，对流程中的物料信息进行编辑，包含了所有进料的一些基本性质，如温度，压力，气相分率，单位时间下的总焓值，流量，各组分的分率或分流量等。弹出的"Edit Streams"窗口，其信息填写如图4-57所示，然后单击"Edit Streams"窗口左上方的"闪蒸"按钮，对物料作一次相平衡计算，然后单击窗口右上方的"OK"按钮。

（11）双击流程图中的①号单元设备储罐的图标（▭）或设备号①，弹出储罐的信息编辑窗口，如图4-58所示。

（12）确定储罐的温度、压力，计算气相分率和热量，同时确定储罐液体出料是

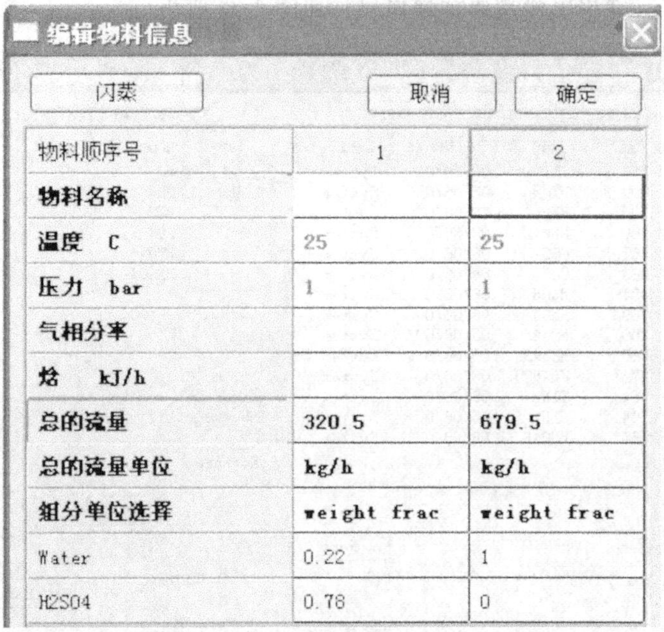

图 4-57 "编辑物料信息"窗口

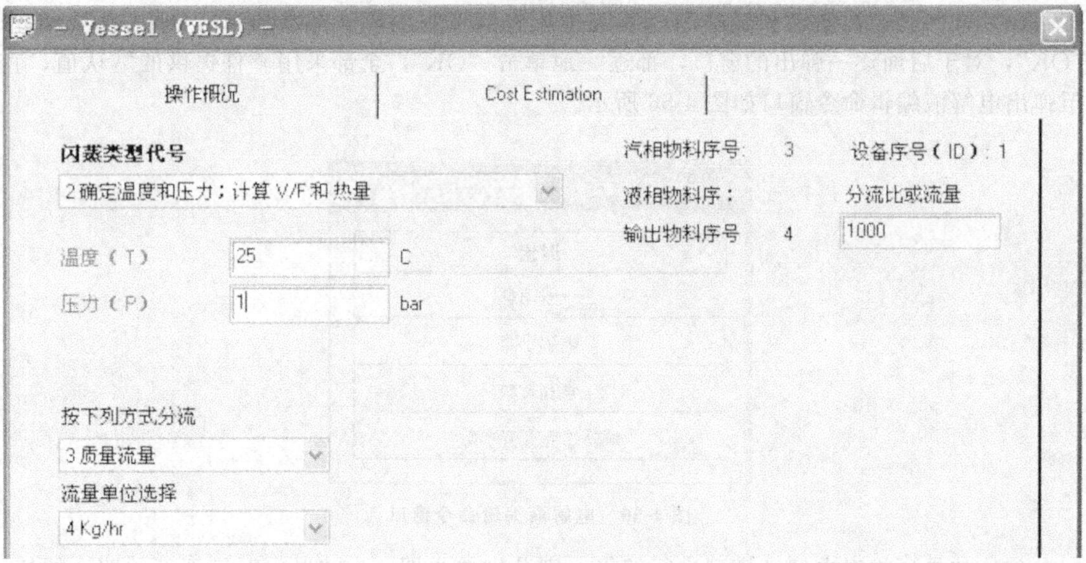

图 4-58 储罐的信息编辑窗口

1000kg/h，单击"OK"按钮。

（13）单击工具栏中的运行按钮"R"，计算完成，有多种方法查看结果：

第一种方法：将鼠标放到储罐图标上，ChemCAD 会显示该储罐的信息，如图 4-59 所示：$Q = -84587.33$kJ/h。

第二种方法：热量的信息在多项输出闪蒸器的设备信息中，单击工具栏中"结果报表"菜单，在其子菜单中选择"单元设备"，在其下一级菜单中选择"选择单元设备..."命令，如图 4-60 所示。

（14）如果在第（12）、（13）步中，flash mode 选择"0 使用进料 T 和 P；计算 V/F 和

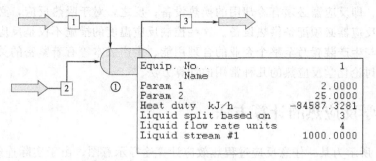

图 4-59 通过鼠标的 quickview 功能查看结果

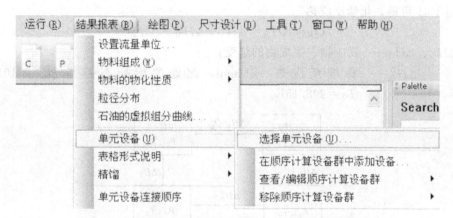

图 4-60 结果报表下拉菜单中的命令 "选择单元设备..."

Heat"，即使用进料的温度和压力，计算气相分率和绝热温升。储罐出料温度为 49.2℃。

☆思考：1. 多项输出闪蒸器的闪蒸类型有哪些？分别对应什么样的工艺状况？

　　　　2. 试比较 "多项输出闪蒸器" 与 "闪蒸器" 的异同点。

任务 四

计算化学反应过程热效应

知识目标

掌握标准反应热的计算方法，掌握任意温度下化学反应热的计算原理和方法。

能力目标

能用 Excel、ChemCAD 计算化学反应热。

化学反应过程通常都伴随较大的热效应——吸收或放出大量热量。如合成氨生产中的
CO 变换反应、氨的合成反应，就是典型的放热反应，甲烷与水蒸气的转化制合成气的反应
则是强烈的吸热反应。为了使反应温度得到有效的控制，对于放热反应必须从反应体系中不

断地移走热量，即反应器必须有冷却用的换热设备；反之，对于吸热反应，必须向反应体系提供热量，即反应器必须配备供热设备。这些控制反应温度的措施不仅是反应能否顺利进行的关键，而且与生产装置乃至整个企业的合理用能、生产成本等有着紧密的关系。

本节主要讨论化学反应热的几种常用的计算方法。

一、化学反应热的计算方法

如图 4-61 所示为某一任意反应过程热效应计算途径示意图，由于实际连续化生产过程，反应前后的压力变化不太，因此，通常可将实际反应过程视为等压反应。

由图 4-61 可得，化学反应热：

$$Q_R = \Delta H_R = \Delta H_1 + \Delta H_R^0 + \Delta H_2 \tag{4-22}$$

式中 ΔH_1、ΔH_2——反应物、生成物的焓变；

ΔH_R^0—— 标准反应热，kJ/mol，此处的标准态是指 $p_0 = 101325\text{Pa}$、$T_0 = 298.15\text{K}$。

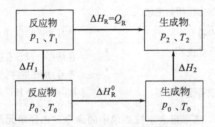

图 4-61 反应过程热效应计算途径示意图

☆思考：在图 4-61 中，ΔH_1、ΔH_2 的计算有可能存在哪几种情况？ΔH_R^0 如何计算？

（一）由标准反应热计算反应过程热效应

由式（4-22）可知，要计算反应过程热效应，关键是要计算出标准反应热 ΔH_R^0。标准反应热的计算方法通常有由标准生成热数据计算和由标准燃烧热数据计算两种。

（1）由标准生成热数据计算标准反应热

在 $p_0 = 101325\text{Pa}$、$T_0 = 298.15\text{K}$ 下，由稳定的单质生成 1mol 化合物的恒压反应热称为标准生成热，以 Δh_f^0 表示。

许多物质的标准生成热数据可从化工手册中查到。本书附录表 1-11 中列出了常见物质的 Δh_f^0 数据。在标准状态下，处于稳定状态的单质，其标准生成热为零。物质的聚集状态不同，其标准生成热数据也不同。

根据盖斯定律，标准反应热可由下式计算：

$$q_R^0 = \Delta h_R^0 = \sum_j (\nu_j \Delta h_{f,j}^0)_{\text{product}} - \sum_i (\nu_i \Delta h_{f,i}^0)_{\text{reactant}} \tag{4-23}$$

$$Q_R^0 = \Delta H_R^0 = n_{\text{反}} \Delta h_R^0$$

式中 ν_i，ν_j——化学反应方程式中反应物 i、生成物 j 的化学反应计量系数，因此，必须正确书写出化学反应方程式；

q_R^0，Δh_R^0——以 1mol 限制反应物为基准计算的标准反应热，kJ/mol。

（2）由标准燃烧热数据计算标准反应热

物质的标准燃烧热 Δh_c^0 是指在 $p_0 = 101325\text{Pa}$、$T_0 = 298.15\text{K}$ 下，1mol 各种处于稳定

状态的物质与刚好足够的 O_2 进行燃烧反应生成燃烧产物时的焓变。

特别应该注意的是燃烧产物组成与状态，如有的书规定的燃烧产物如下：

①C 的燃烧产物是 $CO_2(g)$；②H 的燃烧产物是 $H_2O(l)$；③N 的燃烧产物是 $N_2(g)$；④S 的燃烧产物是 $SO_2(g)$；⑤Cl 的燃烧产物是 HCl（稀的水溶液）。

一些常见物质的 Δh_c^0 可见附录表 1-11，许多化工手册中也有 Δh_c^0 可查。但需注意，并不是每本书规定的燃烧产物都是相同的，例如有的规定 H 和 Cl 的燃烧产物分别是 $H_2O(g)$ 和 $Cl_2(g)$，所以查用数据时要整套使用。

根据盖斯定律，标准反应热等于反应物燃烧热的和减去产物燃烧热的和，即：

$$q_R^0 = \Delta h_R^0 = \sum_i (\nu_i \Delta h_{c,i}^0)_{\text{reactant}} - \sum_j (\nu_j \Delta h_{c,j}^0)_{\text{product}} \tag{4-24}$$

（二）由任意温度下的反应热数据 $\Delta h_R = f(T)$ 计算过程反应热

当已知反应热与反应温度之间的关系时，如合成氨 CO 变换反应的热效应：

$$\Delta h_R = f(T) = 10681 - 1.44T - 0.4 \times 10^{-4} T^2 + 0.08 \times 10^{-6} T^3$$

对于此类反应过程，其反应热的计算可简化，通常可设计以下两种计算途径进行处理，如图 4-62 所示。

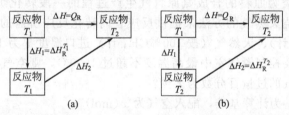

图 4-62　已知 $\Delta h_R = f(T)$ 时某一任意反应过程热效应计算途径

则反应过程的热效应 Q_R 为：

$$Q_R = \Delta H = \Delta H_1 + \Delta H_2$$

通常情况下，工程计算中采用图 4-62(a) 的计算途径。对于 (a) 途径，ΔH_1 为 T_1 下的反应热，其计算式为：

$$\Delta H_1 = n_{\overline{\text{反}}} \Delta h_R^{T_1} \tag{4-25}$$

式中　$\Delta h_R^{T_1}$——T_1 下以 1mol 限制反应物为基准的反应热，kJ/mol；

　　　$n_{\overline{\text{反}}}$——限制反应物的反应量，mol。

如合成氨生产中的 CO 变换反应，若已知反应温度和反应的 CO 的量，即可计算出此温度下的反应热。通过上述设计的计算途径 (a)，可计算出 CO 变换反应的 T-x 图中的绝热反应操作线方程。

$$n_0 y_{CO}^0 \Delta h_R^{T_1}(x_2 - x_1) + n_0 \bar{c}_{pm}(t_2 - t_1) = 0 \tag{4-26}$$

二、手工计算化学反应热

以下通过几个实例说明利用上述方法采用手工计算的步骤和过程。

【例 4-12】 甲醇氧化制造甲醛的反应式为：

$$CH_3OH(l) + \frac{1}{2}O_2(g) \longrightarrow HCHO(g) + H_2O(g)$$

试用标准生成热数据计算上述标准反应热。

解：由附录表 1-11 查得各组分的标准生成热数据如下：

组分	$CH_3OH(l)$	$HCHO(g)$	$H_2O(g)$
$\Delta h^0_{f,i}/(kJ/mol)$	-238.7	-118.4	-242.2

则由式(4-23)得：

$$\Delta h^0_R = -118.4 - 242.2 - (-238.7) = -121.9 kJ/mol\ CH_3OH(l)$$

【例 4-13】 由标准燃烧热数据计算乙烷脱氢的标准反应热。

解：乙烷脱氢的反应为：

$$C_2H_6(g) \Longrightarrow C_2H_4(g) + H_2(g)$$

由附录表 1-11 查得各组分的标准燃烧热数据如下：

组分	$C_2H_6(g)$	$C_2H_4(g)$	$H_2(g)$
$\Delta h^0_{c,i}/(kJ/mol)$	-1559.8	-1411	-285.9

则由式(4-24)得：

$$\Delta h^0_R = -1559.8 - (-1411 - 285.9) = 137.1 kJ/mol\ C_2H_6(g)$$

【例 4-14】 以烃类为原料的合成氨原料气生产过程的一段转化炉属于外热式反应器，转化炉管外可采用燃烧天然气的方法来提供反应管内转化反应所需的热量。若燃烧用空气（按 21%O_2、79%N_2 计）、天然气（按 100%CH_4 计）进口温度都为 100℃，燃烧过程热损失忽略不计，问：若要控制燃烧室中最高温度不超过 1000℃，则空气与天然气的摩尔比应取多少？此过程中氧气的过量百分数为多少？

解：以 1mol CH_4 为计算基准，配入空气为 x(mol)

反应式为：

$$CH_4 + 2O_2 \longrightarrow CO_2 + 2H_2O$$

(1) 经物料衡算得进、出口反应物、生成物如下表：

项目	入	口	出			口
组分	CH_4	空气	$H_2O(g)$	CO_2	O_2	N_2
物质的量/mol	1	x	2	1	$0.21x-2$	$0.79x$

(2) **热量衡算**

为计算方便，设计计算途径，如图 4-63 所示。

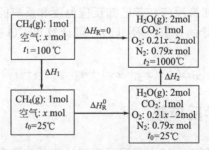

图 4-63 例 4-14 的热量衡算计算路径示意图

则：$\Delta H_R = \Delta H_1 + \Delta H^0_R + \Delta H_2 = 0$

① ΔH_1 的计算。为了避免进行大量的积分运算，手工计算通常采用以 T_0（t_0）为基

准的恒压平均热容的计算方法，即采用 $\Delta H_1 = \sum\limits_{i=1}^{N} n_i \bar{c}_{p,i}(t_0 - t_1)$ 的计算方法，由附录表1-9查得 298.15～373.15K 区间的 CH_4、O_2、N_2 的平均恒压摩尔热容数据如下：

CH_4：37.647J/(mol·K)

O_2：29.663J/(mol·K)

N_2：29.204J/(mol·K)

将上述数据代入计算式得：

$\Delta H_1 = (1 \times 37.647 + 0.21x \times 29.663 + 0.79x \times 29.204) \times (25 - 100) = -2823.5 - 2197.5x \text{(J)}$

② ΔH_R^0 的计算。查附录表 1-11 得：

组分	CH_4(g)	H_2O(g)	CO_2
$\Delta h_{f,i}^{\ominus}$/(kJ/mol)	−74.85	−242.2	−393.7

则由式(4-23)得：

$$\Delta H_R^0 = n_{反} \Delta h_R^0$$
$$= -393.7 + 2 \times (-242.2) - (-74.85) = -803.25 \text{(kJ)}$$

③ ΔH_2 的计算。与计算 ΔH_1 的方法相同，由附录表 1-9 查得 298.15～1000℃ 的各组分的平均恒压摩尔热容数据如下：

O_2：33.239J/(mol·K)

N_2：31.425J/(mol·K)

H_2O(g)：38.729J/(mol·K)

CO_2：49.899J/(mol·K)

$\Delta H_2 = [1 \times 49.899 + 2 \times 38.729 + (0.21x - 2) \times 33.239 + 0.79x \times 31.425] \times (1000 - 25)$
$= 59357.03 + 31010.79x \text{(J)}$

则由 $\sum \Delta H_i = 0$ 可得：$-746716.5 + 28813.26x = 0$

解得：$x = 25.92 \text{mol}$

故：甲烷/空气$=1/25.92$

由式(3-5)得氧气的过量百分数为：$(25.92 \times 0.21 - 2)/2 = 172.16\%$

三、采用 Excel 计算化学反应热

采用 Excel 计算化学反应热的方法大致可分为三种：

① 利用 Excel 单元格驱动求解，此法的具体步骤与手工计算完全相同。

② 利用 ExcelVBA 开发出各种物质的标准生成热数据函数，如 C_3H_8(g) 的标准生成热数据函数 Hf0 _ C3H8，这样只需在 Excel 单元格中输入：＝Hf0 _ C3H8（ ），即可得 C_3H_8(g) 的标准生成热数值，如图 4-64 所示。

图 4-64 C_3H_8 (g) 的标准生成热数据自定义函数

HfCH4 自定义函数代码如下：

```
Public Function Hf0_C3H8()  'C3H8(g)标准生成热,kJ/mol
  Hf0_C3H8=-103.8
End Function
```

这样，根据化学反应方程式，利用开发的各种物质的标准生成热数据函数，就可计算出标准化学反应热。

③ 利用 ExcelVBA，结合已开发的各种物质的标准生成热数据函数和恒压热容数据函数，开发出能计算任意温度下的化学反应热数据的自定义函数或直接由相关手册查得某物质反应热与温度的经验公式，将该经验公式直接编写成 ExcelVBA 自定义函数。

以下通过具体实例讲解如何利用上述方法①、②计算任意温度下的反应热。

【例 4-15】 甲烷氧化制甲醛，主、副反应如下：

主反应： $CH_4(g)+O_2 \longrightarrow HCHO(g)+H_2O(g)$

副反应： $CH_4(g)+2O_2 \longrightarrow CO_2+2H_2O(g)$

已知总转化率为 40%，主反应选择性 75%，各反应物的流量、温度如下表所示：

组分	原料		
	CH_4	O_2	N_2
流量/(kmol/h)	100	100	376
温度/℃	25	100	

产物的温度为 150℃，假设反应在常压下进行。试计算：①生成物中各物质的量和摩尔组成？②需从反应器中移走多少热量？

解：以 1h 为计算基准

(1) 物料衡算，利用 Excel 单元格驱动计算生成物中各物质的量和摩尔组成

将已知条件分别输入单元格中，由主、副化学反应方程中各物质的化学计量系数之间的关系计算出各生成物的量和摩尔组成，具体如图 4-65 所示。

F46   fx =B43*E40*F40

	A	B	C	D	E	F	G	H
40	(1) 物料衡算				40%	75%		
41	组分	原料			产物			
42		kmol/h	mol%	kg	计算式	kmol/h	mol%	kg
43	CH_4	100.00	17.36%	1600.00	100×(1－40%)	60.00	10.417%	960.00
44	O_2	100.00	17.36%	3200.00	100(1－40%(75%+2×25%))	50.00	8.681%	1600.00
45	N_2	376.00	65.28%	10528.00	376	376.00	65.278%	10528.00
46	HCHO				100×40%×75%	30.00	5.208%	900.00
47	CO_2				100×40%×25%	10.00	1.736%	440.00
48	H_2O				100×40%(75%+25%×2)	50.00	8.681%	900.00
49	合计	576.00	100.00%	15328.00		576.00	100.000%	15328.00

图 4-65 例 4-15 的物料衡算计算 Excel 示意图

说明：图 4-65 中质量计算列不是必需的，但该两列数据的计算，其合计值可帮助我们判断计算是否正确，因不管反应多么复杂，反应前后质量守恒，如图中单元格 D49 之值一定等于单元格 H49 之值。

(2) 热量衡算

为便于计算，设计以下计算途径，如图 4-66 所示。

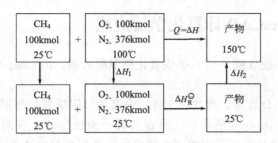

图 4-66 例 4-15 反应热计算路径示意图

由图 4-66 得：

$$Q=\Delta H=\Delta H_1+\Delta H_R^0+\Delta H_2$$

① ΔH_1 的计算。如图 4-67 所示，在单元格 B29 中输入：$=Q\_O2(100,100,25)+Q\_N2(376,100,25)$，得 $\Delta H_1=-1.050\times10^6\,kJ/h$。

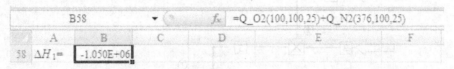

图 4-67 例 4-15 反应热计算中 ΔH_1 计算示意图

② ΔH_R^0 的计算。如图 4-68 所示，在单元格 B31 中输入：

$=((Hf0\_HCHO\_G()+Hf0\_H2O\_G()-Hf0\_CH4())*B43*E40*F40+(Hf0\_CO2()+2*Hf0\_H2O\_G()-Hf0\_CH4())*B43*E40*(1-F40))*1000$，得

$\Delta H_R^0=-1.654\times10^7\,kJ/h$

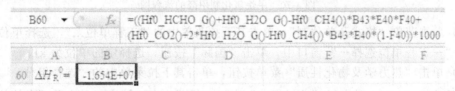

图 4-68 例 4-15 反应热计算中 ΔH_R^0 计算示意图

③ ΔH_2 的计算。如图 4-69 所示，在单元格 B33 中输入：

$=Q\_CH4(60,25,150)+Q\_O2(50,25,150)+Q\_N2(376,25,150)+Q\_HCHO(30,25,150)+Q\_CO2(10,25,150)+Q\_H2O(50,25,150)$，得：

$\Delta H_2=2.270\times10^6\,kJ/h$

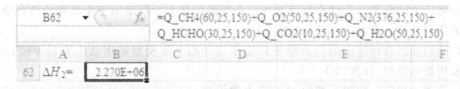

图 4-69 例 4-15 反应热计算中 ΔH_2 计算示意图

所以：$Q=\Delta H=\Delta H_1+\Delta H_R+\Delta H_2=-1.050\times10^6-1.654\times10^7+2.270\times10^6=-1.532\times10^7\,(kJ/h)$

☆思考：如何根据实际生产情况设计反应热的计算途径？

四、采用 ChemCAD 计算化学反应热

【例 4-16】 以上一题（例 4-15）甲烷氧化制甲醛为例，由 ChemCAD 进行求解。

解题步骤如下：

（1）启动 ChemCAD 界面，建立新文件，命名为"甲烷氧化制甲醛"。

（2）构建流程图如图 4-70 所示，①号设备为平衡反应器，在画图板中名称为"Equilbrium reactor"，可以通过画图板中的"查找单元设备图标"文本框输入"equil"或"平衡反应器"查找，也可以在"反应器图标"的分类中查找；②号设备为混合器，在画图板中名称为"Mixer"，可以通过画图板中的"查找单元设备图标"文本框输入"mix"或"混合器"查找，也可以在"管道和流动输出图标"的分类中查找；在这个画图板分类中还有进料箭头和产品箭头。

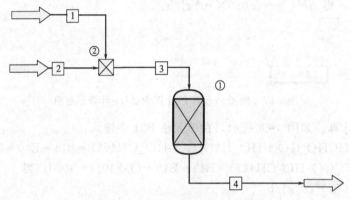

图 4-70　甲烷氧化制甲醛的流程图

（3）单击菜单"格式及单位制"，单击其下拉菜单中的"工程单位…"，选择单位制；从弹出的"－工程单位选择－"窗口中，单击"国际"按钮，选择焓的单位为 kJ。

（4）单击"热力学及物化性质"菜单按钮，单击其下拉菜单中的"选择组分…"或直接单击工具按钮"　"；弹出了"选择组分"窗口，如图 4-71。该窗口左边是"有效的组分数据库"，提供了软件自带组分数据库的查询，在"查询："的文本框中键入"CH4"或"ch4"或"Methane"，单击窗口中间的"＞"按钮或回车或双击"有效的组分数据库"框内的蓝色选中条，将甲烷组分加到右边的"选中的组分"，再依次将 O_2，N_2，甲醛（CH_2O），H_2O，CO_2，选中加入到右边的"选中的组分"，单击"确定"按钮。

（5）如果弹出了"－Thermodynamic Wizard（热力学向导）－"窗口，可以根据题意修改温度和压力的范围，软件会帮助选择一个合适的热力学模型用于全流程的热力学性质的计算；采用默认值，单击"OK"按钮。

（6）随后弹出软件建议的热力学方程提示框，相平衡模型采用状态方程（ESDK），焓的计算采用潜热模型（LATE）。

（7）单击"确定"按钮，弹出"－热力学设置（Thermodynamic Settings）－"窗口，可以通过"全流程相平衡常数（K 值）的选择"的下拉文本框，另选择其他状态方程如 SRK 或 PR 代替"ESD"状态方程；选择其他状态方程 SRK，如图 4-72 所示，单击"OK"。

（8）单击工具栏中的　进料信息编辑按钮，对流程中的进料信息进行编辑，包含了所有进料的一些基本性质，如温度，压力，气相分率，单位时间下的总焓值，流量，各组分的

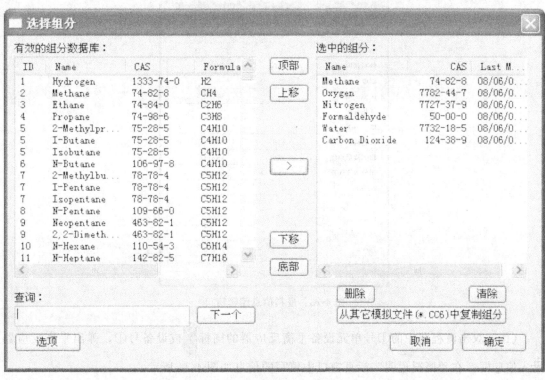

图 4-71 "选择组分"窗口

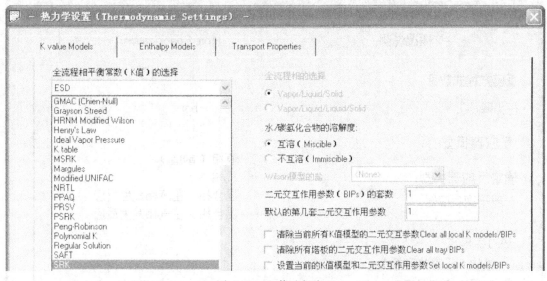

图 4-72 K 值选择窗口

分率或分流量等。弹出的"编辑物料信息"窗口,其信息填写如图 4-73,然后单击"编辑物料信息"窗口左上方的"闪蒸"按钮,对物料作一次相平衡计算,然后单击窗口右上方的"OK"按钮。

(9)双击流程图中的②号单元设备混合器的图标 ☒ 或设备号②,弹出混合器输入信息框;根据题目要求,无需改动,采用默认的混合模式,即根据进入该设备的两股物料的温度和压力计算混合后的温度、压力,然后单击"OK"按钮。

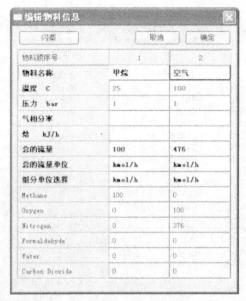

图 4-73　进料信息编辑窗口

（10）双击流程图中的①号单元设备平衡反应器的图标 或设备号①，弹出平衡反应器
输入信息框；在"概况说明"活页窗口中填写的信息如图 4-74 所示。

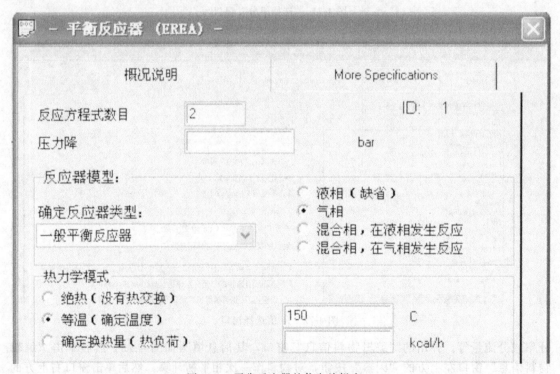

图 4-74　平衡反应器的信息编辑窗口

（11）单击图 4-74 中"OK"按钮，进入平衡反应器中第一个反应的数据编辑窗口，信
息填写和下拉框中信息选择如图 4-75 所示。

（12）单击图 4-75 中"OK"按钮，进入平衡反应器中第二个反应的数据编辑窗口，信

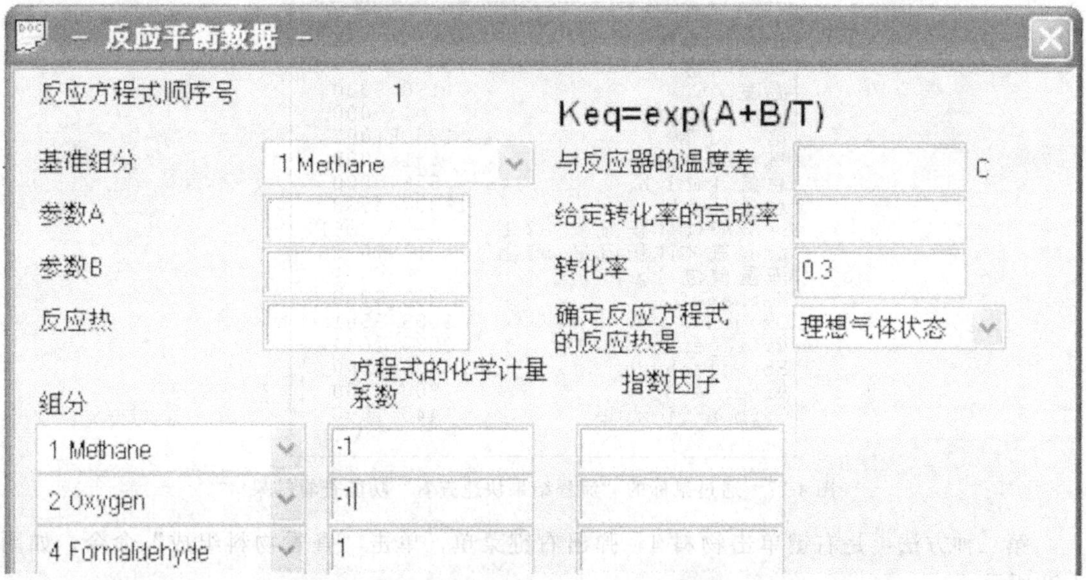

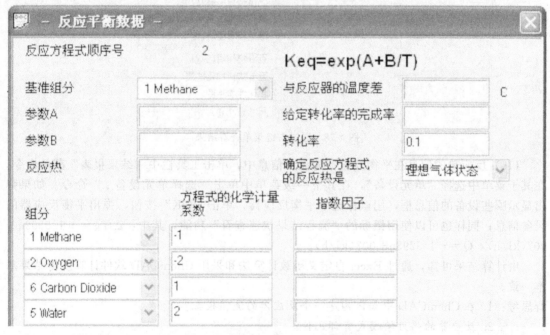

图 4-75 平衡反应器的第一个反应信息编辑窗口

息填写和下拉框中信息选择如图 4-76 所示，单击右下角 "OK" 按钮。

图 4-76 平衡反应器的第二个反应信息编辑窗口

（13）单击工具栏中的运行按钮 "R"，弹出消息窗口，显示 ChemCAD 对程序的检查结果，"ChemCAD Message Box" 窗口中显示该题输入数据的错误为零，随后单击窗口下方的按钮 "Yes"。

（14）计算完成，有多种方法查看结果：

第一种方法：是将鼠标放到平衡反应器的出料连线上，ChemCAD 会显示该物料的信息，如图 4-77 所示。

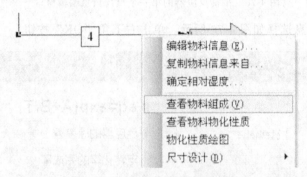

物料顺序号	4
物料名称	
温度 C	150.0000
压力 bar	1.0000
焓 kJ/h	-2.1733E+007
气相摩尔分率	1.0000
总量 kmol/h	576.0000
总量 kg/h	15337.4233
标准液体体积流量 m3/h	20.2861
标准气体体积流量 m3/h	12910.26
流量单位 kg/h	
Methane	962.5799
Oxygen	1599.9501
Nitrogen	10533.2644
Formaldehyde	900.7800
Water	900.7500
Carbon Dioxide	440.1000

图 4-77　通过鼠标的"流程结果快速查看"功能查看结果

第二种方法：是右键单击物料 4，弹出右键菜单，单击"查看物料组成"命令，如图 4-78所示。

图 4-78　通过右键菜单查看结果

(15) 反应热的信息在平衡反应器的设备信息中，单击工具栏中"结果报表"菜单命令，在其子菜单中选择"单元设备"，在其下一级菜单中单击"选择单元设备…"命令。如果弹出显示哪些设备的信息框，用鼠标选中平衡反应器，单击"OK"按钮，弹出平衡反应器的设备信息；同样也可以使用鼠标的"流程结果快速查看"功能，其中：$\Delta H_R = -1.6509e+007(kJ/h)$，$Q = -1.5293e+007(kJ/h)$。

由计算结果可知，通过 Excel 自定义函数计算法和采用 ChemCAD 软件计算所得结果基本一致。

☆思考：1. 在 ChemCAD 中如何构建一个反应器的流程模拟？

　　2. 反应器的热力学模式有哪几种？

　　3. 如何确定"基准物"和"转化率"？

　　4. 如何完成"平衡反应器"窗口中的信息编辑？

五、综合练习

已知条件：燃料的种类、初温 $(t_s/℃)$；空气的初温 $(t_a/℃)$、空气的过量百分数。求解：燃烧产物出口温度 $(t_2/℃)$？

解题过程：

（1）物料衡算

计算原料、燃烧产物的组成。

（2）各物质的热力学基础数据查询与计算

① 标准生成热数据。

② 由各物质的恒压摩尔热容数据及产物的组成计算产物的恒压摩尔热容。

（3）热量衡算

整个计算过程可设计成如图 4-79 的计算途径。

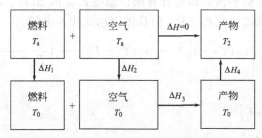

图 4-79 绝热燃烧出口温度计算示意图

由图 4-79 可得热平衡式：

$$\Delta H_1 + \Delta H_2 + \eta \Delta H_3 + \Delta H_4 = 0$$

式中　η——反应热的利用率，若为绝热反应，其值为 1。

以下对上式中各项分别说明。

① ΔH_1 的计算。燃料由初温 t_s 降温至 t_0（25℃）的放热量即焓变 ΔH_1 的计算，若为轻质燃料，如 CH_4、C_2H_6 等，通常不存在相变，属于显热计算，则 ΔH_1 的计算直接采用式(4-3b)，即：

$$\Delta H_1 = n_s \int_{T_s}^{T_0} c_p \mathrm{d}T = n_s \int_{T_s}^{T_0} (a_0 + a_1 T + a_2 T^2 + a_3 T^3) \mathrm{d}T$$

$$= n_s \left[a_0(T_s - T_0) + \frac{1}{2}a_1(T_s^2 - T_0^2) + \frac{1}{3}a_2(T_s^3 - T_0^3) + \frac{1}{4}a_3(T_s^4 - T_0^4) \right]$$

式中的恒压热容数据可查附录表 1-6 或相关手册。

但对于一些较重组分燃料，如 C_6H_{14}，正常沸点为 68.85℃，在初温由较高温度气态变化至 t_0 时，出现冷凝过程，需计算相变潜热，此种情况下 ΔH_1 的计算通常可分三部分，第一部分为燃料由初温 t_s 降温至对应压力的沸点 t_b 的放热量计算即焓变 ΔH_{11} 的计算，第二部分为沸点下的冷凝热即焓变 ΔH_{12} 的处理，可直接查附录表 1-11 或相关手册，查不到时可采用合适的经验公式估算，第三部分为液体燃料由 t_b 降温至 t_0（25℃）的放热量即焓变 ΔH_{13} 的计算，方法同 ΔH_{11} 的计算。

② 空气由初温 t_a 至 t_0 的放热量即焓变 ΔH_2 的计算，属于显热计算，可直接采用式(4-3a)，即：

$$\Delta H_2 = n_a \int_{T_a}^{T_0} c_p \mathrm{d}T = n_a \int_{T_a}^{T_0} (a_0 + a_1 T + a_2 T^{-2} + a_3 T^2) \mathrm{d}T$$

$$= n_a \left[a_0(T_a - T_0) + \frac{1}{2}a_1(T_a^2 - T_0^2) - a_2\left(\frac{1}{T_a} - \frac{1}{T_0}\right) + \frac{1}{3}a_3(T_a^3 - T_0^3) \right]$$

注意：上式中恒压热容系数由 O_2、N_2 两部分组成。

③ 标准反应热的计算，可采用标准生成热数据或标准燃烧热数据，具体可直接采用式

（4-23）或式（4-24）。

④ 燃烧产物由 t_0 升温至 t_2 的吸热量即焓变 ΔH_4 的计算，属于显热计算，即：

$$\Delta H_4 = n_p \int_{T_0}^{T_2} c_p \, \mathrm{d}T = n_p \int_{T_0}^{T_2} (a_{p0} + a_{p1}T + a_{p2}T^{-2} + a_{p3}T^2)\mathrm{d}T$$

$$= n_p \left[a_{p0}(T_2 - T_0) + \frac{1}{2}a_{p1}(T_2^2 - T_0^2) - a_{p2}\left(\frac{1}{T_2} - \frac{1}{T_0}\right) + \frac{1}{3}a_{p3}(T_2^3 - T_0^3) \right]$$

式中，$a_{pi} = \sum y_i a_{0i}$。

⑤ 由热量平衡计算出口温度 t_2。

将各部分计算值代入热平衡式即可计算出口温度 t_2，因 ΔH_1、ΔH_2、ΔH_3 可计算出具体数据，以下热平衡计算式中只将 ΔH_4 的具体表达式代入求解。

$$\Delta H_1 + \Delta H_2 + \eta \Delta H_3 + n_p \left[a_0(T_2 - T_0) + \frac{1}{2}a_1(T_2^2 - T_0^2) - a_2\left(\frac{1}{T_2} - \frac{1}{T_0}\right) + \frac{1}{3}a_3(T_2^3 - T_0^3) \right] = 0$$

整理后得：

$$\frac{a_{p3}}{3}T_2^4 + \frac{a_{p1}}{2}T_2^3 + a_{p0}T_2^2 +$$

$$\left[\frac{\Delta H_1 + \Delta H_2 + \eta \Delta H_3}{n_p} - \left(a_{p0}T_0 + \frac{a_{p1}}{2}T_0^2 - \frac{a_{p2}}{T_0} + \frac{a_{p3}}{3}T_0^3 \right) \right] T_2 - a_{p2} = 0$$

上式可采用 Newton 迭代法或单变量求解等方法，以下举例说明。

【例 4-17】 乙烷充分燃烧，空气用量为理论量的 175%，乙烷初温为 120℃、空气初温为 100℃。试计算每 100mol 燃烧产物需要多少（mol）空气？若燃烧过程在绝热下进行，最终温度为多少（℃）？

解：乙烷燃烧反应为：$C_2H_6 + 3.5O_2 \longrightarrow 3CO_2 + 3H_2O$

（1）物料衡算

基准：1mol C_2H_6，以下采用 Excel 计算，如图 4-80 所示。

	D13	▼	f_x	=100*F11/0.79		
	A	B	C	D	E	F	G
2	解：反应式为：			C_2H_6	O_2	CO_2	H_2O
3	$C_2H_6+3.5O_2\rightarrow3CO_2+3H_2O$			1	3.5	2	3
4	（1）物料衡算			120	100		
5	基准——1mol C_2H_6			1.75	1		
6		输入项			输出项		
7	组分	摩尔数	克数	组分	摩尔数	mol%	克数
8	C_2H_6	1	30	CO_2	2	6.52%	88
9	O_2	6.125	196	H_2O	3	9.78%	54
10	N_2	23.042	645.167	O_2	2.625	8.56%	84
11				N_2	23.042	75.14%	645.167
12	Σ	30.167	871.167	Σ	30.667	1.000	871.167
13	每100mol燃烧产物需空气量：			95.109			

图 4-80　例 4-17 物料衡算 Excel 截图

由图 4-80 得：每 100mol 燃烧产物需要 95.109mol 空气。

图 4-80 中各单元格中输入内容详见图 4-81。由图可知，对于乙烷而言，只需改变单元格 D5 中的空气过量百分数，Excel 即可自动计算出燃烧产物的组成及对应的空气需要量。若更换燃料种类，如其他烷烃、烯烃、炔烃等，只需根据化学反应方程式的化学计量系数

	C12		▼		f_x	=SUM(C8:C11)	
	A	B	C	D	E	F	G
7	组分	摩尔数	克数	组分	摩尔数	mol%	克数
8	C_2H_6	=D3	=B8*30	CO_2	=F3	=E8/E$12	=E8*44
9	O_2	=D3*E3*D5	=B9*32	H_2O	=G3	=E9/E$12	=E9*18
10	N_2	=B9/0.21*0.79	=B10*28	O_2	=B9-E3	=E10/E$12	=E10*32
11				N_2	=B10	=E11/E$12	=E11*28
12	Σ	=SUM(B8:B11)	=SUM(C8:C11)	Σ	=SUM(E8:E11)	=SUM(F8:F11)	=SUM(G8:G11)

图 4-81 例 4-17 物料衡算 Excel 计算输入公式截图

值，更换单元格 D3～G3 中的数值，就可实现对应物料平衡计算。

（2）热量衡量

① ΔH_1 的计算。查附录表 1-6 可得乙烷的 $c_p = f(T)$ 表达式，代入前面 ΔH_1 的计算式即可。此处采用 Excel 自定义函数计算，如图 4-82，输入：=Q_C2H6(1,D4,25)得：

$\Delta H_1 = -5601.46J$

	D15		▼		f_x	=Q_C2H6(1,D4,25)
	A	B	C	D	E
15	①原料乙烷降温放热量:			-5601.46	

图 4-82 例 4-17 热量衡算 ΔH_1 Excel 计算截图

② ΔH_2 的计算。方法同 ΔH_1，如图 4-83，输入：=Q_O2(B9,E4,25)+Q_N2(B10,E4,25)

	D16		▼		f_x	=Q_O2(B9,E4,25)+Q_N2(B10,E4,25)		
	A	B	C	D	E	F	G
16	②空气降温放热量:			-64355.28			

图 4-83 例 4-17 热量衡算 ΔH_2 Excel 计算截图

$\Delta H_2 = -64355.28J$

③ ΔH_3 的计算，即标准反应热计算。可采用如图 4-64 的方法，先将各物质的标准生成热数据编写成自定义函数再根据反应式与式（4-23）直接在 Excel 输入计算式，如：=F3 * Hf0_CO2()＋G3 * Hf0_H2O_G()-HF0_C2H6()。或由附录表 1-11 查得各物质的数据后再进行计算，如图 4-84 所示。

	C22		▼		f_x	=G3*E21+F3*D21-D3*C21
	A	B	C	D	E
19	查附表1-11得各物质的标准生成热数据				
20	组 分		$C_2H_6(g)$	CO_2	$H_2O(g)$
21	$\Delta h_{f,i}^0$ kJ/mol		-84.68	-393.7	-242.2
22	则：$\Delta H_R^0=$		-1429.320	kJ/mol	

图 4-84 例 4-17 热量衡算 ΔH_3 Excel 计算截图

由图 4-84 得标准反应热为：

$\Delta H_3 = -1429.30kJ$

④ ΔH_4 的计算。由于出口温度 T_2 未知，无法计算出 ΔH_4 的具体数值，但出口物料的

数量和组成已由物料平衡计算得到，因此根据出口物料组成先计算出口物料的恒压热容，再计算出带 T_2 的 ΔH_4 的表达式。

具体处理过程如图 4-85 所示。

	D30		f_x {=SUM(C26:C29*D26:D29)}			
	A	B	C	D	E	F	G

	A	B	C	D	E	F	G
23	④生成物由T_0升至T_2吸收的热量						
24	查附表1-6得各物质的恒压热容数据						
25	组 分	mol数	mol%	a_0	a_1	a_2	a_3
26	CO_2	2	6.52%	28.66	3.570E-02	0	-1.036E-05
27	H_2O	3	9.78%	30.00	1.071E-02	3.347E+04	0
28	O_2	2.625	8.56%	29.96	4.184E-03	-1.674E+05	0
29	N_2	23.042	75.14%	27.87	4.268E-03	0	0
30	Σ	30.667	1.000	28.309	6.941E-03	-1.105E+04	-6.757E-07

图 4-85　例 4-17 出口物料恒压热容 Excel 计算截图

由图 4-85 得产物的恒压热容为：

$$c_p = a_{p0} + a_{p1}T + a_{p2}T^{-2} + a_{p3}T^2 = 28.309 + 6.941 \times 10^{-3}T - 1.105 \times 10^4 T^{-2} - 6.757 \times 10^{-7}T^2$$

将 ΔH_1、ΔH_2、ΔH_3 的计算值，$\eta = 1$ 代入前面热平衡计算式整理后得：

$$-2.252 \times 10^{-7}T_2^4 + 3.470 \times 10^{-3}T_2^3 + 28.309T_2^2 - 5.767 \times 10^4 T_2 + 1.105 \times 10^4 = 0$$

由 Newton 迭代法或单变量求解法可得：$T_2 = 1716.10K$（1442.95℃）。出口温度的 Excel 求解如图 4-86 所示。

	G40		f_x =Newton4(A37,B37,C37,D37,E37,F37,G37)			

	A	B	C	D	E	F	G
36	初值	精度	T^4	T^3	T^2	T	常数
37	1700	1.00E-04	-2.252E-07	3.470E-03	28.309	-5.767E+04	1.105E+04
38				-9.009E-07	1.041E-02	5.662E+01	-5.767E+04
39	单变量求解得:				Newton迭代法		T_2/K
40		T_2/K	1716.10	5.830E-09			1716.10
41		t_2/℃	1442.95				1442.95

图 4-86　例 4-17 出口温度 Excel 计算截图

☆思考：将例 4-17 反算，即已知乙烷初温为 120℃、空气初温为 100℃，绝热反应出口温度为 1442.95℃，计算空气的过量百分数？

六、技能拓展——绝热反应 ExcelVBA 自定义函数

将例 4-17 的计算过程编写成 ExcelVBA 自定义函数，可迅速、准确地获得最终出口温度，其求解过程如图 4-87 所示。

如图 4-87，在单元格 G150 中输入：=t_C2H6(C150,D150,E150,F150)

得：$t_2 = 1442.95$℃，与图 4-86 的计算结果完全相同。

自定义函数 t_C2H6(t1,t2,A,Ex) 的完整代码如下：

Public Function t_C2H6(t1,t2,A,Ex) As Double

'以乙烷为例：$C_2H_6 + 3.5O_2 \longrightarrow 2CO_2 + 3H_2O$，已知燃料初温 t1，空气的初温 t2，空气的过量百分数 A，反应热利用率 Ex，计算绝热燃烧出口温度

	A	B	C	D	E	F	G
149	物质	原料状态	初温1	初温2	空气/理论	反应热利用率	绝热终温 ℃
150	C₂H₆	G	120	100	1.75	1	1442.95

G150 ▼ fx =T_C2H6(C150,D150,E150,F150)

图 4-87 例 4-17 出口温度 ExcelVBA 自定义函数计算截图

If (Ex<=0)Or(Ex>1)Then

MsgBox"反应热利用每当范围已超出，请重输!",48,"反应热利用系数范围输入提示，其值必须在 0～1 或 0～100％之间"

Exit Function

End If

Dim NO2_1,NN2,NO2_2,NCO2,NH2O,nT,YO2,YN2,YCO2,YH2O

'依次为原料氧，氮的 mol 数；产物中氧，二氧化碳，水蒸气 mol 数；产物总 mol 数；产物中氧，氮，二氧化碳，水蒸气的 mol 分率

Dim A0,A1,A2,A3,TK0,t0,H1,H2,H3,B4,B3,B2,B1,B0,TK

'A0,A1,A2,A3 依次为产物恒压热容表达式中的各系数值；TK0＝298.15K,t0＝25℃

'H1,H2 分别为燃料，空气降温至 t0 的放热量即焓变；H3 标准反应热

'B4,B3,B2,B1,B0 分别为最终热平衡表达式中出口温度 4,3,2,1,0 次方前的系数

'TK 出口温度估算值

'(1)物料衡算

NO2_1＝3.5 * A

NN2＝NO2_1/0.21 * 0.79

NO2_2＝NO2_1-3.5

NCO2＝2

NH2O＝3

nT＝NCO2＋NH2O＋No2_2＋NN2

YO2＝NO2_2/nT

YN2＝NN2/nT

YCO2＝NCO2/nT

YH2O＝NH2O/nT

'热量衡算

t0＝25

'H1 的计算，1mol 乙烷由初温降至 t0 的显热计算

H1＝Q_C2H6(1,t1,t0)

'H2 的计算，空气由初温降至 t0 的显热计算

H2＝Q_O2(NO2_1,t2,t0)+Q_N2(NN2,t2,t0)

'H3 的计算，皆为气相标准反应热由教材附录表 1-11 查得，计算值为-1429320

H3＝-1429320

'产物恒压热容表达式中的各系数值的计算值，原始数据由附录表 1-6 查得

A0＝28.66 * YCO2＋30＃ * YH2O＋29.96 * YO2＋27.87 * YN2

A1＝0.0357 * YCO2＋0.01071 * YH2O＋0.004184 * YO2＋0.004268 * YN2

A2＝0 * YCO2＋33470＃ * YH2O-167400＃ * YO2＋0 * YN2

A3＝－0.00001036 * YCO2

TK0＝298.15

B4＝A3/3

B3＝A1/2

B2＝A0

B1＝(H1＋H2＋Ex * H3)/nT-(A0 * t0＋A1/2 * t0^2-A2/t0＋A3/3 * t0^3)

B0＝-A2

TK＝-(H1＋H2＋H3)/nT/36＋298.15

T_C2H6＝Newton4(TK,0.0001,B4,B3,B2,B1,B0)-273.15

End Function

说明：乙烷与空气中氧气燃烧反应出口温度计算 t_C2H6(t1,t2,A,Ex) 自定义函数中涉及到另外几个自定义函数，它们分别为：

Q_C2H6(n,t1,t2)、Q_O2(n,t1,t2)、Q_N2(n,t1,t2)，用于计算 n(mol) 乙烷气体、氧气、氮气温度变化过程显热计算，t1、t2 为过程的始终点温度，单位为℃。

Newton4(T0,ESP,B4,B3,B2,B1,B0) 采用 Newton 迭代法求解一元四次非线性方程的根，其中 T0 为方程的初值、ESP 为迭代精度（可取 10^{-4}）、B4～B0 分别为一元四次非线性方程的 4 次方～常数项值。

☆思考：试编写例 4-17 的 ExcelVBA 反算自定义函数如图 4-88，即已知乙烷、空气初温、绝热反应出口温度，计算空气的过量百分数？

	G152			f_x	=X_C2H6(C152,D152,E152,F152)	
	A	B	C	D	E	F	G
149	物质	原料状态	初温1	初温2	空气/理论	反应热利用率	绝热终温/℃
150	C_2H_6	G	120	100	1.75	1	1442.95
151	物质	原料状态	初温1	初温2	绝热终温/℃	反应热利用	空气过量%
152	C_2H_6	G	120	100	1442.95	1	75.0%

图 4-88　例 4-17 入口空气过量百分数 ExcelVBA 自定义函数计算截图

*任务 五

计算气体压缩功

知识目标

掌握理想气体三种单级可逆压缩功的计算方法，掌握理想气体可逆多级最小功的计算方法，熟悉原动机功率估算的方法。

能力目标

能用 Excel 计算理想气体各类压缩功，能用 ChemCAD 计算气体的各类压缩功。

气体压缩过程在化工生产过程中是常见的，例如合成氨生产过程中原料气的压缩，冰机对气氨的压缩，空分装置中对空气的压缩，烃类裂解过程中裂解气的压缩等，气体压缩过程的动力消耗在生产总能耗中占很大的比重。由此可见，讨论各种压缩过程理论功耗与实际功耗、如何降低压缩过程的能耗、如何合理选择压缩机的功率以及如何合理选择与压缩相匹配的原动机的功率等对化工生产过程具有重要意义。

☆思考：气体压缩有哪几种方式？

一、压缩功的计算方法

（1）理想气体等温可逆压缩功的计算

$$W_{S(R),T} = \int_{p_1}^{p_2} \frac{nRT}{p} dp = nRT \ln \frac{p_2}{p_1} \tag{4-27}$$

式中　　n——气体的物质的量，mol、kmol 或流量 mol/h、kmol/h；

　　$\dfrac{p_2}{p_1}$——压缩机出口压力与进口压力之比，称压缩比。

（2）理想气体单级可逆绝热压缩功的计算

$$W_{S(R),S} = \frac{k}{k-1} nRT_1 \left[\left(\frac{p_2}{p_1} \right)^{\frac{k-1}{k}} - 1 \right] \tag{4-28}$$

式中　k——绝热指数，对于理想气体的单原子气体 $k=1.667$；双原子气体 $k=1.40$；多原子气体 $k=1.333$。

（3）理想气体单级可逆多变压缩功的计算

气体在实际压缩过程中，通常既不会是等温过程，又不可能是绝热过程，而是介于等温和绝热之间的多变过程。

理想气体可逆多变过程方程与可逆绝热方程相同，只需将绝热指数换成多变指数即可，即：

$$W_{S(R)} = \frac{\beta}{\beta-1} nRT_1 \left[\left(\frac{p_2}{p_1} \right)^{\frac{\beta-1}{\beta}} - 1 \right] \tag{4-29}$$

式中　β——多变指数，其值范围在 $-\infty \sim +\infty$ 之间。

【例 4-18】 设空气的初态参数为 $p_1 = 0.1033\text{MPa}$，$t_1 = 15.6℃$。今将其压缩到终态 $p_2 = 1.760\text{MPa}$。试比较等温、绝热和多变过程的理论功耗和终点温度。已知空气的多变指数 $\beta = 1.25$。

解： 以 1kmol 空气为计算基准，空气在压力较低时可以看成是理想气体，则

（1）等温压缩理论功耗

$$W_{S(R),T} = nRT_1 \ln \frac{p_2}{p_1} = 1 \times 8.314 \times (15.6+273) \times \ln \frac{1.76}{0.1033} = 6803.4(\text{kJ})$$

（2）绝热压缩过程理论功

$$W_{S(R),S} = \frac{k}{k-1} nRT_1 \left[\left(\frac{p_2}{p_1} \right)^{\frac{k-1}{k}} - 1 \right] = \frac{1.4}{1.4-1} \times 1 \times 8.314 \times (15.6+273) \times \left[\left(\frac{1.760}{0.1033} \right)^{\frac{1.4-1}{1.4}} - 1 \right]$$
$$= 10482.2(\text{kJ})$$

（3）多变压缩压缩理论功

$$W_{S(R),\beta} = \frac{\beta}{\beta-1} nRT_1 \left[\left(\frac{p_2}{p_1} \right)^{\frac{\beta-1}{\beta}} - 1 \right] = \frac{1.25}{1.25-1} \times 8.314 \times (15.6+273) \times \left[\left(\frac{1.760}{0.1033} \right)^{\frac{1.25-1}{1.25}} - 1 \right]$$
$$= 9155.3(\text{kJ})$$

压缩过程的终态温度为：

绝热压缩　$T_2 = T_1 \left(\dfrac{p_2}{p_1} \right)^{\frac{k-1}{k}} = 288.6 \times \left(\dfrac{1.760}{0.1033} \right)^{\frac{1.4-1}{1.4}} = 648.8(\text{K})$、$t_2 = 648.8 - 273 = 375.8(℃)$

多变压缩　　$T_2 = 288.6 \times \left(\dfrac{1.760}{0.1033} \right)^{\frac{1.25-1}{1.25}} = 508.8(\text{K})$、$t_2 = 235.8(\text{℃})$

从上面的计算可以看出，在 $1 < \beta < k$ 的条件下，当压缩比一定时，等温压缩的功耗最小，终温最低；绝热压缩功耗最大，终温最高；多变压缩功耗和终温介于上述二者之间。

将上述三种压缩过程可在一 p-V 图进行比较，如图 4-89 所示，图中 1→2 表示可逆等温压缩过程，1→2′ 表示可逆多变压缩过程，1→2″ 表示可逆绝热压缩过程，相应地面积 12341、12′341、12″341 分别表示上述三种可逆压缩过程的压缩功耗，同样很明显，可逆等温压缩过程功耗最小，可逆绝热压缩过程功耗最大。

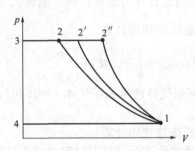

图 4-89　三种单级理论压缩过程功耗比较

☆**思考**：为什么绝热压缩功大于等温压缩功？如何降低压缩终温？

（4）多级压缩的必要性

多级压缩在工程上也称多段压缩。工程上气体的压缩通常都是采用这种压缩方法，将压缩进行分级（或分段）的主要原因有以下几个方面。

① 控制压缩终温。从前面的例 4-18 可以看出，绝热压缩的终温大于多变压缩的终温，且这两种压缩产生的终温都比较高。一般压缩无机气体，如合成氨原料气时，终温不超过 140℃，对应的压缩比为 3；压缩有机混合气体时，如烃类裂解的气体时，压缩终温一般要求控制在 90～100℃，对应的压缩比只有 2 左右。对于往复式压缩机，为减小活塞与气缸之间的摩擦，通常必须使用润滑油，在温度大于 140℃时，润滑油会产生结焦等现象，从而会影响压缩机的正常运行；另外，过高的压缩终温还可能引起被压缩的气体本身或气体之间产生化学反应等，甚至发生爆炸等危险；再者，当终温比较高时，压缩机的材质及结构也会因此而产生影响。如果采用分级压缩，可以有效地控制压缩终温，避免上述现象的发生。

② 降低压缩功耗。如图 4-90 所示的二级压缩过程示意图，现以绝热压缩过程为例，图中 1→9 为等温压缩过程，1→2 为气体在低压缸内的绝热压缩过程，2→3 为段间气体的定压冷却过程，3→4 为气体在高压缸内的绝热压缩过程。该二级压缩过程的总功耗为每一级功耗之和。在 p-V 图上，总功耗相当于面积 7123457，其面积为第一级功耗 71267 与第二级功耗 63456 之和。而当只采用一级绝热压缩时，面积则相当于图中的 71857。很明显，由于分级节省了 32843 的面积相当的功耗。所以，当要求的进、出口压力一定（即压缩比一定）时，采用分级压缩可以有效地节省功耗。从理论上讲，分级越多，整个压缩过程越接近等温线，所耗的压缩功也就越少，这是其一。

此外，压缩级数越少，则每一级的出口压力就越高，以往复式压缩机为例，如图 4-91 所示，实际压缩机中由于余隙内的气体在进气时膨胀所占的体积就越大，压缩机的容积效率就越小，当膨胀后气体的体积达到压缩机的最大吸气容积时，压缩机将无法压出气体。由于压缩机余隙的影响，使得压缩机的功耗增加。而采用分级后，由于每段压缩的压缩比都不大，使得余隙的影响减小，功耗也就可以降低。

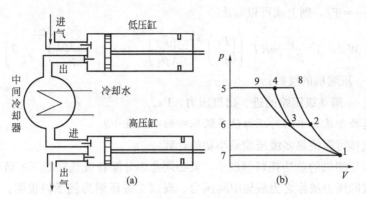

图 4-90　二级活塞式压缩机示意及对应 p-V 图

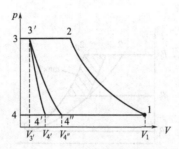

图 4-91　压缩机的余隙影响

所谓容积效率是指一个循环吸入的新鲜气体积与活塞位移容积之比。由图 4-91 可知，当压缩机出口压力较低时，余隙体积 $V_{3'}$ 膨胀后成为 $V_{4'}$；当压缩机出口压力较高时，余隙体积 $V_{3'}$ 膨胀后成为 $V_{4'}$。于是两种出口压力下的容积效率（φ）分别为：

$$\varphi_1 = \frac{V_1 - V_{4'}}{V_1 - V_{3'}}, \varphi_2 = \frac{V_1 - V_{4''}}{V_1 - V_{3'}}$$

显然，$\varphi_1 > \varphi_2$。但是如果分的级数越多，压缩机的结构就越复杂，对制造、安装、检修等的成本和困难就越大，并且分级越多，气体的流动阻力也就越大。所以，在工程上一般都不采用较多的级数，通常为 2~4 级，具体可视初、终态压力及被压缩的气体性质、压缩机的类型而定。

③ 满足工艺过程的要求。在以气体为原料的生产过程中，为了满足在生产过程中不同工段对压力的要求，通常将气体不断从压缩机中引出，经相应的处理后再引入下一个工段。如合成氨过程中各个工段对气体的压力要求各不相同。所以，客观上为了满足不同工艺过程对压力的不同要求，压缩过程也就必须进行分段。

（5）多级可逆压缩功的计算

多级可逆压缩的功耗，为各级压缩功耗之和。假如被压缩的为理想气体，在压缩过程中气体的量保持不变，气体经每一级压缩后，都能冷却到第一级进气的温度，若每一级的压缩均为多变压缩，则多级多变压缩所耗的功的总和为：

$$W_{S(R),\beta} = \frac{\beta}{\beta-1} p_1 V_1 \left[\left(\frac{p_2}{p_1} \right)^{\frac{\beta-1}{\beta}} - 1 \right] + \frac{\beta}{\beta-1} p_2 V_2 \left[\left(\frac{p_3}{p_2} \right)^{\frac{\beta-1}{\beta}} - 1 \right] + \cdots$$

$$+ \frac{\beta}{\beta-1} p_\theta V_\theta \left[\left(\frac{p_{\theta+1}}{p_\theta} \right)^{\frac{\beta-1}{\beta}} - 1 \right]$$

若 $T_1 = T_2 = \cdots = T_\theta$，则上式可以写成：

$$W_{S(R),\beta} = \frac{\beta}{\beta-1} nRT_1 \left[\left(\frac{p_2}{p_1}\right)^{\frac{\beta-1}{\beta}} + \left(\frac{p_3}{p_2}\right)^{\frac{\beta-1}{\beta}} + \cdots + \left(\frac{p_{\theta+1}}{p_\theta}\right)^{\frac{\beta-1}{\beta}} - \theta \right] \tag{4-30}$$

式中　　θ——压缩机的级数；

p_θ，$p_{\theta+1}$——第 θ 级压缩的进、出口压力，Pa。

☆思考：怎样选择合适的中间的压力使多级压缩的功耗最小？

(6) 理想气体可逆绝热多级压缩最小功的计算

为了使多级压缩机的总功耗减到最小，就必须合理分配各级气缸的压缩负荷，也就是要合理地选择一个段间压力或称之为最佳中间压力。现以二级压缩为例予以说明。如图 4-92 所示，要使二级压缩功耗最小，则必须选择合适的中间压力 p_2，使图中阴影部分的面积最大。按式 (4-30)，则压缩机的总压缩功为：

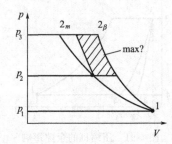

图 4-92　二级最佳多变压缩示意图

$$W_{S(R),\beta} = \frac{\beta}{\beta-1} nRT_1 \left[\left(\frac{p_2}{p_1}\right)^{\frac{\beta-1}{\beta}} + \left(\frac{p_3}{p_2}\right)^{\frac{\beta-1}{\beta}} - 2 \right] \tag{4-31}$$

为了使压缩功最小，则须符合下面的条件：

$$\left(\frac{\partial W_{S(R),\beta}}{\partial p_2}\right)_{p_1,p_3,\beta} = 0 \tag{4-32}$$

将式 (4-31) 代入式 (4-32)，整理得：

$$\frac{p_2}{p_1} = \frac{p_3}{p_2} = r \tag{4-33a}$$

式中　　r——压缩比。

从式 (4-33a) 可以看出，对二级压缩机来讲，当 $\frac{p_2}{p_1} = \frac{p_3}{p_2}$ 时，即两级采用相同的压缩比时，总功耗最小。同样，对于级数为 θ 的多级压缩过程，只要做到各级的压缩比相同，各级进气的温度相同，则压缩过程的总功耗就最小。

$$r = \frac{p_2}{p_1} = \frac{p_3}{p_2} = \cdots = \frac{p_{\theta+1}}{p_\theta} \tag{4-33b}$$

如果只知道进口和最后出口的压力，那么级数为 θ 的可逆多变压缩过程的最小功耗为：

$$W_{S(R),\beta} = \frac{\beta}{\beta-1} nRT_1 \left[(r)^{\frac{\beta-1}{\beta}} + (r)^{\frac{\beta-1}{\beta}} + \cdots + (r)^{\frac{\beta-1}{\beta}} - \theta \right]$$

因为 $\frac{p_{\theta+1}}{p_1} = r^\theta$，所以 $r = \left(\frac{p_{\theta+1}}{p_1}\right)^{\frac{1}{\theta}}$，代入上式得：

$$W_{S(R),\beta} = \frac{\theta\beta}{\beta-1} nRT_1 \left[\left(\frac{p_{\theta+1}}{p_1} \right)^{\frac{\beta-1}{\theta\beta}} - 1 \right] \tag{4-34}$$

以上是以可逆多级最佳多变压缩为例进行了说明，对于可逆多级最佳绝热压缩而言，其表达式与式(4-34)相似，只需将其中的多变指数 β 换成绝热指数 k 即可。

以上讨论的各类压缩过程的计算均系可逆条件下的理论压缩功，但在实际压缩过程中，由于存在各种不可逆的因素，使得实际压缩过程中所消耗的功率总是大于理论功率。上述计算只能作为与实际过程相比较的标准。

二、采用 Excel 计算各类压缩功

采用 Excel 进行各类压缩功的计算，只需将上述压缩功计算公式编写成相应的 ExcelVBA 自定义函数即可，如：

① 自定义函数 CompressN（P1，P2，r），用于计算已知初压 p_1、终压 p_2 和压缩比 r 时的压缩级数；

② 自定义函数 IdealGasWsT（n，T，P1，P2），用于已知理想气体的物质的量 n、初温 T_1、初压 p_1、终压 p_2 时可逆等温压缩功的计算；

③ 自定义函数 IdealGasWsS（X，k，n，T，P1，P2），用于已知理想气体的物质的量 n、初温 T_1、初压 p_1、终压 p_2、压缩级数 X、气体的绝热指数或多变指数 k 时可逆压缩功的计算。

以下是上述三个函数的 ExcelVBA 代码：

```
Public Function CompressN(P1,P2,r) As Double
    CompressN=Log(P2/P1)/Log(r)
End Function
Public Function IdealGasWsT(n,T,P1,P2) As Double
    IdealGasWsT=n * 8.314 * T * Log(P2/P1)
End Function
Public Function IdealGasWsS(X,k,n,T,P1,P2) As Double
    IdealGasWsS=X * k/(k-1) * n * 8.314 * T * ((P2/P1)^((k-1)/X/k)-1)
End Function
```

【例 4-19】 设烃类裂解气（主要是 C_2H_4、C_3H_6 等）初态参数为 $p_1=0.1MPa$、$T_1=300K$。今将 1kmol 的原料气压缩到终态 $p_2=3.0MPa$。试比较等温、绝热压缩过程的理论功耗和终点温度。假设气体的绝热指数 $k=1.4$。若采用多级绝热压缩，压缩比控制在 2，你认为采用几级比较合适，并计算出对应的最小可逆压缩功和各段出口温度。

解：将已知条件输入 Excel 的各单元格中，利用上述自定义函数进行计算，具体结果如图 4-93 所示。

三、采用 ChemCAD 计算各类压缩功

【例 4-20】 使用一个等熵压缩机在 60℉（288.706K）、14.7psia（202678Pa）下把 100lbmol/h（45.3592kmol/h）的空气压缩到 147psia（1.11485×10^6Pa）的压力，通过 ChemCAD 模拟该系统。流程图如图 4-94 所示。

在流程模拟完成的最后需确定：

（1）完成压缩共需要多少能量？[用 hp 表示（1hp=744.700W）]

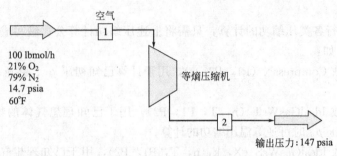

图 4-93　例 4-19 利用 ExcelVBA 自定义函数计算过程示意图

空气

100 lbmol/h
21% O₂
79% N₂
14.7 psia
60℉

等熵压缩机

输出压力：147 psia

图 4-94　等熵压缩机过程

（2）出口空气的温度是多少（℉）？

解题步骤说明：

（1）启动 CC6，通过"文件"下拉菜单命令"保存"，创建文件名为"压缩机 . cc6"。

（2）通过画图板中的"管道和流动输出图标"窗口内的图标，创建流程图如图 4-94 所示。

（3）通过"格式及单位制"下拉菜单命令"工程单位..."，选择英制单位制，并查看温度、压力、功率等的单位是否符合题目要求。

（4）选择组分：单击"热力学及物化性质"下拉菜单命令"选择组分..."，从组分数据库中选好 O₂，N₂。

（5）软件的专家系统提供了热力学方法，可以采用，也可以作适当的选择。

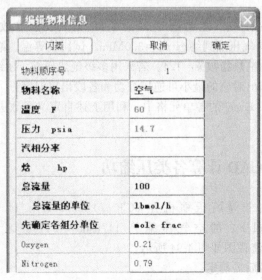

图 4-95　进料信息编辑窗口

（6）编辑进料信息：可以单击"工艺条件说明"下拉菜单命令"编辑进料信息"调出物料信息编辑窗口，也可以通过单击工具栏中的箭头按钮"→"调出物料信息编辑窗口，或者直接双击物料1的连线或顺序号1，也可以通过左侧的导航器窗口中"Stream ID 1"的右键菜单选择"编辑物料信息..."。进料信息编辑如图4-95所示。

（7）编辑压缩机操作条件：可以单击"工艺条件说明"下拉菜单命令"编辑设备信息"＞"选择设备"调出压缩机信息编辑窗口；其他多种调出该窗口的方式与上一步骤类似。菜单命令如图4-96所示。

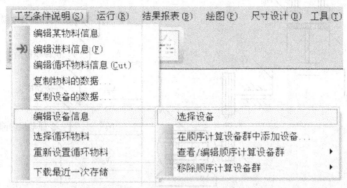

图4-96 调出设备信息窗口的菜单命令

（8）对压缩机信息窗口编辑如图4-97所示。选择等熵下操作模型代号，输出压力147psia，效率文本框可以不填，就采用默认值0.75；单击"OK"按钮。

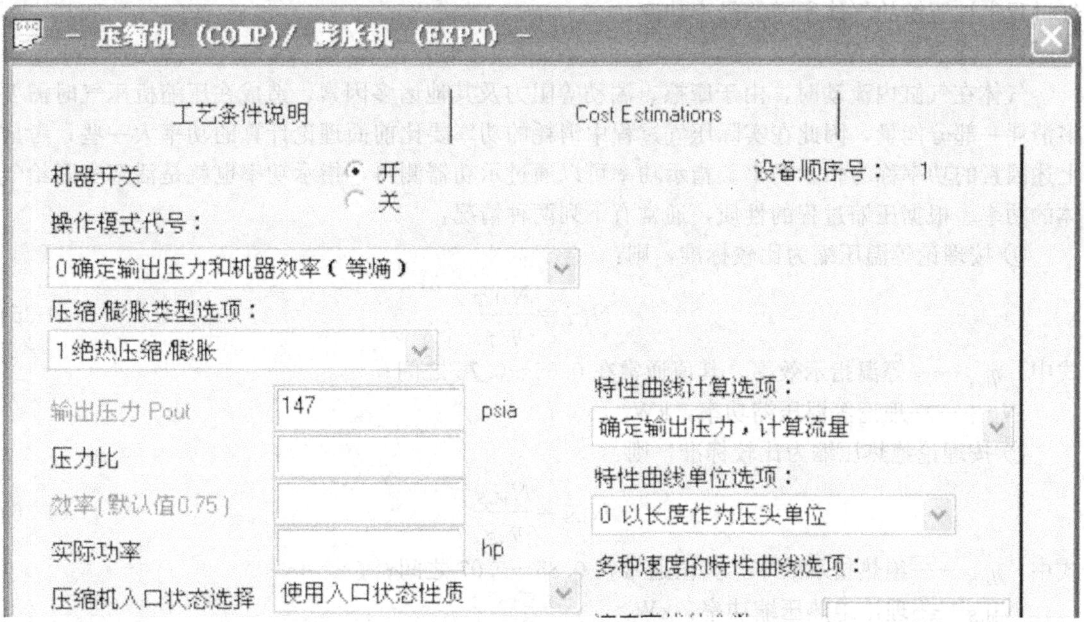

图4-97 压缩机信息编辑窗口

（9）单击工具栏中运行按钮"R"，通过鼠标停留在流程图的设备图标和物料线上，就可以查看计算结果：压缩机理论功率131.958hp，实际功率175.944hp，物料出口温度688.15℉。

☆**思考**：1. 压缩机的操作模式有哪几种？

2. "压缩/膨胀"的类型有哪几种？

3. 因压缩机是从动设备，实际生产过程中如何合理选择原动机的功率？

四、原动机功率的估算

前面对于压缩过程所耗功率的计算都是在规定条件下压缩气体时所需要的最小功耗。在实际应用中由于存在传动等各种损耗，实际输入的功率必然大于各种理论计算的功率。压缩过程的功率传递过程示意图如图 4-98 所示，下面分别予以说明。

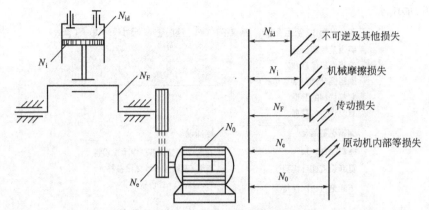

图 4-98　压缩机传动示意图及功率分布图

（1）理论功率 N_{id}

压缩机的理论功率是指按前面几种压缩过程进行计算所得到的可逆功率。也可以说是在压气过程中被压缩的气体所需的最小功率。

（2）指示功率 N_i

气体在气缸内流动时，由于摩擦、湍动等阻力及其他诸多因素，造成在压缩机压气时需要多消耗一部分能量，因此在实际压气过程中消耗的功率要比前面理论计算的功率大一些，考虑上述因素的功率称为指示功率。指示功率可以通过示功器测得，指示功率也就是活塞实际给气体的功率。根据压缩过程的性质，通常有下列两种情况：

① 按理论等温压缩为比较标准，则：

$$N_{i,T} = \frac{N_{id,T}}{\eta_{i,T}} \qquad (4-35)$$

式中　$\eta_{i,T}$——等温指示效率，其值通常在 $0.65 \sim 0.76$ 之间；

　　　$N_{id,T}$——理论等温压缩功率，kW。

② 按理论绝热压缩为比较标准，则：

$$N_{i,S} = \frac{N_{id,S}}{\eta_{i,S}} \qquad (4-36)$$

式中　$\eta_{i,S}$——绝热指示效率，其值通常在 $0.85 \sim 0.97$ 之间；

　　　$N_{id,S}$——理论绝热压缩功率，kW。

（3）轴功率 N_F

所谓轴功率就是原动机给压缩机轴的功率。主要克服压缩机内传动装置之间的摩擦等。所以压缩机的轴功率就必须大于活塞给气体的功率（指示功率）。

$$N_F = \frac{N_i}{\eta_m} \qquad (4-37)$$

式中　η_m——压缩机的机械效率，一般为 $0.88 \sim 0.92$。

（4）原动机的有效功率 N_e

原动机与压缩机之间往往是通过皮带、齿轮等传动机构进行连接，在机械传动的过程中存在功的损耗，所以原动机输出的有效功率就必须大于压缩机的轴功率。所谓原动机的有效功率就是指原动机必须输出的最小功率。

$$N_e = \frac{N_F}{\eta_c} \tag{4-38}$$

式中 η_c——传动效率。其值由传动方式决定。一般平带传动 η_c 为 $0.90\sim0.94$；V 带传动介于 $0.92\sim0.98$ 之间；齿轮变速箱传动介于 $0.96\sim0.99$ 之间；直接连接可取 1。

（5）原动机功率 N_0

由于原动机（如电动机等）本身内部在一些功的损失，同时为了保证压缩机工作运行可靠，选用的电动机的功率都要比原动机的有效功率大一些，一般可取：

$$N_0 = (1.1\sim1.2)N_e \tag{4-39}$$

具体选择原动机功率时，通常还需将上述计算结果进行圆整，最后才能确定。工程上，为了便于估算压缩机的实际功率，也可以直接采用压缩机效率来表示上述几个效率，即：

$$\eta = \frac{理论功率}{实际功率}$$

η 的值因压缩机的类型和生产能力的不同而取不同的经验值。

以上主要讨论了理想气体的各类压缩过程功耗的计算，其计算方法也同样可适用于鼓风机和液体输送设备泵的压缩功的计算。

对进出口压差很小的风机可采用下式计算可逆压缩功

$$W_{S(R)} = \overline{V}\Delta p \tag{4-40}$$

式中 $\overline{V}$——进出口平均体积或进出口平均状态下的体积。

对于泵输送液体的可逆压缩功的计算，若将液体视为不可压缩的流体，则：

$$W_{S(R)} = V\Delta p \tag{4-41}$$

单元四复习思考题

4-1 理想气体的显热如何计算？通常可采用哪几种处理方法？

4-2 如何利用 ExcelVBA 进行显热计算？试编写几个 ExcelVBA 自定义函数进行显热计算。

4-3 真实气体的显热如何计算？工程上有哪几种方法？

4-4 如何利用 ChemCAD 进行显热计算？

4-5 相变潜热的种类和处理方法？如何利用 ChemCAD 进行相变潜热计算？

4-6 混合热的种类及其处理方法？如何利用 ChemCAD 进行混合热计算？

4-7 反应器热平衡计算方法？绝热反应出口温度的计算？如何利用 ChemCAD 进行反应过程热效应的计算？

4-8 如何利用 Excel 进行反应热的计算？

4-9 气体压缩的几种方式及压缩功的计算？如何利用 Excel 进行压缩功计算？为什么要采用多级压缩？怎样才能使多级压缩功最小？实际压缩机的功率如何估算？

单元四习题

4-1 丙烷用 100% 过量空气燃烧，为此要在燃烧反应前，将 C_3H_8 和空气从 $30\,℃$ 预热到

300℃，对于每千克 C_3H_8，应供给多少热量？

4-2 试用 $c_p^* = f(T)$、真实恒压热容数据、平均恒压热容数据计算 O_2 从 240℃到 680℃的焓变。

4-3 试求水在 50℃时的蒸气压和汽化潜热，并与水蒸气表中数据进行比较。

4-4 混合物的部分汽化。含苯 50%（摩尔分数）的苯、甲苯混合物，温度为 10℃，连续加入汽化室内，在汽化室内混合物被加热至 50℃，压力为 4638.8Pa，气相中含苯 68.4%，液相中含苯为 40%，问 1kmol 进料需向汽化室提供多少（kJ）的热量？

4-5 计算 100kg25%H_2SO_4 与 50kg78%H_2SO_4 在 25℃、101325Pa 下混合的热效应。

4-6 如将 25℃的下述物质进行等质量混合，欲使最终所得混合液的温度仍是 25℃，试求混合时所释放的热量（以 kJ/kg 溶液表示）。①100%的 H_2SO_4 和水；②50%的 H_2SO_4 和水。

4-7 今有一气体混合物，其组成为：$SO_2 = 8\%$、$O_2 = 10\%$、$N_2 = 82\%$，在 1.1×10^5Pa、400℃时连续均匀地进入氧化炉，在氧化炉内有 98%的 SO_2 被氧化为 SO_3；氧化过程可认为等压，过程热损失忽略不计。试求：当气体离开氧化炉时的温度控制在 500℃时，需从氧化炉中移走多少热量？

4-8 某合成氨厂甲烷蒸汽转化一段炉需由天然气燃烧提供热量，设天然气组成为：96% CH_4、1.5%C_2H_6、2%N_2、0.5%CO_2（体积分数）（该组成忽略了其他成分）。天然气进口温度为 200℃，燃烧用空气温度为 25℃，空气用量为理论用量的 115%，若热损失为 7×10^6kJ/h，炉气出口温度为 1000℃，燃料天然气的用量为 3200m³（标准）/h，求燃料燃烧过程向反应管所提供的热量。空气组成为 79%N_2、21%O_2。燃烧系统为常压。

4-9 设合成氨原料气（主要是 H_2、N_2、CO）初态参数为 $p_1 = 0.1$MPa、$T_1 = 300$K。今将 1kmol 的原料气压缩到终态 $p_2 = 0.9$MPa。试比较等温、绝热压缩过程的理论功耗和终点温度。假设气体的绝热指数 $k = 1.4$。若采用多级绝热压缩，你认为采用几级比较合适，并计算出对应的最小可逆压缩功和各段出口温度。

4-10 试估算一年产 30 万吨 NH_3 厂原料气压缩的功率。已知原料煤气消耗为 3200m³（标准）/t 氨，初始状态为 0.1MPa、300K，合成工段为 32MPa，气体视为理想气体，流量不变，一年按 300 天计，压缩机为 7 段。

单元 五

典型化工过程工艺计算

任务 一

精馏设计与严格模拟

知识目标

理解轻、重关键组分的概念，理解回流比的概念，理解严格精馏的操作条件的合理组合，理解灵敏度分析的概念，理解精馏从简捷设计到严格模拟，再到尺寸设计的过程。

能力目标

掌握简捷精馏设计中对轻、重关键组分的设定，掌握严格精馏的操作条件的设定，使用灵敏度分析来优化严格精馏的设计，能使用 ChemCAD 进行精馏的简捷设计、严格模拟和尺寸设计。

一、采用 ChemCAD 进行精馏塔简捷设计计算

精馏设计采用芬斯克-恩特伍德-吉利兰-Kirkbride 公式（Fenske-Underwood-Gilliland-Kirkbride），芬斯克公式求解精馏塔的最少理论塔板数；恩特伍德公式求解最小回流比；吉利兰计算实际回流比及其对应的塔板数；Kirkbride 公式计算适宜的进料板位置，芬斯克公式也可以求解适宜的进料板位置。

【例 5-1】 使用简捷法设计一个脱乙烷塔，从含有 6 个轻烃的混合物中回收乙烷，进料组成（摩尔分数，%）：甲烷 5%，乙烷 35%，丙烯 15%，丙烷 20%，异丁烷 10%，正丁烷 15%；进料状态为饱和液相，压力为 2.736MPa。对产物分离要求见设计条件表 5-1。①求该塔的最小回流比，所需最少理论板数；②当实际回流比为最小回流比的 1.25 倍即 $R/R_m=1.25$ 时，该塔的实际塔板数和进料位置。

表 5-1 脱乙烷塔的设计条件

设计的分离要求	
馏出液中 C_3H_6 的回收率	0.915
馏出液中 C_2H_6 的回收率	0.063

189

解题步骤：

步骤1： 新建文件名"简捷设计"。

步骤2： 建立流程图，精馏塔用简捷精馏塔（shortcut column）的图标；流程如图5-1。

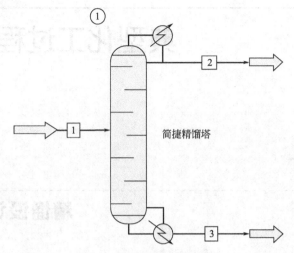

图5-1 简捷精馏塔流程图

步骤3： 选择流程的单位：单击"格式及单位制"菜单按钮，在其下拉菜单中选择"工程单位…"命令，以国际单位制为主，选择符合题意的单位（mol，K，MPa）。

编辑物料信息	
闪蒸	取消 确定
物料顺序号	1
物料名称	
温度 K	
压力 MPa	2.736
汽相分率	0
焓 MJ/h	
总流量	100
总流量的单位	mol/h
先确定各组分单位	mol/h
Methane	5
Ethane	35
Propene	15
Propane	20
I-Butane	10
N-Butane	15

图5-2 进料信息编辑窗口

步骤 4：单击菜单按钮"热力学及物化性质"，在其下拉菜单中单击"选择组分…"命令，然后依次将组分甲烷（Methane 或 CH_4）选中加入，将组分乙烷（Ethane 或 C_2H_6）选中加入，将组分丙烯（propene 或 C_3H_6）、丙烷（Propane 和 C_3H_8）选中加入，将组分异丁烷（i-butane 或 i-C_4H_{10}）选中加入，将组分正丁烷（n-butane 或 n-C_4H_{10}）选中加入。"OK"，软件弹出建议的 K 值与 H 值的方法（K=SRK，H=SRK），就采用系统提示的 K 值方法。

步骤 5：双击"物料 1"，在弹出的编辑物料信息窗口（如图 5-2 所示）的"压力 MPa"文本框中填入压力值 2.736，在"气相分率"文本框填入数值 0；各组分摩尔流量按题意填入即可，单击该窗口左上方的按钮"闪蒸"，软件算出温度和焓，单击"确定"。

步骤 6：双击流程图中单元设备精馏塔的图标或设备号①，弹出简捷精馏塔输入信息框；根据题目要求填写和选择如图 5-3。

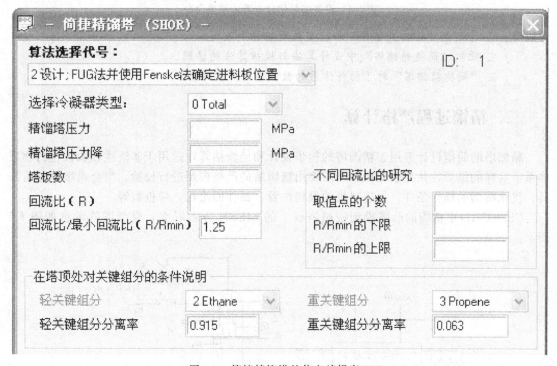

图 5-3 简捷精馏塔的信息编辑窗口

步骤 7：单击"R"按钮，运行流程的模拟计算。

步骤 8：查看设备 1——简捷精馏塔的计算结果和相关信息。如图 5-4 所示，单击菜单命令"结果报表/单元设备/选择单元设备…"，弹出"选择单元设备"窗口，用鼠标单击设备 1 或在窗口中输入数字 1，"OK"。

部分结果如下：

塔板数	17.756
最少塔板数	8.4369
进料板位置	9.8332
冷凝器换热量/（MJ/h）	−1.112
再沸器换热量/（MJ/h）	1.4334
最小回流比 $R_{\min}$	1.4583
回流比计算值	1.8229

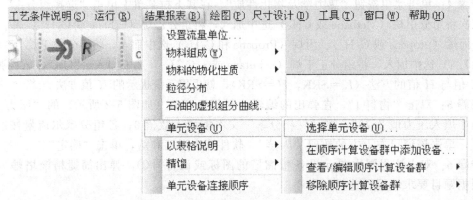

图 5-4　设备结果信息查看的菜单命令

☆思考：1. 什么是"轻关键组分"和"重关键组分"？
　　　　2. 比较"简捷精馏塔"中设计算法与校核算法的区别。
　　　　3. "简捷精馏塔"对于物料体系的极性有什么要求？

二、精馏过程严格计算

　　精馏塔的简捷设计常用于精馏塔的初步设计和经验估算，适用于非极性和弱极性的物质体系。这样的结果往往比较粗糙，还需要用精馏塔的严格模型进行校验，结合灵敏度分析工具，优化精馏的操作条件，如进料板的最佳位置，最佳回流比，塔板数等。

　　ChemCAD 中精馏的严格模型按照塔板上的 MESH 方程联立，模型塔的示意如图 5-5 所示。

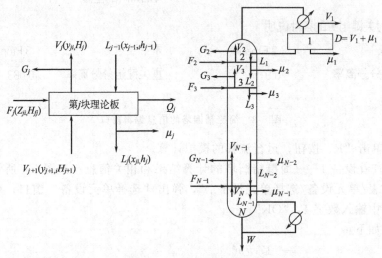

图 5-5　精馏塔的模型结构

　　该模型塔有 N 块理论板，包括一个塔顶冷凝器和一个再沸器。理论板的顺序是从塔顶向塔釜数，冷凝器为第一块板，再沸器为第 N 块板，除冷凝器与再沸器外每一块板都有一个进料 F；气相侧线出料 G；液相侧线出料 S 和热量输入或输出，若计算的塔不包括其中的某些项目，则设该参数为零，并假定每块板为一块理论板。

　　数学模型——MESH 方程组

在平衡级的严格计算中，必须同时满足 MESH 方程，它描述多级分离过程每一级达气液平衡时的数学模型。

① 物料平衡式（每一级有 C 个，共 NC 个，其中 C 为组分数），即 M 方程；

$$L_{j-1}x_{i,j-1} - (V_j+G_j)y_{ij} - (L_j+U_j)x_{ij} + V_{j+1}y_{i,j+1} = -F_j z_{ij}$$

② 相平衡关系式（每一级有 C 个，共 NC 个），即 E 方程；

$$y_{ij} = k_{ij}x_{ij} \tag{5-1}$$

③ 摩尔分率加和式（每一级有一个，共有 N 个），即 S 方程；

$$\sum x_{ij} = 1 \text{ 或} \sum y_{ij} = 1 \tag{5-2}$$

④ 热量平衡式（每一级有一个，共有 N 个），即 H 方程；

$$L_{j-1}h_{j-1} - (V_j+G_j)H_j - (L_j+U_j)h_j + V_{j+1}H_{j+1} = -F_j H_{Fj} + Q_j \tag{5-3}$$

除 MESH 模型方程组外，平衡常数和焓的关联式必须知道

$$k_{ij} = k_{ij}(T_j, p_j, x_{ij}, y_{ij}) \qquad NC \text{ 个} \tag{5-4}$$

$$h_j = h_j(T_j, p_j, x_{ij}) \qquad N \text{ 个} \tag{5-5}$$

$$H_j = H_j(T_j, p_j, y_{ij}) \qquad N \text{ 个} \tag{5-6}$$

将上述 N 个平衡级按逆流方式串联起来，有 $N_c^u = N(2C+3)$ 个方程和 $N_v^u = [N(3C+9)-1]$ 个变量。

设计变量总数 $N_i^u = NC+6N-1$ 个，固定 $N(C+3)$，可调 $3N-1$。

如：1) 各级 F_{ij}，z_{ij}，T_{Fj}，p_{Fj}，$N(C+2)$ 个；

2) 各级 p_j，N 个；

3) 各级 $G_j (j=2,\cdots,N)$ 和 $S_j (j=1,\cdots,N-1)$，$2(N-1)$ 个；

4) 各级 Q_j，N 个；

5) 各级 N，1 个。

在 $N(2C+3)$ 个 MESH 方程中，未知数为 x_{ij}，y_{ij}，L_j，V_j，T_j，其总数也是 $N(2C+3)$ 个，故联立方程组的解是唯一的。

精馏的 MESH 方程是一个庞大的方程组，求解方法比较复杂。根据求解方法，Chem-CAD 提供两类严格的精馏求解模型：内-外环法（inside-out）和联立校正法（simultane-ous）。

本节介绍如何应用 ChemCAD 中精馏塔的严格模型 SCDS，对精馏过程进行物料衡算和精馏塔温度分布计算。

【例 5-2】 已知塔的进料条件和操作要求如图 5-6 所示，求塔的温度分布和物料的各组分分布。

本题思路：普通精馏塔的流程是一进两出，需要知道进料信息和塔的操作信息。塔的操作信息主要有：①塔板总数，在 ChemCAD 中不把冷凝器和再沸器纳入塔板数，那么本题的塔板总数是 11；②进料板的位置应为 $7-1=6$；③塔的操作压力或压力降，本题的塔压是 2.76MPa；④如果精馏塔有一个冷凝器，就至少需要一个有关馏出液（气）的操作条件，本题给出了三个馏出液操作条件，只需要用其中一个即可；⑤如果精馏塔有一个再沸器，就至少需要一个有关釜液的操作条件，本题给出了两个釜液的操作条件，只需要用其中一个即可。

解题步骤：

步骤 1：建新文件名为"精馏"。

步骤 2：建立流程图如图 5-6 所示，精馏塔使用 SCDS 图标。

步骤 3：选择流程的单位：单击菜单"格式及单位制"⇒"工程单位…"，选择符合题

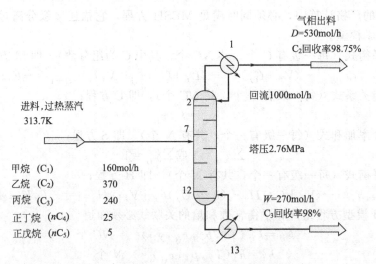

图 5-6 例 5-2 的进料条件和操作要求

意的单位（mol，K，MPa）。

步骤 4：单击菜单按钮"热力学及物化性质"⇒"选择组分…"，依次将组分甲烷（Methane 或 CH_4）选中加入，将组分乙烷（Ethane 或 C_2H_6）选中加入，丙烷（Propane 和 C_3H_8）选中加入，将组分正丁烷（n-butane 或 n-C_4H_{10}）选中加入，将组分正戊烷（n-pentane 或 n-C_5H_{12}）选中加入。"OK"，弹出软件建议的 K 值与 H 值的方法（$K=$SRK，$H=$SRK），就采用系统提示的 K 值方法。

步骤 5：双击"物料 1"，弹出"编辑物料信息"窗口，如图 5-7 所示，在"温度 K"文本框中键入温度值 313.7；在"压力 MPa"文本框中键入压力值 2.76，各组分摩尔流量按题意填入即可，单击该窗口左上方的按钮"闪蒸"，单击"确定"。

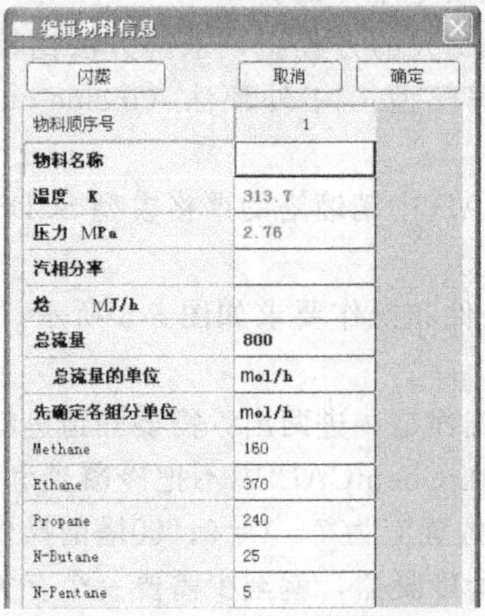

图 5-7 例 5-2 的进料信息编辑窗口

步骤 6：双击流程图中单元设备精馏塔的图标或设备号①，弹出精馏塔输入信息框；根据题目要求，"精馏概况"页面填写如图 5-8。

步骤 7：单击精馏塔输入信息窗口的"Specifications"活页，选择和填写如图 5-9 所示。根据题目要求也可以用 C_2、C_3 回收率来确定两个条件代替，如图 5-10 所示。

当然根据已知条件还有多种选择。

图 5-8　ChemCAD 中精馏塔的设备信息

图 5-9　例 5-2 的精馏塔的分离要求组合 1

图 5-10　例 5-2 的精馏塔的分离要求组合 2

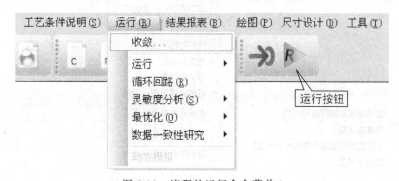

图 5-11　流程的运行命令菜单 1

步骤 8：单击菜单"运行"，如图 5-11 所示，单击其下拉菜单中的"收敛…"，在弹出的"－收敛参数－"窗口左下方选上"显示跟踪窗口"，表示显示计算收敛过程，"OK"如图 5-12 所示。

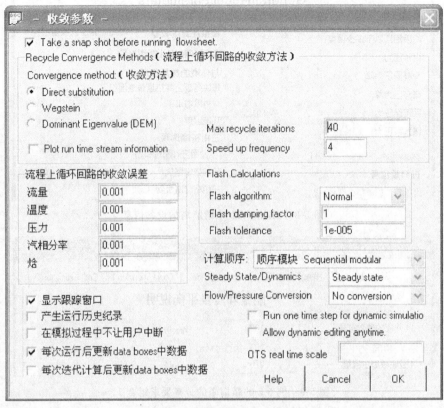

图 5-12　流程的运行命令菜单 2

步骤 9：单击工具栏中的运行按钮"R"（在图 5-11 中已经标出），弹出消息窗口，显示 ChemCAD 对程序的检查结果，"ChemCAD Message Box"窗口中显示该题输入数据的错误为零，随后单击窗口下方的按钮"Yes"。

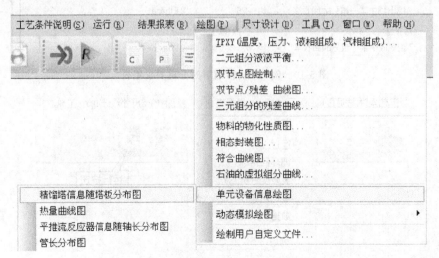

图 5-13　绘图的运行命令菜单

步骤 10：单击"ChemCAD Trace Window 一"窗口中的"Go"按钮，执行运算，计算完成后，"ChemCAD Trace Window 一"窗口显示收敛完成，运行结束。

步骤 11：关闭上述窗口，产生一个这次流程模拟的结果文件：单击"结果报表"命令菜单，在弹出的下拉菜单中选择最下方的"统一完整的报表…"菜单命令，弹出"统一完整的报表"命令按钮窗口，单击第二个按钮"计算并给出结果"，ChemCAD弹出结果文件，包含了所有物料和设备的信息。

步骤 12：绘制温度分布图：单击"绘图"菜单命令，选择"单元设备信息绘图"⇒"精馏塔信息随塔板分布图"子命令，如图 5-13 所示。

步骤 13：弹出"选择单元设备"窗口，让用户用鼠标选择设备。

步骤 14：弹出绘制塔内各种变量分布图的选择窗口，选择如图 5-14 所示。

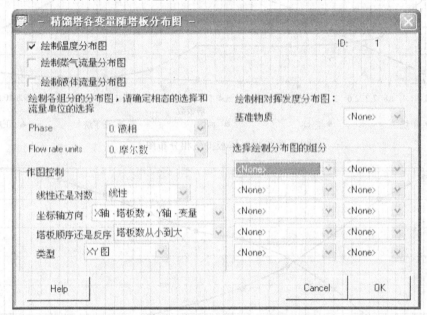

图 5-14　绘图信息选择窗口

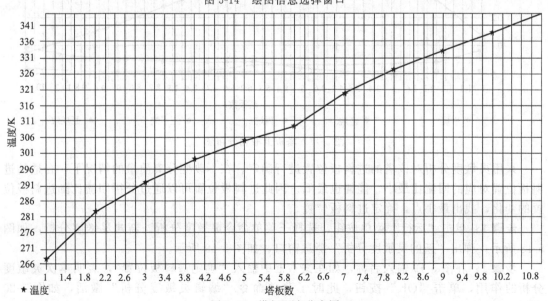

图 5-15　塔板温度分布图

步骤 15：单击图 5-14 中窗口中"OK"按钮，弹出塔板温度分布图如图 5-15 所示。

步骤 16：同理绘制的塔板上气相分布图和液相组分分布图如图 5-16 和图 5-17 所示。

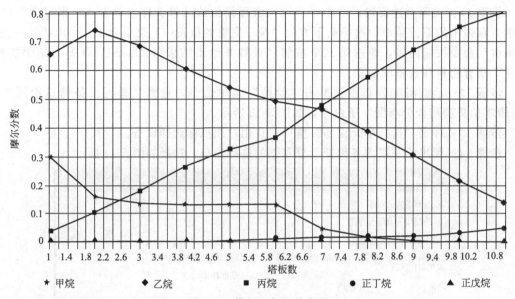

图 5-16　塔板上气相分布图

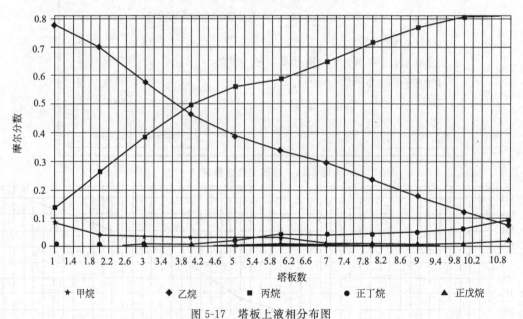

图 5-17　塔板上液相分布图

采用灵敏度分析对该塔的进料板位置进行确定。在不改变分离质量的情况下，合适的进料板位置对应的回流比最小，能耗也最低。因此进料板位置可以通过分析回流比随进料板位置的变化，找出最小点，确定进料板位置。

步骤 1：单击"运行"菜单按钮，选择子菜单命令灵敏度分析＞新建灵敏度分析，如图 5-18 所示，弹出"新的灵敏度分析"消息窗口，如图 5-19 所示。

步骤 2：在图 5-19 输入名称，如在文本框中输入"确定进料板位置"，表明本次灵敏度分析的作用，单击"OK"按钮，此时子菜单命令"编辑灵敏度分析"激活，如图 5-20 所示。

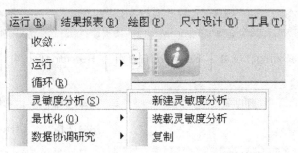

图 5-18 "运行"菜单按钮下的命令"新建灵敏度分析"

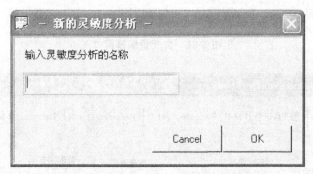

图 5-19 新建灵敏度分析命名的消息窗口

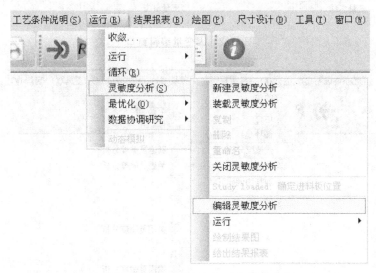

图 5-20 "编辑灵敏度分析"的菜单命令

步骤 3：单击"编辑灵敏度分析"命令，弹出变量编辑窗口，确定变量类型和变化范围，如图 5-21 和图 5-22 所示。

步骤 4：单击"灵敏度分析"菜单下的运行＞运行全部，如图 5-23 所示，运行灵敏度分析。

步骤 5：单击灵敏度作图命令"绘制结果图"，如图 5-24 所示。

步骤 6：在弹出的"Sensitivity Plot"窗口，如图 5-25 所示，对作图的 X 轴和 Y 轴进行选择，输入 Y 轴的标题名。单击"OK"，弹出回流比随进料板位置的变化图，如图 5-26 所示；通过该图，合适的进料板位置是 5。

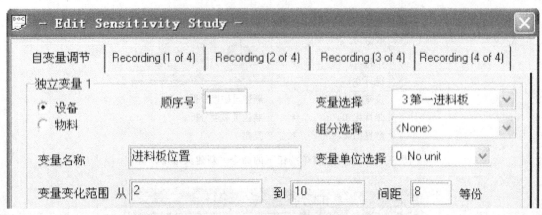

图 5-21　自变量编辑窗口

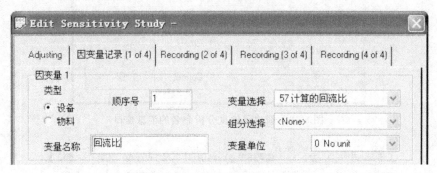

图 5-22　因变量编辑窗口

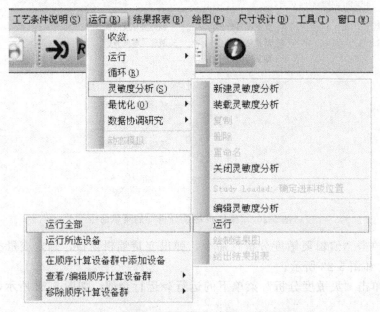

图 5-23　灵敏度分析菜单下的"运行全部"命令

☆思考：1. ChemCAD 中有哪两种精馏的严格模型？

　　　　2. 精馏的严格模型中有关冷凝器、再沸器的操作条件分别有哪些？

　　　　3. 精馏的严格模型能否完成气体吸收、萃取等多级相平衡的模拟计算？

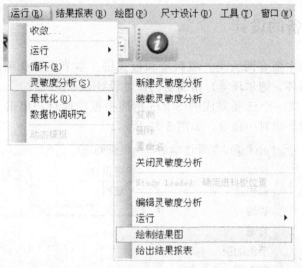

图 5-24　灵敏度分析菜单下的绘图命令

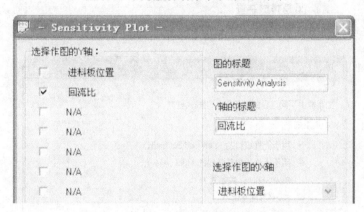

图 5-25　绘图选项窗口

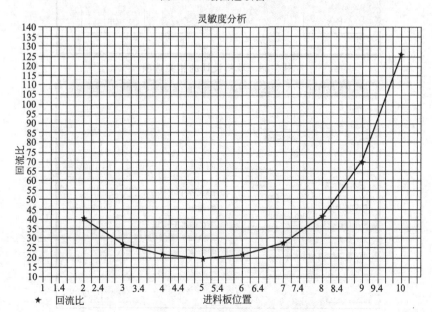

图 5-26　回流比与塔板数的灵敏度分析结果图

三、精馏设备的设计

精馏塔设备结构主要有两大类：填料塔和板式塔。本节主要介绍使用 ChemCAD 进行无规整填料（如拉西环、鲍尔环等）精馏塔的尺寸设计。

步骤 1：对于任意一个已经完成的 SCDS 精馏模拟的题目，单击"尺寸设计"菜单命令，选择子菜单精馏＞填料…命令，如图 5-27 所示。

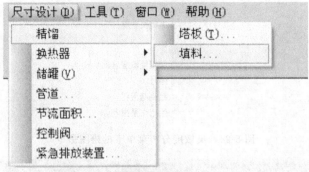

图 5-27 精馏塔设备尺寸设计命令

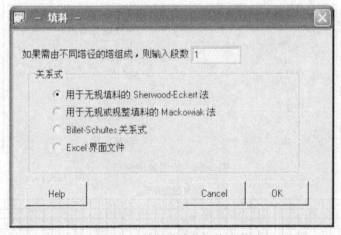

图 5-28 填料设计的相关选项

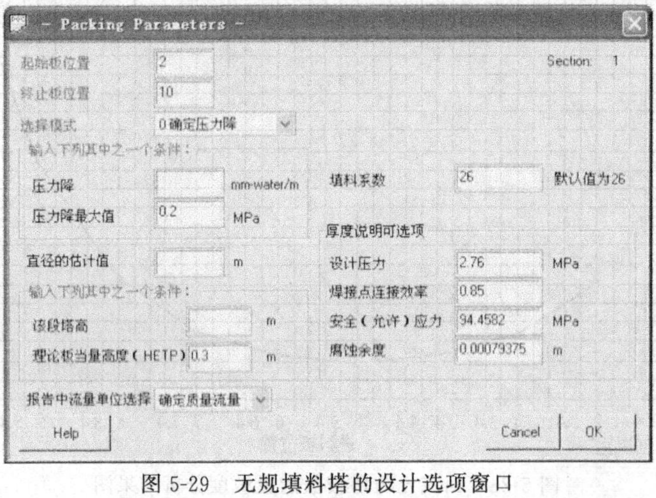

图 5-29 无规填料塔的设计选项窗口

步骤 2：弹出的"填料"窗口，输入段数"1"，选择"用于无规填料的 Sherwood-Eckert 法"，如图 5-28 所示。

步骤 3：弹出的填料参数窗口，如图 5-29 所示。大部分参数软件已经给好，主要做如下选择和输入：本题选择确定压力降；之后输入压力降的设计值，本题给出压力降的最大值是 0.2MPa；最后给出理论板当量高度，本题给的值是 0.3m；设计压力设定值是 2.76MPa。

步骤 4：单击"OK"，软件给出设计结果，如塔径、壁厚等。

☆**思考**：精馏塔尺寸设计能完成哪两大类精馏塔的设计？

任务 二

硫黄制酸过程物料、能量衡算

知识目标

熟悉硫黄制酸的步骤、原理。

技能目标

能用 Excel 核算硫黄制酸过程中的典型工艺参数和主要消耗指标。

以硫黄为原料的制酸过程，其特点是炉气无需净化，经适当降温后，便可进入转化工序，再经吸收即可成酸。该过程无废渣、污水排出，流程简单，因此，对建厂地区适应性广。

硫黄制酸生产流程见图 5-30。

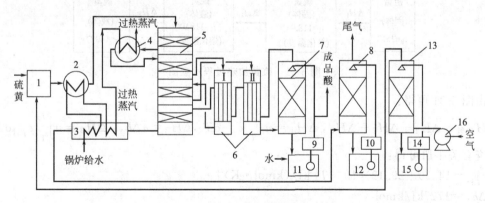

图 5-30　硫黄制酸生产流程图

1—焚硫炉；2—废热锅炉；3—省煤-过热器；4—第二过热器；5—转化器；

6—第一换热器；7—第一吸收塔；8—第二吸收塔；9,10,14—冷却器；

11,12,15—酸储槽；13—干燥塔；16—鼓风机

空气经鼓风机加压后送入干燥塔，用浓硫酸干燥。干燥空气在焚硫炉内与喷入的液体硫黄反应，生成含有二氧化硫的气体——炉气。高温炉气直接进入废热锅炉，气温降到适合于

进转化器催化剂所需的反应温度后进入转化器。转化采用两次转化工艺。一次转化时，气体分别通过一段催化剂床层、第二过热器、二段催化剂床层、第一换热器Ⅰ、三段催化剂床层、第一换热器Ⅱ，再进入第一吸收塔。经过一次吸收后的转化气再次通过第一换热器Ⅰ（壳程）、第一换热器Ⅱ（壳程）、再进入转化器第四段催化剂床层进行第二次转化。从转化器四段出来的最终转化气进入省煤-过热器冷却后进入第二吸收塔，用浓硫酸将第二次生成的三氧化硫吸收，吸收后的尾气通过烟囱排入大气。

☆思考：硫黄制酸过程由哪几个步骤组成的？其中哪些地方涉及能量回收利用？

一、计算熔硫釜的蒸汽消耗量

工业硫黄呈黄色或淡黄色，有块状、粉状、粒状或片状等，有特殊臭味。单质硫有几种同素异形体，主要有菱形硫，熔点 112.8℃；单斜硫，熔点 118.9℃；纯粹的单质硫，熔点 120.0℃。根据液硫黏度特性，当温度为 120～150℃液硫的黏度较小，其流动性较好，低于或高于此温度范围黏度急剧升高，实际生产过程中，熔硫通常采用 0.5MPa 的饱和蒸汽间接加热，固体硫黄在搅拌作用下快速熔融，液硫的输送管线阀门均具有蒸汽夹套保温，以防液硫凝固并保持其流动性，便于输送。

【例 5-3】 若加入熔硫釜中的硫黄温度为常温 t_0，熔硫采用 0.5MPa 的饱和蒸汽，最终将硫黄加热至 140℃的液态硫黄，假设熔硫釜的热效率 η_1 为 95%，试计算处理 1000kg 硫黄需多少（kg）0.5MPa 的饱和蒸汽？

解： 以 1000kg 硫黄为计算基准，以整个熔硫釜为体系

假设蒸汽消耗量为 $m(\mathrm{kg})$，则由稳流体系能量平衡方程可得：

$$\eta_1 m \Delta h_{蒸汽} + \Delta H_{硫黄} = 0$$

由水蒸气查得：$\Delta h_{蒸汽} = -2108.5\mathrm{kJ/kg}$

而硫黄由常温（取 $t_0 = 25℃$）被加热至 140℃的液态，其经历的过程如图 5-31 所示。

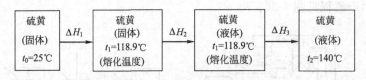

图 5-31 硫黄加热过程示意图

由图 5-31 可得：

$$\Delta H_{硫黄} = \Delta H_1 + \Delta H_2 + \Delta H_3, \Delta H_1 = n\int_{T_0}^{T_1} c_{p,s}\mathrm{d}T, \Delta H_2 = n\Delta h_v, \Delta H_3 = n\int_{T_1}^{T_2} c_{p,1}\mathrm{d}T$$

查有关手册可得：

$c_{p,s} = 14.90 + 29.12\times10^{-3} T[\mathrm{kJ/(kmol \cdot K)}]$

$\Delta h_v = 1727\mathrm{kJ/kmol}$

$c_{p,1} = 45.032 - 16.636\times10^{-3} T[\mathrm{kJ/(kmol \cdot K)}]$

$n = 1000/32 = 31.25(\mathrm{kmol})$

将上述数据代入 ΔH_1、ΔH_2、ΔH_3 的计算式得：

$$\Delta H_1 = n\int_{T_0}^{T_1} c_{p,s}\mathrm{d}T = 31.25\int_{298.15}^{392.05}(14.90 + 29.12\times10^{-3} T)\mathrm{d}T = 7.321\times10^4(\mathrm{kJ})$$

$$\Delta H_2 = n\Delta h_v = 31.25\times1727 = 5.397\times10^4(\mathrm{kJ})$$

$$\Delta H_3 = n\int_{T_1}^{T_2} c_{p,1}\mathrm{d}T = 31.25\int_{392.05}^{413.15}(45.032 - 16.636\times 10^{-3}T)\mathrm{d}T = 2.528\times 10^4(\mathrm{kJ})$$

上述 ΔH_1、ΔH_3 的计算可采用 Excel 完成，如采用自定义函数 JSHeat 便可方便地进行计算，具体处理过程如图 5-32 所示。

	C6		▼	=	=JSHeat(C1,D1,E1,F1,C2,C3,C4)	
	A	B	C	D	E	F
1	固体(单斜)S恒压热容:		14.90	2.912E-02	0.00	0.00
2	硫磺用量 kmol:		31.25			
3	固体硫磺初温 K:		298.15			
4	硫磺熔化温度 K:		392.05			
5						
6	$\Delta H_1 = n\int_{T}^{T} c_{p,s}\mathrm{d}T$		7.321E+04			
7						

图 5-32 利用 Excel 计算焓变

$\Delta H_{硫黄} = \Delta H_1 + \Delta H_2 + \Delta H_3 = 7.321\times 10^4 + 5.397\times 10^4 + 2.528\times 10^4 = 1.5246\times 10^5(\mathrm{kJ})$

蒸汽消耗量 m 为：

$$m = \frac{\Delta H_{硫黄}}{-\Delta h_{蒸汽}\eta_1} = \frac{15.246\times 10^4}{2108.5\times 0.95} = 76.11(\mathrm{kg})$$

对于实际生产过程中熔硫釜蒸汽消耗量，可根据硫酸产量、硫黄纯度、SO_2 的转化率、SO_3 的吸收率等数据进行计算。

如：年产 400kt 纯硫酸装置，若硫黄纯度、SO_2 的转化率、SO_3 的吸收率分别为 0.995、0.996、0.995，一年按 300 天计，则该硫酸装置每小时原料硫黄消耗量为：

$$\frac{400\times 10^3}{98}\times 10^3\times 32\times \frac{1}{0.995\times 0.996\times 0.995}\times \frac{1}{300\times 24} = 1.8397\times 10^4(\mathrm{kg/h})$$

蒸汽消耗量为：

$$76.11\times 10^{-3}\times 1.8397\times 10^4 = 1.4002\times 10^3(\mathrm{kg/h})$$

☆思考：如何根据硫黄用量，硫黄起、终点温度，计算加热蒸汽消耗量？

二、根据生产任务，计算原料硫黄、空气、水的消耗量

在整个硫黄制酸过程中，所涉及的化学反应较少，主要反应如下：

（1）焚硫炉中的反应

$$S + O_2 = SO_2 \tag{5-7}$$

（2）转化器中的反应

$$SO_2 + \frac{1}{2}O_2 \xrightarrow[T,\ p]{Catalyst} SO_3 \tag{5-8}$$

（3）吸收塔中的反应

$$SO_3 + H_2O = H_2SO_4 \tag{5-9}$$

将上述三个反应合成一个总反应：

$$S + \frac{3}{2}O_2 + H_2O = H_2SO_4 \tag{5-10}$$

【例 5-4】 试计算年产 400kt 纯硫酸的装置，原料硫黄、空气、水的理论消耗量。

解：以 1000kg 纯硫酸为计算基准

由硫平衡可得所需硫黄的物质的量数（n_s）为：

$n_s = 1000/98 = 10.204(\text{kmol})$

折合为硫黄质量数（m_s）为：

$$m_s = M_S \quad n_s = 32 \times 10.204 = 326.53(\text{kg})$$

由式(5-9)得所需的纯水的物质的量数与硫黄的物质的量数相同，故所需的水的质量数（$m_水$）为：

$$m_水 = M_水 \quad n_s = 18 \times 10.204 = 183.67(\text{kg})$$

由式(5-10)得所需理论耗氧量为硫黄物质的量的 1.5 倍，即：

$$n_氧 = 1.5 \quad n_s = 1.5 \times 10.204 = 15.306(\text{kmol})$$

折合成纯空气理论量（n_{air}）为：

$$n_{air} = n_氧/0.21 = 15.306/0.21 = 72.866(\text{kmol})$$

通常气体的数量采用标准立方米表示，故：

$$V_{air} = 22.4 n_{air} = 22.4 \times 72.866 = 1632.65[\text{m}^3(标准状态)]$$

对于一个年产 400kt 纯硫酸的工厂，以上各原料理论消耗量只需乘系数 4×10^5，即：

硫黄用量：$326.53 \times 4 \times 10^5 \times 10^{-6} = 130.6(\text{kt})$

空气用量：$1632.65 \times 4 \times 10^5 = 6.531 \times 10^8 [\text{m}^3(标准状态)]$

纯水用量：$183.67 \times 4 \times 10^5 \times 10^{-6} = 73.47(\text{kt})$

对于以上各原料的实际消耗量，不同的生产厂家由于具体的生产工艺和生产过程有所不同，会存在一定的差别，需具体对待。如空气过剩量的不同，实际空气的消耗量也就不同。

三、计算焚硫过程中空气过剩系数与炉气组成、炉气温度之间的关系

在实际生产过程中，为了充分利用原料硫黄，都采用空气过剩的生产方法，即硫黄为限制反应物，空气为过量反应物。空气过量的程度通常用空气过剩系数（α）表示，其值为实际空气用量与理论空气用量的比值。

空气过剩系数的大小即空气过量程度将直接影响硫黄焚烧过程中炉膛的温度、炉气的温度、炉气的组成，同时还影响废热锅炉中热量的回收、转化器中各段催化剂的装填量和转化率等。因此，为了使生产过程尽可能做到合理，就必须对焚烧过程中空气过剩系数与炉气组成、炉气温度之间的关系有一清晰的认识。

(1) 空气过剩系数与炉气组成的关系

以 1mol 纯硫黄为计算基准，则：

理论用 O_2 量：$n_{氧,理} = n_s = 1\text{mol}$

实际用 O_2 量：$n_{氧,实} = \alpha n_s = \alpha(\text{mol})$

实际带入 N_2 量：$n_{氮,实} = (0.79/0.21)\alpha = 3.762\alpha(\text{mol})$

反应后炉气中各组分的量列于表 5-2。

表 5-2　炉气中各组分物质的量及摩尔分数组成

炉气组分	O_2	N_2	SO_2	合计
各组分物质的量/mol	$\alpha - 1$	3.762α	1	4.762α
摩尔分数/%	$(\alpha-1)/(4.762\alpha)$	$3.762\alpha/(4.762\alpha) = 79.00$	$1/(4.762\alpha)$	100.00

将过剩系数 α 值代入上表即可计算出对应的炉气组成，如表5-3所示，具体处理时可利用 Excel 计算，以便快捷、迅速地计算出表5-3中的数据，只需在 $\alpha=1$ 的该列中输入计算公式，其余各列采用复制的方法即可。

表 5-3 空气过剩系数 α 与炉气组成的关系

空气过剩系数	1	1.2	1.4	1.6	1.8	2	2.1	2.2	2.3	2.4
N_2/mol	3.762	4.514	5.267	6.019	6.771	7.524	7.900	8.276	8.652	9.029
O_2/mol	0	0.2	0.4	0.6	0.8	1	1.1	1.2	1.3	1.4
SO_2/mol	1	1	1	1	1	1	1	1	1	1
合计/mol	4.762	5.714	6.667	7.619	8.571	9.524	10.000	10.476	10.952	11.429
N_2（摩尔分数）/%	79.00	79.00	79.00	79.00	79.00	79.00	79.00	79.00	79.00	79.00
O_2（摩尔分数）/%	0.00	3.50	6.00	7.88	9.33	10.50	11.00	11.45	11.87	12.25
SO_2（摩尔分数）/%	21.00	17.50	15.00	13.13	11.67	10.50	10.00	9.55	9.13	8.75
摩尔分数合计/%	100.0	100.0	100.0	100.0	100.0	100.0	100.0	100.0	100.0	100.0

将上述数据中 SO_2 的摩尔分数与 O_2 的摩尔分数之间的关系可通过 Excel 绘成如图5-33所示的关系线。

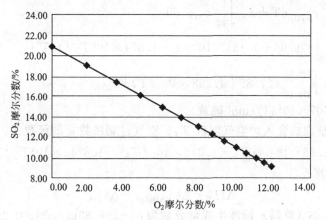

图 5-33 硫黄制酸焚硫炉气中 SO_2 和 O_2 浓度之间关系

☆思考：如何由空气过剩系数计算焚硫炉出口炉气的组成？

（2）空气过剩系数与炉气温度之间的关系

为便于计算，设计如图5-34所示的计算途径。

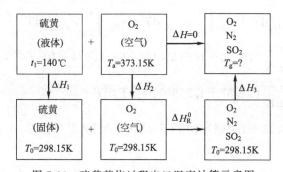

图 5-34 硫黄焚烧过程出口温度计算示意图

若反应系统绝热良好，不考虑热损失，则：

$$\Delta H = \Delta H_1 + \Delta H_2 + \Delta H_R^0 + \Delta H_3 = 0$$

若考虑热损失，则：

$$\Delta H = \Delta H_1 + \Delta H_2 + \Delta H_R^0 + \Delta H_3 = Q_{损}$$

或

$$\Delta H = \Delta H_1 + \Delta H_2 + \eta \Delta H_R^0 + \Delta H_3 = 0$$

式中 η——反应热的利用率。

实际生产过程中，可根据实测数据与理论计算数据之间的差距，取一温度损失。也可取热损失为反应热的 $1\% \sim 3\%$ 等。沿用上述空气过剩系数与炉气组成的关系数据，以下先以绝热反应为例计算空气过剩系数 α 与炉气温度 T_g 之间的关系。

① ΔH_1 的计算。此过程的计算刚好是图 5-31 所示的相反过程，由例 5-3 知，

$$\Delta H_1 = -15.246 \times 10^5 \text{kJ}/1000\text{kg 硫黄} = -4.879 \times 10^3 \text{J/mol 硫黄}$$

② ΔH_2 的计算。此值由两部分构成，其一是 α(mol) O_2、其二是 3.762α(mol) N_2，都由 $T_a = 373.15\text{K}$ 降到 298.15K 时放出的热量。查附录表 1-6 得 O_2、N_2 的 $c_p = f(T)$ 数据如下：

O_2：$c_p = 29.96 + 4.184 \times 10^{-3} T - 1.674 \times 10^5 T^{-2}$ [J/(mol·K)]

N_2：$c_p = 27.87 + 4.268 \times 10^{-3} T$ [J/(mol·K)]

$$\Delta H_2 = n_{O_2} \int_{T_a}^{T_0} c_{p,O_2} dT + n_{N_2} \int_{T_a}^{T_0} c_{p,N_2} dT$$

$$= \alpha \int_{373.15}^{298.15} (29.96 + 4.184 \times 10^{-3} T - 1.674 \times 10^5 T^{-2}) dT +$$

$$3.762\alpha \int_{373.15}^{298.15} (27.87 + 4.268 \times 10^{-3} T) dT$$

$$= -1.0507 \times 10^4 \alpha \text{(J/mol 硫黄)}$$

也可将 ΔH_2 整理成含入炉空气温度 T_a、空气过剩系数 α 的函数式：

$$\Delta H_2 = (41652.95 - 134.80 T_a - 1.012 \times 10^{-2} T_a^2 - 1.6740 \times 10^5 T_a^{-1}) \alpha \text{(J/mol 硫黄)}$$

③ ΔH_R^0 的计算

$$\Delta H_R^0 = \Delta h_{f,SO_2(g)}^0 - \Delta h_{f,S}^0$$

查得 $SO_2(g)$、S（单斜）标准生成焓分别为：-296.83kJ/mol、0.2971kJ/mol

$$\Delta H_R^0 = -296.83 - 0.2971 = -297.1271 \text{(kJ/mol 硫黄)}$$

④ ΔH_3 的计算。此值由三部分构成，分别是 $(\alpha-1)$(mol) O_2、3.762α(mol) N_2、1mol SO_2 都由 $T_0 = 298.15\text{K}$ 升温到 T_g 时吸收的热量，查得 SO_2 的 $c_p = f(T)$ 数据如下：

SO_2：$c_p = 43.43 + 1.063 \times 10^{-2} T - 5.941 \times 10^5 T^{-2}$ [J/(mol·K)]

$$\Delta H_3 = n_{O_2} \int_{T_0}^{T_g} c_{p,O_2} dT + n_{N_2} \int_{T_0}^{T_g} c_{p,N_2} dT + n_{SO_2} \int_{T_0}^{T_g} c_{p,SO_2} dT$$

$$= (\alpha-1) \int_{298.15}^{T_g} (29.96 + 4.184 \times 10^{-3} T - 1.674 \times 10^5 T^{-2}) dT +$$

$$3.762\alpha \int_{298.15}^{T_g} (27.87 + 4.268 \times 10^{-3} T) dT +$$

$$\int_{298.15}^{T_g} (43.43 + 1.063 \times 10^{-2} T - 5.941 \times 10^5 T^{-2}) dT$$

经整理后得：

$$\Delta H_3 = (134.80 T_g + 1.012 \times 10^{-2} T_g^2 + 1.674 \times 10^5 T_g^{-1}) \alpha + 13.47 T_g + 3.223 \times 10^{-3}$$

$$T_g^2 + 4.267 \times 10^5 T_g^{-1} - 41652.95\alpha - 5.7337 \times 10^3 (\text{J/mol 硫黄})$$

将上述各项计算结果代入 $\Delta H = \Delta H_1 + \Delta H_2 + \eta \Delta H_R^0 + \Delta H_3 = 0$，经整理后得含有 T_g 的一元三次非线性方程：

$$A_1 T_g^3 + A_2 T_g^2 + A_3 T_g + A_4 = 0$$
$$A_1 = 1.012 \times 10^{-2}\alpha + 3.223 \times 10^{-3}$$
$$A_2 = 134.80\alpha + 13.47$$
$$A_3 = -1.0612 \times 10^4 - 297127.1\eta - (134.80 T_a + 1.012 \times 10^{-2} T_a^2 + 1.6740 \times 10^5 T_a^{-1})\alpha$$
$$A_4 = 1.6740 \times 10^5 \alpha + 4.267 \times 10^5$$

将 $T_a = 373.15\text{K}$、焚硫过程绝热条件下不同的 α 值代入上式，计算所得结果列于表 5-4 中。

表 5-4　绝热（$\eta = 1$）焚烧时空气过剩系数与炉气出口温度之间的关系

空气过剩系数 α	1.2	1.4	1.6	1.8	2	2.1	2.2	2.3
O_2（摩尔分数）/%	3.50	6.00	7.88	9.33	10.50	11.00	11.45	11.87
N_2（摩尔分数）/%	79.00	79.00	79.00	79.00	79.00	79.00	79.00	79.00
SO_2（摩尔分数）/%	17.50	15.00	13.13	11.67	10.50	10.00	9.55	9.13
组成合计/%	100.00	100.00	100.00	100.00	100.00	100.00	100.00	100.00
T_g^3 系数 A_1	1.537E−02	1.739E−02	1.941E−02	2.144E−02	2.346E−02	2.447E−02	2.549E−02	2.650E−02
T_g^2 系数 A_2	1.752E+0.2	2.022E+0.2	2.292E+0.2	2.561E+0.2	2.831E+0.2	2.966E+0.2	3.100E+0.2	3.235E+0.2
T_g 系数 A_3	−3.703E+0.5	−3.808E+0.5	−3.912E+0.5	−4.016E+0.5	−4.121E+0.5	−4.173E+0.5	−4.225E+0.5	−4.277E+0.5
常数项 A_4	6.276E+0.5	6.611E+0.5	6.945E+0.5	7.280E+0.5	7.615E+0.5	7.782E+0.5	7.950E+0.5	8.117E+0.5
T_g/K	1820.68	1647.66	1511.53	1401.65	1311.11	1271.56	1235.20	1201.68
t_g/℃	1547.53	1374.51	1238.38	1128.50	1037.96	998.41	962.05	928.53

利用 Excel 将表 5-4 中空气过剩系数与炉气出口温度之间的关系绘制成曲线，如图 5-35 所示。

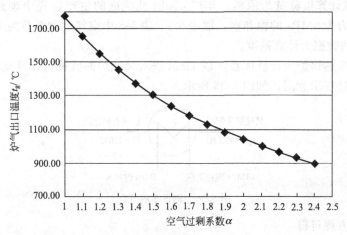

图 5-35　绝热反应时空气过剩系数与炉气出口温度之间的关系

图 5-35 的曲线由 Excel 回归可得：

$$t_g = -165.33\alpha^3 + 1158.7\alpha^2 - 3051.2\alpha + 3829.1(℃)$$

由此回归函数式计算的炉气出口温度与表 5-4 计算值误差在 $-3 \sim 3℃$ 之间。

以上计算过程中未考虑焚烧炉的热损失，因此计算值会比实际生产数据稍高。当考虑热损失时，相应地炉气出口温度 t_g 值将有所下降，如取热损失为反应热的 1% 时，空气过剩系数与炉气出口温度的关系如表 5-5 所示。

表 5-5 热损失取标准反应热的 1% 时（$\eta = 0.99$）空气过剩系数与炉气出口温度之间的关系

空气过剩系数 α	1.2	1.4	1.6	1.8	2	2.1	2.2	2.3
T_g^3 系数 A_1	1.537E−02	1.739E−02	1.941E−02	2.144E−02	2.346E−02	2.447E−02	2.549E−02	2.650E−02
T_g^2 系数 A_2	175.24	202.20	229.16	256.12	283.08	296.56	310.04	323.52
T_g 系数 A_3	−3.674E+05	−3.778E+05	−3.882E+05	−3.987E+05	−4.091E+05	−4.143E+05	−4.195E+05	−4.247E+05
常数项 A_4	6.276E+05	6.611E+05	6.945E+05	7.280E+05	7.615E+05	7.782E+05	7.950E+05	8.117E+05
T_g/K	1807.81	1636.19	1501.19	1392.24	1302.47	1263.26	1227.22	1193.99
$t_g/℃$	1534.66	1363.04	1228.04	1119.09	1029.32	990.11	954.07	920.84
温度损失/℃	−12.87	−11.47	−10.34	−9.41	−8.64	−8.30	−7.98	−7.69

由 Excel 回归可得：

$$t_g = -164.17\alpha^3 + 1150.4\alpha^2 - 3028.4\alpha + 3798.8(℃)$$

由表 5-4、表 5-5 的数据可看出，当热损失取标准反应热的 1% 时，空气过剩系数从 1~2.3 之间，炉气出口温度平均下降 10℃ 左右。

☆思考：如何利用前面所学的知识，处理入炉空气温度、入炉硫黄温度、空气过剩系数和炉气温度之间的关系？

四、计算废热锅炉的产汽量

如图 5-30 所示，锅炉给水经省煤器加热后进入废热锅炉 2 中，经过吸热升温至对应压力下的饱和温度、汽化为对应压力的饱和蒸汽。

【例 5-5】 试计算以硫黄为原料，年产 400kt 纯硫酸的生产装置中废热锅炉的产汽量。假设锅炉给水压力为 3MPa 的饱和水。取表 5-3、表 5-5 中空气过剩系数为 2.1、热损失为标准反应热的 1% 的数据为计算基准。

解：以整个废热锅炉为计算体系，以 1mol 进入焚烧炉的硫黄为计算基准

由题意画出过程示意图，如图 5-36 所示。

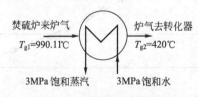

图 5-36 例 5-5 示意图

由能量平衡方程可得：

$$\Delta H_水 + \Delta H_气 = Q_损$$
$$\Delta H_水 = m(h_g - h_1)$$

$$\Delta H_{\text{气}} = n_{\text{气}} \int_{T_{g1}}^{T_{g2}} c_{p,\text{气}} \mathrm{d}T$$

或

$$\mathrm{DK}\Delta H_{\text{气}} = \sum_{i=1}^{3} n_i \int_{T_{g1}}^{T_{g2}} c_{p,i} \mathrm{d}T$$

由水蒸气表查得 3MPa 饱和水、饱和蒸汽的焓分别为：

$h_1 = 1008.3 \mathrm{kJ/kg}$、$h_{\text{g}} = 2804 \mathrm{kJ/kg}$

$\Delta H_{\text{水}} = m(h_{\text{g}} - h_1) = m(2804 - 1008.3) = 1795.7m(\mathrm{kJ})$

计算炉气温度由 990.11℃ 降至 420℃ 的焓变。若采用将炉气作为整体计算的方法，则为了便于计算，可先将炉气中各组分的摩尔分率、$c_{p,i}$ 中的各项系数值列于表 5-6 中，利用 Excel 计算出炉气的 $c_{p,\text{气}}$ 再进行计算。

表 5-6　炉气中各组分的摩尔分率、$c_{p,i}$ 中的各项系数值及炉气为整体的 $c_{p,\text{气}}$ 值

组分	摩尔分数/%	$c_p = a_0 + a_1 T + a_2 T^2 + a_3 T^3$			
		a_0	a_1	a_2	a_3
N_2	79.00	27.87	4.268E−03	0	0
O_2	11.000	29.96	4.184E−03	−1.674E+05	0
SO_2	10.000	43.43	1.063E−02	−5.941E+05	0
合计	100.00	29.656	4.895E−03	−7.782E+04	0

$$\Delta H_{\text{气}} = n_{\text{气}} \int_{T_{g1}}^{T_{g2}} c_{p,\text{气}} \mathrm{d}T = 10 \int_{1263.26}^{693.15} (29.656 + 4.895 \times 10^{-3} T - 7.782 \times 10^4 T^{-2}) \mathrm{d}T$$

$$= -1.959 \times 10^5 (\mathrm{J}) = -1.959 \times 10^2 (\mathrm{kJ})$$

当锅炉绝热，即热效率为 100% 时，锅炉产汽量：

$$m = 1.959 \times 10^2 / 1795.7 = 0.10907 \, (\mathrm{kg/mol} \text{ 硫黄})$$

折合成小时产汽量：

$$m_{\mathrm{T}} = 0.10907 \times 1.8397 \times 10^4 \times 10^3 / 32 = 6.271 \times 10^4 (\mathrm{kg/h})$$

若考虑热损失，如取热效率为 90% 时，则折合成小时产汽量：

$$m'_{\mathrm{T}} = 6.271 \times 10^4 \times 90\% = 5.644 \times 10^4 (\mathrm{kg/h})$$

☆**思考**：1. 如何根据炉气进、出口温度，锅炉给水的压力和温度，计算废热锅炉的产汽量？

2. 实际生产过程中，如何根据炉气进、出口温度，锅炉给水的压力、温度和流量，计算废热锅炉的热效率？

五、计算 SO_2 的实际转化率和平衡转化率

SO_2 的转化反应［见式(5-8)］，是一个需催化剂存在下才能进行的可逆、放热的反应，反应进行的程度通常用 SO_2 的实际转化率表示，即反应过程中反应掉的 SO_2 的量与反应器入口的 SO_2 量的比值。平衡转化率是当反应达平衡时反应掉的 SO_2 的量与反应前的 SO_2 量的比值，此值是实际转化率的极限值。平衡转化率与实际转化率两者之间的差值往往可以反映出催化剂的活性高低，即此差值越小，表示催化剂的活性越高，当然也表示此反应器的反应潜力越小。相反，两者之间的差值越大，可能是催化剂中毒活性下降，若催化剂并非中毒，则说明此反应器还有较大的潜力，只要适当改变工艺条件，还可增加反应器的生产能力。

实际转化率的计算通常有以下两种情况，其一是实际生产过程中，通过对反应器进、出

口气体取样分析，确定气体成分后计算出反应器中该段催化剂床层中 SO_2 的实际转化率；其二是反应器设计时，为了防止反应量过多导致催化剂床层温度过高烧坏催化剂，必须限制每一段催化剂床层出口温度不得超过催化剂使用高限温度，通过热量衡算计算出实际转化率。

另外，在转化炉设计计算时，催化剂床层中反应量、进出口温度的设计，也可通过各段催化剂出口，特别是转化反应器的最终出口的平衡温距的大小来控制。

所谓平衡温距就是指反应器实际出口温度（T）与实际组成所对应的平衡温度（T^*）之间的差值，对于可逆放热反应，气体实际出口温度小于实际组成所对应的平衡温度，所以平衡温距为：

$$\Delta T = T^* - T \tag{5-11a}$$

若为可逆吸热反应，则平衡温距为：

$$\Delta T = T - T^* \tag{5-11b}$$

通常情况下，为了能保证实际反应设备有一定的反应推动力，从而能保证实际生产过程中有一定的反应速率，一般要求反应器最终出口处的平衡温距在 $10 \sim 15℃$，反应器中其余各段催化剂床层出口的平衡温距在 $20℃$ 左右。

SO_2 的平衡转化率（x_T）可由式(5-12) 计算

$$x_T = \frac{K_p}{K_p + \sqrt{\dfrac{100 - 0.5ax_T}{p(b - 0.5ax_T)}}} \tag{5-12}$$

式中 p——反应系统压力，atm；

K_p——平衡常数，可由经验公式(5-13) 计算；

a，b——入口气体中 SO_2、O_2 的摩尔百分率。

式(5-12) 展开是一个含有 x_T 的一元三次非线性方程，可采用前面介绍的非线性方程求解方法，如 Newton 法等。也可采用 ExcelVBA 自定义函数求解，如以下代码为求解平衡转化率的 ExcelVBA 自定义函数（H2SO4XT）的代码，此函数的计算考虑了反应开始时存在 SO_3 的情况。

```
Public Function H2SO4XT(A,B,C,T,p)As Double
'二氧化硫氧化为三氧化硫平衡转化率计算
'A,B,C分别表示入口气体中二氧化硫,氧气,三氧化硫的摩尔百分率
Dim X0,ESP,KP,A1,A2,A3,A4,p0 As Double
    X0=0.7
    ESP=0.0001
    p0=p/0.101325
    KP=H2SO4KP(T)
    A1=0.5*A^3*(KP^2*p0-1)
    A2=A^2*(100-C-(A+B)*KP^2*p0)
    A3=A*(C*(200-0.5*C)+A*KP^2*p0*(0.5*A+2*B))
    A4=100*C^2-A^2*B*KP^2*p0
    H2SO4XT=Newton3(X0,ESP,A1,A2,A3,A4)
End Function
```

计算平衡常数 K_p 的经验公式为：

$$\lg K_p = 4812.3/T - 2.8245\lg T + 2.284 \times 10^{-3}T - 7.02 \times 10^{-7}T^2 + 1.197 \times 10^{-10}T^3 + 2.23 \tag{5-13a}$$

当反应温度在 $400 \sim 700℃$ 时，也可采用简化经验方程式，如式(5-13b)。

$$\lg K_p = 4905.5/T - 4.6455 \tag{5-13b}$$

平衡常数的计算也可采用 Excel VBA 自定义函数,如上段代码中的函数 H2SO4KP(T) 即为计算 K_p 的自定义函数。

以下通过两个实例加以说明。

【例 5-6】 已知转化炉一段进、出气体的各组分摩尔分数如下

组分	O_2	N_2	SO_2	SO_3	合计
一段进口气体/%	11.00	79.00	10.00	0	100.00
一段出口气体/%	7.96	81.70	3.52	6.83	100.00

试计算转化炉一段中 SO_2 的实际转化率?

分析: 此类型的计算属于物料衡算,可假设某一进口气体量,再由联系组分即 N_2 的摩尔组成计算出出口气体量,然后由出口气体中 SO_3 的含量计算出反应掉 SO_2 的含量。

解: 以 100kmol 进口气体为基准

则由联系组分即 N_2 的摩尔组成得一段出口气量为:

$$n_{出} = \frac{n_{入} y_{N_2,入}}{y_{N_2,出}} = \frac{100 \times 0.79}{0.8170} = 96.70(\text{kmol})$$

出口气体中 SO_3 量:

$$n_{SO_3} = n_{出} y_{SO_3} = 96.70 \times 0.0683 = 6.60(\text{kmol})$$

因 SO_2 反应生成等量的 SO_3,故反应掉的 SO_2 量也为 6.6kmol,则一段催化剂床层中 SO_2 的转化率为:

$$x = 6.6/10.00 = 0.6600 = 66.00\%$$

【例 5-7】 以表 5-3 中空气过剩系数为 2.1 时的数据为例,当床层一段进口气体温度为 420℃、出口温度不得超过 610℃时,试计算:

(1) 该段催化剂中 SO_2 的转化率和一段出口气体组成?

(2) 对应实际反应条件下的平衡转化率和平衡温距?

分析: 此题中 SO_2 转化率的计算实际上属于热量衡算,此转化率通常是将反应视为在绝热条件下进行时对应的最高转化率。

由于 SO_2 的转化反应是典型的可逆放热反应,其反应热与温度的关系已有相应的经验方程式,如式(5-14a)。

$$-\Delta h_R = 92.253 + 2.352 \times 10^{-2} T - 43.784 \times 10^{-6} T^2 + 26.884 \times 10^{-9} T^3 -$$

$$6.900 \times 10^{-12} T^4 (\text{kJ/mol}) \tag{5-14a}$$

当反应温度在 400~700℃时,也可采用简化经验方程式,如式(5-14b)。

$$-\Delta h_R = 101.342 - 9.25 \times 10^{-3} T (\text{kJ/mol}) \tag{5-14b}$$

式中　T——反应温度,K。

解: 以 1mol SO_2 为计算基准。

(1) 计算该段催化剂中 SO_2 的转化率和一段出口气体组成。

假设一段转化率为 x。

① 物料衡算。此过程计算较简单,现将进、出口物料量列于表 5-7 中。

② 热量衡算。为便于计算,现设计如图 5-37 所示的计算途径。

表 5-7 反应器一段进出口物料明细表

组分	一段入口		一段出口	
	物质的量/mol	摩尔分数/%	物质的量/mol	摩尔分数/%
N_2	7.90	79.00	7.90	$7.90/(10.00-0.5x)$
O_2	1.10	11.00	$1.10-0.5x$	$(1.10-0.5x)/(10.00-0.5x)$
SO_2	1.00	10.00	$1.00-x$	$(1.00-x)/(10.00-0.5x)$
SO_3	0	0	X	$x/(10.00-0.5x)$
合计	10.00	100.00	$10.00-0.5x$	100.00

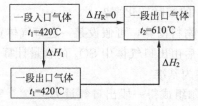

图 5-37 SO_2 转化一段绝热反应过程计算途径示意图

即：$\Delta H_R = \Delta H_1 + \Delta H_2 = 0$

Ⅰ）ΔH_1 的计算。将 $T_1 = 420+273.15 = 693.15$（K）代入式(5-14a)中得：

$$-\Delta h_R = 92.253 + 2.352 \times 10^{-2} \times 693.15 - 43.784 \times 10^{-6} \times 693.15^2 +$$
$$26.884 \times 10^{-9} \times 693.15^3 - 6.900 \times 10^{-12} \times 693.15^4$$
$$= 94.880 \text{(kJ/mol)}$$

$$\Delta H_1 = -94.880x \text{(kJ)}$$

Ⅱ）ΔH_2 的计算。前已查得 N_2、O_2、SO_2 的恒压摩尔热容数据，现只需查得 SO_3 的恒压摩尔热容数据如下：

$$c_p = 57.32 + 2.686 \times 10^{-2} T - 1.305 \times 10^6 T^{-2} \text{[J/(mol·K)]}$$

以下先通过 Excel 分别计算 1mol N_2、O_2、SO_2、SO_3 由 $t_1 = 420℃$ 升温至 $t_2 = 610℃$ 的焓变 Δh_{2i}，再乘上各自的物质的量数相加，由 Excel 计算之值如表 5-8 所示。

表 5-8 由 Excel 计算的 N_2、O_2、SO_2、SO_3 由 $t_1 = 420℃$ 升温至 $t_2 = 610℃$ 的焓变

项目	J/mol	各组分物质的量数值项	第 2 列×第 3 列值	物质的量含 x 值项	第 2 列×第 5 列值
1mol N_2 $T_1 \sim T_2$ 焓变	5934.43	7.90	46881.97		0.00
1mol O_2 $T_1 \sim T_2$ 焓变	6266.99	1.10	6893.69	-0.50	-3133.50
1mol SO_2 $T_1 \sim T_2$ 焓变	9659.13	1.00	9659.13	-1.00	-9659.13
1mol SO_3 $T_1 \sim T_2$ 焓变	14508.00	0.00	0.00	1.00	14508.00
			63434.79		1715.37

由表 5-8 得：

$$\Delta H_2 = 63434.79 + 1715.37x \text{(J)}$$

由 $\Delta H_R = \Delta H_1 + \Delta H_2 = 0$ 得：

$$-94880x + 63434.79 + 1715.37x = 0$$

解得：$x = 0.6809$

将 x 值代入表 5-7 计算得一段出口气体组成列于表 5-9 中。

表 5-9 反应器一段进出口物料计算值

组分	一段入口			一段出口		
	物质的量/mol	摩尔分数/%	质量/g	物质的量/mol	摩尔分数/%	质量/g
N_2	7.90	79.00	221.2	7.90	$7.90/(10.00-0.5x)=81.78$	221.20
O_2	1.10	11.00	35.2	$1.10-0.5x=0.7596$	$(1.10-0.5x)/(10.00-0.5x)=7.86$	24.31
SO_2	1.00	10.00	64	$1.00-x=0.3191$	$(1.00-x)/(10.00-0.5x)=3.30$	20.42
SO_3	0	0	0	$x=0.6809$	$x/(10.00-0.5x)=7.05$	54.47
合计	10.00	100.00	320.4	$10.00-0.5x=9.6596$	100.00	320.40

(2) 计算对应实际反应条件下的平衡转化率和平衡温距

实际生产过程中,硫酸转化通常在常压下进行,此处取 $p=1.1$ atm (0.1114575MPa)。将一段入口 $SO_2=10.00$ mol、$O_2=11.00$ mol、$SO_3=0$ mol、$T_1=883.15$ K、$p=0.1114575$ MPa 分别输入 Excel 的单元格 C278、D278、E278、F278、G278 中,在另一单元格 B278 中输入:

$$=H2SO4XT(C278,D278,E278,F278,G278)$$

按 "Enter",即可在单元格 B278 中获得计算结果 (如图 5-38) 为: $x_T=0.7036$。

B278	▼	=	=H2SO4XT(C278,D278,E278,F278,G278)			
	A	B	C	D	E	F	G
278	平衡转化率 $x_T=$	0.7036	10.00	11.00	0.00	883.15	0.1114575

图 5-38 利用 ExcelVBA 自定义函数计算 SO_2 平衡转化率示意图

由表 5-9 一段出口气体 SO_2、O_2、SO_3 的摩尔分数可计算出对应的气体分压,代入式 (5-8) 对应的平衡常数计算式得:

$$J_p=\frac{p_{SO_3}}{p_{SO_2}p_{O_2}^{0.5}}=\frac{y_{SO_3}p}{y_{SO_2}p(y_{O_2}p)^{0.5}}=\frac{0.0705}{0.0330\times(0.0786\times1.1)^{0.5}}=7.255$$

由式 (5-13b) 得对应的平衡温度为:

$$T^*=\frac{4905.5}{\lg7.255+4.6455}=890.91(K)$$

由式 (5-11a) 得平衡温距为:$\Delta T=T^*-T_2=890.91-883.15=7.76(K)$

由此计算可知,一段出口平衡温距偏小,即题目要求控制反应器出口温度在 610℃ 偏高,需重新调整。

假设 $t_2=605$℃,重复表 5-8 以下内容。具体处理过程只需在 Excel 表格中将原 $t_2=610$℃ 改为 605℃ 即可,重新计算后的结果如图 5-39 所示。

由图 5-39 可得,重新计算后的实际转化率为 0.6623,平衡温距为 19.11℃,这对于一段催化剂反应床层而言是比较合适的。

☆思考:何谓平衡温距?实际生产过程中反应器出口的平衡温距一般取多少?其值的大小说明了什么问题?如何根据反应器的实际出口组成计算对应的平衡温距?

六、计算空气过剩系数、SO_2 转化率和转化炉一段出口温度之间的关系

空气过剩系数的大小,不仅影响硫黄焚烧时炉气的浓度和温度,而且也会影响到转化炉中各段催化剂床层中 SO_2 的反应量。在相同的 SO_2 反应量下,空气过剩系数大,则转化气

	B272	▼	= =JSHeat_1(C155,D155,E155,F155,1,$B$270,$B$271)					
	A	B	C	D	E	F	G	H	I
270	一段进气温度T_1/K:	693.15	各组分mol	$B×C$值	mol数中	$B×E$值	出口各组分mol数	mol%
271	一段出气温度T_2/K:	878.15	中数值项		含x值项			
272	1molN_2 T_1~T_2焓变/J:	5776.28	7.90	45632.64	0.00	7.90	7.9000	81.71%
273	1molO_2 T_1~T_2焓变/J:	6099.85	1.10	6709.83	-0.50	-3049.92	1.10-0.5x	0.7688	7.95%
274	1molSO_2 T_1~T_2焓变/J:	9399.00	1.00	9399.00	-1.00	-9399.00	1.00-x	0.3377	3.49%
275	1molSO_3 T_1~T_2焓变/J:	14111.54	0.00	0.00	1.00	14111.54	x	0.6623	6.85%
276				61741.48		1662.62	10.00-0.5x	9.6688	100.00%
277	实际转化率=	0.6623						
278	平衡转化率x_T=	0.7036	10.00	11.00	0.00	883.15	0.1114575	
279	对应的平衡温度K:	897.26	平衡温距	19.11	J_p=	6.632		897.26

图 5-39 出口温度为 605℃后重新计算的各项结果汇总

出口温度就低，这是因为过量的 O_2 和由此 O_2 带入的 N_2 稀释了气体，缓和了炉气温度的升高。

（1）物料衡算

以 1mol SO_2 为计算基准，将转化炉一段进、出口气体中各组分的物质的量列于如表 5-10 中。

表 5-10　含有 α、x 项的一段进、出口气体中各组分的物质的量明细表

组 分	入 口	出 口
N_2	3.76α	3.76α
O_2	$\alpha-1$	$\alpha-1-0.5x$
SO_2	1	$1-x$
SO_3	0	X
合计	4.76α	$4.76\alpha-0.5x$

（2）热量衡算

为便于计算，采用与图 5-37 相同的计算途径，若忽略反应过程热损失，则：

$$\Delta H_R = \Delta H_1 + \Delta H_2 = 0$$

若考虑反应过程热损失，则：

$$\Delta H_R = \Delta H_1 + \Delta H_2 = Q_损 \quad 或 \quad \eta\Delta H_1 + \Delta H_2 = 0$$

Ⅰ）ΔH_1 的计算

$$\Delta H_1 = x\Delta h_{R,T_1}\eta$$

式中　$\Delta h_{R,T_1}$——T_1 下 SO_2 氧化为 SO_3 的反应热，此处采用式（5-14b）的简化式，J/mol；

　　　　η——反应热的利用率，当反应过程视为绝热时，η 为 1。

将式（5-14b）代入 ΔH_1 的计算式中得：

$$\Delta H_1 = \eta(-101342+9.25T_1)x \quad (J)$$

Ⅱ）ΔH_2 的计算

$$\Delta H_2 = \sum_{i=1}^{4} n_i \int_{T_1}^{T_2} c_{p,i}\,dT$$

前已将出口气体中各组分的 $c_{p,i}$ 查出，将 n_i、$c_{p,i}$ 代入上式经积分整理后得：

$$\Delta H_2 = 13.47(T_2-T_1)+3.223\times10^{-3}(T_2^2-T_1^2)+4.267\times10^5(T_2^{-1}-T_1^{-1})+[134.80(T_2-T_1)+$$
$$1.012\times10^{-2}(T_2^2-T_1^2)+1.674\times10^5(T_2^{-1}-T_1^{-1})]\alpha+[-1.09(T_2-T_1)+$$
$$7.609\times10^{-3}(T_2^2-T_1^2)+6.272\times10^5(T_2^{-1}-T_1^{-1})]x$$

由 $\eta\Delta H_1+\Delta H_2=0$ 经整理后得：

$$[\eta(101342-9.25T_1)+1.09(T_2-T_1)-7.609\times10^{-3}(T_2^2-T_1^2)-6.272\times10^5(T_2^{-1}-T_1^{-1})]x$$
$$=13.47(T_2-T_1)+3.223\times10^{-3}(T_2^2-T_1^2)+4.267\times10^5(T_2^{-1}-T_1^{-1})+$$
$$[134.80(T_2-T_1)+1.012\times10^{-2}(T_2^2-T_1^2)+1.674\times10^5(T_2^{-1}-T_1^{-1})]\alpha \qquad (5\text{-}15)$$

以下分两个问题处理空气过剩系数、SO_2 转化率和转化炉一段出口温度之间的关系。

① 在转化炉一段进、出口温度一定的情况下，空气过剩系数与 SO_2 转化率之间的关系。

由实际生产厂家提供的数据，一段入口温度可取 693.15K（420℃）、出口温度可取 878.15K（605℃），取 $\eta=0.95\sim1.00$，将式(5-15)编写成 ExcelVAB 自定义函数如下。

函数1：Air_SO2X（A，T1，T2，Ex）

此函数中变量 A 表示空气过剩系数，T1、T2 分别表示进、出口温度（K），Ex 表示反应热的利用率。此函数用于已知空气过剩系数、进出口温度和反应热利用率时计算 SO_2 的转化率。

函数2：SO2X_Air（X，T1，T2，Ex）

此函数中变量 X 表示 SO_2 的转化率，其余同函数1。该函数用于已知 SO_2 的转化率、进出口温度和反应热利用率时计算空气过剩系数。

函数3：JS_SO2EX（A，X，T1，T2）

此函数用于已知空气过剩系数 A，SO_2 的转化率 X，进出口温度 T1、T2 时，计算反应热的利用率。

用函数1进行计算，其结果列于图 5-40。

由图 5-40 可知，随着空气过剩系数的增加，SO_2 的转化率逐渐增大；在相同的空气系数下，反应器热量的损失相当于移走了反应热，使 SO_2 的转化率有所增大，但这样会使系统中回收的能量减少。

G295	▼	= =Air_SO2X(G293,\$B\$290,\$B\$291,\$C\$292)								
		B	C	D	E	F	G	H	I	J
290	一段进气温度T_1/K	693.15								
291	一段出气温度T_2/K	878.15								
292	反应热利用率	95.00%	96.00%	97.00%	98.00%	99.00%	100.00%			
293	空气过剩系数	1.20	1.40	1.60	1.80	2.00	2.10	2.20	2.30	2.40
294	转化率(利用率=95%)	0.4145	0.4774	0.5403	0.6031	0.6660	0.6975	0.7289	0.7603	0.7918
295	转化率(利用率=96%)	0.4101	0.4723	0.5345	0.5967	0.6590	0.6901	0.7212	0.7523	0.7834
296	转化率(利用率=97%)	0.4058	0.4674	0.5289	0.5905	0.6520	0.6828	0.7136	0.7444	0.7751
297	转化率(利用率=98%)	0.4016	0.4625	0.5234	0.5843	0.6453	0.6757	0.7062	0.7366	0.7671
298	转化率(利用率=99%)	0.3975	0.4578	0.5180	0.5783	0.6386	0.6688	0.6989	0.7291	0.7592
299	转化率(利用率=100%)	0.3934	0.4531	0.5128	0.5725	0.6321	0.6620	0.6918	0.7216	0.7515

图 5-40　$T_1=693.15K$、$T_2=878.15K$，$\eta=0.95\sim1.00$，$\alpha=1.2\sim2.4$ 时转化率 x 数据

② 在转化炉一段进口温度、一段 SO_2 转化率一定的情况下，空气过剩系数与一段出口温度之间的关系。

对于此类型的计算，需将式(5-15)重新整理成 T_2 的一元三次非线性方程，其形式如

式(5-16)。

$$A_1 T_2^3 + A_2 T_2^2 + A_3 T_2 + A_4 = 0 \tag{5-16}$$

式(5-16)中各系数值如下：

$$A_1 = 3.223 \times 10^{-3} + 1.012 \times 10^{-2} \alpha + 7.609 \times 10^{-3} x$$

$$A_2 = 13.47 + 134.80 \alpha - 1.09 x$$

$$A_3 = -[A_1 T_1^2 + A_2 T_1 + \eta(101342 - 9.25 T_1) x + A_4/T_1]$$

$$A_4 = 4.267 \times 10^5 + 1.674 \times 10^5 \alpha + 6.272 \times 10^5 x$$

将式(5-16)编写成 Excel VBA 自定义函数：SO3T2_AT1X（A，T1，X，Ex），用此函数计算在不同转化率、热利用率、空气过剩系数情况下的结果列于表 5-11 中。

表 5-11 $T_1 = 693.15K$，$x = 0.60 \sim 0.70$，$\eta = 96\% \sim 100\%$，$\alpha = 1.2 \sim 2.4$ 时出口温度 T_2 数据表

空气过剩系数	1.20	1.40	1.60	1.80	2.00	2.10	2.20	2.30	2.40
$\eta = 96\%, x = 0.60, T_2/K$	959.27	925.89	899.91	879.12	862.12	854.74	847.96	841.74	835.99
$\eta = 96\%, x = 0.65, T_2/K$	980.15	944.31	916.39	894.03	875.72	867.76	860.47	853.75	847.56
$\eta = 96\%, x = 0.70, T_2/K$	1000.82	962.59	932.75	908.84	889.25	880.72	872.90	865.71	859.07
$\eta = 98\%, x = 0.60, T_2/K$	964.67	930.62	904.13	882.93	865.59	858.05	851.14	844.79	838.93
$\eta = 98\%, x = 0.65, T_2/K$	985.95	949.41	920.94	898.13	879.46	871.34	863.90	857.05	850.73
$\eta = 98\%, x = 0.70, T_2/K$	1007.02	968.05	937.63	913.24	893.26	884.56	876.59	869.25	862.47
$\eta = 100\%, x = 0.60, T_2/K$	970.06	935.36	908.35	886.73	869.05	861.37	854.32	847.84	841.86
$\eta = 100\%, x = 0.65, T_2/K$	991.75	954.51	925.48	902.23	883.27	874.92	867.33	860.34	853.90
$\eta = 100\%, x = 0.70, T_2/K$	1013.22	973.50	942.50	917.64	897.26	888.40	880.27	872.78	865.88

表 5-11 中加下划线的数据表示温度超过 610℃，此温度已接近催化剂使用温度高限，是生产中不允许的，说明此时空气过剩系数过小，无法满足正常生产。当然，即使出口温度未超过 610℃，但是否能正常进行反应也未必，还必须应用出口平衡温距进行检验，只有当温度既不超过催化剂使用温度，又能满足平衡温距的要求，才能理论上保证反应的正常进行。

☆思考：1. 如何根据入转化炉的炉气组成、温度和催化剂的性能，计算确定各段催化剂床层出口 SO_2 的转化率？

2. 如何利用 ExcelVBA，结合化工计算知识，编写相应的自定义函数？

七、技能拓展——采用 ChemCAD 计算焚硫过程中空气过剩系数与炉气组成、炉气温度之间的关系

有关硫黄制酸过程，前面的计算方法是基于 Excel 软件进行的，计算过程相对较为复杂，以下针对焚硫过程中空气过剩系数与炉气组成、炉气温度之间的关系，简要介绍采用 ChemCAD 软件的计算过程。

【例 5-8】 使用 ChemCAD 计算空气过剩系数 α 为 $1 \sim 2.4$ 时炉气组成以及对应的炉温，硫黄进料温度为 140℃，不失一般性，将硫黄进料速度设为 1mol/h。

解题思路：使用 ChemCAD 中"平衡反应器"或"化学计量系数反应器"来模拟硫黄在"焚硫炉"燃烧的过程。要分析不同过剩系数 α 对炉气组成和炉温的影响，这要使用到 ChemCAD 中"灵敏度分析"的功能（当然不嫌麻烦，可以同时模拟 10 个不同过剩系数下

的反应器）

解题步骤：

步骤1： 建新文件名为"空气过剩系数"。

步骤2： 建立流程图如图5-41所示，"焚硫炉"使用图标"化学计量系数反应器"；化学计量反应器模块模拟一个化学反应式，给定化学计量系数、关键组分和转化率。

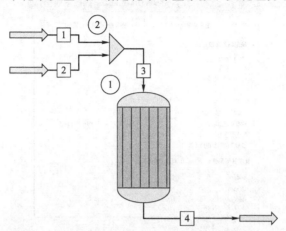

图 5-41　使用化学计量系数反应器模拟焚硫炉的流程图

步骤3： 选择流程的单位：单击菜单"格式及单位制"⇒"工程单位…"，选择符合题意的单位（mol，C）。

步骤4： 单击菜单按钮"热力学及物化性质"⇒"选择组分…"，依次将组分硫（Sulphur 或 S）选中加入，将组分氧气（oxygen 或 O_2）选中加入，将氮气（nitrogen 和 N_2）选中加入，将组分二氧化硫（sulfur dioxide 或 SO_2）选中加入。"OK"，弹出软件建议的 K 值与 H 值的方法（K＝SRK，H＝SRK），就采用系统提示的 K 值方法。

步骤5： 分别双击"物料1"和"物料2"，在弹出的编辑物料信息窗口（如图5-42所示）的"温度 C"文本框中填入140，"压力 bar"文本框中填入压力值1，在"先确定各组分流量 mol/h"的硫黄文本框中填入数值1；单击该窗口左上方的按钮"闪蒸"，软件算出温度和焓，单击"确定"；空气的信息编辑，O_2 流量为 1mol/h，N_2 流量为 3.762mol/h。

编辑物料信息		
闪蒸	取消	确定
物料顺序号	1	2
物料名称	sulphur	空气
温度 C	140	25
压力 bar	1	1
汽相分率	0	
焓 kJ/h	2.777184	
总流量	1	4.76
总流量的单位	mol/h	mol/h
先确定各组分单位	mol/h	mol/h
Sulphur	1	0
Oxygen	0	1
Nitrogen	0	3.76
SO2	0	0

图 5-42　物料1的编辑窗口

步骤 6：双击流程图中单元设备"化学计量系数反应器"的图标或设备号①，弹出反应器的输入信息框；根据题目要求，反应器"概况说明"页面填写如图 5-43。其中选择模拟绝热反应器的型式，关键组分确定为硫黄，转化率为 1，输入一致的化学计量系数：反应物为负，产物为正，惰性气体为 0。"混合器"不用编辑，采用默认设置即可。

图 5-43　化学计量系数反应器的编辑窗口

步骤 7：单击工具栏中的运行按钮"R"，如图 5-44 所示，弹出消息窗口，显示 Chem-CAD 对程序的检查结果，"ChemCAD Message Box"窗口中显示该题输入数据的错误为零，随后单击窗口下方的按钮"Yes"。

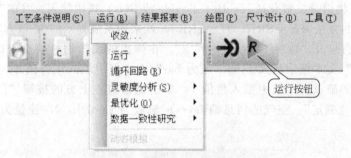

图 5-44　流程的运行命令菜单

步骤 8：单击"ChemCAD Trace Window—"窗口中的"Go"按钮，执行运算，计算完成后，"ChemCAD Trace Window—"窗口显示收敛完成，运行结束。

下面采用灵敏度分析对空气过剩系数 α 与炉气组成以及炉温对应的关系进行研究。

步骤 1：单击"运行"菜单按钮，选择子菜单命令灵敏度分析＞新建灵敏度分析，如图 5-45 所示，弹出"新的灵敏度分析"消息窗口，如图 5-46 所示。

步骤 2：在图 5-46 输入名称，如在文本框中输入"空气过剩系数研究"，表明本次灵敏度分析的作用，单击"OK"按钮，此时子菜单命令"编辑灵敏度分析"激活，如图 5-47 所示。

步骤 3：单击"编辑灵敏度分析"命令，弹出变量编辑窗口，确定变量类型和变化范围，如图 5-48(a)、图 5-48(b) 和图 5-48(c) 所示（即出口温度等变量随空气流量变化的对应关系）。

步骤 4：单击"灵敏度分析"菜单下的运行＞运行全部，如图 5-49 所示，运行灵敏度分析。

步骤 5：单击灵敏度作图命令"绘制结果图"，绘制出口温度与空气流量的对应关系图，

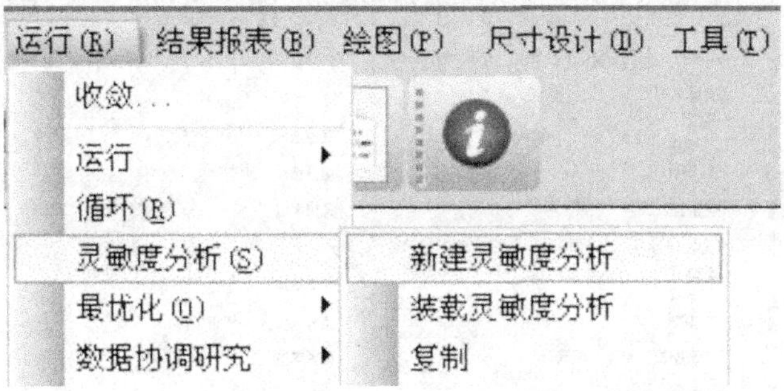

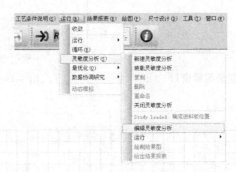

图 5-45 "运行"菜单按钮下的命令"新建灵敏度分析"

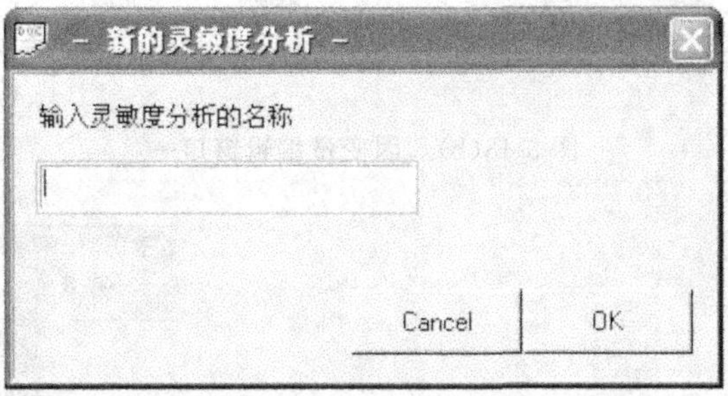

图 5-46 "新的灵敏度分析"命名的消息窗口

图 5-47 "编辑灵敏度分析"的菜单命令

图 5-48(a) 自变量编辑窗口

如图 5-50 所示。

同理，也可以绘制空气流量与焚硫炉出口组成的关系。

步骤 6：单击灵敏度分析菜单命令下一层"给出结果报告"命令。

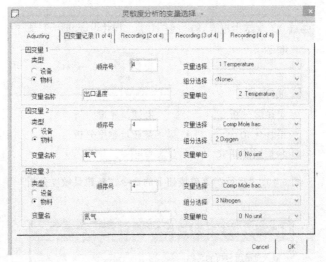

图 5-48(b)　因变量编辑窗口一

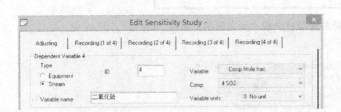

图 5-48(c)　因变量编辑窗口二

图 5-49　"灵敏度分析"菜单下的
"运行全部"命令

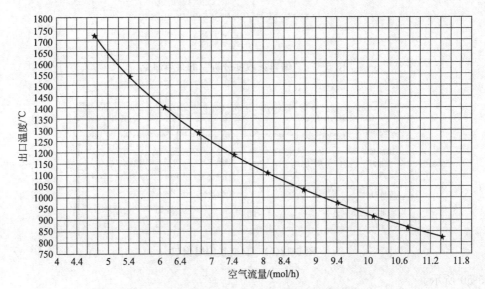

图 5-50　反应器出口温度与空气流量的关系图

任务 三

计算并绘制合成氨厂 CO 变换反应的 *t-x* 图

知识目标

熟悉合成氨厂 CO 变换反应原理，掌握 t-x 图的构成。

技能目标

能用 Excel 计算 CO 变换率和气体温度，计算绝热反应操作线方程、平衡线方程和最佳反应温度线方程。能用 Excel 绘制 CO 变换反应的 t-x 图。

不论采用何种原料生产合成氨，其原料气中总是含有一定数量的 CO 气体，而合成氨需要的是 H_2/N_2 稍大于 3 的原料气，CO 的存在会使氨合成催化剂中毒，因此在原料气送往合成工段之前，必须清除原料气中的 CO。

大部分 CO 的清除方法是采用 CO 与水蒸气反应生成 H_2 和 CO_2 的称为变换的方法，其反应如下：

$$CO + H_2O(g) \xrightleftharpoons[T,p]{Catalyst} CO_2 + H_2 + Q \tag{5-17}$$

该反应是可逆、放热并需要合适的催化剂存在才能进行的反应，工业通常采用绝热式固定床反应器，反应之前的原料气通常称为煤气，反应后的气体称变换气。

通常采用变换率来表示变换反应进行的程度，当采用进、出口气体中 CO 的干基组成进行计算时，则实际变换率的计算公式如式（5-18a）：

$$x = \frac{y_{CO} - y'_{CO}}{y_{CO}(1 + y'_{CO})} \times 100\% \tag{5-18a}$$

式中　y_{CO}，y'_{CO}——原料气、变换气中 CO 的摩尔分率（干基）。

当采用进、出口气体中 CO 的湿基组成计算实际变换率时，则采用式（5-18b）：

$$x = (a - a')/a \tag{5-18b}$$

平衡转化率由下式计算

$$x_T = \frac{U - \sqrt{U^2 - 4WV}}{2aW} \tag{5-19}$$

$$W = K_p - 1, U = K_p(a+b) + (c+d), V = K_p ab - cd$$

式中　a, b, c, d——湿半水煤气或湿变换气中 CO、H_2O、CO_2、H_2 的摩尔分率；

　　　　K_p——变换反应平衡常数。

对于中温变换，若操作温度在 300~520℃，K_p 可由式（5-20）计算。

$$\ln K_p = 4575/T_e - 4.33 \tag{5-20}$$

式中　T_e——平衡温度，K。

中温变换反应热的计算，可采用以下经验公式：

$$-\Delta h_R = (10000 + 0.219T - 2.845 \times 10^{-3}T^2 + 0.9703 \times 10^{-6}T^3) \times 4.184 (J/mol) \tag{5-21}$$

实际生产过程中，当干原料气中 CO 的摩尔分率大于 11% 时，变换反应就必须在多段绝热式固定床反应器中进行，目前大多采用两至三段中温变换。如图 5-51 所示为两段中温变换炉示意图，其中图 5-51(a) 为两段段间用冷激水直接冷激降温中变炉，图 5-51(b) 为两段段间采用间接冷却方式降温的中变炉。以下以变换炉一段为例说明其绝热反应操作线、平衡线、最佳反应温度线及 t-x 图的绘制。

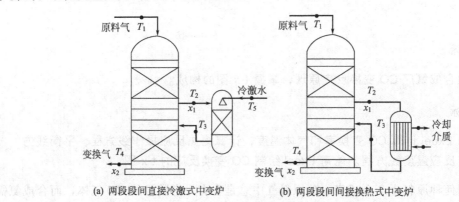

(a) 两段段间直接冷激式中变炉　　　(b) 两段段间间接换热式中变炉

图 5-51　两段中温变换炉示意图

☆思考：1. CO 变换工艺主要用于什么产品的生产流程中？

2. 如何计算 CO 实际变换率和平衡变换率？

3. CO 变换反应和 SO_2 转化反应有何共同点？

一、确定变换炉一段出口温度和一段变换率

【例 5-9】 已知某厂变换系统操作压力为 1.8MPa，采用两段变换。变换炉一段入口干气的温度 $t_1=380℃$、入口气体中 $H_2O(g)/CO=3$（物质的量比），入口气体的干基组成如下：

组成	CO	H_2	N_2	CO_2	CH_4	Ar	Σ
摩尔分数/%	28.30	40.00	21.70	9.30	0.50	0.20	100.00

若变换催化剂最高允许温度为 500℃，试确定此变换炉一段的工艺条件。

任务分析：变换炉一段工艺条件主要是指一段出口温度、一段变换率。

步骤 1：先以变换炉一段出口 500℃ 为限，进行热量衡算，计算出一段出口变换率 x_1、一段出口气体组成；

步骤 2：由一段出口组成，计算出对应的平衡温度 T_{e1}，用平衡温距（$\Delta T=T_e-T_2$）检验，若 $\Delta T \geqslant 15\sim20℃$，则符合要求，继续以下步骤，否则调整变换率，即以一较前计算值小些的 x 重新计算一段出口组成，直到满足平衡温距的要求；

步骤 3：计算一段操作线、平衡线、最佳反应温度线；

步骤 4：将一段操作线、平衡线、最佳反应温度线绘于同一 t-x 图，至此完成任务。

解：（1）物料衡算

以 100kmol 入一段干原料气为计算基准，由入口气体中 $H_2O(g)/CO=3$（物质的量比），可得入口湿气组成，并将一段进、出口气体中各组分的物质的量列于表 5-12 中。

（2）变换炉一段热量衡算

以出口温度 500℃为计算基准，计算途径如图 5-52 所示。

即：$\Delta H_R = \Delta H_1 + \eta \Delta H_2 = 0$

① ΔH_1 的计算

$$\Delta H_1 = \sum_{i=1}^{7} n_i \int_{T_1}^{T_2} c_{p,i} \, \mathrm{d}T$$

表 5-12 变换炉一段进、出气体中各组分的物质的量明细表

组分	一段入口			一段出口	
	物质的量/kmol	湿气摩尔分数/%	分压/MPa	物质的量/kmol	湿气摩尔分数/%
CO	28.3	15.31	0.27550	$28.3(1-x)$	$28.3(1-x)/184.9$
H_2	40	21.63	0.38940	$40+28.3x$	$(40+28.3x)/184.9$
N_2	21.7	11.74	0.21125	21.7	11.74%
CO_2	9.3	5.03	0.09054	$9.3+28.3x$	$(9.3+28.3x)/184.9$
CH_4	0.5	0.27	0.00487	0.5	0.270%
Ar	0.2	0.11	0.00195	0.2	0.108%
H_2O	84.9	45.92	0.82650	$84.9-28.3x$	$(84.9-28.3x)/184.9$
合计	184.9	100.00	1.80000		

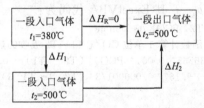

图 5-52 CO 变换一段绝热反应过程计算途径示意图

由于变换系统操作压力为 1.8MPa，已非常压，因此在显热计算时需考虑压力对 c_p 的影响，即此时的 c_p 不仅是温度的函数，同时也是压力的函数。此处推荐采用 $c_p = f(T, p)$ 的经验公式，原料气中各组分 $c_p = f(T, p)$ 的经验公式如下：

H_2：$6.81721 + 3.135 \times 10^{-4} T + 0.14138 \times 10^{-2} p_{H_2} - 6 \times 10^{-7} p_{H_2}^2 + 1.603 \times 10^{-6} p_{H_2} T$

CO：$7.68514 - 4.6255 \times 10^{-3} T + 9.167 \times 10^{-6} T^2 - 4.34378 \times 10^{-9} T^3 + 8.36765 \times 10^{-3} p_{CO} - 9.32698 \times 10^{-6} p_{CO} T$

CO_2：$6.323945 + 1.068092 \times 10^{-2} T - 3.9988 \times 10^{-6} T^2 + 3.6799 \times 10^{-2} p_{CO_2} - 4.37319 \times 10^{-5} p_{CO_2} T$

N_2：$8.411547 - 8.23631 \times 10^{-3} T + 1.43678 \times 10^{-5} T^2 - 6.77885 \times 10^{-9} T^3 + 0.01147 p_{N_2} - 1.471175 \times 10^{-5} p_{N_2} T$

CH_4：$6.57448 + 2.5003 \times 10^{-3} T + 1.8246 \times 10^{-5} T^2 - 1.0076 \times 10^{-8} T^3 + 0.012199 p_{CH_4} - 1.2492 \times 10^{-5} p_{CH_4} T$

Ar：$4.975 - 2.05 \times 10^{-5} T - 3.05 \times 10^{-6} T p_{Ar} + 9.46 \times 10^{-9} T^2 + 0.0046 p_{Ar}$

H_2O：$11.84776 - 8.95577 \times 10^{-3} T + 9.438216 \times 10^{-9} T^3 + 0.374592 p_{H_2O} - 4.8863 \times 10^{-4} p_{H_2O} T$

需要注意的是上述经验公式中各组分的分压力单位为 MPa，$c_p = f(T, p)$ 的单位为

cal/(mol·K)，具体时还需乘换算因子 4.184 将单位换算为 J/(mol·K)。

为了计算方便，将上述由 $c_p = f(T, p)$ 经验公式计算式编写成 ExcelVBA 函数，利用 Excel 计算，其计算值如图 5-53 所示。

	B25	▼	=	=CPCOP(I6,I7,D11)	
	A	B		C	D
24	组分	1kmol吸热量		kmol数	各组分吸热量/kJ
25	CO	3752.29		28.3	106189.86
26	H₂	3535.54		40	141421.44
27	N₂	3708.58		21.7	80476.09
28	CO₂	5976.27		9.3	55579.35
29	CH₄	7018.42		0.5	3509.21
30	Ar	2492.93		0.2	498.59
31	H₂O	4483.56		84.9	380654.56
32	合计			184.9	768329.10

图 5-53　原料气中各组分由 $T_1 \sim T_2$ 的吸热量

所以 $\Delta H_1 = 768329.10 \text{kJ}$

说明：图 5-53 中 1kmol 各组分 $T_1 \sim T_2$ 的吸热量采用了 ExcelVBA 自编函数，如表中的自编函数 "CPCOP" 表示采用 CO 气体的 $c_p = f(T, p)$ 经验公式编写的计算函数，该函数有三个参数：T_1、T_2、p_{CO}，其 ExcelVBA 代码为：

Public Function CPCOP(T1, T2，PCO) As Double

'加压下由 CO 的 cp=f(T, p) 函数计算 1 单位 CO 气 T1~T2 吸收的热量，PCO 分压力/MPa

CPCOP = ((7.68514 + 8.36765 * 0.001 * PCO) * (T2 - T1) - 0.5 * (4.6255 * 0.001 + 9.32698 * 0.000001 * PCO) * (T2^ 2 - T1^ 2) + 9.167 * 0.000001/3 * (T2^ 3 - T1^ 3) - 0.25 * 4.34378 * 0.000000001 * (T2^ 4 - T1 - 4)) * 4.184

End Function

② ΔH_2 的计算。由式（5-21）计算出 1kmol CO 反应热为：

$\Delta h_2 = -37309.24 \text{kJ/kmol}$

$\eta \Delta H_2 = 28.3 \times (-37309.24) \times 0.97x = -1024175.99x$

由 $\Delta H_1 + \eta \Delta H_2 = 0$ 得：

$768329.10 = -1024175.99x$

解得：$x = 0.7502$

（3）出口平衡温度和平衡温距检验

将变换率 $x = 0.7502$ 代入表 5-12 一段出口物质的量（kmol）和湿气摩尔分数（%）组成表达式中进行计算，所得结果列于表 5-13。

一段出口组成对应的平衡常数为：

$$J_p = \frac{p_{CO_2} p_{H_2}}{p_{CO} p_{H_2O}} = \frac{y_{CO_2} y_{H_2}}{y_{CO} y_{H_2O}} = \frac{0.16512 \times 0.33115}{0.03823 \times 0.34435} = 4.1531$$

表 5-13　一段出口气体组成

组分	物质的量/kmol	湿气摩尔分数/%	组分	物质的量/kmol	湿气摩尔分数/%
CO	7.070	3.823	CH₄	0.500	0.270
H₂	61.230	33.115	Ar	0.200	0.108
N₂	21.700	11.736	H₂O	63.670	34.435
CO₂	30.530	16.512	合计	184.900	100.000

由式（5-20）得：

$$T_e = 4575/(\ln K_p + 4.33) = 4575/(\ln 4.1531 + 4.33) = 795.12(K)$$

平衡温距：$\Delta T = T_e - T_2 = 795.12 - 773.15 = 21.97$ （K） $> 15 \sim 20K$，满足要求

二、计算绝热反应操作线方程、平衡线方程和最佳反应温度线方程

（一）绝热反应操作线方程

所谓绝热反应操作线方程是指在绝热条件下发生反应时转化率（变换率）与床层出口温度之间的关系。

若能处理得到 $T_1 \sim T_2$ 之间混合气体的平均恒压摩尔热容，则其表达式为：

$$n \bar{c}_{pm}(t_2 - t_1) + n y_{CO} \Delta h_{R,t_2} \eta (x_1 - x_0) = 0$$

$$t_2 = -\frac{y_{CO} \Delta h_{R,t_2} \eta}{\bar{c}_{pm}}(x_1 - x_0) + t_1 \tag{5-22}$$

式中　$\bar{c}_{pm}$——原料气 $T_1 \sim T_2$ 之间的平均恒压摩尔热容，$J/(mol \cdot K)$；

$\Delta h_{R,t_2}$——1kmol CO 在 T_2 下的反应热，J/mol；

η——反应热利用率，绝热时此值为1；

y_{CO}——原料气湿基 CO 摩尔分率；

x_0, x_1——一段催化剂床层进、出口状态下的变换率，此处 $x_0 = 0$。

注意：式（5-22）是采用原料气先升温后反应的处理方法，也可采用先在进口温度下反应，一段变换气再由 $T_1 \sim T_2$ 升温吸热的方法。

由式（5-22）可知，此绝热操作线方程为一直线方程，进、出口状态点必在此直线上，因此具体作图时只需根据进、出口状态点，即点（380，0）、（500，0.7502）就可直接在 t-x 图上画出绝热操作线，如图 5-54 中直线 AB 所示。

（二）平衡线方程

由式（5-19）计算，具体步骤如下：

步骤 1：假设一平衡温度 T_{e1}，由式（5-20）计算出平衡常数 K_p；

步骤 2：由进口湿气中 CO、H_2O、CO_2、H_2 的摩尔分率 [表 5-12，湿气摩尔分数（%）]，平衡常数 K_p 计算出式（5-19）中对应的 W、U、V 值；

步骤 3：由式（5-19）计算出平衡转化率 x_T；

步骤 4：重复步骤 1~3，将 T_e-x_T 值列表，如表 5-14 中第一、二、三行数据所示。

（三）最佳反应温度线方程

中变最佳反应温度与转化率的关系可由式（5-23）计算。

$$T_m = \frac{4575}{\ln\left[\dfrac{E_2(c+ax)(d+ax)}{E_1(a-ax)(b-ax)}\right] + 4.33} \tag{5-23}$$

式中　a, b, c, d——湿半水煤气或湿变换气中 CO、H_2O、CO_2、H_2 的摩尔分率；

E_1, E_2——正、逆反应的活化能，$E_2 - E_1 = 9000kcal/kmol$，如：B104、B106、B109 催化剂的 E_1 分别为 13000kcal/kmol、10000kcal/kmol、24400kcal/kmol。

以下以 B106 催化剂为例，将相关数据代入式（5-23）便可得 T_m-x 关系，如表 5-14 中

第三、四、五行数据。

表 5-14　CO 变换平衡温度线和最佳反应温度线数据表

t_e/℃	300	320	340	360	380	400	420	440	460	480	500	520	540	560	580
T_e/K	573.15	593.15	613.15	633.15	653.15	673.15	693.15	713.15	733.15	753.15	773.15	793.15	813.15	833.15	853.15
x_T	0.9610	0.9500	0.9370	0.9223	0.9058	0.8875	0.8678	0.8467	0.8244	0.8012	0.7772	0.7526	0.7277	0.7026	0.6775
T_m/K	530.49	547.58	564.58	581.50	598.32	615.06	631.72	648.29	664.77	681.17	697.49	713.73	729.88	745.96	761.95
t_m/℃	257.34	274.43	291.43	308.35	325.17	341.91	358.57	375.14	391.62	408.02	424.34	440.58	456.73	472.81	488.80

☆思考：如何利用 Excel 绘制 CO 变换反应的 $t\text{-}x$ 图？

三、采用 Excel 绘制 CO 变换炉一段 $t\text{-}x$ 图

将表 5-14 输入 Excel 中，通过 Excel 的插入图表功能绘出一段变换炉中 CO 变换反应的 $t\text{-}x$ 图如图 5-54 所示。

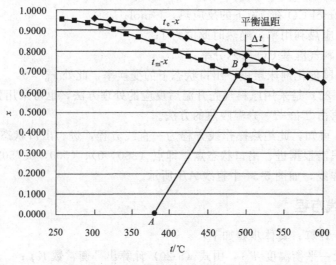

图 5-54　变换炉一段中 CO 变换反应的 $t\text{-}x$ 图

任务 四

CO 变换炉催化剂用量计算

知识目标

掌握化学反应速率的表示方法，熟悉气固相催化反应催化剂用量的 1～2 种计算方法。

技能目标

能用 Excel 和 ChemCAD 计算 CO 中温变换催化剂用量。

一、化学反应速率的表示

(1) 反应速率的定义

在单位反应体积中，反应物 A 的物质的量随单位时间的变化率。

$$r_A = -\frac{1}{V_R} \times \frac{dn_A}{dt} \tag{5-24}$$

式中 r_A——反应物 A 的反应速率，$mol/(m^3 \cdot s)$；

n_A——反应物 A 的物质的量，mol；

V_R——反应器体积，m^3；

t——反应时间，s。对于连续反应，常用停留时间 T 代替 t。

根据这个定义，间歇反应器的反应速率定义为：

$$r_A = -\frac{dC_A}{dt} \tag{5-25}$$

平推流反应器的反应速率定义为：

$$r_A = -\frac{dN_A}{dV_R} \tag{5-26}$$

式中 C_A——物质 A 的摩尔浓度，mol/m^3；

N_A——物质 A 的摩尔流量，mol/m^3。

(2) CO 变换反应动力学方程

对于 CO 变换反应，其反应速度 r_A 可用下式表示：

$$r_A = -\frac{dN_A}{dV_R} = \frac{k_T}{22.4}\left(ab - \frac{1}{K_p}cd\right) \quad [kmol\ CO/(m^3 \cdot h)] \tag{5-27}$$

或表示为

$$r'_A = -22.4\frac{dN_A}{dV_R} = k_T\left(ab - \frac{1}{K_p}cd\right) \quad [m^3 CO(标准)/(m^3 \cdot h)] \tag{5-28}$$

将 $N_A = N_{T_0}a_0(1-x)$、$N_{T_0} = V_{T_0}/22.4$ 代入式 (5-28) 得：

$$r'_A = V_{T_0}a_0\frac{dx}{dV_R} = k_T\left(ab - \frac{1}{K_p}cd\right) \quad [m^3\ CO(标准)/(m^3 \cdot h)] \tag{5-29}$$

$$V_R = V_{T_0}a_0\int_{x_1}^{x_2}\frac{dx}{r'_A} = V_{T_0}\tau_0 \tag{5-30}$$

式中 a,b,c,d——湿半水煤气或湿变换气中 CO、H_2O、CO_2、H_2 的摩尔分率；

a_0——变换炉入口湿半水煤气中 CO 的摩尔分率；

N_A——湿半水煤气或湿变换气中 CO 摩尔流量，kmol/h；

N_{T_0}——变换炉入口湿半水煤气的摩尔流量，kmol/h；

V_{T_0}——变换炉入口湿半水煤气的标准体积流量，m^3（标准）/h；

τ_0——标准停留时间，h；

V_R——催化剂体积，m^3；

k_T——反应速率常数，通常由催化剂型所决定，如式（5-31）为某中变催化剂的反应速率常数的计算式；

K_p——反应平衡常数，对于在 $300\sim520℃$ 的中温变换反应，可由式（5-20）计算。

$$k_T = C_1 \exp\left(15.9 - \frac{4900}{T}\right)\text{COR} \tag{5-31}$$

式中　C_1——压力校正系数；

COR——相对活性系数。

二、采用手工计算 CO 变换催化剂用量

以往手工计算 CO 变换催化剂用量时通常采用图解积分法，其具体步骤如下：

① 计算绝热操作线方程，其形式如式（5-22）所示。也可通过热量衡算，计算出催化剂床层的出口温度和变换率，由催化剂床层进、出口温度和变换率直接得出绝热操作线方程，如式（5-32）。

$$t = \frac{t_{出} - t_{入}}{x_{出} - x_{入}}x + t_{入} = \lambda x + t_{入} \tag{5-32}$$

由式（5-22）或式（5-32）计算出一组不同变换率 x 下对应的气体温度 t。

② 计算平衡常数。由平衡常数经验式（5-20）计算出上述不同温度 t 下对应的平衡常数 K_p 值。

③ 计算反应速率常数。根据催化剂的型号，获得相对应的反应速率常数经验式，如式（5-31），计算出上述不同温度 t 下对应的反应速率常数 k_T 值。

④ 计算反应速率 r_A、$1/r_A$。由动力学方程，如式（5-29）计算上述不同 x、t 下以应的 r'_A、$1/r'_A$。

⑤ 由 $1/r'_A$-x 数据作图，如图 5-55 所示，计算出图中 $012x_20$ 所围成的面积 $\tau'_0 = \int_{x_1}^{x_2}\frac{1}{r'_A}\mathrm{d}x$、$\tau_0 = a_0\tau'_0$。

⑥ 计算催化剂体积，$V_R = V_{T_0}\tau_0$。

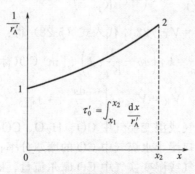

图 5-55　图解积分法示意图

为提高计算效率，采用图解积分法计算催化剂体积时应注意以下两点：

① 计算催化剂体积之前应先计算催化剂床层出口平衡温距，通常平衡温距应大于 $15\sim20℃$，否则催化剂用量会随着平衡温距的减小迅速增加；

② 计算数据采用列表方法，方便检查，其表格形式如表 5-15 所示。

表 5-15　图解积分法计算数据汇总表

x	0.00	0.05	0.10	0.15	0.20	0.25	…
t							
K_p							
k_T							
r'_A							
$1/r'_A$							

三、采用 Excel 计算 CO 变换催化剂用量

用 Excel 计算催化剂用量时可采用差分法，其具体步骤如下：

①～④与图解积分法相同；

⑤ 用区间值代替积分值，计算每一小段（Δx_i）催化剂床层中的平均反应速率的倒数值 $\left(\dfrac{1}{r'_{Ai}}\right)_m = \dfrac{1}{2}\left(\dfrac{1}{r'_{Ai1}} + \dfrac{1}{r'_{Ai2}}\right)$；

⑥ 计算出每一小段的 $\Delta x_i\left(\dfrac{1}{r'_{Ai}}\right)_m$ 值，最后计算出 $\tau_0 = a_0 \sum\limits_{i=1}^{n}\left[\Delta x_i\left(\dfrac{1}{r'_{Ai}}\right)_m\right]$ 值；

⑦ 计算催化剂体积，$V_R = V_{T_0}\tau_0$。

以下举一实例说明差分法计算催化剂用量的具体过程。

【例 5-10】 某日产 1000t 合成氨装置的中温变换反应器为绝热固定床反应器，在 3.05MPa 压力下操作，进口气体摩尔流量 $N_{T_0} = 9707.4$ kmol/h，CO、H_2O（g）、CO_2、H_2、N_2 的摩尔分率分别为：0.0810、0.3735、0.0488、0.3535、0.1432，现要求反应器出口 CO 的摩尔分率降到 0.0212，试计算当进口温度分别为 360℃、380℃、395℃时的催化剂体积。已知该催化剂在 3.05MPa 压力下操作时，压力校正系数 $C_1 = 4.1$，相对活性系数 COR＝0.9。

解： 以 1h 为计算基准

（1）物料衡算——确定出口组成

$$x = (a - a')/a = (0.0810 - 0.0212)/0.0810 = 0.738272$$

因计算比较简单，现将计算结果列于表 5-16 中，此计算过程可直接利用 Excel 单元格驱动计算。

表 5-16　例 5-10 进、出口物料平衡表

组分	入口				出口		
	湿气摩尔分数/%	物质的量/kmol	质量/kg	分压/MPa	物质的量/kmol	湿气摩尔分数/%	质量/kg
CO	8.100	786.299	22016.383	0.24705	205.797	2.120	5762.313
H_2O	37.350	3625.714	65262.850	1.139175	3045.211	31.370	54813.805
CO_2	4.880	473.721	20843.729	0.14884	1054.224	10.860	46385.840
H_2	35.350	3431.566	6863.132	1.078175	4012.068	41.330	8024.137
N_2	14.320	1390.100	38922.791	0.43676	1390.100	14.320	38922.791
合计	100.000	9707.400	153908.886	3.05	9707.400	100.000	153908.886

（2）热量衡算——确定出口温度

采用先反应、后升温的计算方法，此处采用 ExcelVBA 自定义 RCOT2 函数计算，进口温度为 360℃、380℃、395℃时对应的出口温度分别为：428.33℃、447.65℃、462.12℃，其 ExcelVBA 计算示意图如图 5-56 所示。

B98	▼	= =RCOT2(B90,B91,B92,B93,B94,0,0,0,G90,C87,E87,C96,1)-273.15				
	A	B	C	D	E	F	G
97	$t_入$/℃	360		$x_入$	0		
98	$t_出$/℃	428.33	701.48	$x_出$	0.738272	$Te,out=$	460.09
99	斜率	92.555				出口平衡温距:	31.76
111	$t_入$/℃	380.00		$x_入$	0		
112	$t_出$/℃	447.65		$x_出$	0.738272		
113	斜率	91.635				出口平衡温距:	12.44
124	$t_入$/℃	395.00		$x_入$	0		
125	$t_出$/℃	462.1200		$x_出$	0.738272		
126	斜率	90.915				出口平衡温距:	-2.03

图 5-56　例 5-10 由自定义 RCOT2 函数计算出口温度示意图

将进出口温度、变换率代入式（5-32）得三种情况下的绝热操作线方程：

① $t=92.555x+360$（℃）或 $T=92.555x+833.15$（K）；

② $t=91.635x+380$（℃）或 $T=91.635x+853.15$（K）；

③ $t=90.915x+395$（℃）或 $T=90.915x+868.15$（K）。

以下为自定义函数 RCOT2 的 ExcelVBA 代码，有兴趣的读者可自行验证。

```
Public Function RCOT2(YCO, YH2O, YCO2, YH2, YN2, YCH4, YAr, YO2, Y2CO, n0, P, T1, EX) As Double
'已知湿气组成，YCO 为 CO 出口组成，总摩尔数 n0/kmol，总压 P/MPa，入口温度 T1/K，由热量平衡计算出口温度，EX 是反应热的利用率，此函数采用先反应后升温的方式
Dim Y10, X, n1CO, n1H2O, n1CO2, n1H2, nN2, nCH4, nAr, nO2, n2CO, n2H2O, n2CO2, n2H2, nT20 As Double
'X 为变换率，由进出口 CO 湿基组成计算，n1i 分别表示入口气体各组分 kmol 数，n2i 出口气体各组分 kmol 数，nT20 出口总 kmol 数
Dim Y2H2O, Y2CO2, Y2H2, Y2N2, Y2CH4, Y2Ar As Double
'Y2 分别表示出口气体各组分 mol 分率
Dim PCO, PH2O, PCO2, PH2, PN2, PCH4, PAr As Double
'分别表示出口湿气中 7 种气体的分压力/MPa
Dim QCO, QH2, QN2, QCO2, QCH4, QAr, QH2O, QRCO, QRO2, QT1, QT2, T20 As Double
'分别表示上述 1 单位的 7 种气体由 T1-T2 所吸收的热量，QRCO，QRO2 分别为 T1 下 1 单位 CO，O2 反应热
Y10=YCO+YH2O+YCO2+YH2+YN2+YCH4+YAr+YO2
If Abs(Y10-1)>0.0001 Then
MsgBox"入口组成不对，请重输! ",48,"入口组成输入提示，其值应该为 1，最多相关 0.0001"
End If
If Y2CO>YCO Then
MsgBox"出口 CO 摩尔分率不对，请重输! ",48,"出口 CO 摩尔分率输入提示，其值应该小于入口 CO 摩尔分率，最多相等"
End If
X=(YCO-Y2CO)/YCO
n1CO=n0 * YCO
```

```
n1H2O＝n0＊YH2O
n1CO2＝n0＊YCO2
n1H2＝n0＊YH2
nN2＝n0＊YN2
nCH4＝n0＊YCH4
nAr＝n0＊YAr
nO2＝n0＊YO2
n2CO＝n1CO＊(1-X)
n2H2O＝n1H2O-n1CO＊X＋2＊nO2
n2CO2＝n1CO2＋n1CO＊X
n2H2＝n1H2＋n1CO＊X-2＊nO2
nT20＝n2CO＋n2H2O＋n2CO2＋n2H2＋nN2＋nCH4＋nAr
Y2H2O＝n2H2O/nT20
Y2CO2＝n2CO2/nT20
Y2H2＝n2H2/nT20
Y2N2＝nN2/nT20
Y2CH4＝nCH4/nT20
Y2Ar＝nAr/nT20
PCO＝Y2CO＊P
PH2O＝Y2H2O＊P
PCO2＝Y2CO2＊P
PH2＝Y2H2＊P
PN2＝Y2N2＊P
PCH4＝Y2CH4＊P
PAr＝Y2Ar＊P
QRCO＝COHR _ M(T1)'计算 T1 下 1kmolCO 反应放热量
QRO2＝CPH2(T1, 298.15)＋0.5＊CPO2(T1, 298.15)＋1000＊HfH2O()＋CPH2O(298.15，T1)
QT1＝-(N1CO＊X＊QRCO＋NO2＊QRO2)＊EX
T20＝QT1/NT20/32＋T1
Do
  QCO＝N2CO＊CPCOP(T1, T20, PCO)
  QH2O＝N2H2O＊CPH2OP(T1, T20, PH2O)
  QCO2＝N2CO2＊CPCO2P(T1, T20, PCO2)
  QH2＝N2H2＊CPH2P(T1, T20, PH2)
  QN2＝NN2＊CPN2P(T1, T20, PN2)
  QCH4＝NCH4＊CPCH4P(T1, T20, PCH4)
  QAr＝NAr＊CPArP(T1, T20, PAr)
  QT2＝QCO＋QH2O＋QCO2＋QH2＋QN2＋QCH4＋QAr
  If QT1＝0Then
    T20＝T1
    Exit Do
    End If
  If QT1＞QT2 Then
    T20＝T20＋0.005
  Else
    T20＝T20-0.005
  End If
Loop Until Abs((QT1-QT2)/QT1)＜0.003
  RCOT2＝T20
End Function
```

（3）平衡温距检验

由变换反应平衡常数表达式计算出口组成对应的平衡常数为：

$$J_p = \frac{p_{CO_2} p_{H_2}}{p_{CO} p_{H_2O}} = \frac{y_{CO_2} y_{H_2}}{y_{CO} y_{H_2O}} = \frac{0.1086 \times 0.4133}{0.0212 \times 0.3137} = 6.7491$$

由式（5-20）得：

$T_e = 4575/(\ln K_p + 4.33) = 4575/(\ln 6.7491 + 4.33) = 733.24(K)$、$t_e = 460.09°C$

三种出口温度对应的平衡温距分别为：

$\Delta t_1 = t_e - t_{21} = 460.09 - 428.33 = 31.76(°C) > 15 \sim 20(°C)$，满足要求

$\Delta t_2 = t_e - t_{22} = 460.09 - 447.65 = 12.44(°C)$，勉强满足要求

$\Delta t_3 = t_e - t_{23} = 460.09 - 462.12 = -2.03(°C)$，不符合要求

因此，第三种情况不必再计算催化剂用量

（4）催化剂用量计算

以下以第一种情况为例，其部分 Excel 计算过程示意图如图 5-57 所示，催化剂体积为 63.80m³。

C104		= =4.1*EXP(15.9-4900/C101)*0.9							
	A	B	C	D	E	F	……	ES	ET
100	x	0.0000	0.0050	0.0100	0.0150	0.0200	……	0.7350	0.7383
101	T/K	633.15	633.61	634.08	634.54	635.00	……	701.18	701.48
103	K_p	18.0975	18.0023	17.9077	17.8137	17.7203	……	8.9776	8.9524
104	k_T	12920.16	12993.40	13066.94	13140.79	13214.96	……	27375.05	27457.75
105	r_i	16.900	16.881	16.861	16.841	16.819	……	2.145	2.006
106	$1/r_i$	0.059171	0.059238	0.059307	0.059380	0.059456	……	0.466230	0.498427
107	$(1/r_i)_m$	0.059204	0.059273	0.059344	0.059418	0.059495	……	0.482328	
108	$\Delta x \times (1/r_i)_m$	0.000296	0.000296	0.000297	0.000297	0.000297	……	0.002412	
109	催化剂用量 m³	63.80							

图 5-57　差分法计算催化剂用量 Excel 示意图

同理可计算出第二种情况的催化剂体积为 64.46m³。

☆思考：1. 固定床反应器催化剂体积计算除采用图解积分法、差分法外，还有哪些计算方法？

　　　　2. 若反应器出口平衡温距过小，甚至为负值时，计算催化剂用量会出现什么结果？

四、采用 ChemCAD 计算 CO 变换催化剂用量

化学反应器中流体流动状况影响反应速率和反应选择性，直接影响反应结果。流动模型是反应器中流体流动与返混的描述。理想流动模型是两种极限情况：完全没有返混的平推流反应器和返混为极大值的全混流反应器。在实际化学工业中，固定床反应器的流动模型接近于平推流，反应釜的流动模型接近于全混流。ChemCAD 中的动力学反应器（kinetic reactor）单元设备可以进行这两种理想流动模型反应器的工艺设计。以下仍以例 5-10 为例，选用平推流固定床反应器，说明如何应用 ChemCAD 进行反应器的工艺设计。

解题步骤：

步骤 1： 新建文件名"CO 变换催化剂用量"。

步骤 2： 建立工艺流程图如图 5-58 所示。

步骤 3： 单位选择，选择国际单位制，将压力单位改为 MPa。

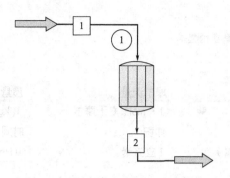

图 5-58　固定床反应器流程示意图

步骤 4：组分选择 CO，H_2O，CO_2，H_2，N_2。

步骤 5：相平衡模型（K 值模型）和焓值模型选择专家系统推荐的 IVP 和 SRK。

步骤 6：编辑进料信息。温度：360℃，压力：3.05MPa，组分摩尔分率：CO 0.0810，水 0.3735，CO_2 0.0488，H_2 0.3535，N_2 0.1432，总流量 9707.4kmol/h。

步骤 7：编辑动力学反应器的信息。双击动力学反应器的图标，弹出"动力学反应器（KREA）"窗口，在"概况说明"活页窗口中作图 5-59 所示的选择。

图 5-59　固定床反应器操作信息编辑窗口 1

单击图 5-59 的"更多说明"活页窗口，对动力学方程中有关参数的单位制作图 5-60 所示的选择，然后单击 OK 按钮。

步骤 8：进入反应的信息编辑窗口，反应信息编辑如图 5-61 所示，然后单击 OK 按钮。

步骤 9：进入反应动力学方程自定义窗口"Unit：1－User Rate Expressions"，在"Rxn 1"活页窗口中用 VB 语言编写动力学方程，如图 5-62 所示。

步骤 10：单击"确定"按钮，运行本题，得到反应器体积，改变进料温度分别为 380℃，395℃，对应的结果如表 5-17 所示。

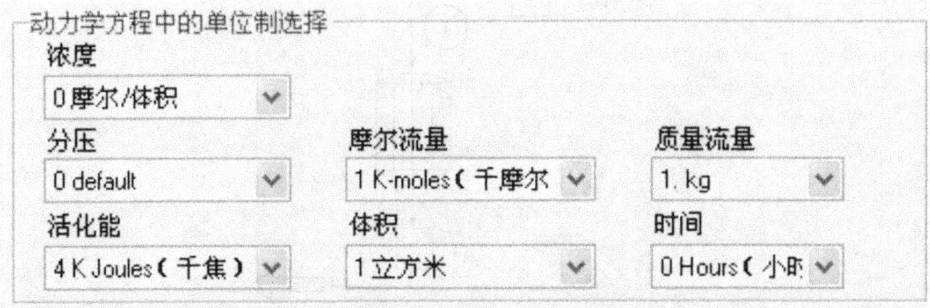

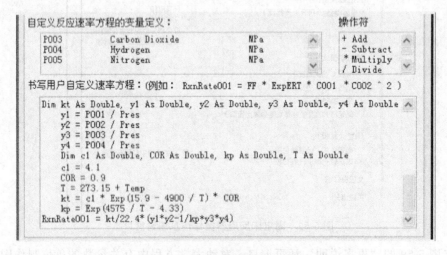

图 5-60　固定床反应器操作信息编辑窗口 2

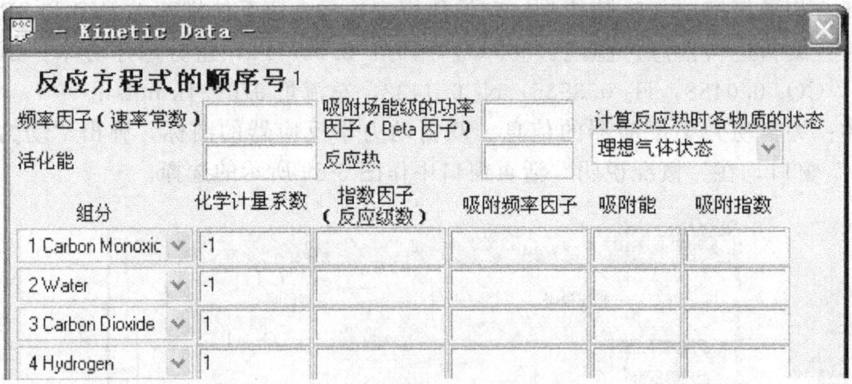

图 5-61　变换反应的信息编辑窗口

图 5-62　动力学方程自定义窗口

表 5-17　不同进料温度对应的不同反应器体积

进口温度/℃	出口温度/℃	$V_R(COR=0.9)/m^3$
360	425.4	63.99
380	444.9	62.28

由表 5-17 可知，采用 ChemCAD 计算的结果与采用 Excel 计算的结果基本一致。

☆思考：1. 动力学反应器能完成哪两大类流动模型的反应模拟计算？其典型反应器各是
什么？

2. 试比较动力学反应器与平衡反应器的异同。

3. 能否根据反应器体积计算转化率，如何操作？

任务 五

甲醇脱水生产二甲醚过程的概念设计

知识目标

了解概念设计的战略与步骤，理解产品和工艺信息的文献检索对工艺选定的决定性作用，理解反应器的工艺设计在流程设计中的核心作用，掌握分离序列选择的几个原则。

技能目标

根据概念设计的战略和步骤，使用 ChemCAD 完成反应器的工艺设计，完成精馏塔的设计和模拟，完成整个流程的构建和模拟。

概念设计是设计者综合开发初期收集的技术经济信息，通过分析研究之后，对开发项目作出一种设想的方案，其主要内容包括：原料和成品的规格，生产规模的估计，工艺流程图和简要说明，物料衡算和热量衡算，主要设备的规模、型号和材质的要求，检测方法，主要技术和经济指标，投资和成本的估算，投资回收预测，三废治理的初步方案以及对中试研究的建议。

随着计算技术和计算机技术的发展，化工流程过程模拟软件也越来越成熟，计算机辅助设计也日趋广泛。在进行概念设计时，采用流程系统模拟物料衡算和热量衡算，投资和成本估算等问题以及采用流程模拟软件进行整体优化已经越来越普遍。本章采用国际上最成功和最流行的过程模拟软件之一———ChemCAD 作为辅助设计的主要工具。对甲醇脱水生产二甲醚进行物料和能量的衡算、主要设备的工艺计算，并从设计流程计算的收敛与否以及和现实操作的符合程度来检验该流程是否可行。

一、过程的基本信息

（一）市场信息

二甲醚工业生产的兴起是同氟氯烷的限制和禁止使用紧密相连的。20 世纪 70 年代初国际上气雾剂制品得到了迅速发展，气雾剂生产中，气雾抛射剂主要采用氟氯烷。近年来，发现氟氯烷对地球大气臭氧层有严重的破坏作用，遭到限制和禁止使用。鉴于二甲醚的饱和蒸气压等物理性质和二氟二氯甲烷相近，以及其优良的无毒害和环保性能，使之成为氟氯烷的理想替代品。自 80 年代以来，二甲醚作为一种安全气雾剂得以迅猛地发展。目前，气雾剂制品已成为二甲醚最重要的应用市场。二甲醚不仅可以做制冷剂和气雾剂，而且还作为液体燃料。低压下的二甲醚变为液体，与石油液化气有相似之处。二甲醚也可以做醇醚燃料，与甲醇按一定比例混合后，可克服单一液态燃料的缺点，从而改善燃料性能，具有清洁、使用方便等优点。

据市场调查，二甲醚市场应用前景广阔，国内需求量远远超过供给量。现市场上甲醇价格为 1500～2000 元/t，二甲醚价格为 7000 元/t。以甲醇为原料，经催化脱水得到二甲醚，为甲醇的综合利用和增值提供了一条理想的途径。本设计按照概念设计的思路，寻找从甲醇催化脱水生产二甲醚的最佳工艺流程和估算最佳设计条件。

（二）反应信息

① 反应方程式

$$2CH_3OH \Longleftrightarrow (CH_3)_2O + H_2O$$

② 反应热

$$\Delta H_R(25℃) = -11770kJ/kmol$$

③ 反应条件：温度 $t = 250～370℃$，反应压力为常压。

④ 选择性：该反应为催化脱氢，催化剂为 10.2％硅酸处理的无定性氧化铝。在 400℃以下时，该反应过程可以看作是单一、不可逆的，反应的选择性 S 可以近似认为等于 1。

⑤ 反应为气相反应。

⑥ 二甲醚产量率：130kmol/h。

⑦ 甲醇的转化率在 80％以上。未反应的甲醇循环回收到反应器中的流量是 65kmol/h。

⑧ 二甲醚产品纯度：99％（质量分数）。

⑨ 原料：常温下工业级甲醇（假定含量1％）。

（三）连续或间歇生产的选择

选择一个连续的过程，操作费用和物流费用以年为基准，操作时数为 8150h/a。

二、流程输入、输出结构和循环结构

（一）原料预处理

原料是工业级的甲醇，内含少量水（假定摩尔比，甲醇：水＝99：1），和微量其他杂质（对于主反应无影响），水是反应的产物，忽略对原料进行净化处理。如原料甲醇含水量过高，可考虑精馏以后进料。

（二）副产物

在所选催化剂和反应条件下，主反应的选择性接近 1，副产物很少，在整个设计过程中忽略副产物存在。

（三）循环和放空

由于反应转化率为 80％，所以用循环物流将未反应的甲醇循环。反应产生的水，残留少量甲醇（＜2％），经简单处理可排放。

三、反应器的工艺设计

（一）动力学模型

反应器的工艺设计主要是完成催化剂用量或反应器反应体积的设计。设计的主要依据是反应动力学模型。

甲醇在 $\gamma\text{-Al}_2\text{O}_3$ 上脱水生成二甲醚的动力学模型如下：

$$\frac{\mathrm{d}x_M}{\mathrm{d}\tau_W}=\frac{kb_M^{0.5}p_M^{1.5}}{(1+\sqrt{b_M p_M}+b_{H_2O}p_{H_2O})^2}\left(1-\frac{p_D p_{H_2O}}{K_p p_M^2}\right) \tag{5-33}$$

式中　x_M——甲醇的转化率；

$\quad k$——反应速率常数，$\text{h}^{-1}\cdot\text{atm}^{-1.5}$；

$\quad b$——甲醇的吸附常数；

$\quad p$——压力，atm；

$\quad \tau_W$——质量停留时间，h；

$\quad K_p$——反应平衡常数。

下标：M 表示甲醇；

D 表示二甲醚。

质量停留时间定义为：

$$\tau_W=\frac{W_{cat}}{W_{M0}} \tag{5-34}$$

式中　W_{cat}——催化剂质量；

$\quad W_{M0}$——反应器进料中组分甲醇的质量流量。

在 ChemCAD 中有一个动力学反应器（kinetic reactor）操作单元，可以自定义动力学模型，一种计算模式是根据反应器体积计算反应出口转化率，另一种计算模式是根据出口转化率计算反应器体积，即完成反应器的工艺设计。

ChemCAD 动力学反应器对反应速率的定义为：

$$r_i=\frac{\mathrm{d}N_i}{\mathrm{d}V_R}=N_{i0}\frac{\mathrm{d}x_i}{\mathrm{d}V_R} \tag{5-35}$$

式中　N_{i0}——反应器进料组分 i 的摩尔流量；

$\quad V_R$——反应器的体积。

将反应速率的定义应用在甲醇在 $\gamma\text{-Al}_2\text{O}_3$ 上脱水的动力学模型上：

$$r_M=N_{M0}\frac{\mathrm{d}x_M}{\mathrm{d}V_R}=\frac{W_{M0}}{M}\times\frac{\mathrm{d}x_M}{\mathrm{d}\dfrac{W_{cat}}{\rho_{cat}}}=\frac{\rho_{cat}}{M}\times\frac{\mathrm{d}x_M}{\mathrm{d}\dfrac{W_{cat}}{W_{M0}}}=\frac{\rho_{cat}}{M}\times\frac{\mathrm{d}x_M}{\mathrm{d}\tau_W}$$

$$=\frac{\rho_{cat}}{M}\times\frac{kb_M^{0.5}p_M^{1.5}}{(1+\sqrt{b_M p_M}+b_{H_2O}p_{H_2O})^2}\left(1-\frac{p_D p_{H_2O}}{K_p p_M^2}\right)$$

$$k=1.635\times10^9\exp\left(-\frac{69239}{RT}\right)$$

$$b_M=1.252\times10^{18}\exp\left(-\frac{216572}{RT}\right)$$

$$b_{H_2O}=1.206\times10^9\exp\left(-\frac{88217}{RT}\right)$$

$$\ln K_p = \frac{4019}{T} + 3.0707\ln T - 2.783\times10^{-3}T + 3.8\times10^{-7}T^2 - 6.561\times\frac{10^4}{T^2} - 26.64$$

ρ_{cat} 为催化剂的堆砌密度，取值为 800kg/m^3。

（二）甲醇脱水绝热固定床反应器的设计步骤

步骤1：新建文件名"二甲醚固定床反应器设计"。

步骤2：建立工艺流程图如图 5-63 所示。

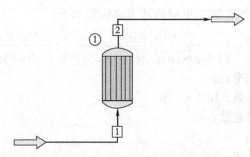

图 5-63　二甲醚固定床反应器流程图

步骤3：单位选择，以 SI 单位制为主，将压力单位用 atm。

步骤4：组分选择甲醇、水和二甲醚（Methanol，Water，Dimethyl Ether）。

步骤5：相平衡模型（K 值模型）选择 NRTL（或 Wilson 或 UNIQUAC）。弹出的 NRTL Parameters Set 1 窗口中显示了二元交互作用参数，但是数据不全，缺乏水和二甲醚的二元交互作用参数，采用 Tools 菜单命令中的 BIP Regression 命令来回归所缺的参数。

步骤6：单击 ChemCAD 中菜单按钮"热力学及物化性质"，从其下拉菜单中选择"回归二元交互作用参数"命令，弹出"二元交互参数回归"窗口，选择"使用 UNIFAC 估算法的汽液平衡数据回归（VLE）"，并复选上"回归出所有缺失的二元交互参数"，如图 5-64 所示。

步骤7：编辑进料信息。温度：523.15K，压力：1atm，组分摩尔分率：甲醇 0.99，水 0.01，总流量 325kmol/h。

步骤8：编辑动力学反应器的信息。双击动力学反应器的图标，弹出"动力学反应器（KREA）"窗口，在"概况说明"中作如图 5-65 的选择。

在"更多说明"的活页窗口中作图 5-66 的选择，对动力学方程中的变量进行单位制的设定。

单击 OK 后，弹出"—Kinetic Data—"窗口，如图 5-67 所示，编辑反应信息。

步骤9：单击，弹出"—Kinetic Data—"窗口中的 OK 后，弹出"Unit：1—User Rate Expressions"窗口，在"Rxn 1"活页窗口中的"Write User Rate Expression："文本框中填写反应动力学信息，使用 VBA 编程语言，如下所示：

```
Dim luo As Double,T As Double
luo=800.0
T=Temp
Dim k As Double,bm As Double,bw As Double,KP As Double,R As Double
R=8.314
k=1635000000# * Exp(-69239#/R/T)
bm=1.252E+18 * Exp(-216572#/R/T)
bw=1206000000# * Exp(-88217#/R/T)
```

图 5-64　二元参数回归窗口

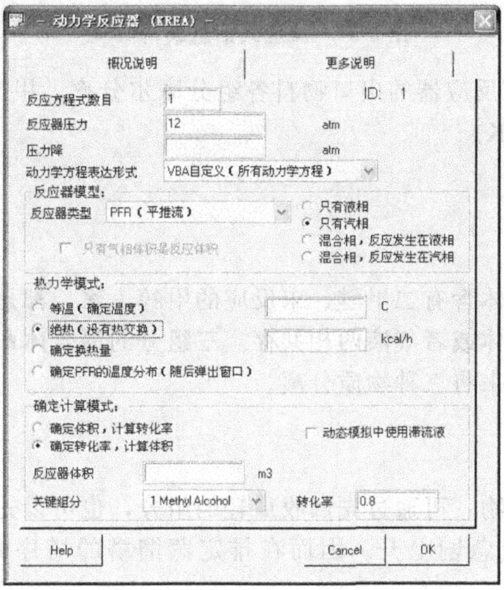

图 5-65　动力学反应器操作信息编辑的活页窗口 1

KP＝Exp(-26.64＋4019♯/T＋3.707 * Log(T)-0.002783 * T＋0.00000038 * T^2-65610♯/T^2)

Dim M As Double

'M 是甲醇的分子量

M＝32.042

RxnRate001＝luo/M * k * bm^0.5 * P001^1.5 * (1-P003 * P002/KP/P001^2)/(1+(bm * P001)^0.5+bw * P002)^2

步骤 10：单击"Unit：1 ― User Rate Expressions"窗口中"确定"按钮，弹出 Windows 信息提示框，询问是否更新动力学方程表达式，单击"是"。

步骤 11：单击运行按钮"Run"，得到反应器体积是 27.73m³。

图 5-66　动力学反应器操作信息编辑的活页窗口 2

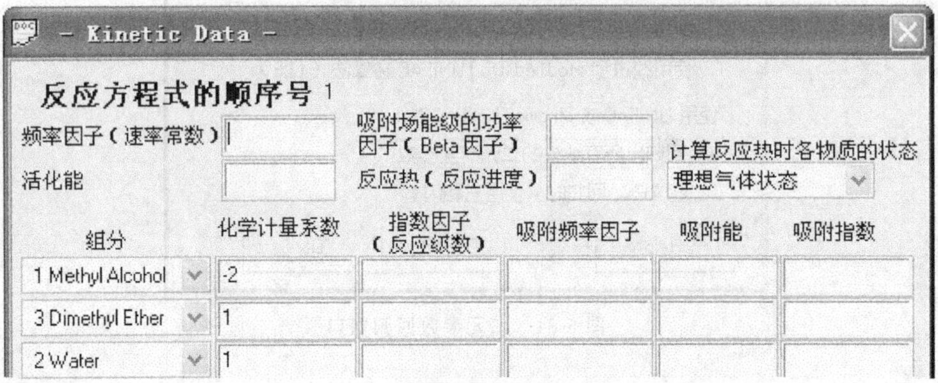

图 5-67　反应式信息编辑窗口

步骤 12：绝热固定床反应器的出口物料各组分摩尔分率：甲醇 0.1986，水 0.4057，二甲醚 0.3957，温度 634.7K。

四、分离系统

从反应器中出来的气体含有二甲醚、未反应的甲醇、水，都是以气态存在。进入分离塔之前，要将气体冷却成液体或者气液两相共存。三组分的混合体系，采用两个精馏塔，即一个二甲醚塔和一个甲醇塔来将三种物质分离。

（一）塔序

为了清晰地分割混合物，可通过先回收最轻的组分，也可以先回收最重的组分。当组分数增多时，替代方案数量急剧上升。因而在排定蒸馏塔的塔序时，人们得到了两组推理法则。

排定塔序的通用推理法则：

① 脱出腐蚀性组分；

② 尽快脱出反应性组分或单体；

③ 以馏出物移出产品；

④ 以馏出物移出循环物流，如果它们是循环送回填料床反应器尤要这样。

排定塔序的推理法则

① 流量大的优先；

② 最轻的优先；

③ 高收率的分离最后；

④ 分离困难的最后；

⑤ 等摩尔的分割优先；

⑥ 下一个分离应该是最便宜的。

根据上述推理法则，三组分中二甲醚的流量最大，而且也最轻，所以本设计中塔的分离顺序为：

二甲醚＋甲醇＋水——二甲醚，甲醇＋水；甲醇＋水——甲醇，水

（二）分离塔1（二甲醚＋甲醇＋水→二甲醚，甲醇＋水）

二甲醚在常压下的沸点很低（−24℃），常压精馏，塔顶冷凝器需要保持低温，要增加制冷设备，增加了设计难度和实际操作困难，不采用常压精馏的方案，而采用加压精馏。

如果塔顶冷凝器采用常温下的自来水进行冷却，塔顶馏出物的泡点温度应大于50℃，二甲醚泡点温度为50℃时，对应的泡点压力为11.3atm。

（1）分离塔1的简捷设计

步骤1：新建文件名或打开上一题文件。

步骤2：建立工艺流程图如图5-68所示。

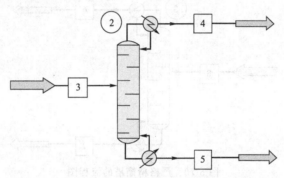

图5-68　简捷精馏塔流程图

步骤3～6：参照上题"甲醇脱水绝热固定床反应器的设计步骤"步骤3～6，完成 K 值方程的选择和所缺参数的估算。

步骤7：编辑进料信息。精馏塔采用泡点进料，即气相分率等于0，压力：11.3atm，组分摩尔分率：甲醇0.1986，水0.4057，二甲醚0.3957，总流量325kmol/h。

步骤8：双击流程图中"Shortcut Column"图标，编辑精馏塔简捷设计的相关信息，如图5-69所示。

步骤9：单击ChemCAD的运行按钮"Run"，精馏塔的简捷设计结果如下：

塔板数：19.2；最小回流比：0.175，实际回流比取最小回流比的1.5倍，为0.26。进料板的位置为第12（11.4）块。

（2）分离塔1的严格模拟

步骤1：打开上一题的文件。

步骤2：建立精馏严格模拟的工艺流程图5-70。

步骤3：编辑精馏塔的进料信息同上述步骤7。

步骤4：双击严格精馏塔（SCDS）图标，弹出"−SCDS Distillation Column−"窗口，依据简捷设计的结果对精馏塔操作信息进行编辑。设实际塔板效率为0.6，实际塔板数取19.2/0.6＝32，进料板的位置为12/0.6＝20。如图5-71所示（窗口中"塔板总数"为30，这是由于精馏塔的简捷设计与精馏的SCDS模拟计算中，对塔板数的认定不一样：在精馏塔

图 5-69　简捷精馏塔的设计条件

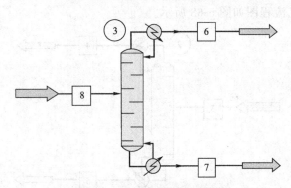

图 5-70　严格精馏塔的流程图

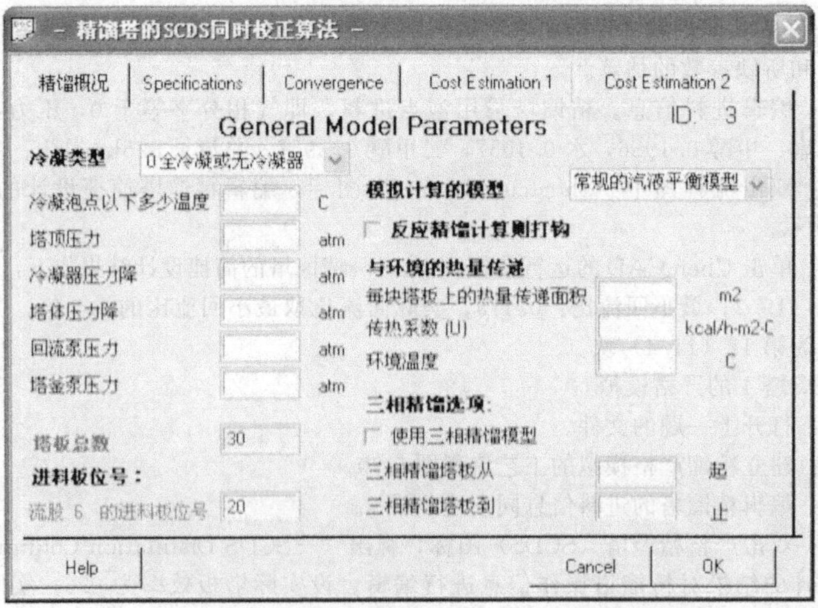

图 5-71　SCDS精馏塔的"General"活页窗口

的简捷设计中将塔顶的冷凝器和塔釜的再沸器分别当作一块塔板，而在 SCDS 精馏模拟中，塔板数不包括冷凝器和再沸器）。

步骤 5：在"操作条件说明"（Specifications）窗口页中对严格精馏的出料各确定一个变量值，如图 5-72 所示。

图 5-72　SCDS 精馏塔的"Specifications"活页窗口

步骤 6：在"Convergence"窗口页中填写塔板（Stage efficiency）为 0.6，如图 5-73 所示。

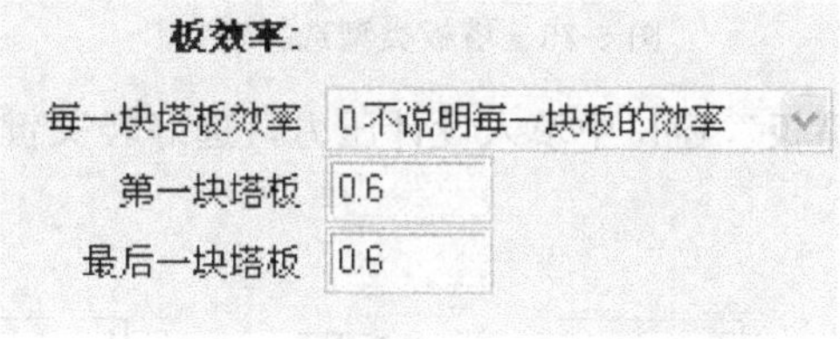

图 5-73　"Convergence"窗口页中板效率输入文本框

步骤 7：运行"SCDS"单元操作。塔板上各个组分摩尔分率随塔板数的变化图如图 5-74 所示。

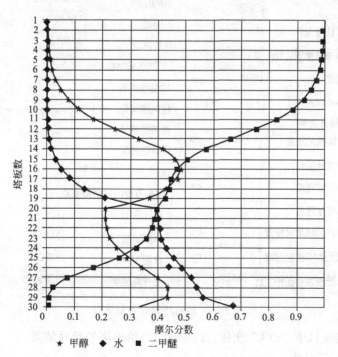

图 5-74　塔板上液相各组分摩尔分率随塔板数的变化图

（3）分离塔1的尺寸设计

分离塔1采用填料塔设计。

步骤1：单击 ChemCAD "Sizing" 菜单命令，从其下拉菜单中选择 distillation＞trays... 命令，弹出"塔板尺寸"窗口，如图5-75，塔板类型选择筛板，单击"OK"按钮。

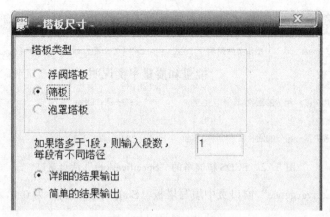

图 5-75 塔板类型选择窗口

步骤2：在弹出的"筛板"窗口中填入设计压力，选好轻关键组分和重关键组分，如图5-76所示。

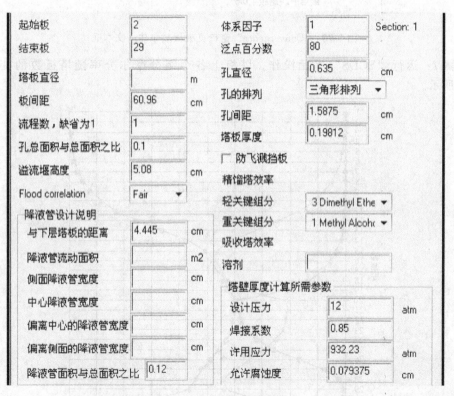

图 5-76 填料塔设计参数窗口

步骤3：单击窗口中"OK"按钮，ChemCAD 给出塔的尺寸结果。

（4）分离塔2的设计

分离塔 2 的设计同分离塔 1 的设计，先进行简捷设计，采用常压塔，结果是塔板数：17.1；最小回流比：0.98，实际回流比取最小回流比的 1.5 倍，为 1.48。进料板的位置为第 11（10.6）块。

再用严格精馏（SCDS）模拟，验证简捷设计的结果。采用筛板塔，板效率设为 0.5。塔板上各个组分摩尔分率随塔板数的变化如图 5-77 所示。

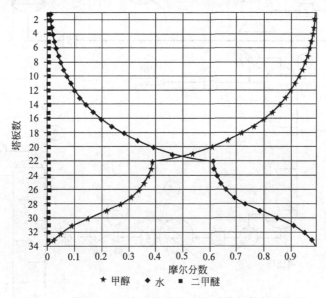

图 5-77　塔板上液相各组分摩尔分率随塔板数的变化图

分离塔采用筛板塔设计，通过 ChemCAD "Sizing" 菜单命令，从其下拉菜单中选择 Trays 命令计算塔径，结果是 0.914m。

五、全流程模拟

全流程模拟，完成全流程的工艺设计和物料、能量衡算，并为进一步全流程的优化提供依据。

在完成反应和精馏分离的基础上，物料之间压力不同，考虑用压缩机、泵或减压阀操作，物料之间温度不同，考虑用换热器操作，这样，初步建立的流程图如图 5-78 所示。

说明：

① 物料 1：常温常压下进料，流量是 260kmol/h。

② 物料 12：常压塔塔顶产物，主要是循环回收的甲醇，是流程中的循环回路，物料信息必须设定。可以暂时设定流量是 65kmol/h。温度、压力、组成的信息可以参照常压塔模拟的结果，也可以用常温常压代替，组成按原料甲醇给定，这样就给定了这股物料信息的初值，通过全流程的计算收敛，会用准确值替换这股物料的初值。

③ 设备 1 为混合器（Mixer），可以不作任何操作条件的设定；设备 2 为泵（Pump），操作条件是输出压力为 12atm；设备 3 为换热器，操作条件是出口的物料 4 温度为 250℃。

④ 设备 4：在全流程中采用平衡反应器而不使用动力学反应器，这样可以简化流程的计算。实际的反应器非常复杂，应该单独地研究；全流程模拟是为了得到全流程的质量和能量平衡，这个时候反应器在一定条件下的转化率是给定的。

⑤ 设备 5 和设备 7：这两个换热器为的是满足精馏塔的泡点进料条件。

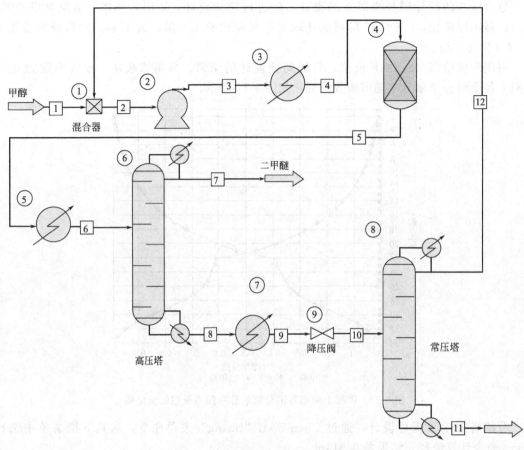

图 5-78　ChemCAD 中二甲醚生产流程图

⑥ 设备 9：减压阀，目的是将压力减至常压，工业当中可以采用多种方式实现，流程模拟中可以不拘泥于这些设备形式，只要能达到减压的目的即可，以便完成全流程的模拟。

⑦ 设备 6 和 8：分别为高压和常压精馏塔，工艺条件和操作条件在之前的设计中已经完成。

全流程模拟的部分结果，如表 5-18 所示。

表 5-18　全流程模拟结果

物料序号 项目	1	2	3	4	5
物料名称	甲醇				
温度/℃	25	32.8914	33.4408	250	344.1305
压力/atm	1	1	12	12	12
焓/(kJ/h)	$-6.23E+7$	$-7.76E+07$	$-7.76E+07$	$-6.29E+07$	$-6.29E+07$
气相分率	0	0	0	1	1
总流量/(kmol/h)	260	325.0273	325.0273	325.0273	325.0273
总流量/(kg/h)	8294.4503	10370.6046	10370.6046	10370.6046	10370.6046
甲醇/(kg/h)	8247.6116	10305.9518	10305.9518	10305.9518	2061.19
水/(kg/h)	46.839	58.7248	58.7248	58.7248	2376.454
二甲醚/(kg/h)	0	5.9274	5.9274	5.9274	5932.96

物料序号 项目	6	7	8	9	10	11	12
物料名称	二甲醚						回收甲醇
温度/℃	81.2634	52.3914	160.5431	75	74.9998	99.9341	62.8759
压力/atm	12	12	12	12	1	1	1
焓/(kJ/h)	−7.75E+07	−2.58E+07	−5.08E+07	−5.23E+07	−5.23E+07	−3.68E+07	−1.53E+07
气相分率	0	0	0	0	0	0	0
总流量/(kmol/h)	325.0273	128.7198	196.3075	196.3075	196.3075	131.3025	65.0049
总流量/(kg/h)	10370.6046	5929.0897	4441.5149	4441.5149	4441.5149	2366.0711	2075.4438
甲醇/(kg/h)	2061.19	2.0611	2059.1286	2059.1286	2059.1286	1.4997	2057.629
水/(kg/h)	2376.454	0.0004	2376.4541	2376.4541	2376.4541	2364.5715	11.8826
二甲醚/(kg/h)	5932.96	5927.0282	5.9322	5.9322	5.9322	0	5.9322

六、能量集成

流程当中用到了许多换热器，物料既被加热又被降温，通过能量集成，充分利用物料之间相互加热与降温，以达到使用最少公用工程的目的。能量集成主要使用夹点技术。感兴趣的读者可以查阅相关资料，例如李仕梅等的论文《二甲醚生产过程换热网络的计算机优化》。

☆思考：1. 概念设计的一般步骤有哪些？

2. 概念设计的核心步骤是什么？

3. 如何构造一个完整的流程？

4. 流程如何调优？

单元五复习思考题

5-1 如何利用前面所学的知识并借助 ChemCAD、Excel 对换热器进行物料、热量衡算？

5-2 硫黄制酸焚硫过程中，空气与硫黄的比较的变化对炉气温度有何影响？

5-3 如何利用前面所学的知识计算典型可逆反应的转化率（如：CO 变换率、SO_2 的转化率）？

5-4 如何计算可逆绝热反应的操作线方程？如何利用 Excel 画出可逆绝热反应的 T-x 图？

5-5 如何应用 ChemCAD 计算气固相催化反应催化剂的体积？

5-6 如何应用 ChemCAD 软件进行精馏塔工艺计算和工艺设计？

5-7 自己找一个比较典型的化工生产过程，利用 Excel 或 ChemCAD 进行物料、能量平衡计算。

单元五习题

5-1 在煤气发生炉的下吹阶段，为了利用燃烧室的蓄热来预热水蒸气，下吹蒸汽的流程是先经燃烧室，然后再进入煤气炉。已知进入燃烧室的水蒸气为 $p_1 = 1.5 \times 10^5 \, Pa$ 的饱和蒸气，出燃烧室时水蒸气被加热到 200℃，试求 100kg 水蒸气从燃烧室吸取了多少热量？

5-2 有一换热器，热流体为压力为 1.2MPa 的饱和水蒸气，流量为 100kg/h，换热后冷凝为对应的饱和水。被加热介质为常压的工艺空气，进口温度为 100℃，流量为 110kmol/h，换热器的热损失为 1.00×10^4 kJ/h，试求：（1）空气出口温度？（2）换热器的热效率？

5-3 某台锅炉每小时产汽 40t，已知锅炉进水焓 $h_1 = 410$ kJ/kg，锅炉出口蒸汽焓 $h_2 = 2780$ kJ/kg，燃煤的发热量 $q_{dw} = -30000$ kJ/kg，锅炉效率为 $\eta = 80\%$，试求锅炉每小时燃煤量 m 为多少？

5-4 ①出变换炉的气体温度为 400℃，经热交换器与入变换炉的湿半水煤气换热后，温度降为 240℃，已知变换气的成分是（其他气体忽略不计）：

气体	H_2	CO	CO_2	N_2	H_2O
体积分数/%	33.5	1.5	20.5	11.0	33.5

设每小时通过变换气为 4150m³（标准），求变换气与湿半水煤气所交换的热量。②如每小时通过热交换器的湿半水煤气也为 4150m³（标准），入口温度为 180℃，气体的成分是（其他气体忽略不计）：

气体	H_2	CO	CO_2	N_2	H_2O
体积分数/%	19.0	16.0	6.0	11.0	48.0

试求半水煤气的出口温度。假定上述过程无热量损失，变换气压力为 12×10^5 Pa，过程可视为等压。

5-5 已知一段转化炉进口水碳比为 3.7，出口压力为 38atm（表），温度为 830℃，转化气干气组成为：CO = 9.50，CO_2 = 9.60，H_2 = 71.50，CH_4 = 8.50，N_2 = 0.90。求：（1）原料气中的 H/C 之比？（2）转化气湿基组成？（3）水蒸气分解率？（4）转化反应的平衡温距？

5-6 已知某厂进中变炉的湿半水煤气为 1.8×10^4 m³（标准）/h，组成为：

煤气	CO	CO_2	H_2	N_2	$H_2O(g)$
摩尔分数/%	15.00	4.00	20.00	11.00	50.00

通过变换反应后，出变换炉干气体量为 11376m³（标准）/h。求：（1）变换率？（2）干变换气组成？（3）若反应在 400℃下进行，求平衡变换率？

附录 1

附录表 1-1　压力单位换算表

单位	Pa(帕)	bar(巴)	atm (标准大气压)	at(kgf/cm²) (工程大气压)	mmHg	mmH₂O
Pa	1	1×10^{-5}	9.86923×10^{-6}	1.01972×10^{-5}	7.50062×10^{-3}	1.01972×10^{-1}
bar	1×10^5	1	9.86923×10^{-1}	1.01972	7.50062×10^2	1.01972×10^4
atm	1.01325×10^5	1.01325	1	1.03323	760	1.03323×10^4
kgf/cm²	9.80665×10^4	9.80665×10^{-1}	9.67841×10^{-1}	1	735.559	1×10^4
mmHg	133.322	133.322×10^{-5}	1.31579×10^{-3}	1.35951×10^{-3}	1	13.5951
mmH₂O	9.80665	9.80665×10^{-5}	9.67841×10^{-5}	1×10^{-4}	735.559×10^{-4}	1

附录表 1-2　常用能量单位换算表

单位	J(焦耳)	cal I (热化学)	cal II (水蒸气表)	kgf·m (千克力·米)	W·h (瓦·时)	L·atm (升·大气压)	hp·h (马力·时)
J	1	0.2390	0.2388	0.1020	2.778×10^{-4}	9.869×10^{-3}	3.73×10^{-7}
cal I	4.1840	1	0.9993	0.4266	1.162×10^{-3}	4.129×10^{-2}	1.5606×10^{-6}
cal II	4.1868	1.001	1	0.4269	1.163×10^{-3}	4.132×10^{-2}	1.5617×10^{-6}
kgf·m	9.807	2.344	2.342	1	2.724×10^{-3}	9.678×10^{-2}	3.65×10^{-6}
W·h	3600	860.4	859.9	367.1	1	35.53	1.34×10^{-3}
L·atm	101.3	24.22	24.20	10.33	2.815×10^{-2}	1	3.77×10^{-5}
hp·h	2.65×10^6	6.4243×10^5	6.42×10^5	2.74×10^5	746	2.6525×10^{-4}	1

附录表 1-3　功率单位换算表

单位	W,J/s	(cal/s) I (热化学)	(cal/s) II (水蒸气表)	kgf·m/s	L·atm/s	hp
W,J/s	1	0.2390	0.2388	0.1020	9.869×10^{-3}	1.35962×10^{-3}
(cal/s) I	4.1840	1	0.9993	0.4266	4.129×10^{-2}	5.68865×10^{-3}
(cal/s) II	4.1868	1.001	1	0.4269	4.132×10^{-2}	5.69246×10^{-3}
kgf·m/s	9.807	2.344	2.342	1	9.678×10^{-2}	1.33333×10^{-3}
L·atm/s	101.3	24.22	24.20	10.33	1	1.3773×10^{-1}
hp	735.499	175.7885	175.6709	75	7.2606	1

附录表 1-4　80 种化合物的物性数据表

化合物	T_b	T_c	p_c	V_c	Z_c	ω	ANTA	ANTB	ANTC	TMX	TMN
烷烃											
甲烷	111.7	190.6	4.600	99	0.288	0.008	8.6041	597.84	−7.16	120	93
乙烷	184.5	305.4	4.884	148	0.285	0.098	9.0435	1511.42	−17.16	199	130
丙烷	231.1	369.8	4.246	203	0.281	0.152	9.1058	1872.46	−25.16	249	164
正丁烷	272.7	425.2	3.800	255	0.274	0.193	9.0580	2154.90	−34.42	290	195
异丁烷	261.3	408.1	3.648	263	0.283	0.176	8.9179	2032.73	−33.15	280	197
正戊烷	309.2	469.6	3.374	304	0.262	0.251	9.2131	2477.07	−39.94	330	220
异戊烷	301.0	460.4	3.384	306	0.271	0.227	9.0136	2348.67	−40.05	322	216
新戊烷	282.6	433.8	3.202	303	0.267	0.197	8.5867	2034.15	−45.37	305	260
正己烷	341.9	507.4	2.969	370	0.260	0.296	9.2164	2697.55	−48.78	370	245
正庚烷	371.6	540.2	2.736	432	0.263	0.351	9.2535	2911.32	−56.51	400	270
正辛烷	398.8	568.8	2.482	492	0.259	0.394	9.3224	3120.29	−63.63	425	292
单烯烃											
乙烯	169.4	282.4	5.036	129	0.276	0.085	8.9166	1347.01	−18.15	182	120
丙烯	225.4	365.0	4.620	181	0.275	0.148	9.0825	1807.53	−26.15	240	160
1-丁烯	266.9	419.6	4.023	240	0.277	0.187	9.1362	2132.42	−33.15	295	190
顺-2-丁烯	276.9	435.6	4.205	234	0.272	0.202	9.1969	2210.71	−36.15	305	200
反-2-丁烯	274.0	428.6	4.104	238	0.274	0.214	9.1975	2212.32	−33.15	300	200
1-戊烯	303.1	464.7	4.053	300	0.31	0.245	9.1444	2405.96	−39.63	325	220
顺-2-戊烯	310.1	476	3.648	300	0.28	0.240	9.2049	2459.05	−42.56	330	220
反-2-戊烯	309.5	475	3.658	300	0.28	0.237	9.2809	2495.97	−40.18	330	220
其他有机化合物											
醋酸	391.1	594.4	5.786	171	0.200	0.454	10.1878	3405.57	−56.34	430	290
丙酮	329.4	508.1	4.701	209	0.232	0.309	10.0311	2940.46	−35.93	350	241
乙腈	354.8	548	4.833	173	0.184	0.321	9.6672	2945.47	−49.15	390	260
乙炔	189.2	308.3	6.140	113	0.271	0.184	9.7279	1637.14	−19.77	202	194
丙炔	250.0	402.4	5.624	164	0.276	0.218	9.0025	1850.66	−44.07	267	183
1,3-丁二烯	268.7	425	4.327	221	0.270	0.195	9.1525	2142.66	−34.30	290	215
异戊二烯	307.2	484	3.850	276	0.264	0.164	9.2346	2467.40	−39.64	330	250
环戊烷	322.4	511.6	4.509	260	0.276	0.192	9.2372	2588.48	−41.79	345	230
环己烷	353.9	553.4	4.073	308	0.273	0.213	9.1325	2766.63	−50.50	380	280
二氯二氟甲烷	243.4	385.0	4.124	217	0.280	0.176	—	—	—	—	—
三氯氟甲烷	297.0	471.2	4.408	248	0.279	0.188	9.2314	2401.61	−36.3	300	240
三氯三氟乙烷	320.7	487.2	3.415	304	0.256	0.252	9.2222	2532.61	−45.67	360	250
二乙醚	307.7	466.7	3.638	280	0.262	0.281	9.4626	2511.29	−41.95	340	225
甲醇	337.8	512.6	8.096	118	0.224	0.559	11.9673	3626.55	−34.29	364	257
乙醇	351.5	516.2	6.383	167	0.248	0.635	12.2917	3803.98	−41.68	369	270
正丙醇	370.4	536.7	5.168	218.5	0.253	0.624	10.9237	3166.38	−80.15	400	285
异丙醇	355.4	508.3	4.762	220	0.248	—	12.0727	3640.20	−53.54	374	273
环氧乙烷	283.5	469	7.194	140	0.258	0.200	10.1198	2567.61	−29.01	310	200
氯甲烷	248.9	416.3	6.677	139	0.268	0.156	9.4850	2077.97	−29.55	266	180
甲乙酮	352.8	535.6	4.154	267	0.249	0.329	9.9784	3150.42	−36.65	376	257
苯	353.3	562.1	4.894	259	0.271	0.212	9.2806	2788.51	−52.36	377	280
氯苯	404.9	632.4	4.519	308	0.265	0.249	9.4474	3295.12	−55.60	420	320
甲苯	383.8	591.7	4.114	316	0.264	0.257	9.3935	3096.52	−53.67	410	280
邻二甲苯	417.6	630.2	3.729	369	0.263	0.314	9.4954	3395.57	−59.46	445	305
间二甲苯	412.3	617.0	3.546	376	0.260	0.331	9.5188	3366.99	−58.04	440	300
对二甲苯	411.5	616.2	3.516	379	0.260	0.324	9.4761	3346.65	−57.84	440	300
乙苯	409.3	617.1	3.607	374	0.263	0.301	9.3993	3279.47	−59.95	450	300

化合物	T_b	T_c	p_c	V_c	Z_c	ω	ANTA	ANTB	ANTC	TMX	TMN
其他有机化合物											
苯乙烯	418.3	647	3.992	—	—	0.257	9.3991	3328.57	−63.72	460	305
苯乙酮	474.9	701	3.850	376	0.250	0.420	9.6182	3781.07	−81.15	520	350
氯乙烯	259.8	429.7	5.603	169	0.265	0.122	8.3399	1803.84	−43.15	290	185
三氯甲烷	334.3	536.4	5.472	239	0.293	0.216	9.3530	2696.79	−46.16	370	260
四氯化碳	349.7	556.4	4.560	276	0.272	0.194	9.2540	2808.19	−45.99	374	253
甲醛	254	408	6.586	—	—	0.253	9.8573	2204.13	−30.15	271	185
乙醛	293.6	461	5.573	154	0.22	0.303	9.6279	2465.15	−37.15	320	210
甲酸乙酯	327.4	508.4	4.742	229	0.257	0.283	9.5409	2603.30	−54.15	360	240
乙酸甲酯	330.1	506.8	4.691	228	0.254	0.324	9.5093	2601.92	−56.15	360	245
单质气体											
氩	87.3	150.8	4.874	74.9	0.291	−0.004	8.6128	700.51	−5.84	94	81
溴	331.9	584	10.34	127	0.270	0.132	9.2239	2582.32	−51.56	354	259
氯	238.7	417	7.701	124	0.275	0.073	9.3408	1978.32	−27.01	264	172
氦	4.21	5.19	0.227	57.3	0.301	−0.387	5.6312	33.7329	1.79	4.3	3.7
氢	20.4	33.2	1.297	65.0	0.305	−0.22	7.0131	164.90	3.19	25	14
氪	119.8	209.4	5.502	91.2	0.288	−0.002	8.6475	958.75	−8.71	129	113
氖	27.0	44.4	2.756	41.7	0.311	0.00	7.3897	180.47	−2.61	29	24
氮	77.4	126.2	3.394	89.5	0.290	0.040	8.3340	588.72	−6.60	90	54
氧	90.2	154.6	5.046	73.4	0.288	0.021	8.7873	734.55	−6.45	100	63
氙	165.0	289.7	5.836	118	0.286	0.002	8.6756	1303.92	−14.50	178	158
其他无机化合物											
氨	239.7	405.6	11.28	72.5	0.242	0.250	10.3279	2132.50	−32.98	261	179
二氧化碳	194.7	304.2	7.376	94.0	0.274	0.225	15.9696	3103.39	−0.16	204	154
二硫化碳	319.4	552	7.903	170	0.293	0.115	9.3642	2690.85	−31.62	342	228
一氧化碳	81.7	132.9	3.496	93.1	0.295	0.049	7.7484	538.22	−13.15	108	63
肼	386.7	653	14.69	96.1	0.260	0.328	11.3697	3877.65	−45.15	343	288
氯化氢	188.1	324.6	8.309	81.0	0.249	0.12	9.8838	1714.25	−14.45	200	137
氰化氢	298.9	456.8	5.390	139	0.197	0.407	9.8936	2585.80	−37.15	330	234
硫化氢	212.8	373.2	8.937	98.5	0.284	0.100	9.4838	1768.69	−26.06	230	190
一氧化氮	121.4	180	6.485	58	0.25	0.607	13.5112	1572.52	−4.88	140	95
一氧化二氮	184.7	309.6	7.245	97.4	0.274	0.160	9.5069	1506.49	−25.99	200	144
硫	—	1314	11.75			0.070					
二氧化硫	263	430.8	7.883	122	0.268	0.251	10.1478	2302.35	−35.97	280	195
三氧化硫	318	491.0	8.207	130	0.26	0.41	14.2201	3995.70	−36.66	332	290
水	373.2	647.3	22.05	56.0	0.229	0.344	11.6834	3816.44	−46.13	441	284

T_b	正常沸点，K；
T_c	临界温度，K；
p_c	临界压力，MPa；
V_c	临界体积，cm^3/mol；
Z_c	临界压缩因子；
ω	偏心因子；
ANTA，ANTB，ANTC	Antoine 蒸气压方程系数；
TMX，TMN	Antoine 蒸气压方程适用的温度范围，K；
Antoine 蒸气压方程为：	$\ln p_{vp} = A - B/(T+C)$；
p_{vp}	蒸气压，bar（10^5Pa）；
T	温度，K。

附录表 1-5　Pitzer 压缩因子关系式的 Z 值

表 1-5-1　Pitzer 压缩因子关系式的 $Z^{[0]}$ 值

T_r	p_r												
	0.2	0.4	0.6	0.8	1.0	1.2	1.4	1.6	1.8	2.0	2.2	2.4	2.6
0.35	0.0557	0.111	0.167	0.222	0.277	0.332	0.387	0.442	0.497	0.551	0.606	0.665	0.714
0.40	0.0500	0.100	0.150	0.199	0.249	0.298	0.348	0.395	0.446	0.495	0.544	0.592	0.641
0.45	0.0456	0.0912	0.136	0.182	0.227	0.272	0.317	0.362	0.407	0.451	0.496	0.540	0.584
0.50	0.0423	0.0844	0.126	0.168	0.210	0.252	0.293	0.335	0.376	0.417	0.458	0.499	0.540
0.55	0.0396	0.0791	0.118	0.158	0.197	0.235	0.274	0.313	0.351	0.390	0.428	0.466	0.504
0.60	0.0375	0.0748	0.112	0.149	0.186	0.222	0.259	0.295	0.331	0.368	0.403	0.439	0.475
0.65	0.0359	0.0715	0.107	0.142	0.177	0.212	0.247	0.281	0.315	0.350	0.384	0.417	0.451
0.70	0.0346	0.0690	0.103	0.137	0.170	0.204	0.237	0.270	0.303	0.335	0.368	0.400	0.432
0.75	0.0338	0.0673	0.100	0.133	0.166	0.198	0.230	0.261	0.293	0.324	0.355	0.386	0.416
0.80	0.851	0.066	0.100	0.133	0.164	0.192	0.225	0.258	0.287	0.318	0.347	0.376	0.405
0.85	0.882	0.067	0.101	0.134	0.165	0.194	0.226	0.258	0.287	0.316	0.345	0.374	0.403
0.90	0.904	0.778	0.102	0.135	0.167	0.198	0.229	0.258	0.288	0.316	0.345	0.373	0.402
0.95	0.920	0.819	0.697	0.145	0.176	0.205	0.235	0.262	0.292	0.321	0.347	0.375	0.403
1.00	0.932	0.849	0.756	0.638	0.291	0.231	0.250	0.278	0.304	0.329	0.356	0.381	0.407
1.05	0.942	0.874	0.800	0.714	0.609	0.470	0.341	0.320	0.332	0.350	0.372	0.393	0.417
1.10	0.950	0.893	0.833	0.767	0.691	0.607	0.512	0.442	0.408	0.402	0.405	0.420	0.440
1.15	0.958	0.908	0.858	0.805	0.746	0.684	0.620	0.562	0.514	0.484	0.477	0.478	0.485
1.20	0.963	0.921	0.879	0.835	0.788	0.737	0.690	0.640	0.598	0.568	0.553	0.545	0.544
1.25	0.968	0.930	0.896	0.858	0.820	0.778	0.740	0.702	0.664	0.636	0.618	0.606	0.599
1.30	0.971	0.940	0.909	0.878	0.846	0.811	0.780	0.749	0.718	0.691	0.671	0.657	0.649
1.4	0.977	0.952	0.929	0.908	0.883	0.859	0.838	0.817	0.795	0.777	0.759	0.745	0.734
1.5	0.982	0.963	0.945	0.927	0.909	0.892	0.875	0.859	0.844	0.831	0.819	0.808	0.800
1.6	0.985	0.971	0.957	0.944	0.930	0.917	0.904	0.893	0.882	0.872	0.863	0.855	0.848
1.7	0.988	0.977	0.966	0.956	0.946	0.936	0.926	0.919	0.911	0.903	0.896	0.889	0.883
1.8	0.991	0.982	0.974	0.966	0.958	0.950	0.944	0.937	0.931	0.926	0.921	0.916	0.913
1.9	0.993	0.986	0.980	0.974	0.968	0.962	0.958	0.952	0.948	0.944	0.940	0.936	0.933
2.0	0.995	0.989	0.984	0.979	0.975	0.971	0.968	0.964	0.961	0.959	0.956	0.954	0.953
2.5	1.000	0.999	0.999	0.998	0.998	0.998	0.998	0.997	0.999	1.000	1.001	1.001	1.002
3.0	1.001	1.002	1.003	1.004	1.005	1.007	1.008	1.010	1.012	1.014	1.016	1.019	1.022
3.5	1.002	1.004	1.006	1.008	1.011	1.013	1.015	1.018	1.020	1.022	1.024	1.027	1.030
4.0	1.003	1.005	1.008	1.010	1.013	1.015	1.017	1.020	1.022	1.024	1.026	1.029	1.032

T_r	p_r												
	2.8	3.0	3.2	3.4	3.6	3.8	4.0	4.5	5.0	6.0	7.0	8.0	9.0
0.35	0.768	0.822	0.876	0.930	0.993	1.04	1.07	1.22	1.36	1.62	1.88	2.14	2.39
0.40	0.690	0.738	0.787	0.835	0.883	0.931	0.979	1.10	1.22	1.45	1.69	1.92	2.15
0.45	0.629	0.673	0.717	0.761	0.805	0.848	0.892	1.00	1.11	1.32	1.54	1.75	1.96
0.50	0.581	0.622	0.662	0.703	0.743	0.783	0.824	0.924	1.02	1.22	1.42	1.61	1.80
0.55	0.542	0.580	0.618	0.655	0.693	0.73	0.767	0.860	0.95	1.13	1.31	1.49	1.67
0.60	0.510	0.546	0.581	0.616	0.651	0.686	0.721	0.808	0.893	1.06	1.23	1.40	1.56
0.65	0.485	0.518	0.551	0.584	0.617	0.65	0.683	0.764	0.845	1.00	1.16	1.31	1.47
0.70	0.464	0.495	0.527	0.558	0.589	0.62	0.651	0.728	0.804	0.954	1.10	1.25	1.39
0.75	0.447	0.477	0.507	0.536	0.566	0.596	0.626	0.698	0.769	0.910	1.05	1.18	1.32
0.80	0.433	0.461	0.490	0.519	0.547	0.576	0.605	0.675	0.746	0.883	1.017	1.15	1.28
0.85	0.431	0.459	0.487	0.515	0.542	0.569	0.597	0.663	0.730	0.861	0.990	1.115	1.24
0.90	0.430	0.458	0.485	0.512	0.538	0.565	0.591	0.655	0.718	0.842	0.966	1.089	1.21
0.95	0.430	0.457	0.484	0.510	0.536	0.561	0.587	0.647	0.709	0.828	0.947	1.066	1.185
1.00	0.433	0.458	0.484	0.509	0.534	0.557	0.582	0.642	0.702	0.819	0.932	1.048	1.166
1.05	0.441	0.466	0.489	0.512	0.535	0.557	0.580	0.639	0.700	0.814	0.923	1.032	1.147
1.10	0.462	0.484	0.504	0.525	0.547	0.567	0.589	0.643	0.699	0.810	0.916	1.019	1.129
1.15	0.498	0.513	0.529	0.546	0.563	0.581	0.600	0.651	0.705	0.809	0.911	1.008	1.113
1.20	0.548	0.554	0.563	0.574	0.587	0.601	0.618	0.664	0.714	0.810	0.907	1.000	1.100
1.25	0.597	0.598	0.602	0.609	0.618	0.629	0.643	0.682	0.726	0.816	0.907	0.994	1.088
1.30	0.644	0.642	0.642	0.645	0.651	0.659	0.668	0.701	0.740	0.824	0.910	0.992	1.078
1.4	0.725	0.720	0.718	0.718	0.722	0.727	0.734	0.754	0.781	0.844	0.921	0.994	1.071
1.5	0.794	0.790	0.785	0.784	0.784	0.786	0.790	0.805	0.826	0.877	0.934	1.000	1.070
1.6	0.843	0.840	0.836	0.834	0.833	0.834	0.835	0.844	0.860	0.904	0.953	1.010	1.075
1.7	0.879	0.875	0.873	0.872	0.872	0.873	0.874	0.882	0.895	0.930	0.972	1.023	1.082
1.8	0.910	0.908	0.907	0.906	0.906	0.907	0.908	0.914	0.925	0.955	0.993	1.039	1.091
1.9	0.931	0.930	0.929	0.929	0.930	0.932	0.934	0.941	0.950	0.976	1.010	1.051	1.097
2.0	0.953	0.952	0.952	0.953	0.954	0.954	0.956	0.962	0.972	0.996	1.027	1.064	1.106
2.5	1.004	1.006	1.008	1.009	1.012	1.014	1.018	1.026	1.035	1.055	1.079	1.105	1.136
3.0	1.025	1.028	1.030	1.033	1.036	1.038	1.041	1.049	1.058	1.077	1.100	1.124	1.150
3.5	1.033	1.036	1.039	1.042	1.045	1.048	1.051	1.058	1.067	1.086	1.105	1.126	1.148
4.0	1.035	1.038	1.041	1.044	1.047	1.050	1.053	1.060	1.068	1.086	1.104	1.124	1.143

表 1-5-2　Pitzer 压缩因子关系式的 $Z^{[1]}$ 值

T_r	p_r									
	0.2	0.4	0.6	0.8	1.0	1.2	1.4	1.6	1.8	2.0
0.35	−0.027	−0.048	−0.073	−0.100	−0.13	−0.15	−0.17	−0.20	−0.23	−0.26
0.40	−0.025	−0.046	−0.070	−0.094	−0.12	−0.14	−0.16	−0.19	−0.22	−0.25
0.45	−0.024	−0.044	−0.067	−0.089	−0.11	−0.13	−0.15	−0.18	−0.21	−0.24
0.50	−0.022	−0.043	−0.066	−0.085	−0.11	−0.13	−0.15	−0.17	−0.20	−0.22
0.55	−0.021	−0.041	−0.060	−0.080	−0.10	−0.12	−0.14	−0.16	−0.19	−0.21
0.60	−0.020	−0.039	−0.057	−0.075	−0.093	−0.11	−0.13	−0.15	−0.17	−0.19
0.65	−0.020	−0.039	−0.057	−0.075	−0.093	−0.11	−0.12	−0.14	−0.16	−0.17
0.70	−0.020	−0.036	−0.052	−0.068	−0.084	−0.10	−0.12	−0.13	−0.15	−0.16
0.75	−0.020	−0.036	−0.052	−0.068	−0.084	−0.10	−0.11	−0.12	−0.14	−0.15
0.80	−0.095	−0.028	−0.044	−0.058	−0.070	−0.08	−0.10	−0.11	−0.12	−0.13
0.85	−0.067	−0.031	−0.049	−0.064	−0.080	−0.09	−0.11	−0.12	−0.13	−0.14
0.90	−0.042	−0.090	−0.053	−0.068	−0.085	−0.10	−0.11	−0.12	−0.13	−0.14
0.95	−0.025	−0.050	−0.100	−0.072	−0.091	−0.10	−0.11	−0.12	−0.12	−0.13
1.00	−0.012	−0.016	−0.200	−0.050	−0.080	−0.09	−0.099	−0.108	−0.115	−0.123
1.05	0.000	0.001	0.005	0.015	0.020	0.010	−0.01	−0.04	−0.06	−0.07
1.10	0.002	0.008	0.016	0.030	0.055	0.082	0.11	0.082	−0.035	0.000
1.15	0.004	0.012	0.012	0.040	0.064	0.093	0.12	0.140	0.136	0.100
1.20	0.009	0.018	0.028	0.044	0.069	0.10	0.13	0.16	0.17	0.17
1.25	0.011	0.023	0.036	0.050	0.069	0.10	0.13	0.16	0.18	0.19
1.30	0.013	0.027	0.041	0.055	0.072	0.10	0.13	0.16	0.18	0.20
1.4	0.016	0.032	0.049	0.065	0.082	0.10	0.13	0.16	0.17	0.19
1.5	0.017	0.035	0.052	0.070	0.088	0.10	0.13	0.15	0.17	0.18
1.6	0.018	0.036	0.054	0.070	0.08	0.10	0.12	0.14	0.16	0.17
1.7	0.018	0.036	0.054	0.070	0.09	0.10	0.11	0.13	0.15	0.16
1.8	0.018	0.036	0.054	0.070	0.09	0.10	0.11	0.13	0.15	0.16
1.9	0.018	0.035	0.05	0.070	0.09	0.10	0.11	0.13	0.15	0.16
2.0	0.016	0.031	0.05	0.070	0.08	0.10	0.11	0.13	0.14	0.15
2.5	0.01	0.02	0.04	0.05	0.07	0.08	0.10	0.11	0.12	0.13
3.0	0.01	0.02	0.03	0.05	0.06	0.07	0.08	0.09	0.10	0.11
3.5	0.01	0.02	0.03	0.04	0.05	0.06	0.07	0.08	0.08	0.09
4.0	0.01	0.02	0.02	0.03	0.04	0.05	0.06	0.06	0.07	0.08

T_r	p_r									
	2.2	2.4	2.6	2.8	3.0	4.0	5.0	6.0	7.0	8.0	9.0
0.35	−0.29	−0.32	−0.35	−0.37	(−0.42)	(−0.53)	(−0.65)	(−0.78)	(−0.86)	(−0.95)	(−1.06)
0.40	−0.28	−0.30	−0.33	−0.35	(−0.39)	(−0.49)	(−0.60)	(−0.72)	(−0.80)	(−0.88)	(−0.96)
0.45	−0.27	−0.28	−0.31	−0.33	(−0.36)	(−0.45)	(−0.55)	(−0.67)	(−0.74)	(−0.82)	(−0.88)
0.50	−0.25	−0.27	−0.29	−0.31	(−0.34)	(−0.42)	(−0.51)	(−0.61)	(−0.68)	(−0.75)	(−0.81)
0.55	−0.23	−0.25	−0.27	−0.29	−0.31	−0.39	−0.47	−0.55	−0.62	−0.68	−0.79
0.60	−0.21	−0.23	−0.25	−0.26	−0.28	−0.36	−0.43	−0.50	−0.56	−0.62	−0.67
0.65	−0.19	−0.21	−0.22	−0.24	−0.25	−0.32	−0.38	−0.43	−0.49	−0.54	−0.58
0.70	−0.18	−0.19	−0.20	−0.21	−0.23	−0.28	−0.33	−0.38	−0.42	−0.47	−0.51
0.75	−0.16	−0.17	−0.18	−0.19	−0.20	−0.25	−0.29	−0.33	−0.37	−0.40	−0.44
0.80	−0.14	−0.15	−0.16	−0.17	−0.18	−0.23	−0.26	−0.29	−0.32	−0.35	−0.39
0.85	−0.15	−0.16	−0.17	−0.18	−0.18	−0.22	−0.25	−0.28	−0.31	−0.34	−0.36
0.90	−0.15	−0.16	−0.17	−0.17	−0.18	−0.21	−0.24	−0.27	−0.30	−0.32	−0.35
0.95	−0.14	−0.15	−0.15	−0.16	−0.17	−0.20	−0.22	−0.25	−0.28	−0.31	−0.34
1.00	−0.13	−0.13	−0.14	−0.14	−0.15	−0.17	−0.20	−0.23	−0.26	−0.30	−0.33
1.05	−0.08	−0.09	−0.10	−0.10	−0.11	−0.14	−0.17	−0.20	−0.24	−0.28	−0.31
1.10	−0.02	−0.03	−0.05	−0.06	−0.07	−0.10	−0.13	−0.16	−0.21	−0.25	−0.28
1.15	0.07	0.04	0.02	0.00	−0.01	−0.04	−0.08	−0.12	−0.16	−0.20	−0.24
1.20	0.16	0.14	0.12	0.09	0.07	0.00	−0.04	−0.08	−0.12	−0.16	−0.19
1.25	0.19	0.18	0.16	0.14	0.12	0.05	0.00	−0.03	−0.07	−0.11	−0.15
1.30	0.20	0.20	0.20	0.19	0.18	0.10	0.04	0.00	−0.04	−0.07	−0.09
1.4	0.20	0.21	0.21	0.21	0.20	0.15	0.11	0.07	0.04	0.01	−0.01
1.5	0.20	0.20	0.21	0.21	0.21	0.20	0.17	0.14	0.11	0.09	0.07
1.6	0.18	0.19	0.20	0.20	0.21	0.22	0.21	0.19	0.17	0.15	0.14
1.7	0.17	0.18	0.19	0.20	0.21	0.24	0.25	0.26	0.25	0.24	0.22
1.8	0.17	0.18	0.19	0.20	0.21	0.26	0.29	0.31	0.32	0.32	0.30
1.9	0.17	0.18	0.19	0.20	0.21	0.26	0.30	0.35	0.38	0.40	0.40
2.0	0.16	0.17	0.19	0.20	0.21	0.26	0.30	0.35	0.40	0.43	0.45
2.5	0.15	0.16	0.18	0.19	0.20	0.25	0.30	0.35	0.40	0.45	0.50
3.0	0.13	0.14	0.15	0.16	0.17	0.23	0.28	0.34	0.38	0.45	0.50
3.5	0.10	0.11	0.12	0.13	0.14	0.19	0.24	0.28	0.33	0.38	0.42
4.0	0.09	0.10	0.10	0.11	0.12	0.16	0.20	0.23	0.27	0.31	0.35

附录表 1-6 常见物质的真实恒压摩尔热容 $c_p = f(T)/[\text{J}/(\text{mol}\cdot\text{K})]$

名　称	分子式	$c_p = a_0 + a_1 T + a_2 T^{-2} + a_3 T^2$				适应温度范围/K
		a_0	$a_1 \times 10^3$	$a_2 \times 10^{-5}$	$a_3 \times 10^6$	
氯气	Cl_2	37.03	0.6694	-2.845		$298 \sim 2000$
氮气	N_2	27.87	4.268	—		$298 \sim 2500$
氢气	H_2	27.28	3.264	0.5021		$298 \sim 2000$
氧气	O_2	29.96	4.184	-1.674		$298 \sim 2000$
一氧化碳	CO	27.61	5.021			$273 \sim 2500$
二氧化碳	CO_2	28.66	35.70	—	-10.36	$273 \sim 1500$
氯化氢	HCl	26.53	4.602	1.088		$298 \sim 2000$
氟化氢	HF	26.90	3.431			$273 \sim 2000$
水蒸气	H_2O	30.00	10.71	0.3347		$298 \sim 2500$
硫化氢	H_2S	29.37	15.4			$298 \sim 1800$
一氧化氮	NO	29.41	3.849	-0.5858		$298 \sim 2500$
二氧化氮	NO_2	42.93	8.535	-6.736		$298 \sim 2000$
氨气	NH_3	25.89	33.00		-3.046	$273 \sim 1000$
二氧化硫	SO_2	43.43	10.63	-5.941		$298 \sim 1800$
三氧化硫	SO_3	57.32	26.86	-13.05		$298 \sim 1200$

名　称	分子式	$c_p = a_0 + a_1 T + a_2 T^2 + a_3 T^3$			
		a_0	$a_1 \times 10^3$	$a_2 \times 10^6$	$a_3 \times 10^9$
甲烷	CH_4	19.24	52.09	11.97	-11.31
乙烷	C_2H_6	5.406	178.0	-69.33	8.707
丙烷	C_3H_8	-4.222	306.1	-158.5	32.12
正丁烷	C_4H_{10}	9.481	331.1	-110.8	-2.820
异丁烷	C_4H_{10}	-1.389	384.5	-184.5	28.93
正戊烷	C_5H_{12}	-3.623	487.0	-257.9	53.01
乙烯	C_2H_4	3.803	156.5	-83.43	17.54
丙烯	C_3H_6	3.707	234.4	-115.9	22.03
1-丁烯	C_4H_8	-2.992	353.0	-198.9	44.60
乙炔	C_2H_2	26.80	75.73	-50.04	14.11
氯乙烯	C_2H_3Cl	5.945	201.8	-153.5	47.70
苯	C_6H_6	-33.89	474.0	-310.5	71.25
甲醇	CH_3OH	21.14	70.88	25.85	-28.50
乙醇	C_2H_5OH	9.008	213.9	-83.85	1.372
甲醛	CH_2O	23.46	31.55	29.83	-22.99
乙醛	C_2H_4O	7.711	182.1	-100.6	23.79
丙酮	$(CH_3)_2CO$	6.297	260.4	-125.2	20.36
甲酸	CHOOH	11.71	135.7	-84.06	20.15
乙酸	CH_3COOH	4.837	254.7	-175.2	49.45

附录表 1-7 某些气体的真实恒压摩尔热容数值/[J/(mol·K)]

温度/K	H_2	N_2	CO	空气	O_2	NO	H_2O	CO_2
300	28.85	29.12	29.14	29.18	29.37	29.85	33.58	37.21
400	29.18	29.25	29.34	29.43	30.10	29.97	34.25	41.30
500	29.26	29.58	29.79	29.89	31.08	30.50	35.21	44.61
600	29.32	30.11	30.44	30.47	32.09	31.25	36.30	47.33
700	29.43	30.76	31.17	31.23	32.99	32.04	37.48	49.58
800	29.61	31.43	31.90	31.91	33.74	32.77	38.72	51.46
900	29.87	32.10	32.58	32.57	34.36	33.43	39.99	53.04
1000	30.20	32.70	33.19	33.17	34.87	34.00	41.26	54.37
1100	30.58	33.25	33.71	33.68	35.31	34.49	42.45	55.48
1200	30.98	33.74	34.17	34.15	35.69	34.90	43.57	56.44
1300	31.40	34.16	34.58	34.55	36.02	35.25	44.63	57.24
1400	31.84	34.53	34.93	34.90	36.30	35.56	45.64	57.95
1500	32.27	34.85	35.23	35.21	36.56	35.82	46.58	58.53

温度/K	HCl	Cl_2	CH_4	SO_2	C_2H_4	SO_3	C_2H_6	NH_3
300	29.12	33.97	35.78	39.92	43.72	50.75	52.93	35.52
400	29.16	35.31	40.74	43.47	53.97	58.83	65.61	38.61
500	29.29	36.07	46.58	46.53	63.43	65.52	78.07	41.63
600	29.58	36.57	52.49	48.99	71.55	70.71	89.33	44.60
700	30.00	36.90	58.07	50.92	78.49	74.73	99.24	47.49
800	30.50	37.15	63.18	52.43	84.52	77.86	108.1	50.33
900	31.05	37.32	67.82	53.64	89.79	80.46	115.9	53.14
1000	31.63	37.49	72.01	54.52	94.43	82.68	122.7	55.86
1100	32.17	37.61	75.69	55.23	98.49	84.56	128.7	
1200	32.68	37.74	78.99	55.86	102.0	86.23	134.0	
1300	33.18	37.82	81.88	56.36	105.2	87.70	138.5	
1400	33.64	37.91	84.43	56.78	107.9	89.04	142.5	
1500	34.06	37.99	86.65	57.11	110.3	90.29	146.0	

附录表 1-8 某些气体的平均恒压摩尔热容数值（$t_0=0℃$）/[J/(mol·K)]

温度/℃	O_2	N_2	CO	CO_2	H_2O	SO_2	空气
0	29.274	29.115	29.123	35.860	33.499	38.854	29.073
100	29.538	29.144	29.178	38.112	33.741	40.654	29.153
200	29.931	29.228	29.303	40.059	34.118	42.329	29.299
300	30.400	29.383	29.517	41.755	34.575	43.878	29.521
400	30.878	29.601	29.789	43.250	35.090	45.217	29.789
500	31.334	29.864	30.099	44.573	35.630	46.390	30.095
600	31.761	30.149	30.425	45.753	36.195	47.353	30.405
700	32.150	30.451	30.752	46.813	36.789	48.232	30.723
800	32.502	30.748	31.070	47.763	37.392	48.944	31.028
900	32.825	31.037	31.376	48.617	38.008	49.614	31.321
1000	33.118	31.313	31.665	49.392	38.619	50.158	31.598
1100	33.386	31.577	31.937	50.099	39.226	50.660	31.862
1200	33.633	31.828	32.192	50.740	39.285	51.079	32.109
1300	33.863	32.067	32.427	51.322	40.407	51.623	32.343
1400	34.076	32.293	32.653	51.858	40.976	51.958	32.565
1500	34.282	32.502	32.858	52.348	41.525	52.251	32.774
1600	34.474	32.699	33.051	52.800	42.056	52.544	32.967
1700	34.658	32.883	33.231	53.218	42.576	52.796	33.151
1800	34.834	33.055	33.402	53.604	43.070	53.047	33.319
1900	35.006	33.218	33.561	53.959	43.539	53.214	33.482
2000	35.169	33.373	33.708	54.290	43.995	53.465	33.641
2100	35.328	33.520	33.850	54.596	44.435	53.633	33.787
2200	35.483	33.658	33.980	54.881	44.853	53.800	33.926
2300	35.634	33.787	34.106	55.144	45.255	53.968	34.060
2400	35.785	33.909	34.223	55.391	45.644	54.135	34.185
2500	35.927	34.022	34.336	55.617	46.017	54.261	34.307
2600	36.069	34.206	34.499	55.852	46.381	54.387	34.332
2700	36.207	34.290	34.583	56.061	46.729	54.512	34.457
2800	36.341	34.415	34.667	56.229	47.060	54.596	34.541
2900	36.509	34.499	34.750	56.438	47.378	54.721	34.625
3000	36.676	34.583	34.834	56.606	—	54.847	34.709

附录表 1-9　某些气体的平均恒压摩尔热容数值 （$T_0=298K$)/[J/(mol·K)]

T/K	H_2	N_2	CO	空气	O_2	HCl	Cl_2	H_2O	CO_2	SO_2	SO_3	CH_4	C_2H_4	C_2H_6	NH_3
298	28.84	29.13	29.18	29.18	29.39	29.13	33.99	33.57	37.17	40.14	50.69	35.79	43.74	52.87	35.50
400	29.01	29.23	29.32	29.32	29.76	29.19	34.57	33.94	39.23	41.68	54.77	38.31	48.85	59.31	37.21
500	29.15	29.35	29.45	29.45	30.18	29.24	35.16	34.40	40.07	43.32	58.42	41.03	53.71	65.56	38.76
600	29.19	29.53	29.67	29.69	30.65	29.32	35.58	34.93	42.72	44.81	61.03	43.84	58.29	71.56	40.19
700	29.24	29.76	29.98	30.02	31.14	29.43	35.86	35.35	44.15	46.11	64.40	46.69	62.46	77.26	41.55
800	29.31	30.31	30.27	30.34	31.59	29.60	36.10	35.90	45.43	47.25	66.80	49.46	66.26	83.30	42.89
900	29.36	30.34	30.61	30.64	32.00	29.78	36.30	36.54	46.54	48.17	68.80	52.23	69.73	87.39	44.23
1000	29.46	30.64	30.93	30.94	32.37	30.00	36.45	37.08	47.56	49.01	70.27	54.66	72.91	91.93	45.56
1100	29.57	30.93	31.24	31.27	32.70	30.25	36.50	37.68	48.50	49.75	72.72	57.06	75.91	96.20	46.86
1200	29.69	31.22	31.56	31.56	33.02	30.49	36.74	38.29	49.35	50.43	73.72	59.34	78.66	100.15	48.16
1300	29.89	31.50	31.84	31.93	33.32	30.75	36.85	38.89	50.10	51.01	75.11	61.49	81.15	103.00	49.44
1400	30.07	31.77	32.09	32.13	33.60	31.00	36.94	39.45	50.82	51.53	76.36	63.47	83.51	107.17	50.71
1500	30.23	32.04	32.34	32.38	33.84			40.01	51.43						
1600	30.39	32.25	32.58	32.61	34.05			40.56	51.99						
1700	30.56	32.46	32.79	32.79	34.23			41.03	52.54						
1800	30.75	32.67	33.00	33.01	34.40			41.47	53.18						
1900	30.97	32.86	33.20	33.24	34.66			41.84	53.43						
2000	31.12	33.03	33.37	33.41	34.83			42.53	53.74						
2100	31.32	33.20	33.52	33.56	34.98			42.98	54.25						
2200	31.48	33.35	33.66	33.70	35.12			43.41	54.56						

附录表 1-10　某些气体的焓值数据/(J/mol)

温度/K	N_2	O_2	空气	H_2	CO	CO_2	H_2O
273	0.0	0.0	0.0	0.0	0.0	0.0	0.0
291	524.5	527.4	523.7	516.6	525.3	655.6	603.3
298	728.4	732.6	727.1	718.3	728.8	911.7	838.1
300	786.5	791.2	785.3	763.9	787.0	986.2	905.4
400	3697.1	3754.4	3698.7	3656.9	3701.3	4903.6	4284.4
500	6647.4	6814.8	6664.1	6593.0	6655.7	9204.8	7753.0
600	9632.0	9975.2	9678.0	9523.0	9669.7	13807.2	11326.1
700	12658.5	13231.9	12742.2	12445.0	12754.7	18656.5	15016.4
800	15764.5	16572.4	15885.9	15421.0	15906.8	23710.7	18823.8
900	18971.0	19979.8	19125.8	18393.3	19134.2	28936.5	22761.0
1000	22181.6	23445.8	22378.4	21398.8	22424.4	34308.8	26823.6
1100	25484.4	26953.7	25710.4	24437.9	25773.2	39802.4	31011.8
1200	28833.2	30507.6	29092.7	27523.0	29168.0	45404.8	35313.0
1300	32232.2	34095.0	32516.8	30641.5	32593.4	51090.8	39722.9
1400	35656.3	37711.7	35970.3	33806.1	36070.3	56860.6	44237.4
1500	39134.2	41357.7	39490.7	37012.6	39576.5	62676.3	48848.2
1750	47963.2	50579.4	48348.3	45292.5	48459.1	77445.8	60751.7
2000	56929.6	59943.5	57348.2	53706.4	57488.2	92466.4	73136.3
2250	66013.2	69487.6	66473.7	62371.4	66567.4	107738.0	85855.7
2500	75096.8	79157.3	75682.9	71245.7	75772.2	123177.0	98867.9
2750	84306.0	88952.5	84975.8	80329.3	85018.9	138699.6	112089.4
3000	93557.1	98873.3	94310.6	89496.7	94265.5	154347.8	125520.0
3500	112184.8	119091.7	113189.4	108082.5	112968.0	185895.1	152799.7
4000	130938.1	139728.7	132235.7	127589.3	131796.0	217777.2	180414.1

附录表 1-11 某些物质的物性数据表

表 1-11-1 有机化合物性质表

化合物名称	分子式	分子量	正常熔点/K	正常沸点/K	液体密度/(kg/m³)(温度/K)	生成热 Δh_f^0	燃烧热 Δh_c^0	熔化热 Δh_r^0	汽化热 Δh_v 25℃	沸点时	物态(298K)
						kJ/mol					
乙醛	CH_3CHO	44.05	152.2	294	783(291)	−166.2	−1192	3.222	—	24.52	g
乙酸	CH_3COOH	60.05	289.9	391.2	1049(293)	−487.0	−871.7	11.72	48.03	24.31	l
丙酮	CH_3COCH_3	85.05	177.8	329.4	790(293)	−248.2	−1790	5.690	31.51	30.25	l
乙炔	$CH\equiv CH$	26.04	—	189.2	—	226.7	−1300	—		19.92	g
正戊醇	$C_5H_{11}OH$	88.15	194.2	411.1	814(293)	—	−3292	9.832		44.27	l
苯胺	$C_6H_5NH_2$	93.12	266.9	457.4	1022(293)	—	−3397	8.159		40.38	l
苯	C_6H_6	78.11	278.7	353.3	879(293)	82.9	−3268	9.832	33.85	30.75	l
苯甲酸	C_6H_5COOH	122.12	395.6	522.2	1266(288)	—	−3228	17.32		—	c
1,3-丁二烯	C_4H_6	54.10	164.3	268.8		110.2	−2542			22.59	g
正丁烷	C_4H_{10}	58.12	134.8	272.7		−126.1	−2877	4.644	21.09	22.38	g
1-丁烯	$CH_2\equiv C_3H_6$	56.10	87.75	266.9		−0.126	−2718	3.849	20.38	22.05	g
正丁醇	C_4H_9OH	74.12	183.7	390.5	810(293)	−333.1	−2670	9.372	49.37	174.5	l
二硫化碳	CS_2	76.13	161.7	319.5	1263(293)	87.9	−1075	4.393	27.41	26.78	l
四氯化碳	CCl_4	153.84	250.2	349.7	1594(293)	−139.5	−352.2	26.82	32.80	29.46	l
氯苯	C_6H_5Cl	112.56	227.6	405.2	1106(293)	−51.84				36.53	l
氯仿	$CHCl_3$	119.39	209.7	334.9	1483(293)		−478.2	9.205		29.54	l
环己烷	C_6H_{12}	84.16	279.8	350.6	779(293)	−156.2	−3920	2.678	33.05	30.08	l
环戊烷	C_5H_{10}	70.13	179.3	322.5	746(293)	−105.9	−3291	0.6276	28.53	27.28	l
氨基氰	H_2NCN	42.04	315.2	d	1073(291)	38.28	−1095	8.745		—	c
氰	$NCCN$	52.04	245.3	252.0	954(252)	308.9		8.117		23.35	g
正癸烷	$C_{10}H_{22}$	142.29	243.5	447.3	730(293)		−6737	78.79		45.65	l
邻二氯苯	$C_6H_4Cl_2$	147.01	255.6	452.2	1305(293)		−2811	12.93			l
二乙二醇胺	$NH(C_2H_4OH)_2$	105.14	301.2	544.2	1097(293)						l
二甘醇	$O(C_2H_4OH)_2$	106.12	262.7	518.2	1120(288)					67.57	l
二乙醚	$O(CH_2CH_3)_2$	74.12	157.0	307.7	714(293)	−275.4	−2730	7.28	28.33	25.98	l
二甲胺	$(CH_3)_2NH$	45.09	180.2	280.6	680(273)		−1743.5	5.941		27.87	c
正十二烷	$C_{12}H_{26}$	170.33	263.6	487.7	751(293)	−378.4		36.57	87.57		l
乙烷	C_2H_6	30.07	89.85	184.6		−84.68	−1559.8	2.845		14.73	g
乙醇胺	$HOCH_2CH_2NH_2$	61.08	283.7	445.4	1018(293)						l
乙酸乙酯	$CH_3COOC_2H_5$	88.10	189.6	350.3	900(293)	−463.2	−2254	10.46	36.40		l
乙醇	C_2H_5OH	46.07	155.9	351.7	789(293)	−277.6	−1367	4.979	42.34	39.33	l
乙胺	$C_2H_5NH_2$	45.09	192.2	289.9	683(293)		−1713.3				l
乙基苯	$C_6H_5C_2H_5$	106.20	178.2	409.4	867(293)	25.79	−4565	9.163	42.26	35.98	l
溴乙烷	C_2H_5Br	108.98	154.6	311.6	1460(293)	−64.02			27.32	97.91	g
氯乙烷	C_2H_5Cl	64.52	136.8	285.5	898(293)		−1421	4.435		42.94	g
乙烯	$CH_2\equiv CH_2$	28.05	104.0	170.0	—	52.26	−1411	3.347		13.56	g
二氯乙烷	CH_2ClCH_2Cl	98.97	237.9	356.7	1235(293)		−1242			31.97	l
氯乙醇	$ClCH_2CH_2OH$	80.52	205.7	401.2	1200(293)					44.94	l
乙二醇	$HOCH_2CH_2OH$	62.07	260.5	471.2	1109(293)		−1180	11.25		58.70	l
环氧乙烷	CH_2CH_2O	44.05	162.2	283.6	882(283)		−1264			28.53	g
甲醛	$HCHO$	30.03	181.2	252.2	815(253)	−118.4	−563.5			24.77	g
甲酸	$HCOOH$	46.03	281.6	373.9	1220(293)	−409.2	−270.2	11.42		23.10	l
呋喃	C_4H_4O	68.08	187.5	304.6	951(293)						l
呋喃甲醛	C_4H_3OCHO	96.08	234.5	434.9	1159(293)		−2341			43.14	l
丙三醇	$C_3H_8O_3$	92.11	293.2	563.2	1261(293)	−665.9	−1658	18.33			l
正庚烷	C_7H_{16}	100.20	182.6	371.6	684(293)	−224.4	−4817	14.02	36.57	31.71	l
正十六烷	$C_{16}H_{34}$	226.43	291.4	560.2	773(293)	−365.0	−1078	53.35	81.09	51.46	l

续表

化合物名称	分子式	分子量	正常熔点/K	正常沸点/K	液体密度/(kg/m³)(温度/K)	生成热 Δh_f^0	燃烧热 Δh_c^0	熔化热 Δh_r^0	汽化热 Δh_v 25℃	汽化热 Δh_v 沸点时	物态(298K)
						kJ/mol					
正己烷	C_6H_{14}	86.17	178.2	342.0	660(293)	−198.8	−4163	13.01	31.55	28.87	l
氢	H_2	2.016	13.95	20.45		0	−285.9	—	—	—	g
异丁烷	C_4H_{10}	58.12	113.6	261.5	—	−134.5	−2869	4.561	19.12	21.30	g
异丁醇	C_4H_9OH	74.12	158.5	372.7	806(293)	−341.4	−2664		26.53	41.59	l
异戊烷	C_5H_{12}	72.15	113.3	301.1	620(293)	−179.3	−3503	5.146	24.60	24.43	l
异戊烯	C_5H_{10}	68.13	127.2	307.3	681(293)	49.37	−3160	—		25.86	l
异丙醇	C_3H_7OH	60.11	183.7	355.6	786(293)	−311.0	−2013	5.397	49.83	40.00	l
顺丁烯二酐	$C_4H_2O_3$	98.06	333.2	471.2	1314(333)	—	−1390	13.64		50.71	c
甲烷	CH_4	16.04	90.7	111.7		−74.85	−890.4	0.9623		8.201	g
乙酸甲酯	CH_3COOCH_3	74.08	175.1	330.3	933(293)		−1595			30.42	l
甲醇	CH_3OH	32.04	179.3	338.2	792(293)	−238.7	−726.6	3.180	37.45	35.23	l
甲胺	CH_3NH_2	31.06	179.7	266.9	699(262)	−28.03	−1080	6.150		27.07	g
溴甲烷	CH_3Br	94.95	179.6	276.8	1676(293)		−769.9	5.983		24.81	g
氯甲烷	CH_3Cl	50.49	175.5	249.0	916(293)	−81.92	−764.9	6.443	19.04	21.59	g
甲乙酮	$CH_3COC_2H_5$	72.10	186.8	352.8	805(293)		−2436			31.88	l
碘甲烷	CH_3I	141.95	208.8	315.6	2279(293)		−814.6			27.70	l
萘	$C_{10}H_8$	128.19	353.4	491.2	1025(293)		−5157	18.79	73.22△	51.51	c
硝基苯	$C_6H_5NO_2$	123.11	278.9	484.0	1204(293)		−3092	11.59		40.75	l
硝化甘油	$C_3H_5O_9N_3$	227.09	286.2	529.2	1593(293)		−1541			57.53	l
				爆炸							
正辛烷	C_8H_{18}	114.23	216.4	398.9	703(293)		−5451	20.67		38.58	l
正戊烷	C_5H_{12}	72.15	143.5	309.3	626(293)	−173.1	−3536	8.410	26.44	25.77	l
1-戊烯	C_5H_{10}	70.13	135.2	303.2	641(293)	−20.92	−3376.1	5.816		22.01	g
酚	C_6H_5OH	94.11	316.2	455.0	1071(293)	−158.2	−3061	11.42	67.32△	—	c
光气	$COCl_2$	98.92	155.2	280.8	1381(293)	−223.0		5.732		24.39	g
苯二甲酸	$C_8H_6O_4$	166.14	d483.2	d	1593(293)						c
苯酐	$C_8H_4O_3$	148.12	404.7	557.7	1527(277)		−3278	23.43		58.24	c
丙烷	C_3H_8	44.09	83.45	231.1	585(228)	−103.8	−2220	3.515	15.10	18.79	g
丙烯	C_3H_6	42.08	87.85	225.8		20.42	−2059	3.012		18.41	g
丙炔	C_3H_4	40.06	171.7	250.0		185.4	−1938			21.84	g
正丙醇	C_3H_7OH	60.09	146.7	370.6	804(293)	−300.7	−2023		44.77	41.25	l
吡啶	C_5H_5N	79.10	231.2	388.7	982(293)		−2761			35.56	l
苯乙烯	$C_6H_5CH=CH_2$	104.15	242.6	388.4	906(293)	103.9	−4395			36.44	l
甲苯	$C_6H_5CH_3$	92.15	177.3	383.8	867(293)	50.00	−3910	6.611	37.99	33.47	l
三乙醇胺	$N(C_2H_4OH)_3$	149.19	294.4	550.2	1124(293)		−4338			58.24	l
三甲胺	$N(CH_3)_3$	59.11	156.0	276.1	671(293)		−2421	6.527		26.61	l
尿素	H_2NCONH_2	60.06	408.2	d	1323(293)	−333.0	−632.2				c
邻二甲苯	C_8H_{10}	106.17	248.0	417.6	880(293)		−4568	13.60		41.84	l
对二甲苯	C_8H_{10}	106.17	286.4	411.7	861(293)		−4557	16.82		45.56	l

注: d表示分解; g表示气态; l表示液态; c表示结晶态。

表 1-11-2 元素和无机化合物性质

化合物名称	分子式	分子量	正常熔点/K	正常沸点/K	密度 /(kg/m³) (温度/K)	生成热 Δh_f^0	熔化热 Δh_s^0	汽化热 Δh_v^0	溶解热 Δh_{sn}	物态 (298K)
						kJ/mol				
铝	Al	26.97	933	2328	2700(293)	0	10.7	255.4	—	c
氨	NH₃	17.03	195.5	239.8	—	−45.9	5.6	23.4	−34.7	g
碳酸钙	CaCO₃	100.09	1098	—	2710(298)	−1208				c
氯化钙	CaCl₂	110.99	1055	—	2150(288)	−797.9	25.5		−77.9	c
氢氧化钙	Ca(OH)₂	74.10	853		2200(293)	−986.2			−15.1	c
氧化钙	CaO	56.08	2843	3123	3320(293)	−635.9	51.2		−81.6	c
硫酸钙	CaSO₄	136.14	—		2960(293)	−1418	28		−18	c
碳(无定形)	C	12.01	—	4473	1800~2100	—				c
碳(金刚石)	C	12.01	3773	4473	3510(293)	1.9				c
碳(石墨)	C	12.01	3933①	4473	2260(293)	0	46.0			c
二氧化碳	CO₂	44.01	216.6	194.7①	—	−393.7	8.0	25.21	−19.3	g
一氧化碳	CO	28.01	68	81.7	—	−110.6	0.84	6.03		g
氯	Cl₂	70.91	172.2	238.6	—	0	6.4	20.4		g
铜	Cu	63.57	1356	2868	8920(293)	0	13.0	304.8		c
氦	He	4.00	1.0	4.3	—	0	0.042	0.084		g
氢	H₂	2.016	14.0	20.5	—	0				g
氯化氢	HCl	36.47	162	188	—	−92.3	2.0	16.2	−74.5	g
硫化氢	H₂S	34.08	190.3	213.6	—	−20.1	2.4	18.8	−19.3	g
铁	Fe	55.85	1808	3008	7860(293)	0	14.9	354.1		c
氯化铁	FeCl₃	162.22	555	588	2800(284)	−403.5	86.2	50.4	134.4	c
氧化铁	Fe₂O₃	159.70	d1833	—	5120(293)	−772.3				c
氯化镁	MgCl₂	95.23	985	1685	2330(293)	−634.6	33.9	136.8	150.4	c
硫酸镁	MgSO₄	120.38	1458		2260(293)	−1276.5	14.7		57.7	c
镍	Ni	58.69	1726	3173	8900(293)	0	17.6	365.4		c
硝酸	HNO₃	63.02	231	359	1500(293)	−173.1	2.5			l
氧化亚铁	FeO	71.85	1693		5700(293)	−270.4	32.2			c
氮	N₂	28.02	63.3	77.4	—	0	0.71	5.6		g
氧	O₂	32.00	54.8	90	—	0	0.46	6.8		g
碳酸钾	K₂CO₃	138.20	1164	d	2290(293)	−1147	32.7		−28.9	c
氯化钾	KCl	74.56	1043	1680	1990(293)	−436.6	26.8	162.6	17.6	c
氢氧化钾	KOH	56.10	653	1593	2040(293)	−427	8.4	129.1	−54.8	c
硝酸钾	KNO₃	101.10	606	d673	2110(293)	−494.4	11.9		34.3	c
硫酸钾	K₂SO₄	174.25	1347	—	2660(293)	−1434.5	33.9		26.0	c
氧化硅	SiO₂	60.06	1698	2503	2650(293)	−851.4	14.2			c
银	Ag	107.88	1233.7	2223	1050(293)	0①	11.3	254.2		c
碳酸钠	Na₂CO₃	106.00	1124	d	2530(293)	−1128.1	29.3		−23.9	c
氯化钠	NaCl	58.45	1073.6	1686	2160(293)	−411.5	30.2	170.8	4.19	c
氢氧化钠	NaOH	40.00	591.6	1663	2130(293)	−426.6	8.4		−42.7	c
硝酸钠	NaNO₃	85.01	581	d653	2260(293)	−467.6	15.7		20.1	c
硫酸钠	Na₂SO₄	142.05	1157	—	2700(293)	−1383.5	24.4		−1.3	c
二氧化硫	SO₂	64.06	197.7	263	—	−297.0	7.4	24.9	−41.4	g
三氧化硫	SO₃	80.06	290.0	317.8	—	−395.1	8.6	42.7	−226.5	g
硫酸	H₂SO₄	98.08	283.7	d613	1830(291)	−810.8	10.0		−76.8	l
铀	U	238.07	1406	3773	18490(293)	0	13.6			c
水	H₂O	18.02	273.2	373.2	1000(277)	−286.0	6.0	40.6		l
水蒸气	H₂O	18.02	—			−242.2				g
锌	Zn	65.38	692.6	1180	7140(293)	0	6.7	114.8	—	c

① 为升华温度。

附录表 1-12　水蒸气表

表 1-12-1　饱和水与干饱和蒸汽表（按温度排列）

温度	压力	比　容		密　度		焓		汽化	熵	
		液体	蒸汽	液体	蒸汽	液体	蒸汽	潜热	液体	蒸汽
t	p	v'	v''	ρ'	ρ''	H'	H''	R	s'	s''
℃	10^5 Pa	m³/kg	m³/kg	kg/m³	kg/m³	kJ/kg	kJ/kg	kJ/kg	kJ/(kg·K)	kJ/(kg·K)
0.01	0.006112	0.0010002	206.3	999.8	0.004847	0	2501	2501	0	9.1544
1	0.006566	0.0010001	192.6	999.9	0.005192	4.22	2502	2498	0.0154	9.1281
2	0.007054	0.0010001	179.9	999.9	0.005559	8.42	2504	2496	0.0306	9.1018
3	0.007575	0.0010001	168.2	999.9	0.005945	12.63	2506	2493	0.0458	9.0757
4	0.008129	0.0010001	157.3	999.9	0.006357	16.84	2508	2491	0.0610	9.0498
5	0.008719	0.0010001	147.2	999.9	0.006793	21.05	2510	2489	0.0762	9.0241
6	0.009347	0.0010001	137.8	999.9	0.007257	25.25	2512	2487	0.0913	8.9978
7	0.010013	0.0010001	129.10	999.9	0.007746	29.45	2514	2485	0.1063	8.9736
8	0.010721	0.0010002	121.0	999.8	0.008264	33.55	2516	2482	0.1212	8.9485
9	0.011473	0.0010003	113.4	999.7	0.008818	37.85	2517	2479	0.1361	8.9238
10	0.012277	0.0010004	106.42	999.6	0.009398	42.04	2519	2477	0.1510	8.8994
11	0.013118	0.0010005	99.91	999.5	0.01001	46.22	2521	2475	0.1658	8.8752
12	0.014016	0.0010006	93.84	999.4	0.01066	50.41	2523	2473	0.1805	8.8513
13	0.014967	0.0010007	88.18	999.3	0.01134	54.6	2525	2470	0.1952	8.8276
14	0.015974	0.0010008	82.90	999.2	0.01206	58.78	2527	2468	0.2098	8.8040
15	0.017041	0.001001	77.97	999	0.01282	62.97	2528	2465	0.2244	8.7806
16	0.01817	0.0010011	73.39	998.9	0.01363	67.16	2530	2463	0.2389	8.7574
17	0.019364	0.0010013	69.10	998.7	0.01447	71.34	2532	2461	0.2534	8.7344
18	0.02062	0.0010015	65.09	998.5	0.01536	75.53	2534	2458	0.2678	8.7116
19	0.02196	0.0010016	61.34	998.4	0.0163	79.72	2536	2456	0.2821	8.689
20	0.02337	0.0010018	57.84	998.2	0.01729	83.9	2537	2451	0.2964	8.6665
22	0.02643	0.0010023	51.5	997.71	0.01942	92.27	2541	2449	0.3249	8.622
24	0.02982	0.0010028	45.93	997.21	0.02177	100.63	2545	2444	0.3532	8.5785
26	0.0336	0.0010033	41.04	996.71	0.02437	108.99	2548	2440	0.3812	8.5358
28	0.03779	0.0010038	36.73	996.21	0.02723	117.35	2552	2435	0.4090	8.4938
30	0.04241	0.0010044	32.93	995.62	0.03037	125.71	2556	2430	0.4366	8.4523
35	0.05622	0.0010061	25.24	993.94	0.03962	146.6	2565	2418	0.5049	8.3519
40	0.07375	0.0010079	19.55	992.16	0.05115	167.5	2574	2406	0.5723	8.2559
45	0.09584	0.0010099	15.28	990.2	0.06544	188.4	2582	2394	0.6384	8.1688
50	0.12335	0.0010121	12.04	988.04	0.08306	209.3	2592	2383	0.7038	8.0753
55	0.1574	0.0010145	9.578	985.71	0.1044	230.2	2600	2370	0.7679	7.9901
60	0.19917	0.0010171	7.678	983.19	0.1302	251.1	2609	2358	0.8311	7.9084
65	0.2501	0.0010199	6.201	980.49	0.1613	272.1	2617	2345	0.8934	7.8297
70	0.3117	0.0010228	5.045	977.71	0.1982	293	2626	2333	0.9549	7.7544
75	0.3855	0.0010258	4.133	974.85	0.242	314	2635	2321	1.0157	7.6815
80	0.4736	0.001029	3.048	971.82	0.2934	334.9	2643	2308	1.0753	7.6116
85	0.5781	0.0010324	2.828	968.62	0.3536	355.9	2651	2295	1.1342	7.5438
90	0.7011	0.0010359	2.361	965.34	0.4235	377.0	2659	2282	1.1529	7.4787
100	1.01325	0.0010435	1.673	958.31	0.5977	419.1	2676	2257	1.3071	7.3547
110	1.4326	0.0010515	1.210	951.02	0.8264	461.3	2691	2230	1.4184	7.2387
120	1.9854	0.0010603	0.8917	943.13	1.121	503.7	2706	2202	1.5277	7.1298
130	2.7011	0.0010697	0.6683	934.84	1.496	546.3	2721	2174	1.6354	7.0272
140	3.614	0.0010798	0.5087	926.10	1.966	589.0	2734	2145	1.7392	6.9304
150	4.760	0.0010906	0.3926	916.93	2.547	632.2	2746	2114	1.8418	6.8383
160	6.180	0.0011021	0.3068	907.36	3.253	675.6	2758	2082	1.9427	6.7508
170	7.920	0.0011144	0.2426	897.34	4.122	719.2	2769	2050	2.0417	6.6666

温度	压力	比 容		密 度		焓		汽化	熵	
		液体	蒸汽	液体	蒸汽	液体	蒸汽	潜热	液体	蒸汽
t	p	v'	v''	ρ'	ρ''	H'	H''	R	s'	s''
℃	10^5 Pa	m³/kg	m³/kg	kg/m³	kg/m³	kJ/kg	kJ/kg	kJ/kg	kJ/(kg·K)	kJ/(kg·K)
180	10.027	0.0011275	0.1939	886.92	5.157	763.1	2778	2015	2.1395	6.5858
190	12.553	0.0011415	0.1564	876.04	6.394	807.5	2786	1979	2.2357	6.5074
200	15.551	0.0011565	0.1272	864.68	7.862	852.4	2793	1941	2.3308	6.4318
210	19.080	0.0011726	0.1043	852.81	9.588	897.7	2798	1900	2.4246	6.3577
220	23.201	0.001190	0.08606	840.34	11.62	943.7	2802	1858	2.5179	6.2849
230	27.979	0.0012087	0.07147	827.34	13.99	990.4	2803	1813	2.6101	6.2133
240	33.48	0.0012291	0.05967	813.6	16.76	1037.5	2803	1766	2.7021	6.1425
250	39.776	0.0012512	0.05006	799.23	19.28	1085.7	2801	1715	2.7934	6.0721
260	46.94	0.0012755	0.04215	784.01	23.72	1135.1	2796	1661	2.8851	6.0013
270	55.05	0.0013023	0.0356	767.87	28.09	1185.3	2790	1605	2.9764	5.9297
280	64.19	0.0013321	0.03013	750.69	33.19	1236.9	2780	1542.9	3.0681	5.8573
290	74.45	0.0012655	0.02554	732.33	39.15	1290.0	2766	1476.3	3.1611	5.7827
300	85.92	0.0014036	0.02164	712.45	46.21	1344.9	2749	1404.3	3.2548	5.7049
310	98.70	0.001447	0.01832	691.09	54.58	1402.1	2727	1325.2	3.3508	5.6233
320	112.90	0.001499	0.01545	667.11	64.72	1462.1	2700	1237.8	3.4495	5.5353
330	128.65	0.001562	0.01297	640.2	77.1	1526.1	2666	1139.6	3.5522	5.4412
340	146.08	0.001639	0.01078	610.13	92.76	1594.7	2622	1027.0	3.6605	5.3361
350	165.37	0.001741	0.008803	574.38	113.6	1671	2565	893.5	3.7786	5.2117
360	186.74	0.001894	0.006943	527.98	144	1762	2481	719.3	3.9162	5.0530
370	210.53	0.002220	0.00493	450.45	203	1893	2321	438.4	4.1137	4.7951
374	220.8	0.002807	0.00347	357.14	288	2032	2147	114.7	4.3258	4.5029
374.15	221.297	0.00326	0.00326	306.75	306.75	2100	2100	0	4.4296	4.4296

临界参数：$t_c = 374.15$℃，$\rho_c = 306.75$ kg/m³，$p_c = 221.29 \times 10^5$ Pa，$v_c = 0.00326$ m³/kg。

表 1-12-2　饱和水与干饱和蒸汽表（按压力排列）

压力	温度	比 容		密 度		焓		汽化	熵	
		液体	蒸汽	液体	蒸汽	液体	蒸汽	潜热	液体	蒸汽
p	t	v'	v''	ρ'	ρ''	H'	H''	R	s'	s''
10^5 Pa	℃	m³/kg	m³/kg	kg/m³	kg/m³	kJ/kg	kJ/kg	kJ/kg	kJ/(kg·K)	kJ/(kg·K)
0.01	6.92	0.0010001	129.9	999	0.0077	29.32	2513	2484	0.1054	8.975
0.02	17.514	0.0010014	66.97	998.6	0.01493	73.52	2533	2459	0.2609	8.722
0.03	24.097	0.0010028	45.66	997.2	0.0219	101.04	2545	2444	0.3546	8.576
0.04	28.979	0.0010041	34.81	995.9	0.02873	121.42	2554	2433	0.4225	8.473
0.05	32.88	0.0010053	28.19	994.7	0.03547	137.83	2561	2423	0.4761	8.393
0.06	36.18	0.0010064	23.74	993.6	0.04212	151.50	2567	2415	0.5207	8.328
0.07	39.03	0.0010075	20.53	992.6	0.04871	163.43	2572	2409	0.5591	8.274
0.08	41.54	0.0010085	18.10	991.6	0.05525	173.9	2576	2402	0.5927	8.227
0.09	43.79	0.0010094	16.20	990.7	0.06172	183.3	2580	2397	0.6225	8.186
0.10	45.84	0.0010103	14.68	989.8	0.06812	191.9	2584	2392	0.6492	8.149
0.15	54.00	0.001014	10.02	986.2	0.0998	226.1	2599	2373	0.7550	8.007
0.20	60.08	0.0010171	7.647	983.2	0.1308	251.4	2609	2358	0.8321	7.907
0.25	64.99	0.0010199	6.202	980.5	0.1612	272.0	2618	2346	0.8934	7.830
0.30	69.12	0.0010222	5.226	978.3	0.1913	289.3	2625	2336	0.9441	7.769
0.40	75.88	0.0010264	3.994	974.3	0.2504	317.7	2636	2318	1.0261	7.670
0.45	78.75	0.0010282	3.574	972.6	0.2797	329.6	2641	2311	1.0601	7.629
0.50	81.35	0.0010299	3.239	971.0	0.3087	340.6	2645	2404	1.0910	7.593
0.55	83.74	0.0010315	2.963	969.5	0.3375	350.7	2649	2298	1.1193	7.561

压力	温度	比 容		密 度		焓		汽化	熵	
		液体	蒸汽	液体	蒸汽	液体	蒸汽	潜热	液体	蒸汽
p	t	v'	v''	ρ'	ρ''	H'	H''	R	s'	s''
10^5Pa	℃	m³/kg	m³/kg	kg/m³	kg/m³	kJ/kg	kJ/kg	kJ/kg	kJ/(kg·K)	kJ/(kg·K)
0.60	85.95	0.001033	2.732	968.1	0.3661	360.0	2653	2293	1.1453	7.531
0.70	89.97	0.0010359	2.364	965.3	0.423	376.8	2660	2283	1.1918	7.479
0.80	93.52	0.0010385	2.087	962.9	0.4792	391.8	2665	2273	1.2330	7.434
0.90	96.72	0.0010409	1.869	960.7	0.535	405.3	2670	2265	1.2696	7.394
1.0	99.64	0.0010432	1.694	958.6	0.5903	417.4	2675	2258	1.3206	7.360
1.5	111.38	0.0010527	1.159	949.9	0.8627	467.2	2693	2226	1.4336	7.223
2.0	120.23	0.0010605	0.8854	943.0	1.129	504.8	2707	2202	1.5302	7.127
2.5	127.43	0.0010672	0.7185	937.0	1.393	535.4	2717	2182	1.6071	7.053
3.0	133.54	0.0010733	0.6057	931.7	1.651	561.4	2725	2164	1.672	6.992
3.5	138.88	0.0010786	0.5241	927.1	1.908	584.5	2732	2148	1.728	6.941
4.0	143.62	0.0010836	0.4624	922.8	2.163	604.7	2738	2133	1.777	6.897
4.5	147.92	0.0010883	0.4139	918.9	2.416	623.4	2744	2121	1.821	6.857
5	151.84	0.0010927	0.3747	915.2	2.669	640.1	2749	2109	1.860	6.822
6	158.84	0.0011007	0.3156	908.5	3.169	670.5	2757	2086	1.931	6.761
7	164.96	0.0011081	0.2728	902.4	3.666	697.2	2764	2067	1.992	6.709
8	170.42	0.0011149	0.2403	896.9	4.161	720.9	2769	2048	2.046	6.663
9	175.35	0.0011213	0.2149	891.8	4.654	742.8	2774	2031	2.094	6.623
10	179.88	0.0011273	0.1946	887.1	5.139	762.7	2778	2015	2.138	6.587
11	184.05	0.0011331	0.1775	882.5	5.634	781.1	2781	2000	2.179	6.554
12	187.95	0.0011385	0.1633	878.3	6.124	798.2	2785	1987	2.216	6.523
13	191.60	0.00011438	0.1512	874.3	6.614	814.5	2787	1973	2.251	6.495
14	195.04	0.001149	0.1408	870.3	7.103	830.0	2790	1960	2.284	6.469
15	198.28	0.0011539	0.1317	866.6	7.593	844.6	2792	1947	2.314	6.445
16	201.36	0.0011586	0.1238	863.1	8.08	858.3	2793	1935	2.344	6.422
17	204.30	0.0011632	0.1167	859.7	8.569	871.6	2795	1923	2.371	6.4
18	207.10	0.0011678	0.1104	856.3	9.058	884.4	2796	1912	2.397	6.379
19	209.78	0.0011722	0.1047	853.1	9.549	896.6	2798	1901	2.422	6.359
20	212.37	0.0011766	0.0996	849.9	10.041	908.5	2799	1891	2.447	6.34
22	217.24	0.0011851	0.0907	843.8	11.03	930.9	2801	1870	2.492	6.305
24	221.77	0.0011932	0.0832	838.1	12.01	951.8	2802	1850	2.534	6.272
26	226.03	0.0012012	0.0769	835.2	13.01	971.7	2803	1831	2.573	6.242
28	230.04	0.0012088	0.0714	827.3	14	990.4	2803	1813	2.611	6.213
30	233.83	0.0012163	0.0667	822.2	15	1008.3	2804	1796	2.646	6.186
35	242.54	0.0012345	0.0570	810	17.53	1049.8	2803	1753	2.725	6.125
40	250.33	0.001252	0.0498	798.7	20.09	1087.5	2801	1713	2.796	6.07
45	257.41	0.001269	0.044	788	22.71	1122.1	2798	1676	2.862	6.02
50	263.91	0.0012857	0.0394	777.8	25.35	1154.4	2794	1640	2.921	5.973
60	275.56	0.0013185	0.0324	758.4	30.84	1213	2785	1570.8	3.027	5.89
70	285.80	0.001351	0.0274	740.2	36.54	1267.4	2772	1504.9	3.122	5.814
80	294.98	0.0013838	0.0235	722.6	42.52	1317	2758	1441.1	3.208	5.745
90	303.32	0.0014174	0.0205	705.5	48.83	1363.7	2743	1379.3	3.287	5.678
100	310.96	0.0014521	0.018	688.7	55.46	1407.7	2725	1317	3.36	5.615
110	318.04	0.001489	0.016	671.6	62.58	1450.2	2705	1255.4	3.430	5.553
120	324.63	0.001527	0.0143	654.9	70.13	1491.1	2685	1193.5	3.496	5.492
130	330.81	0.001567	0.0128	638.2	78.30	1531.5	2662	1130.8	3.561	5.432
140	336.63	0.001611	0.0115	620.7	87.03	1570.8	2638	1066.9	3.623	5.372
160	347.32	0.00171	0.0093	584.8	107.3	1650	2582	932	3.746	5.247
180	356.96	0.001837	0.0075	544.4	133.2	1732	2510	778.2	3.871	5.107
200	365.71	0.00204	0.0059	490.2	170.9	1827	2410	583	4.015	4.928
220	373.70	0.00373	0.0037	366.3	272.5	2016	2168	152	4.303	4.591
221.3	374.15	0.00326	0.0033	306.75	306.75	2100	2100	0	4.03	4.43

表 1-12-3　未饱和水与过热蒸汽表（粗水平线之上为未饱和水，之下为过热蒸汽）

压力 p	0.01×10⁵Pa			0.10×10⁵Pa			1.0×10⁵Pa			2.0×10⁵Pa		
温度	T_{sat}=6.92℃ H''=2513kJ/kg v''=129.9m³/kg s''=8.975kJ/(kg·K)			T_{sat}=45.84℃ H''=2584kJ/kg v''=14.68m³/kg s''=8.149kJ/(kg·K)			T_{sat}=99.64℃ H''=2675kJ/kg v''=1.694m³/kg s''=7.360kJ/(kg·K)			T_{sat}=120.23℃ H''=2707kJ/kg v''=0.8854m³/kg s''=7.127kJ/(kg·K)		
t	v	H	s	v	H	s	v	H	s	v	H	s
℃	m³/kg	kJ/kg	kJ/(kg·K)	m³/kg	kJ/kg	kJ/(kg·K)	m³/kg	kJ/kg	kJ/(kg·K)	m³/kg	kJ/kg	kJ/(kg·K)
0	0.0010002	0	0	0.0010002	0	0	0.0010001	0.1	0	0.001	0.2	0
10	131.3	2518	8.995	0.0010003	41.9	0.1511	0.0010003	42.1	0.151			
20	136	2537	9.056	0.0010018	83.7	0.2964	0.0010018	83.9	0.2964	0.0010017	84	0.2964
30	140.7	2556	9.117	0.0010044	125.6	0.4363	0.0010044	125.77	0.4365	0.0010044	125.6	0.4363
40	145.4	2575	9.178	0.0010079	167.5	0.5715	0.0010079	167.59	0.5715	0.0010078	167.6	0.5716
50	150	2594	9.238	15	259	8.17	0.0010121	209.3	0.7031	0.001012	209.4	0.7033
60	154.7	2613	9.296	15.35	2611	8.227	0.0010171	251.1	0.8307	0.001017	251.2	0.8307
70	159.4	2632	9.352	15.81	2630	8.283	0.0010227	293.07	0.9549			
80	164	2651	9.406	16.27	2649	8.337	0.0010289	334.97	1.0748	0.0010289	335	1.0748
90	168.7	2669	9.459	16.74	2669	8.39	0.0010359	376.96	1.1925			
100	173.3	2688	9.51	17.2	2688	8.442	1.695	2676	7.361	0.0010434	419	1.3067
120	182.6	2726	9.609	18.13	2726	8.542	1.795	2717	7.465	0.0010603	503.7	1.5269
140	191.9	2764	9.703	19.06	2764	8.636	1.889	2757	7.562	0.9357	2749	7.227
160	201.1	2803	9.793	19.98	2802	8.727	1.984	2796	7.654	0.984	2790	7.324
180	210.4	2841	9.88	20.9	2841	8.814	2.078	2835	7.743	1.032	2830	7.415
200	219.8	2880	9.963	21.83	2879	8.897	2.172	2875	7.828	1.08	2870	7.501
220	229.1	2918	10.044	22.76	2918	8.978	2.266	2914	7.91	1.128	2910	7.583
240	238.3	2958	10.121	23.63	2957	9.056	2.359	2954	7.988	1.175	2950	7.663
260	247.6	2997	10.196	24.6	2997	9.131	2.452	2993	8.064	1.222	2990	7.74
280	256.9	3037	10.269	25.53	3037	9.203	2.545	3033	8.139	1.269	3030	7.815
300	266.2	3077	10.34	26.46	3077	9.274	2.638	3074	8.211	1.316	3071	7.887
400	312.6	3280	10.665	31.08	3280	9.601	3.102	3278	8.541	1.549	3276	8.219
500	359	3490	10.958	35.7	3490	9.895	3.565	3488	8.833	1.781	3487	8.512
600	405.6	3707	11.226	40.32	3707	10.162	4.028	3706	9.097	2.013	3705	8.776

压力 p	4.0×10⁵Pa			6.0×10⁵Pa			10×10⁵Pa			30×10⁵Pa		
温度	T_{sat}=143.42℃ H''=2738kJ/kg v''=0.4624m³/kg s''=6.897kJ/(kg·K)			T_{sat}=158.84℃ H''=2757kJ/kg v''=0.3156m³/kg s''=6.761kJ/(kg·K)			T_{sat}=179.88℃ H''=2778kJ/kg v''=0.1946m³/kg s''=6.587kJ/(kg·K)			T_{sat}=233.83℃ H''=2804kJ/kg v''=0.06665m³/kg s''=6.186kJ/(kg·K)		
t	v	H	s	v	H	s	v	H	s	v	H	s
℃	m³/kg	kJ/kg	kJ/(kg·K)	m³/kg	kJ/kg	kJ/(kg·K)	m³/kg	kJ/kg	kJ/(kg·K)	m³/kg	kJ/kg	kJ/(kg·K)
0	0.001	0.5	0	0.001	0.7	0	0.001	1.1	0	0.000999	3.1	0
20	0.001002	84.1	0.296	0.001002	84.3	0.296	0.001001	84.7	0.296	0.001	86.7	0.296
40	0.001008	168	0.572	0.001008	168	0.572	0.001008	168	0.5712	0.001007	170	0.571
50	0.001012	210	0.703	0.001012	210	0.703	0.001012	210	0.7024	0.001011	212	0.702
60	10170	251	0.83	0.001017	251	0.83	0.001017	252	0.8298	0.001016	254	0.829
80	0.001029	335	1.075	0.001029	335	1.074	0.001029	335	1.074	0.001028	337	1.073
100	0.001043	419	1.306	0.001043	419	1.306	0.001043	419	1.3058	0.001042	421	1.304
120	0.00106	504	1.527	0.00106	504	1.527	0.00106	504	1.5261	0.001059	505	1.524
140	0.00108	589	1.738	0.00108	589	1.738	0.001079	589	1.737	0.001078	591	1.735
150	0.4709	2754	6.928	0.001091	632	1.84	0.00109	632	1.84	0.001089	633	1.837
160	0.484	2776	6.98	0.3167	2759	6.767	0.001102	675	1.941	0.0011	676	1.938
180	0.5094	2818	7.077	0.3348	2805	6.869	0.1949	2778	6.588	0.001126	764	2.134
200	0.5341	2859	7.166	0.352	2849	6.963	0.206	2827	6.692	0.001155	853	3.326
220	0.5585	2900	7.251	0.3688	2891	7.051	0.2169	2874	6.788	0.001189	944	2.514
240	0.5827	2941	7.332	0.3855	2933	7.135	0.2274	2918	6.877	0.06826	2823	6.225
260	0.6068	2982	7.41	0.4019	2975	7.215	0.2377	2962	6.961	0.07294	2882	6.337
280	0.6307	3023	7.486	0.4181	3017	7.292	0.2478	3005	7.04	0.0772	2937	6.438
300	0.6545	3065	7.56	0.4342	3059	7.366	0.2578	3048	7.116	0.08119	2988	6.53
400	0.7723	3273	7.895	0.5136	3270	7.704	0.3065	3263	7.461	0.09929	3229	6.916
500	0.889	3458	8.19	0.5919	3483	8.001	0.3539	3479	7.761	0.1161	3456	7.231
600	1.0054	3703	8.455	0.6697	3701	8.266	0.401	3693	8.027	0.1325	3682	7.506

压力 p	50×10⁵Pa			70×10⁵Pa			100×10⁵Pa			140×10⁵Pa		
温度	T_{sat}=263.91℃ H''=2791kJ/kg v''=0.03944m³/kg s''=5.973kJ/(kg·K)			T_{sat}=285.80℃ H''=2772kJ/kg v''=0.02737m³/kg s''=5.814kJ/(kg·K)			T_{sat}=318.04℃ H''=2725kJ/kg v''=0.01803m³/kg s''=5.615kJ/(kg·K)			T_{sat}=336.63℃ H''=2638kJ/kg v''=0.01149m³/kg s''=5.372kJ/(kg·K)		
t	v	H	s	v	H	s	v	H	s	v	H	s
℃	m³/kg	kJ/kg	kJ/(kg·K)	m³/kg	kJ/kg	kJ/(kg·K)	m³/kg	kJ/kg	kJ/(kg·K)	m³/kg	kJ/kg	kJ/(kg·K)
0	0.0009976	5.2	0.0004	0.0009966	7.2	0.0004	0.0009951	10.2	0.0004	0.0009931	14.2	0.0008
20	0.0009995	88.5	0.2951	0.0009987	90.4	0.2945	0.0009975	93.2	0.2939	0.0009957	96.9	0.293
40	0.0010056	171.9	0.5699	0.0010048	173.7	0.5689	0.0010033	176.4	0.5677	0.0010016	179.9	0.566
50	0.0010098	213.6	0.7005	0.001009	215.3	0.6995	0.0010075	218	0.698	0.0010058	221.4	0.696
60	0.0010147	255.3	0.8273	0.0010139	256.9	0.8263	0.0010125	259.6	0.8247	0.0010108	263	0.8224
80	0.0010265	338.7	1.0709	0.0010257	340.3	1.0694	0.0010245	342.9	1.0676	0.0010226	346.2	1.0648
100	0.0010408	422.5	1.302	0.00104	424.1	1.3003	0.0010386	426.5	1.2982	0.0010368	429.6	1.2951
120	0.0010576	506.9	1.5223	0.0010567	508.4	1.5205	0.0010552	510.5	1.5182	0.0010533	513.4	1.5148
140	0.0010769	591.9	1.733	0.0010758	593.2	1.731	0.0010741	595.3	1.728	0.0010719	598	1.724
150	0.0010876	634.7	1.835	0.0010864	636	1.833	0.0010845	638	1.83	0.0010822	640.7	1.826
160	0.001099	677.7	1.935	0.0010977	679	1.933	0.0010956	681	1.929	0.0010932	683.6	1.925
180	0.0011242	764.9	2.131	0.0011226	766.1	2.128	0.0011201	768	2.123	0.0011174	770.2	2.118
200	0.001153	853.6	2.322	0.0011512	854.5	2.319	0.0011482	856	2.314	0.0011448	857.9	2.308
220	0.0011867	944.1	2.51	0.0011845	944.8	2.506	0.0011805	945.8	2.5	0.0011766	947.3	2.493
240	0.0012264	1037.4	2.696	0.0012235	1037.8	2.691	0.0012185	1038.3	2.684	0.0012136	1039.1	2.676
250	0.0012492	1085.7	2.789									
260	0.0012749	1135.1	2.882	0.0012706	1134.6	2.876	0.001265	1134	2.868	0.0012575	1133.8	2.858
280	0.04224	2854	6.083	0.0013304	1235.9	3.063	0.0013217	1234.5	3.053	0.0013111	1232.9	3.04
300	0.04539	2920	6.2	0.02948	2835	5.925	0.001397	1342.2	3.244	0.0013808	1338	3.226
400	0.05781	3193	6.64	0.03997	3155	6.442	0.02646	3093	6.207	0.01726	3000	5.942
500	0.06858	3433	6.974	0.04817	3409	6.795	0.3281	3372	6.596	0.02252	3321	6.39
600	0.0787	3666	7.257	0.05565	3649	7.087	0.03837	3621	6.901	0.02683	2585	6.716

压力 p	180×10⁵Pa			220×10⁵Pa			250×10⁵Pa		
温度	T_{sat}=356.96℃ H''=2510kJ/kg v''=0.007504m³/kg s''=5.107kJ/(kg·K)			T_{sat}=373.7℃ H''=2168kJ/kg v''=0.00367m³/kg s''=4.591kJ/(kg·K)					
t	v	H	s	v	H	s	v	H	s
℃	m³/kg	kJ/kg	kJ/(kg·K)	m³/kg	kJ/kg	kJ/(kg·K)	m³/kg	kJ/kg	kJ/(kg·K)
0	0.0009913	18.2	0.0011	0.0009893	22.2	0.0013	0.000988	25.2	0.0013
20	0.0009939	100.7	0.2921	0.000992	104.5	0.2915	0.0009908	107.3	0.2909
40	0.0009999	183.5	0.5647	0.0009981	187.1	0.5634	0.0009969	189.7	0.5621
50	0.0010041	225	0.6942	0.0010024	228.4	0.6927	0.0010012	231	0.6911
60	0.0010091	266.5	0.82	0.0010073	269.8	0.8181	0.0010061	272.3	0.8164
80	0.0010209	349.5	1.062	0.001019	352.7	1.0596	0.0010178	355.1	1.0576
100	0.0010349	432.7	1.2923	0.0010329	435.7	1.2899	0.0010316	438	1.2873
120	0.0010512	516.4	1.5115	0.001049	519.3	1.5084	0.0010475	521.5	1.5053
140	0.0010695	600.8	1.721	0.0010671	603.5	1.717	0.0010654	605.6	1.714
150	0.0010796	643.4	1.822	0.0010771	646	1.818	0.0010758	647.9	1.815
160	0.0010905	686.2	1.921	0.0010877	688.7	1.917	0.0010858	690.5	1.914
180	0.0011142	772.4	2.114	0.001111	774.7	2.11	0.0011087	776.3	2.107
200	0.0011411	859.7	2.302	0.0011375	861.6	2.297	0.0011349	683	2.293
220	0.0011721	948.7	2.486	0.0011679	950.2	2.48	0.0011648	951.3	2.475
240	0.0012082	1039.9	2.668	0.001203	1040.9	2.661	0.0011992	1041.6	2.655
260	0.0012504	1133.7	2.848	0.0012437	1133.8	2.839	0.0012388	1134.1	2.833
280	0.0013013	1231.6	3.028	0.0012926	1230.6	3.017	0.0012863	1230.2	3.009
300	0.0013665	1334.6	3.211	0.0013535	1332.2	3.197	0.0013446	1330.7	3.187
320	0.001455	1446.3	3.403	0.001434	1440.1	3.384	0.001421	1437.3	3.371
340	0.001592	1576.6	3.62	0.001571	1562.6	3.589	0.001527	1555.3	3.567
360	0.0081	2563	5.194	0.001757	1717	3.837	0.001695	1696	3.794
380	0.01042	2759	5.498	0.0061	2503	5.052	0.00224	1926	4.149
400	0.01194	2884	5.688	0.00828	2736	5.406	0.00602	2579	5.137
500	0.01678	3267	6.221	0.01312	3207	6.07	0.01113	3157	5.965
600	0.02043	3549	6.572	0.01631	3512	6.449	0.01413	3483	6.367

注：T_{sat}为对应压力的饱和温度；h''、v''、s''分别为饱和蒸汽的焓、比容和熵。

附录 2

常用热力学图

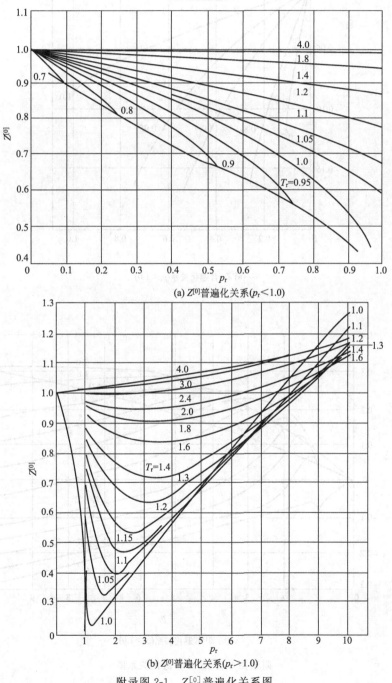

(a) $Z^{[0]}$普遍化关系($p_r < 1.0$)

(b) $Z^{[0]}$普遍化关系($p_r > 1.0$)

附录图 2-1　$Z^{[0]}$普遍化关系图

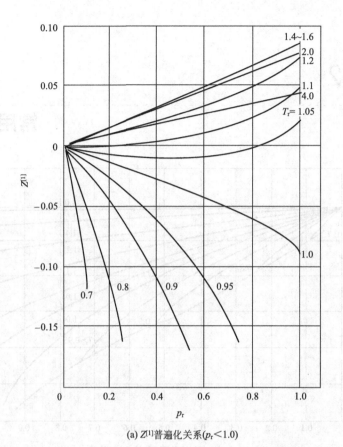

(a) $Z^{[1]}$普遍化关系($p_r < 1.0$)

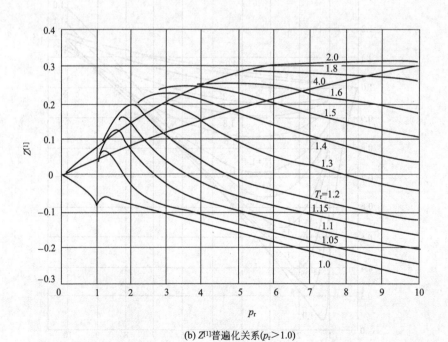

(b) $Z^{[1]}$普遍化关系($p_r > 1.0$)

附录图 2-2　$Z^{[1]}$普遍化关系图

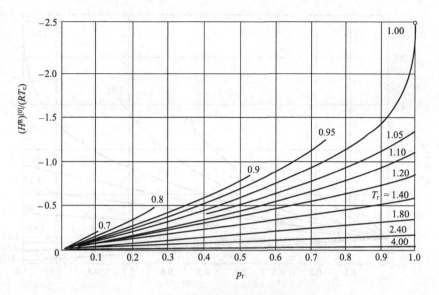

$(H^R)^{[0]}/(RT_c)$的普遍化关联图$(p_r < 1)$

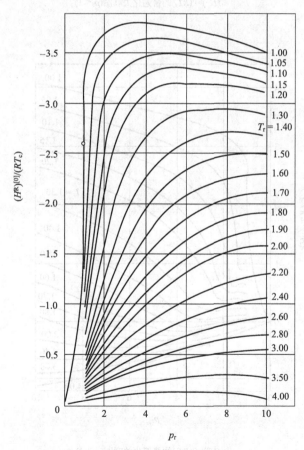

$(H^R)^{[0]}/(RT_c)$的普遍化关联图$(p_r > 1)$

附录图 2-3 $(H^R)^{[0]}/(RT_c)$ 普遍化关系图

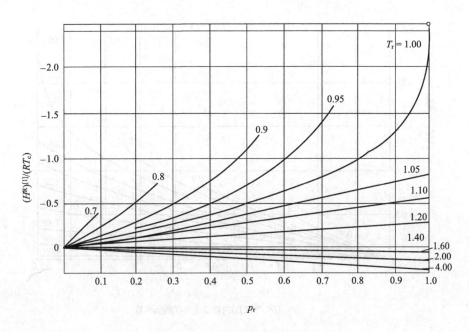

$(H^R)^{[1]}/(RT_c)$的普遍化关联图$(p_r<1)$

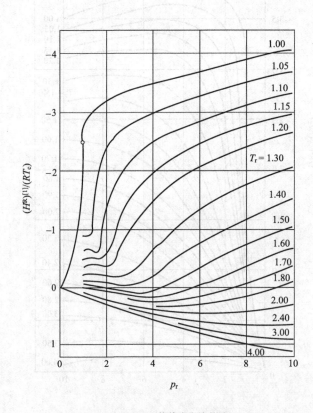

$(H^R)^{[1]}/(RT_c)$的普遍化关联图$(p_r>1)$

附录图 2-4　$(H^R)^{[1]}/(RT_c)$ 普遍化关系图

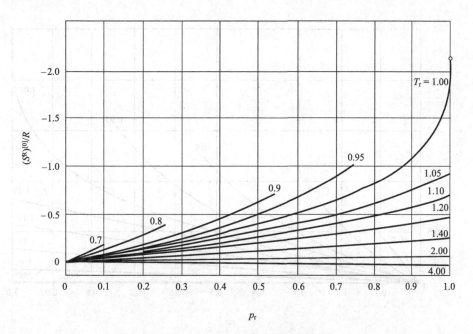

$(S^R)^{[0]}/R$的普遍化关联图($p_r<1$)

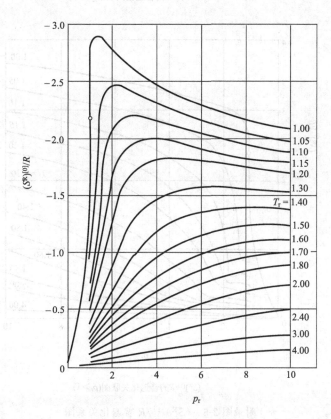

$(S^R)^{[0]}/R$的普遍化关联图($p_r>1$)

附录图 2-5　$(S^R)^{[0]}/R$ 普遍化关系图

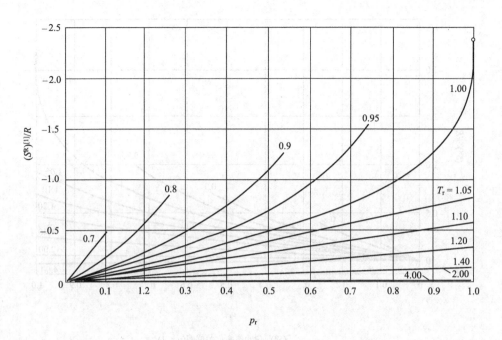

$(S^R)^{[1]}/R$的普遍化关联图($p_r<1$)

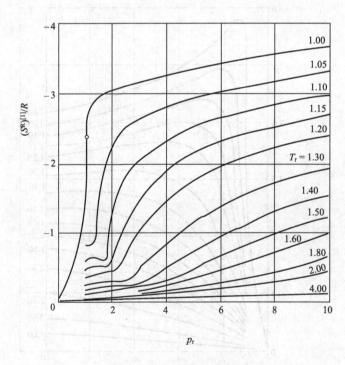

$(S^R)^{[1]}/R$的普遍化关联图($p_r>1$)

附录图 2-6 $(S^R)^{[1]}/R$ 普遍化关系图

附录 3

ChemCAD 简介

附 3-1 什么是 ChemCAD

ChemCAD 系列软件是美国 Chemstations 公司开发的化工流程模拟软件。主要用于对化学和石油工业、炼油、油气加工等领域中的工艺过程和能量过程进行计算机模拟，是工程技术人员用来对连续、半连续或间歇操作单元进行物料平衡和能量平衡核算的有力工具。ChemCAD6.0 是目前该公司推出的最新版本。ChemCAD 根据 Microsoft Windows 设计标准采用了 Microsoft 工具包及 Windows Help 系统，使得 ChemCAD 具有容易使用、高度集成、界面友好等特点，对用户来说，外观及感觉和用户熟悉的其他 Windows 程序十分相似。ChemCAD 的帮助系统较为详尽，Hand-Holding 可以像一个真正的老师一样，"手把手地"指导用户如何开始和完成一个化工模拟计算的过程，指导用户完成流程生成步骤，提示组分输入，调用热力学专家系统，一直到运算开始。完成问题的每一步时，ChemCAD 都会查对那一步完成的情况。

附 3-2 什么是流程模拟

化工过程模拟或流程模拟是根据化工过程的数据，诸如物料的温度、压力、流量、组成和有关的工艺操作条件、工艺规定、产品规格以及一定的设备参数，如精馏塔的塔板数、进料位置等，采用适当的模拟软件，将一个由许多单元过程组成的化工流程用数学模型描述，用计算机模拟实际的生产过程，并在计算机上通过改变各种有效条件得到所需要的结果。其中包括了人们最为关心的原材料消耗、公用工程和产品、副产品的产量和质量等重要数据。简言之，化工过程模拟就是在计算机上"再现"实际的生产过程。由于这一"再现"过程并不涉及实际装置的任何管线、设备以及人员的变动，因而给了化工模拟人员最大的自由和探索，可以在计算机上"为所欲为"地进行不同方案和工艺条件的探讨和分析。这一方法是计算机技术在化工方面的最重要的应用之一。化工过程模拟技术日趋成熟和实用，商业化软件广泛出现于化工过程模拟中，其主要的代表有 Aspen Plus 系统、PRO Ⅱ 系统和 ChemCAD 系统。

附 3-3 ChemCAD 的用途

① 工程设计 在工程设计中，无论是建立一个新厂或是对老厂进行改造，ChemCAD 都可以用来选择方案，研究非设计工况的操作及工厂处理原料范围的灵活性。工艺设计模拟研究不仅可以避免工厂设备交付前的费用估算错误，还可以用模拟模型来优化工艺设计，同

时通过进行一系列的工况研究，来确保工厂能在较大范围的操作条件内良好运行。

② 优化操作　由 ChemCAD 建立的模型可以作为工程技术人员用来改进工厂操作、提高产率以及减少能量消耗的有力工具。可以用模拟的方法来确定操作条件的变化以适应原料、产品要求和环境条件的变化。

③ 工艺开发　一旦有了工艺过程的概念流程，就可以利用 ChemCAD 开发相应的模型，即进行概念设计。随着不断获得有关工艺过程的信息，这一模型也随之完善，直至形成完整的工艺包。

④ 消除瓶颈　ChemCAD 也可以模拟研究工厂合理化方案以消除"瓶颈"问题，降低成本费用。

附 3-4　ChemCAD 的应用领域

ChemCAD 是一个超强的化工过程模拟软件包，它适用于稳态和非稳态过程，可以做到：①热力学-物性计算、气/液/液平衡计算和其他日常的化学工程计算，提高生产效率。②各类化工单元的计算，设计效率更高的工艺和设备，以取得最大的收益。③消除现有工艺和设备中的瓶颈问题或对之优化，以降低成本费用。④就新工艺和现有工艺对环境的影响进行评估，以达到有关法规的要求。⑤安全性能分析。⑥对装有专利和实验数据的中央数据库进行维护，管理公司的信息。本书着重介绍①和②。

（1）热力学-物性计算、气/液/液平衡计算

ChemCAD 提供了大量的最新的热平衡和相平衡的计算方法，包含 39 种 K 值计算方法和 13 种焓计算方法。这些计算方法可以应用于天然气加工厂、炼油厂以及石油化工厂，可以处理直链烃以及电解质、盐、胺、酸水等特殊系统。

K 值方法主要分为活度系数法和状态方程法等四类，其中活度系数法包含有 UNIFAC、UPLM（UNIFAC for Polymers）、Wilson、T. K. Wilson、HRNM Modified Wilson、Van Laar、Non-Random Two Liquid（NRTL）、Margules、GMAC（Chien-Null）、Scatchard-Hildebrand（Regular Solution）等。

焓计算方法包括 Redlich-Kwong、Soave-Redlich-Kwong、Peng-Robinson、API Soave-Redlich-Kwong、Lee-Kesler、Benedict-Webb-Rubin-Starling、Latent Heat、Electrolyte、Heat of Mixing by Gamma 等。

ChemCAD 热力学数据库收录有 8000 多对二元交互作用参数供活度系数方程和状态方程来使用。也可以采用 ChemCAD 提供的回归功能回归二元交互作用参数。

（2）各类化工单元的计算和设计

ChemCAD 提供了大量的操作单元供用户选择，使用这些操作单元，基本能够满足一般化工厂的需要。对反应器和分离塔，提供了多种计算方法。ChemCAD 可以模拟以下单元操作：

蒸馏、汽提、吸收、萃取、共沸、三相共沸、共沸蒸馏、三相蒸馏、电解质蒸馏、反应蒸馏、反应器、热交换器、压缩机、泵、加热炉、控制器、透平、膨胀机等 50 多个单元操作。

ChemCAD 可以对板式塔（包含筛板、泡罩、浮阀）、填料塔、管线、换热器、压力容器、孔板、调节阀和安全阀（DIERS）进行设计和核算。这些模块共享流程模拟中的数据，使得用户完成工艺计算后，可以方便地进行各种主要设备的核算和设计。

附 3-5 ChemCAD6.0 的运行界面

(1) 启动 ChemCAD6.0

单击 Windows 桌面上的"开始"按钮，然后用鼠标指向"所有程序"；然后指向 "Chemstations"，然后单击 ChemCAD，会出现附图 3-1 所示的界面，表明已经启动了 ChemCAD6.0。用户也可以在 Windows 桌面上创建 ChemCAD6.0 的启动快捷方式，双击它，也可以启动 ChemCAD。

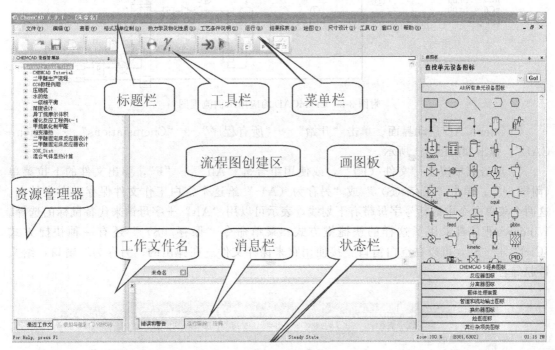

附图 3-1　ChemCAD 工作的主窗口

(2) ChemCAD 工作主窗口

ChemCAD 工作主窗口的中央区域是流程图创建区，用鼠标通过在右边的画图板上单击选取流程所需要的单元设备，再通过单击放置在流程图创建区，最后通过物料连线组合成流程图。

左侧窗口是资源管理器，在其下方是三个标签，可以用来切换这个资源管理器的显示内容："最近工作文件"活页窗口显示最近使用过的工作文件；"模拟导航器"活页窗口显示当前工作文件所需进行模拟工作的导航器，可以方便地查看/编辑工作内容；"VB 代码"活页窗口显示 ChemCAD 二次开发所需的 VB 代码，方便用户模拟自定义的单元过程。

附 3-6 ChemCAD6.0 进行流程模拟的基本步骤

ChemCAD 的一般使用步骤：①画出您的流程图；②选择组分；③选择热力学模型；④详细说明进料物流信息；⑤详细说明各单元操作的信息；⑥运行；⑦计算设备规格；⑧研究费用评估方案；⑨评定环境影响；⑩分析结果/按需优化；⑪生成物料流程图/报告。

为了方便初级学习者，笔者将窗口的菜单进行了汉化，对常用的单元操作设备的人机信息交流窗口进行了汉化，下面结合例题说明 ChemCAD6.0 的使用。

题目如附图 3-2 所示：

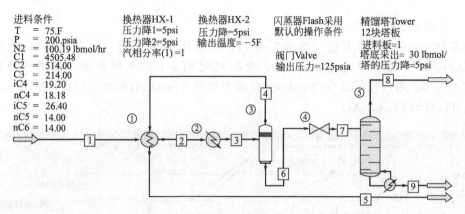

附图 3-2　ChemCAD 的应用示例流程图

① ChemCAD 启动界面。单击"开始"→"所有程序"→"Chemstations"→"Chem-CAD"，弹出如附图 3-1 所示。

② 单击菜单按钮"文件（F）"，或使用组合键"Alt"＋"F"，弹出文件的下拉菜单（附图 3-3）；单击"保存（S）"或"另存为（A）"给这个空白工作文件保存一个文件名。这两个菜单命令中的括号字母带有下划线，表示可以用"Alt"＋字母键来代替鼠标的选择。Windows 程序都采用了这样的快捷键方式。菜单命令"保存（S）"还有一种快捷方式"Ctrl"＋"S"，可以在空白窗口直接使用它来保存文件。在弹出的"另存为"窗口，给文件起好名字。

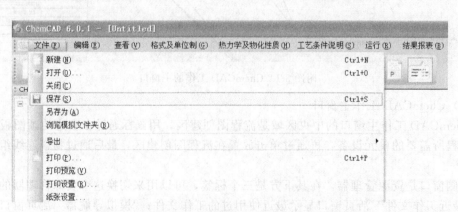

附图 3-3　ChemCAD 菜单按钮"文件"的下拉菜单命令

③ 本例题流程建立需要六个单元操作图标，都在右侧画图板的"All 所有单元设备图标"窗口中，同时 CC6 又将单元设备归了 7 大类，这六个图标分别位于"管道和流动输出图标"窗口、"换热器图标"窗口和"分离器图标"窗口，如附图 3-4 所示：

a. 标有"feed"的箭头图标代表整个流程的进料；

b. 标有"product"的箭头图标代表整个流程的成品出料；

c. 图标"—⟨⟩—"代表换热器单元；单击换热器单元图标右下方的黑三角，会弹出换热器单元的多个子图标，本题用到 5♯和 1♯换热器子图标；

d. 图标 "▯" 代表闪蒸单元；

e. 图标 "▤ tower" 代表精馏塔；

f. 图标 "▷◁▷" 代表阀门。

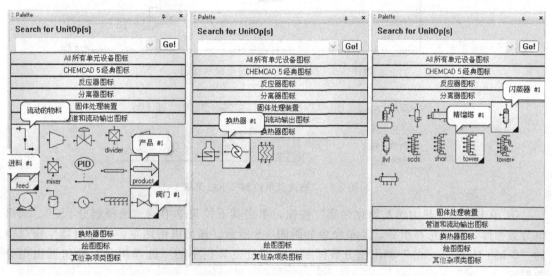

附图 3-4 画图板的分类窗口

逐一单击构建流程图所需要的图标，逐一放置在流程图主窗口中，按照下图排列，如附图 3-5 所示。

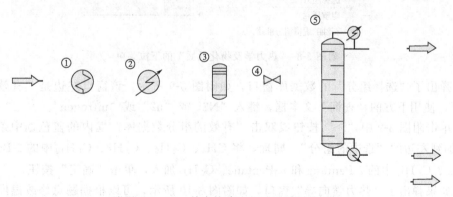

附图 3-5 逐一单击构建流程图所需要的图标

④ 单击画图板中的"管道和流动输出图标"窗口中的 "▯" 图标，代表"流动的物料"；到流程图中，将各个图标按题目要求连线，得到流程图，如附图 3-6 所示。

⑤ 单击菜单"格式及单位制"按钮，单击其下拉菜单中的"工程单位..."，选择单位制，如附图 3-7 所示。

⑥ 从弹出的"—工程单位选择—"窗口中，单击"English"按钮，选择英制单位制，这也是默认的单位制，然后单击"OK"。

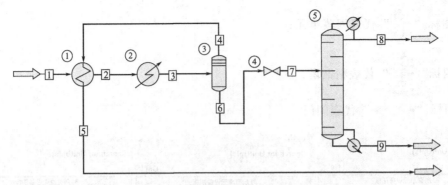

附图 3-6 按要求连接后的流程示意图

附图 3-7 "格式及单位制"下拉菜单

⑦ 单击菜单"热力学及物化性质"按钮，单击其下拉菜单中的"选择组分…"，调出组分数据库，从中选择组分，菜单命令如附图 3-8 所示。还可以使用左侧"导航器"窗口中的"Select Components"调出组分数据库；或通过工具栏中的"选择组分"按钮调出组分数据库。

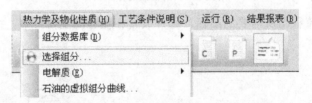

附图 3-8 "热力学及物化性质"的下拉菜单

⑧ 弹出了"选择组分"的数据库窗口，如附图 3-9 所示。该窗口左边是"有效的组分数据库"，使用下方的"查询"文本框，键入"N2"或"n2"或"nitrogen"。

⑨ 单击附图 3-9 中">"按钮或双击"有效的组分数据库"框内的蓝色选中条，将氮气组分加到左边的"选中的组分"，同理，将 CH_4、C_2H_6、C_3H_8、C_4H_{10} 中的 i-Butane 和 n-Butane、C_5H_{12} 中的 i-Pentane 和 n-Pentane、C_6H_{14} 加入，单击"确定"按钮。

⑩ 如果弹出了"热力学向导"窗口，如附图 3-10 所示，可以根据题意修改温度和压力的范围，软件会帮助选择一个合适的热力学模型用于全流程的热力学性质的计算，单击"OK"按钮；弹出专家系统建议的热力学模型消息窗口，如附图 3-11 所示，单击"确定"按钮。

⑪ 单击附图 3-11"确定"按钮后，弹出"—热力学设置（K Value Options）—"窗口，可以通过"全流程相平衡常数（K 值）的选择"的下拉文本框中另选其他状态方程如 PR 代替 SRK，本题采用默认选项 SRK，单击"OK"。

⑫ 双击流程图中进料图标后面的连线或"$\boxed{1}$"，流程中的连线代表了一个单元操作流向另一单元操作的物料，包含了该物料的一些基本性质，如温度，压力，气相分率，单位时间

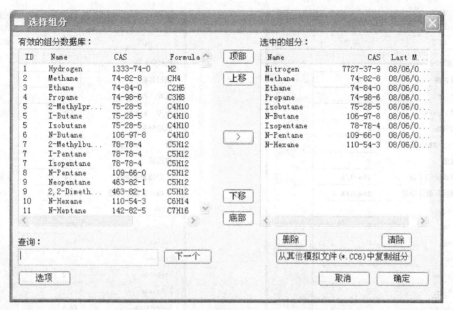

附图 3-9 "选择组分"的数据库窗口

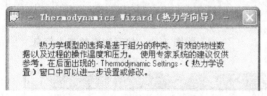

附图 3-10 "热力学向导"窗口

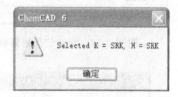

附图 3-11 专家系统建议窗口

下的总焓值，流量，各组分的分率或分流量等，如附图 3-12 所示。

⑬ 在附图 3-12 中填写物料的基本信息，如附图 3-13 所示。温度，压力，气相分率（"汽相分率"），三者信息必须确定其中任意两个，另一个值则由软件去计算。当不能明确该物料是否处于相平衡状态，则温度、压力必须要确定，计算气相分率。另外物料的各组分的分率或分流量必须输入，如果输入分流量，总流量自动加和生成；如果输入各组分的分率，还需要填写总流量的值。本题在进料的"编辑物料信息"窗口中信息填写如附图 3-13 所示；单击附图 3-13 窗口左上方的"闪蒸"按钮，对物料作一次相平衡计算，然后单击窗口右上方的"确定"按钮。

⑭ 双击流程图中的①号单元设备换热器的图标"⟶⊘⟶"或设备号①，弹出换热器输入信息框；根据题目要求，填写如下，如附图 3-14 所示，然后单击"OK"按钮。

⑮ 双击流程图中的②号单元设备换热器的图标"⟶⊘⟶"或设备号②，弹出换热器输入信息框；根据题目要求，填写如下，如附图 3-15 所示，然后单击"OK"按钮。

⑯ 双击流程图中的③号单元设备闪蒸器的图标"🮲"或设备号③，弹出闪蒸器输入信息框；根据题目要求，无需改动，采用默认的闪蒸模式，即根据进入该设备物料的温度和压力计算气相分率，然后单击"OK"按钮。

⑰ 双击流程图中的④号单元设备阀门的图标"⟶◁⟶"或设备号④，弹出阀门输入信息框；根据题目要求填写如下，如附图 3-16 所示，然后单击"OK"按钮。

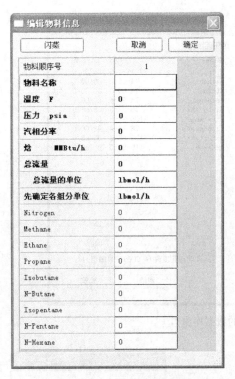

附图 3-12　物料信息编辑窗口

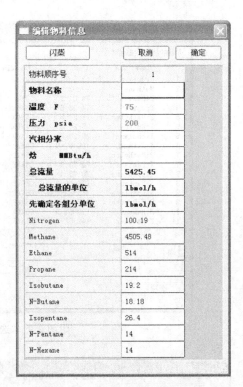

附图 3-13　填写物料的基本信息

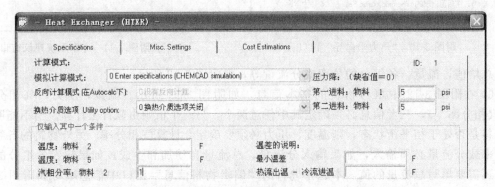

附图 3-14　按题要求填写换热器①输入信息框

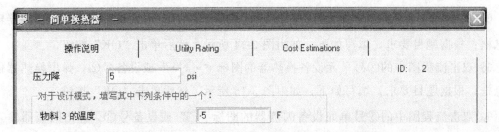

附图 3-15　按题要求填写换热器②输入信息框

⑱ 双击流程图中的⑤号单元设备精馏塔的图标"⚏"或设备号⑤，弹出精馏塔输入信息框；根据题目要求，"精馏概况"、"操作条件"活页填写如附图 3-17、附图 3-18 所示。

– Valve (VALV) –

设备顺序号: 4

☐ 完全关闭阀门

输入下列条件之一:

输出压力   125   psia

附图 3-16   按题要求填写设备④输入信息框

– TOWR Distillation Column（精馏塔的内外双层收敛算法）–

精馏概况	Specifications	Convergence	Cost Estimation 1	Cost Estimation 2

General Model Parameters   ID: 5

冷凝类型   0 全冷凝或没有冷凝器   与环境的热量传递

冷凝泡点以下多少温度   F   每块塔板上的热量传递面积   ft2

塔顶压力   psia   传热系数 (U)   Btu/hr-ft2-F

冷凝器压力降   5   psi   环境温度   F

塔体压力降   psi

回流泵压力   psia

塔釜泵压力   psia

塔板总数   12

进料板位号:

流股 7 的进料板位号   1

附图 3-17   精馏塔的"精馏概况"活页填写

TOWR Distillation Column –

General	操作条件说明	Convergence	Cost Estimation 1	Cost Estimation 2

能量和质量平衡说明   ID: 5

冷凝器/再沸器 操作条件说明

选择冷凝 操作条件代号:

0 无冷凝器

选择再沸 操作条件代号: 再沸 操作的数值

4 釜底液摩尔流量   30   lbmol/h

附图 3-18   精馏塔"操作条件"活页填写

⑲ 单击菜单"运行"按钮，单击其下拉菜单中的"收敛…"命令，如附图 3-19 所示。在弹出的"收敛"窗口左下方选上"显示跟踪窗口"，表示显示计算收敛过程，"OK"。

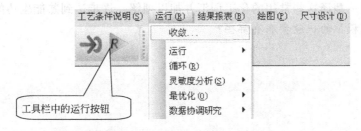

工艺条件说明(S)	运行(R)	结果报表(B)	绘图(P)	尺寸设计(D)

收敛…

运行 ▶

循环(R)

灵敏度分析(S) ▶

最优化(O) ▶

数据协调研究 ▶

工具栏中的运行按钮

附图 3-19   菜单"运行"的下拉菜单

⑳ 单击工具栏中的运行按钮"R"，（附图 3-19 中已经标出），消息窗口中显示该题输入

数据的错误为零，同时弹出了"ChemCAD Trace Window－"窗口，单击"Go"按钮，执行运算，计算完成后，"ChemCAD Trace Window －"窗口显示收敛完成，运行结束，如附图 3-20 所示。

附图 3-20　"ChemCAD Trace Window" 窗口

㉑ 关闭上述窗口。然后还可以产生一个这次流程模拟的结果文件：单击"结果报告"菜单按钮，在弹出的下拉菜单中选择"统一的完整报表"菜单命令，如附图 3-21 所示。

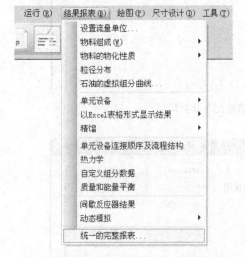

附图 3-21　"结果报表"菜单的下拉菜单图

附图 3-22　"统一的完整报表"窗口

㉒ 单击附图 3-21 中"统一的完整报表"，弹出如附图 3-22 所示的窗口，单击该窗口第二个按钮"计算并给出结果"，弹出结果文件，包含了所有物料和设备的信息。

ChemCAD 交互界面采用的是英文，涉及一些化工专业名词，给初学者带来不便，笔者仅仅汉化了一小部分，汉化不彻底。一方面笔者在今后的工作中逐一去解决汉化，另外读者应多加练习，逐一翻译这些常用的化工词汇并加以理解，逐步达到熟能生巧的境界。

☆思考题：流程模拟的一般步骤有哪些？

参 考 文 献

[1] 周爱月主编.化工数学.北京：化学工业出版社，2001.

[2] 葛婉华，陈鸣德编.化工计算.北京：化学工业出版社，1990.

[3] 钟秦，俞马宏编.化工数值计算.北京：化学工业出版社，2003.

[4] 陈中亮主编.化工计算机计算.北京：化学工业出版社，2000.

[5] 梁正熙，魏玉珍编著.化学化工中的数值法.北京：化学工业出版社，1989.

[6] 王煤，余微编.化工计算方法.北京：化学工业出版社，2008.

[7] 汪海，田文德主编.实用化学化工计算机软件基础.北京：化学工业出版社，2009.

[8] 刘道德等编著.计算机在化工中的应用.长沙：中南工业大学出版社，1997.

[9] 李庆扬，关治等编著.数值计算原理.北京：清华大学出版社，2000.

[10] 古启贤主编.化工热力过程.北京：化学工业出版社，1992.

[11] 陈钟秀，顾飞燕，胡望明编.化工热力学.北京：化学工业出版社，2001.

[12] 何光渝，雷群编著.Delphi常用数值算法集.北京：科学出版社，2001.

[13] 阮奇，叶长燊，黄诗煌编.化工原理优化设计与例题指南.北京：化学工业出版社，2001.

[14] 马维峰编著.Excel VBA应用开发从基础到实践.北京：电子工业出版社，2006.

[15] [美] John Walkenbach 著.Excel 2002 公式与函数应用宝典.路晓村，徐小青等译.北京：电子工业出版社，2002.

[16] 舒雄编著.Excel专家实战问答800问.北京：中国青年电子出版社，2005.

[17] 杨世莹编著.Excel数据统计与分析范例应用.北京：中国青年电子出版社，2006.

[18] 恒盛杰资讯编著.Excel函数库精华集.北京：中国青年电子出版社，2006.

[19] 晓涛工作室编著.Excel函数、图表与数据分析.北京：机械工业出版社，2006.

[20] 汪申，邬慧雄等编.ChemCAD典型应用实例（上）.北京：化学工业出版社，2006.

[21] 邬慧雄，汪申等编.ChemCAD典型应用实例（下）.北京：化学工业出版社，2006.

[22] [美] Bruce A Finlayson 著.化工计算导论.朱开宏译.上海：华东理工大学出版社，2006.

[23] [美] Nicholas P Chopey 主编.化工计算手册.朱开宏译.北京：中国石化出版社，2005.

[24] 牛又奇，孙建国编.Visual Basic程序设计教程.苏州：苏州大学出版社，2002.

[25] 冯新等编.化工热力学.北京：化学工业出版社，2013.

[26] [美] James G Speight 编著.化学工程师实用数据手册.陈晓春，孙巍译.北京：化学工业出版社，2006.

[27] 黄海编著.ExcelVBA语法与应用辞典.北京：中国青年电子出版社，2009.

[28] 中国石化集团上海工程有限公司编.化工工艺设计手册（上）.北京：化学工业出版社，2011.